CAMBRIDGE LIBRARY COLLECTION

Books of enduring scholarly value

Mathematical Sciences

From its pre-historic roots in simple counting to the algorithms powering modern desktop computers, from the genius of Archimedes to the genius of Einstein, advances in mathematical understanding and numerical techniques have been directly responsible for creating the modern world as we know it. This series will provide a library of the most influential publications and writers on mathematics in its broadest sense. As such, it will show not only the deep roots from which modern science and technology have grown, but also the astonishing breadth of application of mathematical techniques in the humanities and social sciences, and in everyday life.

Oeuvres complètes

Augustin-Louis, Baron Cauchy (1789-1857) was the pre-eminent French mathematician of the nineteenth century. He began his career as a military engineer during the Napoleonic Wars, but even then was publishing significant mathematical papers, and was persuaded by Lagrange and Laplace to devote himself entirely to mathematics. His greatest contributions are considered to be the Cours d'analyse de l'École Royale Polytechnique (1821), Résumé des leçons sur le calcul infinitésimal (1823) and Leçons sur les applications du calcul infinitésimal à la géométrie (1826-8), and his pioneering work encompassed a huge range of topics, most significantly real analysis, the theory of functions of a complex variable, and theoretical mechanics. Twenty-six volumes of his collected papers were published between 1882 and 1958. The first series (volumes 1–12) consists of papers published by the Académie des Sciences de l'Institut de France; the second series (volumes 13–26) of papers published elsewhere.

Cambridge University Press has long been a pioneer in the reissuing of out-of-print titles from its own backlist, producing digital reprints of books that are still sought after by scholars and students but could not be reprinted economically using traditional technology. The Cambridge Library Collection extends this activity to a wider range of books which are still of importance to researchers and professionals, either for the source material they contain, or as landmarks in the history of their academic discipline.

Drawing from the world-renowned collections in the Cambridge University Library, and guided by the advice of experts in each subject area, Cambridge University Press is using state-of-the-art scanning machines in its own Printing House to capture the content of each book selected for inclusion. The files are processed to give a consistently clear, crisp image, and the books finished to the high quality standard for which the Press is recognised around the world. The latest print-on-demand technology ensures that the books will remain available indefinitely, and that orders for single or multiple copies can quickly be supplied.

The Cambridge Library Collection will bring back to life books of enduring scholarly value across a wide range of disciplines in the humanities and social sciences and in science and technology.

Oeuvres complètes

Series 1

VOLUME 11

AUGUSTIN LOUIS CAUCHY

CAMBRIDGE
UNIVERSITY PRESS

CAMBRIDGE UNIVERSITY PRESS

Cambridge New York Melbourne Madrid Cape Town Singapore São Paolo Delhi

Published in the United States of America by Cambridge University Press, New York

www.cambridge.org
Information on this title: www.cambridge.org/9781108002806

This edition first published 1899
This digitally printed version 2009

ISBN 978-1-108-00280-6

ŒUVRES

COMPLÈTES

D'AUGUSTIN CAUCHY

PARIS. — IMPRIMERIE GAUTHIER-VILLARS,
25011 Quai des Augustins, 55.

ŒUVRES

COMPLÈTES

D'AUGUSTIN CAUCHY

PUBLIÉES SOUS LA DIRECTION SCIENTIFIQUE

DE L'ACADÉMIE DES SCIENCES

ET SOUS LES AUSPICES

DE M. LE MINISTRE DE L'INSTRUCTION PUBLIQUE.

Ire SÉRIE. — TOME XI.

PARIS,

GAUTHIER-VILLARS, IMPRIMEUR-LIBRAIRE

DU BUREAU DES LONGITUDES, DE L'ÉCOLE POLYTECHNIQUE,

Quai des Augustins, 55.

M DCCC XCIX

PREMIÈRE SÉRIE.

MÉMOIRES, NOTES ET ARTICLES

EXTRAITS DES

RECUEILS DE L'ACADÉMIE DES SCIENCES

DE L'INSTITUT DE FRANCE.

III.

NOTES ET ARTICLES

EXTRAITS DES

COMPTES RENDUS HEBDOMADAIRES DES SÉANCES

DE L'ACADÉMIE DES SCIENCES.

(SUITE.)

NOTES ET ARTICLES

EXTRAITS DES

COMPTES RENDUS HEBDOMADAIRES DES SÉANCES

DE L'ACADÉMIE DES SCIENCES.

399.

GÉOMÉTRIE. — *Sur quelques théorèmes de Géométrie analytique relatifs aux polynômes et aux polyèdres réguliers.*

C. R., T. XXVI, p. 489 (8 mai 1848).

Considérons, dans un plan ou dans l'espace, divers points situés à la même distance r d'un centre fixe. Si, en prenant ce centre pour origine, on détermine la position de chaque point : 1° à l'aide de coordonnées rectilignes x, y, z ; 2° à l'aide de coordonnées polaires p, q, r, les coordonnées p, q étant les angles formés par le rayon r avec un rayon fixe, nommé *axe polaire*, et par le plan de ces deux rayons avec un plan fixe, ou *plan polaire*, toute fonction entière des coordonnées rectilignes x, y, z sera, en même temps, une fonction entière des sinus et cosinus des angles polaires p, q, par conséquent une fonction entière de chacune des exponentielles trigonométriques qui ont pour arguments les angles $+p$, $-p$, $+q$, $-q$. D'autre part, on sait que les puissances entières et semblables des diverses racines $n^{\text{ièmes}}$ de l'unité donnent pour somme n ou zéro, suivant que le degré commun de ces puissances est ou n'est pas un multiple de n. Par suite, si à une puissance entière de l'exponentielle trigonométrique, dont l'argument est l'angle polaire p ou q, on ajoute les puissances semblables des exponentielles trigonométriques diverses, dont les arguments surpassent l'angle p ou q de quantités égales à des multiples de la $n^{\text{ième}}$ partie de la circonférence, la somme obtenue sera précisément le produit de la puissance donnée par le nombre n, quand cette puissance sera du $n^{\text{ième}}$ degré, ou d'un degré égal à un multiple de n; la même somme sera nulle dans le cas contraire. Par suite aussi, la moyenne arithmétique entre les diverses puissances dont il s'agit se réduira, dans le premier cas, à la puissance donnée; dans le second cas, à zéro. En partant de ces principes, on établira sans peine les théorèmes que nous allons énoncer.

Théorème I. — *Si, dans un plan, on prend pour origine des coordonnées le centre d'un polygone régulier de n côtés, et si l'on substitue les coordonnées rectilignes d'un sommet de ce polygone dans une fonction entière de ces coordonnées, d'un degré inférieur à n, la moyenne arithmétique entre les valeurs de cette fonction correspondantes aux divers sommets restera invariable, tandis qu'on fera tourner le polygone autour de son centre, en laissant immobiles les axes coordonnés.*

Théorème II. — *Si, dans l'espace, on prend pour origine des coordonnées le centre d'un polyèdre régulier, dans lequel n arêtes aboutissent à chaque sommet, et si l'on substitue les coordonnées rectilignes d'un sommet de ce polyèdre dans une fonction entière de ces coordonnées, d'un degré inférieur à n, la moyenne arithmetique entre les valeurs de cette fonction correspondantes aux divers sommets restera invariable, tandis que l'on fera tourner d'une manière quelconque le polyèdre autour de son centre, en laissant immobiles les axes coordonnés.*

De ces deux théorèmes, le premier se déduit très aisément des principes ci-dessus rappelés. Pour démontrer de la même manière le second théorème, dans le cas particulier où le polyèdre donné tourne autour du rayon vecteur mené du centre à l'un des sommets, il suffit de faire coïncider avec ce rayon vecteur l'axe polaire, c'est-à-dire le rayon fixe à partir duquel se compte l'angle polaire p. Ajoutons que l'on peut aisément passer de ce cas particulier au cas général. En effet, un déplacement déterminé du polyèdre tournant d'une manière quelconque autour de son centre peut toujours être considéré comme le résultat de trois déplacements successifs, dont chacun serait produit par un mouvement de rotation du polyèdre autour de l'un des rayons vecteurs menés du centre aux divers sommets. Ajoutons que, pour obtenir un déplacement déterminé d'un seul de ces rayons vecteurs, il suffirait, en général, d'imprimer successivement, autour de deux autres rayons vecteurs, des mouvements de rotation convenables au polyèdre dont il s'agit.

Certaines grandeurs ou quantités qui dépendent de la direction d'une droite émanant d'un centre fixe se réduisent à des fonctions entières des cosinus des angles formés par cette droite avec deux ou trois axes fixes rectangulaires entre eux. D'ailleurs, ces cosinus ne sont autre chose que des coordonnées rectangulaires d'un point situé sur cette droite à l'unité de distance du centre fixe. Cela posé, les théorèmes I et II entraînent évidemment la proposition suivante :

Théorème III. — *Concevons que, dans un plan donné ou dans l'espace, on construise une espèce de rose des vents ou de hérisson, en faisant partir du centre d'un polygone ou d'un polyèdre régulier des rayons vecteurs dirigés vers les sommets de ce polygone ou de ce polyèdre. Considérons d'ailleurs une quantité ou grandeur qui varie avec la direction d'une droite tracée dans le plan donné ou dans l'espace à partir du même centre. Enfin, supposons cette grandeur représentée par une fonction entière des cosinus des angles que la droite forme avec deux ou trois axes fixes rectangulaires entre eux. Si le degré de cette fonction est inférieur au nombre des côtés du polygone ou au nombre des arêtes qui, dans le polyèdre, aboutissent à un même sommet, la moyenne arithmétique entre les diverses valeurs de la fonction correspondantes aux diverses directions que présente la rose des vents ou le hérisson ne variera pas quand on fera tourner cette rose ou ce hérisson autour de son centre.*

La grandeur que l'on considère pourrait être, par exemple, le rapport de l'unité au carré du rayon vecteur d'une ellipse, ou la courbure d'une section normale faite dans une surface courbe en un point donné, ou bien encore le rapport de l'unité au carré du rayon vecteur qui joint le centre à un point de la surface dans un ellipsoïde ou dans le système de deux hyperboloïdes conjugués. Dans ces diverses hypothèses, le troisième théorème reproduirait des propositions énoncées dans mes applications géométriques du Calcul infinitésimal, avec quelques propositions analogues récemment données par d'autres auteurs.

La grandeur que l'on considère pourrait être aussi une dilatation linéaire infiniment petite, mesurée en un point donné d'un corps, ou le moment d'inertie du corps autour d'un axe passant par ce point, ou le carré de la pression supportée en ce point par un plan perpendiculaire à une droite donnée, ou la composante normale de cette pression, etc. Dans ces dernières hypothèses, le troisième théorème fournirait des propositions nouvelles. Je citerai, comme exemple, la suivante :

Théorème IV. — *Si, d'un point donné d'un corps solide, on mène des droites aux divers sommets d'un polyèdre régulier qui ait pour centre ce même point, et si l'on détermine successivement les divers moments d'inertie du corps autour de ces droites, la moyenne arithmétique entre ces divers moments d'inertie restera invariable, tandis que l'on fera tourner le polyèdre autour du point donné.*

Supposons, maintenant, que la fonction entière mentionnée dans le premier théorème soit développée suivant les puissances entières positives et négatives de l'exponentielle trigonométrique qui a pour argument l'angle polaire p. Le degré de cette fonction entière étant inférieur au nombre n des côtés du polygone régulier donné, la moyenne arithmétique entre les diverses valeurs de la fonction se réduira au terme constant du développement obtenu. Donc cette moyenne arithmétique offrira la même valeur, quel que soit n, et même pour $n = 3$, c'est-à-dire quand le polygone régulier deviendra un triangle équilatéral, si la fonction entière donnée est simplement du second degré.

Considérons encore la fonction entière mentionnée dans le second théorème, et, en prenant pour axe polaire l'un des rayons vecteurs qui joignent le centre du polyèdre donné à l'un des sommets, développons la fonction dont il s'agit suivant les puissances entières positives ou négatives de l'exponentielle trigonométrique qui a pour argument l'angle polaire q. Le degré de la fonction étant inférieur au nombre des côtés de tout polygone régulier construit avec des sommets du polyèdre renfermés dans un plan perpendiculaire à l'axe polaire, le développement obtenu pourra être réduit à la partie de ce développement indépendante de l'angle q. D'ailleurs, si le polyèdre donné est un tétraèdre, le rayon vecteur mené du centre à l'un des quatre sommets sera perpendiculaire au plan qui renfermera les trois autres, et le polygone construit avec ces derniers sera un triangle équilatéral. Donc les moyennes arithmétiques auxquelles se rapportent les théorèmes II et III ne pourront généralement devenir indépendantes du nombre des faces attribuées au polyèdre régulier, que dans le cas où la fonction entière donnée sera du second degré.

Au reste, il est aisé de s'assurer que, *si la fonction entière à laquelle se rapporte le théorème III est du second degré par rapport aux cosinus des angles que forme une droite avec trois axes fixes rectangulaires, la moyenne entre les diverses valeurs de cette fonction deviendra effectivement indépendante du nombre des faces du polyèdre régulier donné.* Il y a plus : pour établir cette dernière proposition dans le cas général, il suffira, d'après ce qui vient d'être dit, de la démontrer dans le cas spécial où la fonction donnée se réduit à une fonction de $\cos p$, entière et du second degré, p étant l'angle que forme une droite mobile avec l'axe polaire mené du centre du polyèdre régulier à l'un des sommets; par conséquent, il suffira d'établir la proposition dont il s'agit dans le cas particulier où la fonction donnée se réduit soit à $\cos p$, soit à $\cos^2 p$. Or, si l'on fait coïncider successivement la droite mobile avec les divers rayons vecteurs menés du centre du polyèdre réguliers aux divers sommets, l'axe polaire étant un de ces rayons vecteurs, la moyenne entre les diverses valeurs de $\cos p$ sera nulle, même pour le tétraèdre, pour lequel la somme des valeurs de $\cos p$ sera

$$1+3\left(-\frac{1}{3}\right)=0;$$

et la moyenne arithmétique entre les diverses valeurs de $\cos^2 p$ se réduira toujours à la fraction $\frac{1}{3}$; car la somme des valeurs de $\cos^2 p$ sera

Pour le tétraèdre......	$1+3\left(\frac{1}{3}\right)^2=\frac{4}{3}$,
Pour l'hexaèdre.........	$2+6\left(\frac{1}{3}\right)^2=\frac{8}{3}$,
Pour l'octaèdre..........	$2+4(0)=2$,
Pour le dodécaèdre......	$2+6\left(\frac{5}{9}\right)+12\left(\frac{1}{3}\right)^2=\frac{20}{3}$,
Pour l'icosaèdre.........	$2+10\left(\frac{1}{5}\right)=4$;

tandis que le nombre des sommets, dans les mêmes polyèdres, coïncidera successivement avec chacun des termes de la suite

$$4,\quad 8,\quad 6,\quad 20,\quad 12.$$

Donc, en définitive, la proposition énoncée subsiste; et par suite la moyenne mentionnée dans le théorème IV sera indépendante du nombre des faces du polyèdre régulier donné.

400.

Géométrie analytique. — *Rapport sur une Note de* M. Breton, de Champ, *relatif à quelques propriétés des rayons de courbure des surfaces.*

C. R., T. XXVI, p. 494 (8 mai 1848).

On sait depuis longtemps que, si, après avoir mené par un point d'une surface courbe deux plans rectangulaires entre eux et normaux à cette surface, on détermine la courbure de chaque ligne d'intersection, c'est-à-dire le rapport de l'unité au rayon de courbure de cette ligne, la somme des deux courbures obtenues sera une quantité constante, pourvu que l'on affecte de signes différents les courbures dirigées en sens contraire. Ce théorème, énoncé par l'un de nous, dans ses applications géométriques du Calcul infinitésimal, a été généralisé par l'un de nos confrères. M. Babinet a remarqué, en effet, que, si par la normale à une surface courbe on conduit des plans qui comprennent tous entre eux des angles égaux, les courbures des sections contenues dans ces plans fourniront une somme constante, et qu'en outre la courbure moyenne sera indépendante du nombre des plans dont il s'agit. Dans la Note soumise à notre examen, M. Breton, de Champ, prouve que le théorème de M. Babinet continuera de subsister si l'on y remplace la courbure de chaque section par une puissance entière de cette courbure, d'un degré inférieur au nombre des sections données. Il établit aussi quelques autres théorèmes analogues.

Les Commissaires pensent que les théorèmes énoncés par M. Breton, de Champ, peuvent intéresser les personnes qui s'appliquent à l'étude de la Géométrie analytique, et ils proposent à l'Académie de lui voter des encouragements.

401.

GÉOMÉTRIE. — *Note sur quelques propriétés remarquables des polyèdres réguliers.*

C. R., T. XXVI, p. 517 (15 mai 1848).

J'ai montré, dans la dernière séance, la liaison qui existe entre certaines propositions de Géométrie analytique et quelques propriétés des polyèdres réguliers. Je vais indiquer aujourd'hui des moyens faciles d'établir ces mêmes propriétés, et plusieurs autres qui paraissent assez remarquables pour mériter de fixer un instant l'attention des géomètres.

On sait, depuis longtemps, que l'on peut construire cinq polyèdres réguliers convexes, savoir, le tétraèdre, l'hexaèdre, l'octaèdre, le dodécaèdre et l'icosaèdre. On sait que, dans ces divers polyèdres, où le nombre des faces est successivement représenté par chacun des termes de la suite

$$4, \quad 6, \quad 8, \quad 12, \quad 20,$$

le nombre des sommets se trouve successivement représenté par chacun des termes de la suite

$$4, \quad 8, \quad 6, \quad 20, \quad 12.$$

On sait aussi que le nombre des arêtes est six dans le tétraèdre, douze dans l'hexaèdre et l'octaèdre, trente dans le dodécaèdre et l'icosaèdre.

On sait enfin qu'à chaque angle solide aboutissent trois arêtes dans le tétraèdre, l'hexaèdre et le dodécaèdre réguliers, quatre arêtes dans l'octaèdre et cinq arêtes dans l'icosaèdre.

On peut encore établir facilement la proposition suivante :

Théorème I. — *Les centres des diverses faces d'un polyèdre régulier quelconque sont les sommets d'un autre polyèdre régulier. D'ailleurs deux polyèdres réguliers, dont l'un a pour sommets les centres des faces de l'autre, sont nécessairement ou deux tétraèdres, ou un hexaèdre et un octaèdre, ou un dodécaèdre et un icosaèdre.*

Théorème II. — *Dans tout polyèdre régulier, la droite menée du centre à un sommet est perpendiculaire aux plans de divers polygones réguliers auxquels appartiennent tous les sommets situés hors de cette droite.*

Si le polyèdre donné est un tétraèdre, un seul sommet sera situé sur la droite dont il s'agit, les trois autres appartiendront à un triangle équilatéral dont le plan sera perpendiculaire à la droite.

Si le polyèdre donné est un hexaèdre, ou un octaèdre, ou un dodécaèdre, ou un icosaèdre, deux sommets seront les extrémités d'un même diamètre mené par le centre du polyèdre. Les autres sommets appartiendront à deux triangles équilatéraux, ou à un seul carré, ou à deux triangles équilatéraux et à deux hexagones réguliers, ou enfin à deux pentagones réguliers, dont les plans seront perpendiculaires aux diamètres dont il s'agit.

En partant de ces remarques, on démontrera sans peine une relation curieuse qu'ont entre eux les trois polyèdres dans lesquels trois arêtes aboutissent à chaque sommet, savoir, le tétraèdre, l'hexaèdre et le dodécaèdre réguliers. Cette relation est exprimée par le théorème suivant :

Théorème III. — *Les sommets de l'hexaèdre ou du dodécaèdre régulier sont en même temps les sommets de deux ou de cinq tétraèdres réguliers.*

Pour établir ce théorème, il suffit de recourir aux considérations suivantes :

Joignez par un diamètre deux sommets opposés d'un cube ou hexaèdre régulier. Les six sommets situés hors de ce diamètre appartiendront à deux triangles équilatéraux, et le tétraèdre qui, ayant pour base un de ces triangles, aura pour sommet l'une des extrémités du diamètre, savoir l'extrémité la plus éloignée de la base, sera évidemment un tétraèdre régulier; car, chacune de ses arêtes étant la diagonale d'une des faces du cube donné, les quatre arêtes seront toutes égales entre elles.

Concevons maintenant que l'on joigne par un diamètre deux sommets opposés A et A' d'un dodécaèdre régulier. Les trois pentagones adjacents au sommet A offriront en outre : 1° trois sommets B, C, D situés aux extrémités des trois arêtes qui partiront du sommet A; 2° six autres sommets E, F, G, H, I, K situés deux à deux sur les périmètres des trois pentagones aux extrémités de six diagonales égales entre elles. De ces neuf sommets, les trois premiers appartiendront à un triangle équilatéral, et les six derniers à un hexagone régulier, les plans de ces deux polygones étant perpendiculaires à la droite AA'. Ce n'est pas tout : les six sommets de l'hexagone EFGHIK, pris de deux en deux, appartiendront à deux triangles équilatéraux EGI, FHK. J'ajoute que, si l'on donne un de ces deux derniers triangles, EGI par exemple, pour base à un tétraèdre dont le sommet soit A′, ce tétraèdre sera régulier. Effectivement les quatre arêtes du tétraèdre dont il s'agit seront toutes égales à l'une quelconque des diagonales qui, dans le dodécaèdre, joindront deux sommets tellement situés que, pour passer de l'un à l'autre, il suffise de parcourir successivement trois arêtes non comprises dans un même plan. D'ailleurs, il est clair que, après avoir ainsi construit un tétraèdre régulier, auquel appartiendront quatre sommets du dodécaèdre, et spécialement le sommet A′, il suffira de faire tourner le dodécaèdre autour de la perpendiculaire abaissée de son centre sur une face adjacente au sommet A′, pour amener successivement ce sommet dans les positions d'abord occupées par les quatre autres sommets de la même face, et, par suite, pour amener successivement les quatre sommets A′, E, G, I dans les positions d'abord occupées par les seize autres sommets du dodécaèdre. Donc les vingt sommets du dodécaèdre seront en même temps les sommets de cinq tétraèdres réguliers.

Supposons à présent que du centre d'un polyèdre régulier on mène des rayons vecteurs aux divers sommets de ce polyèdre. On construira ainsi une espèce de hérisson; et, si l'on considère une grandeur ou quantité dont la valeur dépende de la direction d'une droite émanant du centre du polyèdre, la moyenne arithmétique entre les diverses valeurs de cette quantité correspondantes aux divers rayons vecteurs ne variera pas, lorsqu'un mouvement de rotation imprimée au hérisson l'aura déplacé de manière à substituer les rayons vecteurs l'un à l'autre. Si cette dernière condition n'est pas remplie, la moyenne arithmétique dont il s'agit acquerra en général, après le déplacement du hérisson, une valeur nouvelle. Mais, cette valeur dépendant uniquement du nouvel aspect sous lequel le hérisson se présentera, on pourra, sans l'altérer en aucune manière, supposer que, en vertu du mouvement de rotation, la droite suivant laquelle un des rayons vecteurs était primitivement dirigé est venue s'appliquer sur la direction du rayon vecteur qui, après le déplacement, forme avec cette droite le plus petit angle. C'est dans cette hypothèse que l'on doit se placer pour établir un lemme énoncé dans la dernière séance, savoir qu'*un déplacement déterminé d'un polyèdre régulier tournant autour de son centre peut toujours être considéré comme le résultat de trois déplacements successifs dont chacun serait produit par un mouvement de rotation du polyèdre autour de l'un des rayons vecteurs menés du centre aux sommets*.

Analyse.

Considérons un polyèdre régulier inscrit à la sphère dont le rayon est l'unité, et traçons sur la surface de la sphère des arcs de grands cercles qui aient pour cordes respectives les diverses arêtes du polyèdre. Cette surface sera partagée en polygones sphériques réguliers, dont le système formera une espèce de réseau; et le point de la surface qui servira de centre à chaque polygone sera le sommet commun de triangles sphériques isoscèles qui auront pour bases respectives les divers côtés du polygone. Enfin chaque triangle isoscèle se partagera en deux triangles rectangles qui auront pour sommet commun le milieu de sa base. Cela posé, soient

m le nombre des côtés de chaque face du polyèdre régulier, ou, ce qui revient au même, de chacun des polygones qui composent le réseau tracé sur la surface de la sphère;

a l'un de ces côtés, ou, en d'autres termes, la base de l'un des triangles sphériques isoscèles;

r l'un des côtés égaux de ce triangle;

s l'arc de grand cercle qui joint le sommet de l'un des triangles sphériques isoscèles au milieu de sa base;

n le nombre des arêtes qui, dans le polyèdre régulier, aboutissent à chaque sommet.

Dans le triangle sphérique rectangle qui aura pour hypoténuse r, pour côtés $\frac{a}{2}$ et s, les angles opposés à ces derniers côtés seront évidemment $\frac{\pi}{m}$ et $\frac{\pi}{n}$. Par suite, on aura

$$(1)\qquad \cos\frac{a}{2}=\frac{\cos\frac{\pi}{m}}{\sin\frac{\pi}{n}},\qquad \cos s=\frac{\cos\frac{\pi}{n}}{\sin\frac{\pi}{m}},\qquad \cos r=\cos\frac{a}{2}\cos s.$$

De plus, chacun des triangles sphériques isoscèles, offrant avec la base a deux côtés égaux à r, donnera

$$(2)\qquad \frac{\sin r}{\sin a}=\frac{\sin\frac{\pi}{n}}{\sin\frac{2\pi}{m}}.$$

Remarquons d'ailleurs que l'on aura

Pour le tétraèdre..........	$m=3,$	$n=3,$
Pour l'hexaèdre...........	$m=4,$	$n=3,$
Pour l'octaèdre...........	$m=3,$	$n=4,$
Pour le dodécaèdre........	$m=5,$	$n=3,$
Pour l'icosaèdre...........	$m=3,$	$n=5.$

Enfin, l'arc $\frac{a}{2}$, toujours inférieur à un quart de circonférence, étant déterminé par la première des équations (1), les arcs a et $2a$ se déduiront des formules

$$(3)\qquad \cos a=2\cos^2\frac{a}{2}-1,\qquad \cos 2a=2\cos^2 a-1.$$

A l'aide des formules (1), (2), (3), on reconnaîtra immédiatement que l'arc $2(\pi-a)$ dans le tétraèdre, et l'arc a dans chacun des autres polyèdres réguliers, est toujours supérieur à l'arc r. Il y a plus : on aura, pour le tétraèdre,

$$\pi-a=r,$$

et, pour chacun des autres polyèdres réguliers,

$$a>r.$$

D'autre part, il est aisé de reconnaître : 1° que, si le réseau sphérique, tracé sur la surface de la sphère, tourne autour de l'un de ses nœuds, c'est-à-dire autour de l'un des sommets du polyèdre régulier donné, le déplacement de l'un quelconque des sommets voisins pourra être mesuré par l'un quelconque des arcs de grand cercle inférieurs à $2a$, ou, quand il s'agira du tétraèdre, à $2(\pi - a)$; 2° que tout point situé dans l'intérieur d'un des polygones réguliers dont le système compose le réseau sphérique sera séparé d'un ou de plusieurs sommets de ce polygone, par une distance que mesurera un arc de grand cercle inférieur à r. En partant de ces remarques, on démontre aisément le lemme ci-dessus rappelé, et, par suite, les diverses propositions énoncées dans la séance précédente.

Ajoutons que le théorème III permet évidemment de simplifier la démonstration du théorème II de la page 6, ou du moins d'étendre la démonstration donnée pour le cas du tétraèdre au cas où le polyèdre régulier devient un cube ou un dodécaèdre.

402.

Analyse mathématique. — *Mémoire sur les valeurs moyennes des fonctions d'une ou de plusieurs variables, et sur les fonctions isotropes.*

C. R., T. XXVI, p. 624 (12 juin 1848).

Considérons d'abord une fonction u d'une seule variable x, et supposons que cette fonction reste continue entre deux valeurs données de la variable. Si, après avoir interposé entre ces deux valeurs d'autres valeurs équidistantes dont le nombre, représenté par $n - 1$, soit très considérable, on cherche les diverses valeurs de la fonction u correspondantes aux $n + 1$ valeurs données de la variable x, la moyenne arithmétique entre ces valeurs de u se transformera, quand le nombre n deviendra infini, en ce que nous nommerons la *valeur moyenne* de la fonction u, et cette valeur moyenne sera le rapport des deux intégrales définies relatives à x, dans lesquelles les fonctions sous le signe $\int$ seront u et l'unité. Pour plus de commodité, je désignerai cette valeur moyenne de u à l'aide de la lettre caractéristique M, et je placerai au-dessous et au-dessus du signe M les limites de la variable, suivant l'usage adopté pour les intégrales définies.

Concevons maintenant que u représente une fonction de plusieurs variables $x, y, \ldots,$ qui reste continue pour les systèmes de valeurs de $x, y, \ldots$ comprises entre certaines limites. Le rapport entre les deux intégrales définies, qui, étant relatives à $x, y, \ldots,$ et prises entre les limites données, renfermeront sous le signe $\int$ la fonction u et l'unité, sera la limite vers laquelle convergera la moyenne arithmétique entre les valeurs de u qui correspondront à des éléments égaux de la seconde intégrale. Pour cette raison, le rapport dont il s'agit sera nommé la *valeur moyenne* de la fonction u.

On doit remarquer le cas particulier où les variables se réduisent, soit à un angle polaire mesuré dans un plan donné, soit à une abscisse mesurée sur un certain axe, et à un angle polaire décrit par un plan qui tourne autour de cet axe. Dans le dernier cas, les éléments de la seconde intégrale ne sont autre chose que les éléments d'une surface sphérique qui a pour centre l'origine des coordonnées. Alors aussi, quand les doubles intégrales sont prises, par rapport à l'abscisse, entre les limites $-1, +1$, et, par rapport à l'angle polaire, entre les limites $-\pi, +\pi$, la moyenne qu'on obtient est la moyenne arithmétique entre les valeurs de la fonction u correspondantes à des éléments égaux et infiniment petits de la surface totale de la sphère. Cette moyenne, d'ailleurs, dépend uniquement de la loi suivant laquelle u varie avec la direction d'une droite mobile menée par l'origine des coordonnées. Elle est, au contraire, indépendante des directions assignées à l'axe des abscisses et au plan polaire; elle demeure donc invariable, tandis qu'on fait tourner cet axe et ce plan, d'une manière quelconque, autour de l'origine. Pour cette raison, la moyenne dont il s'agit sera nommée *moyenne isotropique*.

Si la fonction u dépend seulement d'un angle polaire, la moyenne isotropique entre les diverses valeurs de cette fonction ne sera autre chose que sa valeur moyenne.

Concevons maintenant qu'une certaine grandeur u soit représentée par une fonction des coordonnées rectangulaires de divers points. Cette fonction variera généralement avec les directions des axes coordonnés. D'ailleurs, la direction d'un premier axe pourra être déterminée à l'aide d'une abscisse, mesurée sur une certaine droite, et d'un angle polaire décrit par un plan mobile qui tournerait autour de cette droite. De plus, la direction d'un second axe perpendiculaire au premier pourra être déterminée à l'aide d'un second angle polaire décrit par un plan qui tournerait autour du premier axe. Cela posé, nommons v la moyenne arithmétique entre les valeurs de u correspondantes au second angle polaire, et w la moyenne isotropique entre les diverses valeurs de v. La quantité w sera ce qu'on peut appeler la *moyenne isotropique* entre les diverses valeurs de u.

Dans le cas particulier où la fonction u deviendra indépendante des directions attribuées aux axes coordonnés, nous dirons qu'elle est *isotrope*. Alors, la moyenne isotropique entre les valeurs de la fonction correspondantes aux diverses positions des axes coordonnés ne sera autre chose que la fonction elle-même.

Lorsqu'une grandeur Ω dépend des positions de plusieurs points, elle peut être représentée par une fonction de leurs coordonnées, et, si l'on exprime ces coordonnées, supposées variables, par conséquent relatives à des axes mobiles, en fonction de coordonnées relatives à des axes fixes, cette transformation de coordonnées introduira dans l'expression de la grandeur dont il s'agit, trois angles variables φ, χ, ψ. Alors aussi la moyenne isotropique entre les diverses valeurs de la fonction sera représentée par une intégrale triple, relative à ces trois angles. Mais, avant de passer des axes mobiles aux axes fixes, on pourrait passer des axes mobiles à d'autres axes liés invariablement avec les premiers. Il en résulte que la moyenne isotropique cherchée ne variera pas, si à la fonction donnée des coordonnées primitives on substitue la fonction trouvée des coordonnées nouvelles, en considérant ces dernières coordonnées comme variables, et les trois angles φ, ψ, χ comme constants. Il y a plus : comme cette proposition subsistera, quels que soient les angles φ, χ, ψ, elle subsistera encore quand on remplacera la fonction trouvée par sa valeur moyenne, relative à un ou à plusieurs des angles dont il s'agit. Ce principe permet d'établir, sur les moyennes isotropiques, un théorème remarquable que nous allons indiquer en peu de mots.

Lorsque la grandeur Ω, qui dépend des positions de plusieurs points, est représentée par une fonction entière de leurs coordonnées, il est facile d'obtenir en termes finis, souvent même, comme on le verra dans mon Mémoire, sans effectuer aucune intégration, la moyenne isotropique entre les diverses valeurs de Ω. Si la grandeur Ω est le produit d'une fonction entière de diverses coordonnées par un facteur qui dépende d'une fonction linéaire des coordonnées d'un seul point, il ne sera plus généralement possible d'obtenir en termes finis l'intégrale triple qui représentera la moyenne isotropique entre les diverses valeurs de Ω. Mais, à l'aide du principe ci-dessus énoncé, on pourra réduire cette intégrale triple à une intégrale simple. Cette proposition, très générale, renferme comme cas particulier le théorème à l'aide duquel Poisson a intégré l'équation du mouvement du son.

Les moyennes isotropiques et les fonctions isotropes jouent un rôle important dans la solution des problèmes de Physique mathématique. Ainsi, par exemple, c'est en remplaçant certaines fonctions par les moyennes isotropiques entre leurs diverses valeurs, que, dans mes *Exercices d'Analyse*, j'ai réduit les équations des mouvements infiniment petits d'un ou de deux systèmes de points matériels à la forme qu'elles acquièrent quand ces systèmes deviennent isotropes. Lorsqu'à un système de points matériels on substitue un système de molécules dont chacune peut, non seulement se déplacer ou tourner sur elle-même, mais encore subir dans les divers sens des condensations ou dilatations diverses, il devient plus difficile d'effectuer la même réduction, et d'obtenir en termes finis les équations des mouvements infiniment petits d'un système isotrope. Toutefois, en s'appuyant sur le théorème général ci-dessus rappelé, on peut encore effectuer la réduction demandée. C'est, au reste, ce que je montrerai dans un prochain

Mémoire, où je substituerai au système des six équations qu'a données M. Laurent, et qui déterminent les mouvements de translation et de rotation des molécules, le système de douze équations qui déterminent, en outre, les six inconnues desquelles dépendent les condensations et dilatations linéaires. On verra que, dans tous les cas, les seconds membres des équations des mouvements infiniment petits des systèmes isotropes renferment uniquement les trois espèces de termes qui se trouvaient déjà dans mes équations différentielles de la polarisation chromatique. Il n'est donc pas étonnant que cette polarisation soit la seule modification qu'imprime à un rayon lumineux son passage à travers un milieu isotrope.

403.

Analyse mathématique. — *Mémoire sur les valeurs moyennes des fonctions et sur les fonctions isotropes.*

C. R., T. XXVI, p. 666 (19 juin 1848).

Analyse.

Supposons que l'on fasse varier $x, y, z, \ldots$ entre les limites

$$x = x_0, \quad x = x_1, \quad y = y_0, \quad y = y_1, \quad z = z_0, \quad z = z_1, \quad \ldots,$$

y_0, y_1 pouvant être fonctions de x, et z_0, z_1 fonctions de x, y, etc. Soit d'ailleurs Θ une fonction de x ou de x, y, etc., qui reste continue entre les limites dont il s'agit. La *valeur moyenne de* Θ entre ces limites sera

$$\text{(1)} \qquad \underset{x=x_0}{\overset{x=x_1}{\mathrm{M}}} \Theta = \frac{\int_{x_0}^{x_1} \Theta \, dx}{\int_{x_0}^{x_1} dx}$$

ou

$$\text{(2)} \qquad \underset{x=x_0,\, y=y_0}{\overset{x=x_1,\, y=y_1}{\mathrm{M}}} \Theta = \frac{\int_{x_0}^{x_1} \int_{y_0}^{y_1} \Theta \, dx \, dy}{\int_{x_0}^{x_1} \int_{y_0}^{y_1} dx \, dy}.$$

Concevons maintenant qu'un système de points matériels A, $A_{\prime}$, $A_{\prime\prime}$, ... liés invariablement les uns aux autres, soit mobile, mais assujetti à tourner autour d'un point fixe, et que Θ varie avec les directions de trois axes mobiles liés invariablement au système. Supposons d'ailleurs, pour plus de commodité, ces axes perpendiculaires l'un à l'autre. Θ pourra être considéré comme fonction des neuf angles formés par les trois axes mobiles avec trois axes fixes. Il y a plus : ces neuf angles, liés entre eux par six équations, pourront être réduits à trois angles polaires φ, χ, ψ, ces angles étant ceux que formeront l'un des axes mobiles avec un axe fixe, ou le plan de ces deux axes avec le plan mené par l'un d'entre eux, de manière à renfermer ou deux axes fixes ou deux axes mobiles. Cela posé, si l'on fait, pour abréger,

$$\alpha = \cos\varphi,$$

les diverses positions que pourra prendre le système de points matériels correspondront toutes à des valeurs des variables

$$\alpha,\quad \chi,\quad \psi,$$

comprises entre les limites

$$\alpha = -1, \qquad \alpha = 1, \qquad \chi = -\pi, \qquad \chi = \pi, \qquad \psi = -\pi, \qquad \psi = \pi,$$

et la valeur moyenne de Θ entre ces limites sera indépendante des directions assignées aux axes fixes. Si l'on désigne cette moyenne à l'aide de la lettre caractéristique $\mathfrak{M}$, alors $\mathfrak{M}\Theta$ sera précisément ce que j'ai nommé la *moyenne isotropique* entre les diverses valeurs de Θ, et l'on aura

$$\mathfrak{M}\,\Theta = \mathop{\mathrm{M}}_{\alpha=-1,\ \chi=-\pi,\ \psi=-\pi}^{\alpha=1,\ \chi=\pi,\ \psi=\pi} \Theta = \frac{\int_{-\pi}^{\pi}\int_{-\pi}^{\pi}\int_{-1}^{1} \Theta\, d\psi\, d\chi\, d\alpha}{\int_{-\pi}^{\pi}\int_{-\pi}^{\pi}\int_{-1}^{1} d\psi\, d\chi\, d\alpha}, \tag{3}$$

par conséquent,

$$\mathfrak{M}\,\Theta = \frac{1}{8\pi^2}\int_{-\pi}^{\pi}\int_{-\pi}^{\pi}\int_{-1}^{1} \Theta\, d\psi\, d\chi\, d\alpha. \tag{4}$$

Si Θ, dépendant uniquement de la direction assignée à un axe fixe, se réduit à une fonction des seuls angles φ, χ, la formule (4) donnera

$$(5)\qquad \mathfrak{M}\Theta = \frac{1}{4\pi}\int_{-\pi}^{\pi}\int_{-1}^{1}\Theta\, d\chi\, d\alpha.$$

Enfin, si Θ, dépendant uniquement de la distance assignée à un plan fixe, se réduit à une fonction de l'angle χ, on aura

$$(6)\qquad \mathfrak{M}\Theta = \frac{1}{2\pi}\int_{-\pi}^{\pi}\Theta\, d\chi.$$

Soient maintenant

$r, r_{,}, r_{,,}, \ldots$ les distances de l'origine aux points matériels $A, A_{,}, A_{,,}, \ldots$;

$x, y, z;\ x_{,}, y_{,}, z_{,};\ x_{,,}, y_{,,}, z_{,,};\ \ldots$ les coordonnées de ces points mesurées sur les axes mobiles;

$\mathrm{x}, \mathrm{y}, \mathrm{z};\ \mathrm{x}_{,}, \mathrm{y}_{,}, \mathrm{z}_{,};\ \mathrm{x}_{,,}, \mathrm{y}_{,,}, \mathrm{z}_{,,};\ \ldots$ les coordonnées des mêmes points mesurées sur les axes fixes;

et posons

$$(7)\qquad \Theta = F(x, y, z, x_{,}, y_{,}, z_{,}, \ldots).$$

Les coordonnées x, y, z seront liées avec les coordonnées x, y, z par des équations de la forme

$$(8)\qquad \begin{cases} x = \alpha\mathrm{x} + \beta\mathrm{y} + \gamma\mathrm{z}, \\ y = \alpha'\mathrm{x} + \beta'\mathrm{y} + \gamma'\mathrm{z}, \\ z = \alpha''\mathrm{x} + \beta''\mathrm{y} + \gamma''\mathrm{z}; \end{cases}$$

et, si l'on nomme φ, χ, ψ les angles polaires que forment l'axe des x avec l'axe des x, et le plan des $x\mathrm{x}$ avec les plans des xy et des xy, on aura

$$(9)\qquad \begin{cases} \alpha = \cos\varphi, & \beta = \sin\varphi\cos\chi, & \gamma = \sin\varphi\sin\chi, \\ \alpha' = \sin\varphi\cos\psi, & \beta' = -\sin\chi\sin\psi - \cos\varphi\cos\chi\cos\psi, & \gamma' = \cos\chi\sin\psi - \cos\varphi\sin\chi\cos\psi, \\ \alpha'' = \sin\varphi\sin\psi, & \beta'' = \sin\chi\cos\psi - \cos\varphi\cos\chi\sin\psi, & \gamma'' = -\cos\chi\cos\psi - \cos\varphi\sin\chi\sin\psi. \end{cases}$$

Cela posé, en considérant les coordonnées $\mathrm{x}, \mathrm{y}, \mathrm{z}, \mathrm{x}_{,}, \mathrm{y}_{,}, \mathrm{z}_{,}, \ldots$ comme constantes, et les coefficients α, 6, γ, α', ... comme variables avec φ, χ, ψ, on aura

$$(11)\quad \mathfrak{M}\Theta = \mathfrak{M}\,F(\alpha \mathrm{x} + 6\mathrm{y} + \gamma \mathrm{z},\ \alpha' \mathrm{x} + 6'\mathrm{y} + \gamma' \mathrm{z},\ \alpha'' \mathrm{x} + 6''\mathrm{y} + \gamma'' \mathrm{z},\ \ldots).$$

Si, pour éviter l'emploi d'un trop grand nombre de lettres, on écrit, dans la formule (11), $x, y, z, x_{\prime}, \ldots$ au lieu de $\mathrm{x}, \mathrm{y}, \mathrm{z}, \mathrm{x}_{\prime}, \ldots$, on aura, en considérant les coordonnées $x, y, z, x_{\prime}, \ldots$ comme constantes, et les coefficients α, 6, γ, ... comme variables,

$$(12)\quad \mathfrak{M}\Theta = \mathfrak{M}\,F(\alpha x + 6y + \gamma z,\ \alpha' x + 6'y + \gamma' z,\ \alpha'' x + 6''y + \gamma'' z,\ \ldots).$$

Mais, puisque la moyenne $\mathfrak{M}\Theta$ est indépendante des directions assignées aux axes fixes, elle ne sera point altérée si l'on passe d'un système d'axes mobiles à un autre système d'axes mobiles liés invariablement aux premiers, sauf à passer ensuite du nouveau système d'axes mobiles à un système d'axes fixes. Donc la formule (12) continuera de subsister si l'on considère dans le second membre, non plus α, 6, γ, α', ... comme variables et x, y, z, ... comme constantes, mais, au contraire, α, 6, γ, α', ... comme constantes et $x, y, z, x_{\prime}, y_{\prime}, z_{\prime}, \ldots$ comme variables. On aura donc, sous cette condition,

$$(13)\quad \left\{\begin{aligned} &\mathrm{M}\,F(x, y, z, x_{\prime}, y_{\prime}, z_{\prime}, \ldots)\\ &\quad = \mathfrak{M}\,F(\alpha x + 6y + \gamma z,\ \alpha' x + 6'y + \gamma' z,\ \alpha'' x + 6''y + \gamma'' z,\ \alpha x_{\prime} + 6y_{\prime} + \gamma z_{\prime},\ \ldots).\end{aligned}\right.$$

Il y a plus : comme le second membre de l'équation (13) ne variera pas quand on remplacera un système particulier de valeurs de α, 6, γ, α', ... par un autre, on pourra, sans altérer ce second membre, y substituer à la fonction placée sous le signe $\mathfrak{M}$ la valeur moyenne entre plusieurs valeurs de cette fonction correspondantes à divers systèmes de valeurs de α, 6, γ, α', ..., et, par suite, sa valeur moyenne relative à un ou à plusieurs des angles φ, χ, ψ, en sorte qu'on aura, par exemple, en appliquant l'opération qu'indique le signe $\mathfrak{M}$ aux seules coordonnées $x, y, z, x_{\prime}, y_{\prime}, z_{\prime}, \ldots$,

$$(14)\quad \left\{\begin{aligned} &\mathfrak{M}\,F(x, y, z, x_{\prime}, y_{\prime}, z_{\prime}, \ldots)\\ &\quad = \mathfrak{M} \mathop{\mathrm{M}}_{\chi=-\pi}^{\chi=\pi} F(\alpha x + 6y + \gamma z,\ \alpha' x + 6'y + \gamma' z,\ \alpha'' x + 6''y + \gamma'' z,\ \ldots).\end{aligned}\right.$$

Si l'on pose, pour abréger,

$$\overline{\Theta} = \mathrm{F}(\alpha x + 6 y + \gamma z, \alpha' x + 6' y + \gamma' z, \alpha'' x + 6'' y + \gamma'' z, \alpha x_{,} + 6 y_{,} + \gamma z_{,}, \ldots),$$

alors $\overline{\Theta}$ sera ce que devient Θ, en vertu d'une transformation de coordonnées, et les équations (13), (14), ..., réduites aux deux formules

$$\mathfrak{M}\,\Theta = \mathfrak{M}\,\overline{\Theta}, \tag{15}$$

$$\mathfrak{M}\,\Theta = \mathfrak{M}\,\mathop{\mathrm{M}}_{\chi=-\pi}^{\chi=\pi}\overline{\Theta}, \tag{16}$$

....

entraîneront le théorème que nous allons énoncer.

Théorème I. — *Soient*

$x, y, z, x_{,}, y_{,}, z_{,}, \ldots$ *les coordonnées de divers points;*

Θ *une fonction de ces coordonnées;*

$\overline{\Theta}$ *ce que devient* Θ *quand les axes coordonnés des* x, y, z *subissent un déplacement déterminé, dont la nature dépend de trois angles polaires* φ, χ, ψ.

On aura, en considérant comme variables les seules coordonnées $x, y, z, x_{,}, y_{,}, z_{,}, \ldots,$

$$\mathfrak{M}\,\Theta = \mathfrak{M}\,\overline{\Theta};$$

et même on pourra, dans le second membre de l'équation (15), *remplacer la fonction* $\overline{\Theta}$ *par sa valeur moyenne relative à un ou à plusieurs des trois angles* φ, χ, ψ, *ou plus généralement par une moyenne quelconque entre plusieurs valeurs de cette fonction.*

Corollaire I. — Supposons, pour fixer les idées,

$$\Theta = \mathrm{f}(ux + vy + wz),$$

u, v, w étant des paramètres quelconques. La formule (15) donnera

$$\left\{\begin{aligned} &\mathfrak{M}\,\mathrm{f}[u(\alpha x + 6 y + \gamma z) + v(\alpha' x + 6' y + \gamma' z) + w(\alpha'' x + 6'' y + \gamma'' z)] \\ &\quad = \mathfrak{M}\,\mathrm{f}(ux + vy + wz). \end{aligned}\right. \tag{17}$$

D'ailleurs, si l'on pose

$$k^2 = u^2 + v^2 + w^2,$$

$\frac{u}{k}, \frac{v}{k}, \frac{w}{k}$ seront les cosinus des angles formés par une certaine droite avec les demi-axes des coordonnées positives, et en déplaçant l'axe des x de manière à le faire coïncider avec la droite dont il s'agit, on réduira le trinôme

$$ux + vy + wz$$

à la forme kx. On aura donc encore, en vertu du théorème I,

$$(18) \qquad \mathfrak{M}\, \mathrm{f}(ux + vy + wz) = \mathfrak{M}\, \mathrm{f}(kx).$$

Enfin, en prenant pour axe polaire l'axe des x, et considérant α seul comme variable dans la fonction $\mathrm{f}(kr\alpha)$, on aura

$$(19) \qquad \mathfrak{M}\, \mathrm{f}(kx) = \mathfrak{M}\, \mathrm{f}(kr\alpha),$$

la valeur de r^2 étant

$$r^2 = x^2 + y^2 + z^2.$$

Donc la formule (16) donnera

$$(20) \quad \mathfrak{M}\, \mathrm{f}[u(\alpha x + 6y + \gamma z) + v(\alpha' x + 6' y + \gamma' z) + w(\alpha'' x + 6'' y + \gamma'' z)] = \mathfrak{M}\, \mathrm{f}(kr\alpha)$$

ou, ce qui revient au même,

$$(21) \quad \left\{ \begin{aligned} &\int_{-\pi}^{\pi}\int_{-\pi}^{\pi}\int_{-1}^{1} \mathrm{f}[u(\alpha x + 6y + \gamma z) + v(\alpha' x + 6' y + \gamma' z) + w(\alpha'' x + 6'' y + \gamma'' z)]\, d\psi\, d\chi\, d\alpha \\ &\qquad = 4\pi^2 \int_{-1}^{1} \mathrm{f}(kr\alpha)\, d\alpha. \end{aligned} \right.$$

Ainsi la formule (20) réduit une intégrale triple à une intégrale simple. Quant à la formule (18), qui réduit une intégrale double à une intégrale simple, elle reproduit précisément le théorème à l'aide duquel M. Poisson a intégré l'équation du son.

Corollaire II. — A l'aide d'une rotation imprimée aux axes coordonnés supposés rectangulaires, on peut les échanger entre eux de manière à substituer aux axes des x, y, z les axes des y, z, x, ou des z, x, y. Donc l'équation (15) entraîne la suivante :

$$(22)\quad \left\{\begin{aligned} \mathfrak{M}\,\mathrm{F}(x, y, z, x_{\prime}, y_{\prime}, z_{\prime}, \ldots) &= \mathfrak{M}\,\mathrm{F}(y, z, x, y_{\prime}, z_{\prime}, x_{\prime}, \ldots) \\ &= \mathfrak{M}\,\mathrm{F}(z, x, y, z_{\prime}, x_{\prime}, y_{\prime}, \ldots). \end{aligned}\right.$$

En vertu de cette dernière équation, on aura, par exemple,

$$(23)\qquad \mathfrak{M}(x^2) = \mathfrak{M}(y^2) = \mathfrak{M}(z^2) = \mathfrak{M}\,\frac{x^2 + y^2 + z^2}{3} = \frac{r^2}{3},$$

$$(24)\quad \mathfrak{M}(xx_1) = \mathfrak{M}(yy_1) = \mathfrak{M}(zz_1) = \mathfrak{M}\,\frac{xx_1 + yy_1 + zz_1}{3} = \frac{rr_1 \cos(r, r_1)}{3},$$

$$(25)\quad \left\{\begin{aligned} &\mathfrak{M}(xy_{\prime} z_{\prime\prime}) = \mathfrak{M}(yz_{\prime} x_{\prime\prime}) = \mathfrak{M}(zx_{\prime} y_{\prime\prime}), \\ &\mathfrak{M}(xy_{\prime\prime} z_{\prime}) = \mathfrak{M}(yz_{\prime\prime} x_{\prime}) = \mathfrak{M}(zx_{\prime\prime} y_{\prime}). \end{aligned}\right.$$

Corollaire III. — A l'aide d'une rotation imprimée à deux axes coordonnés autour du troisième, par exemple aux axes des y et z autour de l'axe des x, on peut changer à la fois les signes des coordonnées mesurées sur ces deux axes, ou bien encore changer à la fois

$$y,\ y_{\prime},\ y_{\prime\prime},\ \ldots \quad \text{en} \quad z,\ z_{\prime},\ z_{\prime\prime},\ \ldots$$

et

$$z,\ z_{\prime},\ z_{\prime\prime},\ \ldots \quad \text{en} \quad -y,\ -y_{\prime},\ -y_{\prime\prime},\ \ldots.$$

On aura donc, en vertu de l'équation (15),

$$(26)\quad \mathfrak{M}\,\mathrm{F}(x, y, z, x_{\prime}, y_{\prime}, z_{\prime}, \ldots) = \mathfrak{M}\,\mathrm{F}(x, -y, -z, x_{\prime}, -y_{\prime}, -z_{\prime}, \ldots)$$

et

$$(27)\quad \mathfrak{M}\,\mathrm{F}(x, y, z, x_{\prime}, y_{\prime}, z_{\prime}, \ldots) = \mathfrak{M}\,\mathrm{F}(x, z, -y, x_{\prime}, z_{\prime}, -y_{\prime}, \ldots).$$

En vertu de l'équation (22), on aura

$$(28)\qquad \mathfrak{M}\,\mathrm{F}(x, y, z, x_{\prime}, y_{\prime}, z_{\prime}, \ldots) = 0,$$

si la fonction $\mathrm{F}(x, y, z, x_{\prime}, y_{\prime}, z_{\prime}, \ldots)$ change de signe avec les coordonnées mesurées sur les axes de y, z; et d'ailleurs, les axes des y, z pouvant être remplacés ici par les axes des z, x ou des x, y, il en résulte qu'on aura pour exemple

$$(29)\qquad \mathfrak{M}(x) = 0, \qquad \mathfrak{M}(xy) = 0, \qquad \mathfrak{M}(xyz) = 0, \qquad \ldots.$$

En vertu de l'équation (22), on aura pour exemple

$$(30)\qquad \mathcal{M}(xy_{\prime}z_{\prime\prime}) = -\mathcal{M}(xy_{\prime\prime}z_{\prime}).$$

Soit maintenant

$$(r, r_{\prime}, r_{\prime\prime})$$

le volume du parallélépipède construit sur les rayons vecteurs r, $r_{\prime}$, $r_{\prime\prime}$, ce volume étant pris avec le signe $+$ ou avec le signe $-$, suivant que le mouvement de rotation de r en $r_{\prime}$ autour de $r_{\prime\prime}$ est direct ou rétrograde; on aura

$$(31)\qquad (r, r_{\prime}, r_{\prime\prime}) = xy_{\prime}z_{\prime\prime} - xy_{\prime\prime}z_{\prime} + x_{\prime}y_{\prime\prime}z - x_{\prime}yz_{\prime\prime} + x_{\prime\prime}yz_{\prime} - x_{\prime\prime}y_{\prime}z,$$

et les formules (25), (30) donneront

$$\begin{aligned}\mathcal{M}(xy_{\prime}z_{\prime\prime}) &= \mathcal{M}(x_{\prime}y_{\prime\prime}z) = \mathcal{M}(x_{\prime\prime}yz_{\prime})\\ &= -\mathcal{M}(xy_{\prime\prime}z_{\prime}) = -\mathcal{M}(x_{\prime}yz_{\prime\prime}) = -\mathcal{M}(x_{\prime\prime}y_{\prime}z) = \tfrac{1}{6}(r, r_{\prime}, r_{\prime\prime}).\end{aligned}$$

On peut encore, du théorème I, déduire la proposition suivante :

THÉORÈME II. — *Supposons que*

$$\Theta = F(x, y, z, x_{\prime}, y_{\prime}, z_{\prime}, \ldots)$$

se réduise à une fonction entière des coordonnées x, y, z, $x_{\prime}$, $y_{\prime}$, $z_{\prime}$, ..., *de points matériels* A, $A_{\prime}$, ...; *soient toujours* r, $r_{\prime}$, ... *les rayons vecteurs menés de l'origine à ces mêmes points, et, après avoir tracé les parallélogrammes qui ont pour côtés ces rayons vecteurs pris deux à deux, portons sur les perpendiculaires aux plans de ces parallélogrammes les moments linéaires équivalents à leurs surfaces. Enfin soient*

$$x',\ y',\ z',\ x'',\ y'',\ z'',\ \ldots$$

les coordonnées des extrémités de ces moments linéaires, en sorte qu'on ait, par exemple,

$$x' = y_{\prime}z_{\prime\prime} - y_{\prime\prime}z_{\prime},$$

et désignons toujours par $\overline{\Theta}$ *ce que devient* Θ *en vertu d'une transformation de coordonnées qui introduit dans la valeur de* $\overline{\Theta}$ *les angles polaires* φ, χ, ψ. *La valeur moyenne*

$$\underset{\chi=-\pi}{\overset{\chi=\pi}{\mathrm{M}}}\ \overline{\Theta}$$

de $\overline{\Theta}$ *considéré comme fonction de l'angle polaire* χ, *se réduira toujours à une fonction entière des seules coordonnées*

$$x,\quad x_{,},\quad x_{,,},\quad \ldots,\quad x',\quad x'',\quad \ldots,$$

et des trois coefficients

$$\alpha,\quad \alpha',\quad \alpha''.$$

Corollaire. — On peut encore déduire immédiatement des théorèmes I et II la proposition suivante :

THÉORÈME III. — *Supposons*

$$\Theta = \mathrm{F}(x, y, z, x_{,}, y_{,}, z_{,}, \ldots)\, \mathrm{f}(ux + vy + wz),$$

u, v, w *étant trois paramètres quelconques, et* $\mathrm{F}(x, y, z, x_{,}, y_{,}, z_{,}, \ldots)$ *une fonction entière des coordonnées* x, y, z, $x_{,}$, $y_{,}$, $z_{,}$, ... *Supposons d'ailleurs, comme ci-dessus,*

$$k^2 = u^2 + v^2 + w^2.$$

L'intégrale triple qui représentera la moyenne isotropique $\mathfrak{M}\Theta$ *pourra être réduite à une intégrale simple, et même on pourra la déduire de l'intégrale simple*

$$\mathfrak{M}\, \mathrm{f}(kr\alpha) = \frac{1}{2}\int_{-1}^{1} \mathrm{f}(kr\alpha)\, d\alpha$$

par des différentiations relatives aux seules variables x, y, z.

Je reviendrai, dans un prochain article, sur les théorèmes qui précèdent. J'examinerai aussi les diverses méthodes que l'on peut suivre pour les appliquer à la recherche des mouvements infiniment petits des systèmes isotropes, et je comparerai l'analyse et les formules exposées à ce sujet dans mes *Exercices d'Analyse* et dans le Mémoire lithographié de 1836, avec l'analyse et les formules remarquables de M. Laurent.

J'observerai, en terminant, que les moyennes isotropiques coïncident avec celles qui résultent de la considération des polygones ou des polyèdres réguliers, et qui ont été considérées par M. Breton (de Champ) et par moi-même dans de précédents articles.

404.

Physique mathématique. — *Mémoire sur les douze équations qui déterminent les mouvements de translation, de rotation et de dilatation d'un système de molécules.*

C. R., T. XXVI, p. 673 (19 juin 1848).

Simple énoncé.

405.

Arithmétique. — *Rapport sur les moyens proposés par les auteurs de divers Mémoires pour la solution des difficultés que présentent le dépouillement et le recensement des votes dans les élections nouvelles.*

C. R., T. XXVI, p. 399 (3 avril 1848).

L'Académie nous a chargés d'examiner les documents et projets présentés par M. d'Avout, capitaine d'état-major, et par M. Auguste-Napoléon Naquet, ainsi que les moyens proposés par ces deux auteurs pour la solution des difficultés inhérentes au dépouillement et au recensement des votes dans les élections nouvelles. Ces difficultés offrent, en effet, une question digne par son importance de fixer l'attention de tous ceux qui s'occupent de calcul et d'opérations arithmétiques. Entrons à ce sujet dans quelques détails, et recherchons comment les opérations relatives aux élections nouvelles pourront s'exécuter dans les départements populeux, par exemple dans le département de la Seine.

D'après le recensement fait en 1836, le département de la Seine renfermait 1 106 891 habitants. Ce même nombre a dû s'accroître depuis 12 années. Effectivement le décret relatif aux élections, en prenant pour base 1 représentant par 40 000 habitants, attribue au département de la Seine 34 députés, ce qui suppose une population d'environ 34 fois 40 000, ou 1 360 000 habitants. D'ailleurs, il suit des listes de population insérées dans l'*Annuaire du Bureau des Longitudes,* que, sur 10 000 000 d'habitants, le nombre des individus âgés de 21 ans et plus est de 5 808 267. Il en résulte que, dans le département de la Seine, le nombre des individus âgés de 21 ans et plus est d'environ 789 924. D'ailleurs, le rapport entre les naissances des individus des deux sexes masculin et féminin est, comme l'on sait, supérieur à l'unité, et sensiblement égal au rapport de 17 à 16. D'après ces données, le nombre des hommes âgés de 21 ans et plus, dans le département de la Seine, doit surpasser 394 962, et différer peu de 407 233. Mais pour ne rien exagérer, et attendu qu'il y aura toujours des individus qui négligeront d'user de leurs droits, on peut supposer le nombre des électeurs réduit à 300 000. On obtiendrait un résultat peu différent de celui-ci en ajoutant au nombre des individus qui composent la garde nationale le nombre de ceux qui sont âgés de 55 ans et plus. Remarquons maintenant que chacun des électeurs devra inscrire sur la liste qu'il déposera dans l'urne électorale les noms de 34 candidats. Le scrutin pourra donc produire 300 000 fois 34 ou 10 200 000 noms qui devront être prononcés distinctement par ceux qui seront appelés à faire le dépouillement des votes. Or, dans les élections municipales, on était parvenu à faire le dépouillement de 100 listes composées de 12 noms chacune en une demi-heure environ. D'après cette expérience, une demi-heure semblerait devoir suffire au dépouillement de 1200 noms, et une heure au dépouillement de 2400 noms. Donc 4250 heures, c'est-à-dire environ 177 jours de 24 heures chacun, ou, ce qui revient au même, 354 jours de 12 heures chacun devraient être employés au dépouillement de 10 200 000 noms. Mais ce n'est pas encore tout, et la difficulté du dépouillement se trouvera notablement accrue, en raison du grand nombre des candidats; en sorte qu'on ne pourra guère appeler plus de 12 ou 15 noms par minute. Cela posé, la longueur de l'opération sera doublée, ou même triplée; et, pour effectuer en un petit nombre de jours un si prodigieux travail, on sera obligé de le partager entre un très grand nombre de personnes, ce qui entraînera un recensement très laborieux.

Doit-on en conclure qu'il est impossible d'imprimer à l'opération électorale le caractère mathématique essentiel à tout calcul qui offre quelque intérêt, à toute opération qui a quelque importance, et qui, pour atteindre le but qu'on se propose en l'exécutant, doit être non seulement praticable, mais encore exacte et porter sa preuve avec elle.

Nous ne le pensons pas, et un heureux précédent vient appuyer notre opinion à cet égard.

En 1841, M. Thoyer, employé à la Banque de France, après avoir imaginé une méthode propre à simplifier notablement le calcul des escomptes des effets admis chaque jour, crut devoir composer un Mémoire à ce sujet, et présenter son travail à l'Académie des Sciences. Une Commission fut nommée pour l'examen du Mémoire de M. Thoyer. Le Rapport que l'un de nous fit au nom de cette Commission proposa l'approbation du Mémoire, et les conclusions du Rapport furent adoptées. Le rapport indiquait d'ailleurs une simplification nouvelle que l'on pouvait apporter aux calculs de M. Thoyer. Depuis cette époque, la Banque de France peut chaque jour se rendre compte de sa situation financière, et le travail long et pénible qu'exigeait autrefois la vérification du calcul des escomptes journellement admis devient une opération non seulement praticable, mais facile, et qui se termine en moins d'une demi-heure.

Aujourd'hui ce n'est plus de la Banque de France qu'il s'agit, c'est de la France elle-même. A la vérité, le problème à résoudre est toujours de rendre praticable et facile une grande opération arithmétique. Mais cette opération est devenue colossale, et, au lieu d'intéresser seulement la fortune de quelques citoyens, elle intéresse au plus haut degré tout l'avenir de notre patrie. Il importe à tous que l'on trouve les moyens d'affaiblir et d'annuler, s'il est possible, l'influence que les erreurs involontaires, si difficiles à éviter complètement dans un travail de cette espèce, pourraient exercer sur les élections. Il importe à tous les agents du pouvoir, ainsi qu'à tous les citoyens qui seront appelés soit à faire le dépouillement et le recensement des votes, soit à rédiger et à transmettre aux chefs-lieux de département les procès-verbaux destinés à constater les résultats de ces opérations, qu'aucun d'eux ne puisse être considéré comme étant devenu involontairement la cause de quelques incertitudes.

Pour éviter un si grave inconvénient, deux conditions sont nécessaires :

1° Il est nécessaire que l'opération électorale, qui naturellement serait très compliquée, devienne très simple et d'une exécution facile. Car ici la simplicité, la facilité d'exécution est une condition indispensable d'exactitude;

2° Il est nécessaire que l'opération électorale, comme toutes les opérations arithmétiques, comme toutes les opérations de banque ou de commerce, comme toutes celles qui intéressent la fortune des citoyens et le trésor public, porte sa preuve avec elle. Les soins que l'on se donne, les procédés auxquels on a recours pour assurer l'exactitude de ces diverses opérations, ne sauraient être négligés quand il s'agit de constater l'élection des représentants appelés par leurs concitoyens à régler les destinées de la France.

Les moyens que les auteurs des Mémoires soumis à notre examen ont imaginés pour remplir les conditions ci-dessus indiquées consistent principalement dans l'usage de certaines feuilles de pointage, et dans la division du travail entre plusieurs groupes de scrutateurs qui, pris trois à trois, seraient chargés du dépouillement des votes émis en faveur d'un certain nombre de candidats.

Les feuilles de pointage proposées par M. d'Avout se réduisent à des Tables à double entrée. Les deux premières colonnes verticales renferment, avec les noms des divers candidats, des numéros d'ordre indiquant le rang dans lequel ces noms sont sortis. La première colonne horizontale renferme la suite des nombres naturels. Chaque fois que le nom d'un candidat sortirait de l'urne, la première case vide qui suivrait ce non serait pointée, c'est-à-dire noircie par un point; et le pointage terminé, le chiffre situé au-dessus de la dernière case pointée indiquerait le nombre de voix acquises au candidat dont il s'agit.

Les feuilles de pointage proposées par M. Naquet sont divisées chacune en dix bandes verticales, en tête desquelles s'inscrivent les noms de dix candidats. Chaque bande renferme un grand nombre de points répartis entre plusieurs lignes horizontales superposées, et chaque ligne renferme dix points dont le système est divisé en deux groupes de cinq. Chaque fois que le nom d'un candidat sort de l'urne, on pointe, ou, en d'autres termes, on couvre d'un trait de plume l'un des points qui appartiennent à la bande située au-dessous du nom prononcé, en commençant par les points qui, dans cette bande, sont les plus voisins de ce même nom. Les nombres 20, 40, 60, ..., placés en avant de la seconde, de la quatrième, de la sixième, ... ligne horizontale de points, fournissent, quand le pointage est terminé, le moyen de reconnaître immédiatement le nombre des voix acquises au candidat dont le nom se lit en tête de la bande.

M. d'Avout et M. Naquet ont supposé l'un et l'autre les scrutateurs partagés en groupes de trois, ou autrement dit en trios, dont chacun serait chargé du dépouillement des votes émis en faveur d'un certain nombre de candidats. M. Naquet assigne à chaque trio deux ou trois lettres de l'alphabet; et, afin d'écarter les erreurs, il veut que les scrutateurs qui feront partie d'un même trio se mettent d'accord de 5 en 5 voix.

On ne peut admettre que, dans les grandes villes, à Paris par exemple, le dépouillement des votes se fasse à la mairie de chaque arrondissement. En effet, supposons un instant que l'on adoptât cette mesure. Alors, dans un arrondissement qui renfermerait 30 000 électeurs, le nombre des noms écrits sur les bulletins, et prononcés à haute voix dans le dépouillement des votes, pourrait s'élever à 30 000 fois 34, c'est-à-dire à plus de 1 000 000. Donc, en supposant que l'on puisse dépouiller 15 noms à la minute, par conséquent 900 noms ou même 1000 noms à l'heure, on aurait besoin de 1000 heures ou de 100 jours à 10 heures de travail par journée, pour effectuer le dépouillement tout entier. Lors même que l'on parviendrait à rendre le dépouillement deux ou trois fois plus rapide, l'opération dont il s'agit serait encore inexécutable. Il sera donc non seulement utile, mais nécessaire, surtout à Paris, d'établir dans chaque arrondissement un assez grand nombre de salles d'élection, dans chacune desquelles le dépouillement s'effectue. M. Naquet avait d'abord proposé de porter à 1000 le nombre des électeurs qui feraient partie de chaque assemblée électorale. Dans un second projet, il propose de faire correspondre à Paris les assemblées électorales aux compagnies de la garde nationale. Alors une même salle d'élection recevrait les électeurs inscrits dans une même compagnie, et tous ceux qui habitent les mêmes rues que ces électeurs. Si l'on admettait cette hypothèse, 3 jours à 10 heures de travail par journée pourraient suffire au dépouillement des votes dans chaque salle d'élection. Le dépouillement pourrait s'effectuer en un ou deux jours, si l'on établissait deux ou trois salles d'élection par compagnie, de manière que chaque salle renfermât 300 ou 400 électeurs.

Les feuilles de pointage sont encore, dans les Mémoires de M. Naquet, appliquées à un usage particulier, que nous allons indiquer en peu de mots.

Pour constater l'exactitude de l'opération qui a pour objet le dépouillement des votes, il est utile de charger des scrutateurs spéciaux du soin de recueillir le nombre des voix perdues. Le travail de ces scrutateurs spéciaux deviendra très facile, si, comme le propose M. Naquet, ils opèrent sur des feuilles de pointage divisées en colonnes verticales, en tête desquelles seraient inscrits les divers nombres entiers, depuis l'unité jusqu'à 34. Alors il suffira de couvrir d'un trait de plume un point situé dans la colonne en tête de laquelle se lira, par exemple, le nombre 7, toutes les fois que sur une liste manqueront les noms de sept candidats. Si les noms des trente-quatre candidats manquaient à la fois, c'est-à-dire si le bulletin tiré de l'urne était un billet blanc, les scrutateurs devraient pointer, c'est-à-dire couvrir d'un trait de plume un des points situé dans la colonne en tête de laquelle serait écrit le nombre 34.

Le pointage étant terminé sur chacune des feuilles qui indiquent, d'une part le nombre de voix acquises à chaque candidat, d'autre part le nombre des voix perdues, chaque scrutateur devrait joindre à la feuille de pointage sur laquelle il aurait opéré un procès-verbal, qui serait purement et simplement le résumé des faits constatés par cette même feuille. Les trois procès-verbaux rédigés et signés par les scrutateurs qui auraient pris part à une même opération seraient comparés et mis d'accord entre eux. De ces trois procès-verbaux, l'un serait immédiatement communiqué aux électeurs qui voudraient en prendre connaissance, conservé dans la salle d'élection pendant plusieurs jours à la disposition de tous ceux qui désireraient le consulter, et publié par voie d'impression; un autre serait envoyé à la mairie, et le troisième à l'Hôtel de Ville.

A l'aide des procès-verbaux dressés comme on vient de le dire, tout électeur pourrait immédiatement connaître le nombre des voix obtenues par l'un quelconque des candidats dans chaque salle d'élection. On en déduirait sans peine le nombre total des voix acquises à chaque candidat dans les différentes salles.

Le recensement des votes acquis à chaque candidat dans chaque arrondissement pourrait être avec avantage effectué dans chaque mairie le lendemain du dépouillement des votes dans les salles d'élection. Il conviendrait que les résultats de ce recensement fussent rendus publics par voie d'impression. La preuve de l'exactitude de cette opération serait la publication même des procès-verbaux dressés dans les différentes salles d'élection.

Le recensement des votes acquis à chaque candidat dans le département devra, d'après le décret relatif aux élections, être fait à l'Hôtel de Ville. La preuve de l'exactitude de cette opération sera la publication des recensements partiels faits dans chaque mairie.

Observons, d'ailleurs, que les procès-verbaux destinés à constater le nombre des voix perdues fourniraient, comme nous l'avons dit, une dernière preuve de l'exactitude des opérations électorales.

MM. d'Avout et Naquet ont encore examiné et discuté le parti que l'on peut tirer, pour faciliter le dépouillement du scrutin, d'une idée émise par l'un des commissaires. Cette idée, qui consiste à distinguer dans le dépouillement deux sortes de listes, savoir, les listes individuelles déposées dans l'urne par des électeurs qui seront seuls de leur avis, et les listes collectives déposées par des électeurs qui se seront concertés entre eux pour réunir leurs voix sur les mêmes candidats, sera l'objet spécial d'une Note placée à la suite de ce Rapport.

En résumé, les Commissaires pensent que plusieurs des idées émises par MM. d'Avout et Naquet peuvent être utilement appliquées à la simplification du dépouillement du scrutin dans les élections nouvelles.

Nous proposons en conséquence à l'Académie d'engager ces auteurs à poursuivre les recherches qu'ils ont entreprises pour découvrir des moyens propres à rendre plus facile l'opération électorale, et de leur voter des remercîments.

406.

Arithmétique. — *Note sur un moyen de rendre plus rapide le dépouillement du scrutin dans les élections nouvelles.*

C. R., T. XXVI, p. 404 (3 avril 1848).

Il existe un moyen simple de rendre plus rapide le dépouillement du scrutin dans les élections nouvelles. Nous allons l'indiquer en peu de mots.

Les listes de candidats déposées dans l'urne électorale par les électeurs seront de deux espèces :

Certaines listes particulières et *individuelles* seront déposées par des électeurs dont chacun sera seul de son avis et n'aura pris conseil que de lui-même. Mais ces listes seront évidemment peu nombreuses, eu égard au nombre total des votants, et elles auront pour effet unique de disséminer des votes sur un grand nombre de candidats, dont la plupart n'auront aucune chance de succès. D'autres listes auront sur les élections une influence marquée et décisive : ce seront les listes *collectives* déposées dans l'urne, non par des individus isolés, mais par des électeurs qui, jaloux de faire un acte sérieux et de ne point perdre leurs voix, se seront concertés entre eux pour porter leurs suffrages sur les mêmes candidats.

Pour réduire à une grande simplicité l'opération si laborieuse du dépouillement, il suffirait de la partager en deux autres qui se rapporteraient, l'une aux listes individuelles, l'autre aux listes collectives.

Le dépouillement des listes individuelles s'exécuterait tout naturellement dans les formes ordinaires. Les résultats de ce dépouillement, dans chaque salle d'élection, seraient constatés par des procès-verbaux qui feraient connaître le nombre des voix acquises à chaque candidat sur les listes individuelles.

Quant aux listes collectives, il ne serait nullement nécessaire d'en faire le dépouillement. Il suffirait que chacune de ces listes, étant ou autographiée, ou lithographiée, ou imprimée, portât en tête, avec le mot *liste collective,* un nombre de cinq chiffres pris au hasard, ce qui permettrait de reconnaître, à mesure qu'ils se présenteraient dans le dépouillement du scrutin, les divers exemplaires d'une même liste. Des numéros d'ordre attribués aux diverses listes indiqueraient l'ordre suivant lequel elles se seraient présentées l'une après l'autre dans l'opération du dépouillement. Des feuilles blanches, divisées en colonnes verticales, en tête desquelles on inscrirait ces numéros d'ordre, seraient placées devant trois scrutateurs spéciaux. Lorsqu'une liste collective paraîtrait pour la première fois, chacun des trois scrutateurs en question inscrirait, au-dessous du numéro d'ordre, le nombre de cinq chiffres qui servirait à caractériser cette liste; et, au-dessous de ce nombre, dans 34 cases vides, les noms des candidats portés sur la liste. Trois autres scrutateurs marqueraient sur des feuilles de pointage les nombres des voix acquises à chaque liste collective. Lorsque la même liste, caractérisée par le même nombre, reparaîtrait, l'un des scrutateurs chargés d'inscrire les noms des candidats sur les feuilles blanches prononcerait à haute voix le numéro correspondant à ce nombre, et chacun des scrutateurs chargés des feuilles de pointage correspondantes aux listes collectives couvrirait d'un trait un des points placés au-dessous de ce numéro, en commençant par les points qui en seraient les plus voisins. En outre, pour éviter toute erreur, le président transmettrait aux trois scrutateurs chargés des feuilles blanches les listes collectives, à chacune desquelles ils appliqueraient le numéro qui lui reviendrait; et ces mêmes scrutateurs auraient soin de poser les uns sur les autres les divers exemplaires de chaque liste et de bien s'assurer qu'ils sont tous semblables entre eux. Enfin, lorsque le dépouillement du scrutin serait terminé, et que les scrutateurs chargés des feuilles de pointage pour les listes collectives auraient inscrit le nombre de voix acquises à chacune de ces listes, les divers paquets dont chacun comprendrait les divers exemplaires d'une même liste seraient successivement, et suivant l'ordre indiqué par les numéros des listes, rapportés au président, qui compterait immédiatement à haute voix le nombre des exemplaires compris dans chaque paquet, puis les ferait passer aux secrétaires, en ayant soin de vérifier avec eux la parfaite identité des divers exemplaires d'une même liste. Le compte fait, par le président, des exemplaires d'une liste devrait évidemment reproduire le nombre des voix acquises à cette liste sur les feuilles de pointage.

Nous avons supposé, dans ce qui précède, que les listes collectives déposées dans l'urne électorale n'étaient pas modifiées par les électeurs eux-mêmes. Mais il peut arriver que, dans une liste collective, un électeur remplace un nom par un autre. Pour remédier à cet inconvénient, on pourrait se borner à faire rentrer les listes *collectives modifiées* dans la classe des listes individuelles; mais cet expédient détruirait en grande partie la simplicité de l'opération. Il sera infiniment plus commode et plus simple de constater les divers remplacements comme s'il s'agissait de la conscription militaire, et de charger des scrutateurs spéciaux d'indiquer sur des feuilles de pointage combien de fois chaque candidat aura été ou remplaçant ou remplacé.

Pour se faire une idée de la grande simplification qu'apportera au dépouillement du scrutin la distinction établie entre les listes individuelles et les listes collectives, il suffit d'observer que, en opérant comme on vient de le dire, on remplace généralement la lecture, faite à haute voix, des noms portés sur une liste collective, c'est-à-dire de 34 noms dont chacun doit être prononcé distinctement, par l'énonciation du seul nombre qui caractérise cette liste. Il est donc naturel de croire que le moyen indiqué réduira, pour les listes collectives non modifiées, le temps de l'opération dans le rapport de 34 à l'unité, ou, ce qui revient au même, dans le rapport d'une demi-heure environ à une minute. Il y a plus : la réduction opérée sera, selon toute apparence, plus considérable qu'on ne vient de le dire. Car le nombre qui caractérisera une liste collective se prononcera plus rapidement que le nom d'un candidat, joint aux prénoms, et autres indications qui pourront servir à distinguer ce candidat d'un autre, et que l'on devra énoncer aussi, pour ne pas s'exposer à confondre entre eux des homonymes.

Le pointage des différentes feuilles relatives, soit aux listes individuelles, soit aux listes collectives, soit aux remplacements opérés sur ces dernières listes étant terminé, chaque scrutateur pourra joindre à sa feuille de pointage un procès-verbal qui sera purement et simplement le résumé des faits constatés par cette même feuille. Les trois procès-verbaux rédigés et signés par les scrutateurs qui auraient pris part à une même opération seraient comparés et mis d'accord entre eux, et l'on ferait de ces trois procès-verbaux l'usage qui a été indiqué dans le Rapport.

A l'aide de ces mêmes procès-verbaux, dont l'un serait immédiatement communiqué aux électeurs, et conservé pendant plusieurs jours dans la salle d'élection, il serait facile de connaître en un instant le nombre des voix obtenues dans cette salle par l'un quelconque des candidats. Supposons, pour fixer les idées, que le nom d'un candidat se trouve à la fois sur trois listes collectives, dont l'une ait réuni 400 suffrages, l'autre 100 suffrages, l'autre 53 suffrages : il est clair que le nombre total des voix acquises à ce candidat sur les listes collectives sera 400 plus 100 plus 53, ou 553. Si d'ailleurs le procès-verbal relatif aux listes individuelles donne à ce candidat 12 suffrages; si enfin les procès-verbaux de remplacement le portent trois fois parmi les remplacés, cinq fois parmi les remplaçants, on devra au nombre 553 ajouter le nombre 12 et la différence 2 des nombres 5 et 3. La somme 553, plus 12 plus 2, ainsi obtenue, ou le nombre 567, sera précisément le nombre total des voix acquises au candidat dont il s'agit.

Nous remarquerons, en finissant, qu'il sera très avantageux de se borner, le jour du dépouillement du scrutin, à remplir et à dresser, dans chaque salle d'élection, les feuilles de pointage, avec les procès-verbaux dont chacun offrira le résumé pur et simple d'une de ces feuilles. Ces premières opérations n'exigeront aucun calcul, puisqu'il suffira de constater sur chaque feuille de pointage le nombre des voix acquises à chaque candidat ou à chaque liste collective, et pourront, en conséquence, s'effectuer très facilement, même au milieu du bruit et du bourdonnement causés par des conversations particulières, et par la présence simultanée d'un grand nombre d'électeurs dans la même salle. A la vérité, l'addition à l'aide de laquelle on pourra déduire des diverses feuilles de pointage le nombre des voix acquises à l'un quelconque des candidats sera encore une opération assez simple, et qui, dans chaque salle d'élection, pourra s'achever en quelques minutes. Toutefois les additions du même genre, relatives aux divers candidats, et celles qu'exigera le recensement des votes émis dans les diverses salles d'élection, pouvant employer, eu égard au grand nombre des candidats, un temps assez considérable, il conviendra de s'en occuper, non le jour même du dépouillement, mais les jours suivants, ce qui permettra d'effectuer tranquillement et à tête reposée, d'une part dans les salles d'élection, d'autre part dans les mairies et à l'Hôtel de Ville, ces mêmes additions, dans lesquelles il ne sera possible de commettre aucune erreur sans qu'elle soit promptement reconnue et rectifiée, si l'on adopte la marche indiquée dans le Rapport.

407.

Arithmétique. — *Rapport sur les moyens que divers auteurs proposent pour faciliter les opérations relatives aux élections nouvelles.*

C. R., T. XXVI, p. 441 (17 avril 1848).

Dans l'avant-dernière séance, nous avons rendu compte des propositions faites par MM. Naquet et d'Avout pour rendre plus faciles le dépouillement et le recensement des votes dans les élections nouvelles. Les conclusions du Rapport que nous avons lu à ce sujet ont été adoptées par l'Académie. Mais de nouvelles propositions adressées par divers auteurs ont été renvoyées à notre examen; nous allons en rendre compte en peu de mots.

M. Hubert a proposé des feuilles de pointage qui ont beaucoup de rapport avec celles qu'avait présentées M. Naquet. Dans le système de M. Hubert, les points, remplacés par des ovales ou espèces d'ellipses, deviennent plus apparents; chaque scrutateur est chargé du dépouillement des votes émis en faveur de cinq candidats dont les noms sont écrits sur une planche, au-dessus les uns des autres; enfin la feuille de pointage se transforme en un cahier dont chaque feuillet se divise en cinq parties correspondantes aux cinq candidats, et présente, à la suite du nom de chaque candidat, cent points au plutôt cent ovales répartis entre dix lignes superposées. Le scrutateur pointe et numérote les feuillets placés en avant du nom d'un candidat, à mesure que ce nom sort de l'urne. Lorsque le dépouillement du scrutin est terminé, l'inspection seule du dernier feuillet, et du numéro qu'il porte, fait immédiatement connaître le nombre total des voix acquises au candidat dont il s'agit. Supposons, par exemple, que le dernier feuillet soit le quatrième, et qu'il indique 42 votes acquis à un candidat. On en conclura que le nombre de voix acquises à ce candidat est inférieur à 400 et précisément égal à 342.

Ce procédé a l'avantage de restreindre en surface l'étendue des feuilles qui doivent être simultanément parcourues par les yeux des scrutateurs. Mais à côté de cet avantage se trouverait l'inconvénient devant lequel M. Naquet s'est arrêté, savoir, de trop augmenter le nombre des scrutateurs.

M. Augier suppose qu'on remet à chaque électeur, avec sa carte, un bulletin divisé en cases, sur lesquelles s'inscrivent les noms des candidats, puis qu'à l'aide d'une machine à découper on sépare chaque bulletin en bandes dont chacune contient un seul nom, puis enfin que l'on attache ensemble, et que l'on compte, après les avoir réunies par centaines, les bandes qui portent le même nom. Il est vrai que ce mode de dépouillement paraîtrait avantageux sous un certain rapport, puisqu'il dispenserait de lire les bulletins avant qu'ils fussent découpés. Mais la Commission observe qu'il faudrait les lire après, et que ce mode d'opération peut prêter à des erreurs ou des fraudes qu'il ne serait pas possible de discerner; ce qu'a reconnu l'auteur lui-même.

MM. Vuillermet et Sabran avaient d'abord remplacé les feuilles de pointage par un Tableau unique dans lequel le nom de chaque candidat était suivi de trois ou quatre dizaines de points que renfermaient trois ou quatre colonnes verticales. Ces colonnes étaient censées correspondre aux unités, dizaines, centaines, etc. Le pointage s'exécutait, pour chaque candidat, à l'aide de trois ou quatre épingles qui s'appliquaient successivement sur les divers points, et qui s'enfonçaient dans un tapis étendu sous le Tableau. La position de ces épingles indiquait, à chaque instant, le nombre des voix déjà obtenues par le candidat. Enfin, des numéros d'ordre placés dans la première colonne verticale en avant des noms des candidats facilitaient la recherche de ces mêmes noms.

L'usage des épingles offrant quelques inconvénients sous le rapport de la stabilité, MM. Vuillermet et Sabran y ont substitué plus tard des chevilles qui s'enfoncent dans des planchettes en bois percées de trous. Enfin, à ces planchettes ils substituent maintenant un mécanisme semblable à celui dont on se sert pour compter les points au jeu de billard. Seulement ils emploient trois ou quatre dizaines de boules diversement colorées, et correspondantes aux unités, dizaines, centaines, etc. A l'aide de ce mécanisme, comme à l'aide de la planchette, on connaît à chaque instant, sans aucune addition, le nombre des voix acquises à chaque candidat. Les auteurs supposent d'ailleurs que deux ou trois personnes chargées de la même opération s'arrêtent de 25 en 25 bulletins, pour s'assurer qu'elles marchent d'accord. En cas d'erreur, elles n'auraient à vérifier que le travail relatif aux 25 derniers bulletins.

Ce dernier procédé procure, en réalité, une économie de place; mais ce serait aux dépens de l'économie de temps, et d'ailleurs la mobilité des boules pourrait devenir une cause d'incertitude.

En résumé, les Commissaires proposent à l'Académie de remercier les auteurs des divers Mémoires de leurs Communications.

408.

Théorie des nombres. — *Rapport sur un Mémoire de M.* Gorini, *relatif aux résidus des puissances d'un même nombre.*

C. R., T. XXVI, p. 443 (17 avril 1848).

L'Académie nous a chargés, M. Lamé et moi, d'examiner un Mémoire de M. Gorini relatif à la formation des périodes de résidus que fournissent les puissances d'une même base, dans le cas où le module est lui-même une puissance d'un nombre premier.

L'auteur du Mémoire désigne sous le nom de *périodes arithmétiques* et de *périodes géométriques* les deux espèces de périodes auxquelles on arrive en cherchant les résidus qu'on obtient quand on divise par le module les divers termes d'une progression arithmétique qui commence par zéro, ou d'une progression géométrique qui commence par l'unité. Il prouve que, dans le cas où le module est, par exemple, le carré d'un nombre premier p, la période géométrique relative à une base donnée se décompose en périodes arithmétiques correspondantes à des indices qui forment eux-mêmes une progression arithmétique dont la différence est $p-1$. En partant de ce principe, il indique un moyen facile de ramener la recherche des résidus correspondants au module p^2 à la recherche des résidus correspondants au module p.

En résumé, les Commissaires pensent que le Mémoire de M. Gorini peut être lu avec intérêt par les personnes qui s'occupent de la théorie des nombres, et ils proposent à l'Académie de voter à l'auteur des encouragements.

409.

Arithmétique. — *Note sur le recensement des votes dans les élections générales.*

C. R., T. XXVI, p. 469 (1er mai 1848).

Une question a été débattue au sujet des élections du département de la Seine. Il s'agissait de trouver un mode de recensement rapide et sûr, à l'aide duquel on pût, des procès-verbaux qui donnaient les résultats du dépouillement des votes dans chaque arrondissement électoral, déduire avec facilité les noms des candidats appelés à représenter le département dans l'Assemblée nationale. Or cette question peut être aisément et promptement résolue, à l'aide d'un procédé très simple, qui serait applicable, dans tous les départements, à des élections nouvelles, comme aux élections déjà faites, et que je vais exposer en peu de mots.

Pour mieux fixer les idées, je choisirai comme exemple le département de la Seine, divisé en quatorze arrondissements, et je supposerai séparément recueillis, comme dans les dernières élections, les votes de l'armée et de la garde nationale mobile qui, prises en masse, peuvent alors être censées former un quinzième arrondissement électoral. Je supposerai encore que les quinze arrondissements électoraux doivent concourir à la nomination de trente-quatre représentants, et que les élections se font par scrutin de liste.

Cela posé, je remarquerai d'abord que, après la clôture du scrutin, et avant même que le dépouillement s'effectue, les feuilles d'émargement et la supputation des bulletins retirés de chaque urne constatent le nombre des votants dans chacun des quinze arrondissements électoraux.

D'autre part, le dépouillement des votes, dans chaque arrondissement électoral, fournit une liste de candidats que l'on peut classer dans l'ordre indiqué par le nombre des suffrages obtenus, le rang d'un candidat étant plus ou moins élevé sur cette liste, suivant que le nombre des votes émis en sa faveur est plus ou moins considérable. Concevons que les quinze listes ainsi dressées dans les quinze arrondissements soient comparées entre elles. Si les noms des trente-quatre premiers candidats sont les mêmes sur ces quinze listes, ces noms seront précisément ceux des représentants élus. Dans le cas contraire, on pourra opérer de la manière suivante.

Effectuez le recensement général des votes pour les trente-quatre premiers candidats de la liste relative à l'un des arrondissements les plus populeux, et, après avoir supputé le nombre total des suffrages favorables à chacun d'eux, cherchez la quinzième partie du plus petit des trente-quatre nombres ainsi trouvés. Réunir au moins dans l'un des quinze arrondissements électoraux un nombre de suffrages supérieur à cette quinzième partie sera évidemment une condition nécessaire pour qu'un candidat puisse être élu. Or les quinze listes correspondantes aux quinze arrondissements feront immédiatement connaître les divers candidats pour lesquels cette condition sera remplie. Cela posé, il est clair qu'il suffira d'étendre à ces divers candidats le recensement général, puis de porter leurs noms sur une liste définitive, en les classant dans l'ordre indiqué par le nombre total des suffrages acquis à chacun d'eux. Les trente-quatre premiers noms inscrits sur cette liste définitive seront ceux des trente-quatre représentants élus par le département.

Le mode de recensement que nous venons d'exposer offre l'avantage incontestable de réduire à un petit nombre les noms portés sur la liste définitive, et parmi lesquels on doit chercher ceux des candidats élus.

Au reste on peut atteindre ce but, et même obtenir une réduction plus forte encore dans le nombre des candidats portés sur la liste définitive, en apportant au procédé dont il s'agit l'une des modifications que nous allons indiquer.

1° En augmentant d'un quart ou même d'un tiers le nombre des candidats que l'on choisit en tête de la liste d'un arrondissement très populeux, pour leur appliquer le recensement général, c'est-à-dire en portant ce nombre de 34 à 42, ou même à 45, on ne pourra qu'augmenter, et généralement on augmentera le nombre des suffrages acquis à celui de ces candidats qui deviendra le 34ᵉ en vertu du recensement général, et, par suite, la quinzième partie de ce nombre. Par une conséquence nécessaire, on ne pourra que diminuer, et généralement on diminuera le nombre des candidats portés sur la liste définitive.

2° Après avoir appliqué le recensement général aux 34, ou aux 42, ou aux 45, ... premiers candidats inscrits sur la liste d'un arrondissement très populeux, et classé ces candidats dans l'ordre déterminé par le nombre total des suffrages acquis à chacun d'eux, cherchez celui de ces mêmes candidats qui occupera le 34e rang, puis divisez le nombre des votes qui lui ont été favorables par le nombre total des votants. Vous obtiendrez pour quotient un certain rapport, et vous pourrez vous contenter d'admettre dans la liste définitive les seuls candidats qui, dans chaque arrondissement, auront réuni un nombre de suffrages supérieur au produit du nombre des votants par le rapport dont il s'agit.

Pour faire mieux saisir par un exemple les principes ci-dessus exposés, je les appliquerai aux dernières élections du département de la Seine.

Le deuxième arrondissement était l'un de ceux où le nombre des votants était le plus considérable. D'ailleurs, en appliquant le recensement général des votes aux quarante-deux premiers candidats fournis par la liste de cet arrondissement, on obtenait pour le candidat qui, en vertu de ce recensement, devenait le 34e, 104 871 suffrages. Mais la quinzième partie de 104 871 est de 6991,4. Donc aucun candidat ne pouvait être élu sans réunir, au moins dans l'un des quinze arrondissements électoraux, plus de 6991 suffrages. Cette seule condition réduisait déjà certainement à un très petit nombre les candidats parmi lesquels on devait chercher les représentants élus. Elle se trouvait évidemment remplie pour 34 des 42 premiers candidats du second arrondissement, savoir, pour ceux qui, dans le recensement général, avaient réuni un nombre de suffrages égal ou supérieur à 104 871. Nous ignorons si, outre ces trente-quatre candidats, il s'en trouvait quelques autres qui, remplissant la même condition, dussent pour ce motif leur être adjoints sur la liste définitive. Mais ce qu'il y a de certain, c'est que les trente-quatre candidats dont il s'agit ont été précisément les trente-quatre représentants élus. Si quelque autre candidat a réuni, dans l'un des quinze arrondissements électoraux, plus de 6991 suffrages, le recensement général lui a donné un nombre de suffrages inférieur à 104871.

Les trois procédés que nous avons indiqués pour la formation d'une liste définitive dans laquelle on doit chercher les noms des candidats élus supposent, tous les trois, que l'on connaît les résultats du dépouillement des votes dans les quinze arrondissements électoraux. Ces procédés devraient être légèrement modifiés, si, comme il arrive assez souvent, on commençait à effectuer le recensement aussitôt que l'on connaît la plus grande partie des votes. Dans ce cas, par exemple, on pourrait substituer à la quinzième partie du nombre total des suffrages obtenus par un candidat la quinzième partie du nombre des suffrages émis en sa faveur et déjà connus. L'unique effet de cette substitution serait de diminuer un peu le quotient trouvé, par conséquent de faire subir une légère augmentation au nombre des candidats dont les noms seraient portés sur la liste définitive.

410.

Analyse mathématique. — *Mémoire sur les valeurs moyennes des fonctions et sur les fonctions isotropes* (suite).

C. R., T. XXVII, p. 6 (3 juillet 1848).

Analyse.

Soient A, $A_,$, $A_{,,}$, ... plusieurs points matériels, et $x, y, z, x_,, y_,, z_,, x_{,,}, y_{,,}, z_{,,}, \ldots$ les coordonnées de ces points mesurées sur trois axes rectangulaires des x, y, z. Si l'on déplace ces axes, en les faisant tourner autour de l'origine, sans altérer les positions des points matériels dans l'espace, les coordonnées x, y, z seront remplacées par des trinômes de la forme

$$\alpha x + 6y + \gamma z, \quad \alpha' x + 6' y + \gamma' z, \quad \alpha'' x + 6'' y + \gamma'' z,$$

les neuf coefficients α, 6, γ, α', $6'$, γ', α'', $6''$, γ'' étant liés à trois angles polaires φ, ψ, χ par les formules

$$(1)\quad \begin{cases} \alpha = \cos\varphi, & 6 = \sin\varphi\cos\chi, & \gamma = \sin\varphi\sin\chi, \\ \alpha' = \sin\varphi\cos\psi, & 6' = -\sin\chi\sin\psi - \cos\varphi\cos\chi\cos\psi, & \gamma' = \cos\chi\sin\psi - \cos\varphi\sin\chi\cos\psi, \\ \alpha'' = \sin\varphi\sin\psi, & 6'' = \sin\chi\cos\psi - \cos\varphi\cos\chi\sin\psi, & \gamma'' = -\cos\chi\cos\psi - \cos\varphi\sin\chi\sin\psi. \end{cases}$$

Soient maintenant

$$(2)\qquad \Theta = \mathcal{F}(x, y, z, x_{,}, y_{,}, z_{,}, \ldots)$$

une fonction des coordonnées $x, y, z, x_{,}, y_{,}, z_{,}, \ldots$, et

$$(3)\qquad \overline{\Theta} = \mathcal{F}(\alpha x + 6y + \gamma z,\ \alpha' x + 6' y + \gamma' z,\ \alpha'' x + 6'' y + \gamma'' z,\ \alpha x_{,} + 6 y_{,} + \gamma z_{,},\ \ldots)$$

ce que devient Θ en vertu du déplacement des axes qui correspond aux angles polaires φ, χ, ψ. Ainsi que nous l'avons remarqué dans la dernière séance, la moyenne isotropique relative à la variation des coordonnées

$$x,\quad y,\quad z,\quad x_{,},\quad y_{,},\quad z_{,},\quad \ldots$$

sera la même pour les deux fonctions Θ, $\overline{\Theta}$, en sorte qu'on aura, en considérant φ, χ, ψ comme constants,

$$(4)\qquad \mathfrak{M}\,\Theta = \mathfrak{M}\,\overline{\Theta}.$$

Il y a plus : on pourra, dans le second membre de l'équation (4), substituer à la fonction $\overline{\Theta}$ une moyenne entre diverses valeurs de cette fonction correspondantes à diverses valeurs de φ, χ, ψ, par exemple la valeur moyenne

$$\underset{\chi=-\pi}{\overset{\chi=\pi}{\mathrm{M}}}\ \overline{\Theta}$$

de $\overline{\Theta}$ considéré comme fonction de χ. On aura donc encore

$$(5)\qquad \mathfrak{M}\,\Theta = \mathfrak{M}\underset{\chi=-\pi}{\overset{\chi=\pi}{\mathrm{M}}}\ \overline{\Theta}.$$

Supposons maintenant que Θ soit le produit de deux facteurs dont le premier $F(x, y, z, x_{,}, y_{,}, z_{,}, \ldots)$ soit une fonction quelconque des coordonnées des divers points A, $A_{,}$, $A_{,,}$, ... et le second $f(ux + vy + wz)$

une fonction quelconque du trinôme

$$u\mathrm{x} + v\mathrm{y} + w\mathrm{z},$$

dans lequel les trois coordonnées x, y, z d'un nouveau point B sont multipliées par trois coefficients quelconques u, v, w, en sorte qu'on ait

$$(6) \qquad \Theta = \mathrm{F}(x, y, z, x_{\prime}, y_{\prime}, z_{\prime}, \ldots)\,\mathrm{f}(u\mathrm{x} + v\mathrm{y} + w\mathrm{z}).$$

Si l'on pose

$$(7) \qquad k^2 = u^2 + v^2 + w^2,$$

$\frac{u}{k}, \frac{v}{k}, \frac{w}{k}$ seront les cosinus des angles formés avec les demi-axes des coordonnées positives par une certaine droite OK; et, si en déplaçant les axes coordonnés on fait tourner l'axe des x autour de l'origine de manière qu'il vienne s'appliquer sur la droite OK, on aura

$$(8) \qquad \alpha = \frac{u}{k}, \qquad \alpha' = \frac{v}{k}, \qquad \alpha'' = \frac{w}{k}$$

et

$$(9) \quad \overline{\Theta} = \mathrm{F}(\alpha x + 6y + \gamma z,\ \alpha' x + 6' y + \gamma' z,\ \alpha'' x + 6'' y + \gamma'' z,\ \ldots)\,\mathrm{f}(k\mathrm{x}).$$

Par suite, si l'on pose

$$(10) \quad \Omega = \overset{\chi=\pi}{\underset{\chi=-\pi}{\mathrm{M}}} \mathrm{F}(\alpha x + 6y + \gamma z,\ \alpha' x + 6' y + \gamma' z,\ \alpha'' x + 6'' y + \gamma'' z,\ \ldots),$$

on aura

$$(11) \qquad \overset{\chi=\pi}{\underset{\chi=-\pi}{\mathrm{M}}}\, \overline{\Theta} = \Omega\,\mathrm{f}(k\mathrm{x}),$$

et la formule (5) donnera

$$(12) \qquad \mathfrak{M}\Theta = \mathfrak{M}\Omega\,\mathrm{f}(k\mathrm{x}).$$

Il s'agit maintenant de trouver la valeur de Ω.

Pour y parvenir, nous rappellerons d'abord que, $f(x, y, \ldots)$ étant une fonction entière de plusieurs variables x, y, z, ..., on a (Volume II des *Exercices de Mathématiques*, page 167) (¹)

$$(13)\qquad f(a, b, c, \ldots)\, e^{ax+by+cz+\ldots} = f(D_x, D_y, D_z, \ldots)\, e^{ax+by+cz+\ldots}.$$

Si, dans cette dernière formule, on échange entre elles les lettres x, y, z, ..., a, b, c, ..., on obtiendra la suivante

$$(14)\qquad f(x, y, z, \ldots)\, e^{ax+by+cz+\ldots} = f(D_a, D_b, D_c, \ldots)\, e^{ax+by+cz+\ldots},$$

qui fournit des résultats donnés dans mes *Exercices d'Analyse;* puis, en réduisant après les différentiations a, b, c, ... à zéro, on obtiendra la formule générale

$$(15)\qquad f(x, y, z, \ldots) = f(D_a, D_b, D_c, \ldots)\, e^{ax+by+cz+\ldots},$$

qui fournit des résultats donnés par M. Laurent. Or, si dans l'équation (15) on remplace x par $\cos\chi$ et y par $\sin\chi$, on aura

$$(16)\qquad f(\cos\chi, \sin\chi) = f(D_a, D_b)\, e^{a\cos\chi + b\sin\chi};$$

puis, en posant, pour abréger,

$$h = \frac{a^2 + b^2}{2},$$

et ayant égard à la formule

$$\underset{\chi=-\pi}{\overset{\chi=\pi}{\mathrm{M}}}\, e^{a\cos\chi+b\sin\chi} = \underset{\chi=-\pi}{\overset{\chi=\pi}{\mathrm{M}}}\, e^{\sqrt{2h}\cos\chi} = 1 + \frac{h}{2} + \left(\frac{1}{1.2}\right)^2 \left(\frac{h}{2}\right)^2 + \left(\frac{1}{1.2.3}\right)^2 \left(\frac{h}{2}\right)^3 + \ldots,$$

on trouvera

$$(17)\qquad \mathfrak{M}\, f(\cos\chi, \sin\chi) = f(D_a, D_b)\left(1 + \frac{h}{2} + \frac{h^2}{16} + \ldots\right).$$

D'ailleurs, il est clair que parmi les quantités

$$h,\quad D_a h,\quad D_b h,\quad D_a^2 h,\quad D_a D_b h,\quad D_b^2 h,\quad D_a^3 h,\quad \ldots,$$

les seules qui ne s'évanouiront pas avec a et b seront

$$D_a^2 h = 1,\qquad D_b^2 h = 1.$$

(¹) *OEuvres de Cauchy*, S. II, T. VII, p. 208.

Donc, si l'on nomme

$$\nabla, \quad \nabla_{,}, \quad \nabla_{,,}, \quad \ldots$$

diverses fonctions linéaires et homogènes de D_a, D_b, ..., tout produit symbolique de la forme

$$(18) \qquad \nabla\nabla_{,}\nabla_{,,}\ldots h^n$$

s'évanouira, pour des valeurs nulles de a, b, à moins que le nombre des facteurs symboliques ∇, $\nabla_{,}$, $\nabla_{,,}$, ... ne soit double de n. Ajoutons que, dans ce dernier cas, l'expression (18) se réduira toujours à une fonction entière de quantités de la forme $\nabla\nabla_{,}h$, et qu'on aura, par exemple,

$$(19) \qquad \nabla\nabla_{,}\nabla_{,,}\nabla_{,,,}h^2 = 2(\nabla\nabla_{,}h\nabla_{,,}\nabla_{,,,}h + \nabla\nabla_{,,}h\nabla_{,}\nabla_{,,,}h + \nabla\nabla_{,,,}h\nabla_{,}\nabla_{,,}h).$$

Cela posé, désignons par

$$\nabla, \quad \nabla', \quad \nabla'', \quad \ldots$$

ce que deviennent, eu égard aux formules (1), les trois binômes

$$6y + \gamma z, \quad 6'y + \gamma' z, \quad 6''y + \gamma'' z,$$

quand on y remplace $\cos\chi$ par D_a et $\sin\chi$ par D_b. Soient encore

$$\nabla_{,}, \quad \nabla'_{,}, \quad \nabla''_{,}, \quad \nabla_{,,}, \quad \nabla'_{,,}, \quad \nabla''_{,,}, \quad \ldots$$

ce que deviennent ∇, ∇', ∇'' quand on y remplace x, y, z par $x_{,}$, $y_{,}$, $z_{,}$, ou par $x_{,,}$, $y_{,,}$, $z_{,,}$, ... La formule (10) donnera

$$(20) \qquad \Omega = F(\alpha x + \nabla, \alpha' x + \nabla', \alpha'' x + \nabla'', \alpha x_{,} + \nabla_{,}, \ldots)\left(1 + \frac{h}{2} + \frac{h^2}{16} + \ldots\right).$$

Or, en vertu de cette dernière formule, et des remarques ci-dessus énoncées, Ω se réduit à une fonction des quantités

$$\alpha, \quad \alpha', \quad \alpha'', \quad x, \quad x_{,}, \quad x_{,,}, \quad \ldots$$

et des produits symboliques de la forme

$$\nabla_{,}\nabla h, \quad \nabla'_{,}\nabla h, \quad \nabla'_{,}\nabla' h, \quad \ldots,$$

$\nabla_{,}$, $\nabla'_{,}$, $\nabla''_{,}$ pouvant n'être pas distincts de ∇, ∇', ∇''. D'ailleurs on trouvera

$$(21)\quad \left\{\begin{aligned} &\nabla_{,}\nabla h = (1-\alpha^2)(yy_{,}+zz_{,}),\\ &\nabla'_{,}\nabla h = -\alpha\alpha'(yy_{,}+zz_{,})+\alpha''(yz_{,}-y_{,}z),\\ &\ldots\ldots\ldots\ldots\ldots\ldots\ldots\ldots\ldots \end{aligned}\right.$$

Donc, si l'on pose, pour abréger,

$$r^2 = x^2+y^2+z^2, \qquad r_{,}^2 = x_{,}^2+y_{,}^2+z_{,}^2, \qquad \ldots,$$

c'est-à-dire, si l'on désigne par r, $r_{,}$, ... les distances des points A, $A_{,}$, ... à l'origine des coordonnées, on trouvera

$$(22)\quad \left\{\begin{aligned} &\nabla_{,}\nabla h = (1-\alpha^2)[rr_{,}\cos(r,r_{,})-xx_{,}],\\ &\nabla'_{,}\nabla h = -\alpha\alpha'[rr_{,}\cos(r,r_{,})-xx_{,}]+\alpha''(yz_{,}-y_{,}z),\\ &\ldots\ldots\ldots\ldots\ldots\ldots\ldots\ldots\ldots\ldots, \end{aligned}\right.$$

puis on en conclura

$$(23)\quad \left\{\begin{aligned} &\nabla^2 h = (1-\alpha^2)(r^2-x^2),\\ &\nabla'\nabla h = -\alpha\alpha'(r^2-x^2)^2,\\ &\ldots\ldots\ldots\ldots\ldots\ldots \end{aligned}\right.$$

D'autre part, si l'on désigne par x', y', z' les coordonnées de l'extrémité du moment linéaire dont la valeur numérique est celle de la surface du parallélogramme construit sur les rayons vecteurs r et $r_{,}$, on aura

$$x' = yz_{,} - y_{,}z,$$

et par suite, la seconde des formules (22) deviendra

$$(24)\quad \nabla'_{,}\nabla h = -\alpha\alpha'[rr_{,}\cos(r,r_{,})-xx_{,}]+\alpha''x'.$$

Cela posé, la formule (20), jointe aux formules (22), (23), (24), fournira évidemment pour Ω une fonction entière des seules coordonnées

$$x,\ x_{,},\ x_{,,},\ \ldots,\ x',\ \ldots,$$

mesurées sur l'axe des x et des trois coefficients

$$\alpha,\ \alpha',\ \alpha'',$$

conformément au théorème II de la page 28. Il est vrai que la valeur trouvée pour Ω renfermera encore les rayons vecteurs r, $r_{,}$, ... et les cosinus des angles $(r, r_{,})$, ... Mais ces rayons vecteurs et ces angles sont des quantités qui ne varient pas, tandis que l'on déplace les axes coordonnés.

Si, dans la valeur de Ω déterminée comme on vient de le dire, on substitue les valeurs de α, α', α'', fournies par les équations (8), elle se réduira simplement à une fonction entière de

$$x, \quad x_{,}, \quad x_{,,}, \quad \ldots, \quad x', \quad \ldots.$$

Soit

$$\mathcal{F}(x, x_{,}, x_{,,}, \ldots, x', \ldots)$$

cette fonction entière. L'équation (12) donnera

$$\mathfrak{M}\Theta = \mathfrak{M}\,\mathcal{F}(x, x_{,}, x_{,,}, \ldots, x', \ldots)\,\mathrm{f}(k\mathrm{x}). \tag{25}$$

Or, pour déduire de cette dernière équation la valeur de $\mathfrak{M}\Theta$, il suffira de recourir à un nouveau déplacement des axes coordonnés, mais à un déplacement dans lequel les valeurs de α, α', α'' ne seront plus celles que déterminent les formules (8). On tirera ainsi de la formule (25), en considérant, dans le second membre, α, β, γ comme seules variables,

$$\mathfrak{M}\Theta = \mathfrak{M}\,\mathcal{F}(\alpha x + \beta y + \gamma z, \alpha_{,} x + \beta_{,} y + \gamma_{,} z, \alpha x' + \beta y' + \gamma z', \ldots)\,\mathrm{f}[k(\alpha\mathrm{x} + \beta\mathrm{y} + \gamma\mathrm{z})]. \tag{26}$$

Cela posé, considérons d'abord le cas particulier où l'on aurait

$$\mathrm{f}(\mathrm{x}) = e^{\mathrm{x}}.$$

Alors l'équation (26) donnera

$$\mathfrak{M}\Theta = \mathcal{F}\left(\frac{x\mathrm{D_x} + y\mathrm{D_y} + z\mathrm{D_z}}{k}, \ldots, \frac{x'\mathrm{D_x} + y'\mathrm{D_y} + z'\mathrm{D_z}}{k}, \ldots\right)\mathfrak{M}\, e^{k(\alpha\mathrm{x} + \beta\mathrm{y} + \gamma\mathrm{z})}. \tag{27}$$

Mais, en posant, pour abréger,

$$\mathrm{r}^2 = \mathrm{x}^2 + \mathrm{y}^2 + \mathrm{z}^2, \qquad \mathrm{R} = \frac{e^{k\mathrm{r}} - e^{-k\mathrm{r}}}{2k\mathrm{r}}, \tag{28}$$

on aura précisément

$$\mathfrak{M}\, e^{k(\alpha\mathrm{x} + \beta\mathrm{y} + \gamma\mathrm{z})} = \mathrm{R}.$$

Donc la formule (27) donnera

$$(29)\qquad \mathfrak{M}\Theta = \mathfrak{F}\left(\frac{x\,\mathrm{D_x} + y\,\mathrm{D_y} + z\,\mathrm{D_z}}{k}, \ldots, \frac{x'\,\mathrm{D_x} + y'\,\mathrm{D_y} + z'\,\mathrm{D_z}}{k}, \ldots\right)\mathrm{R}.$$

Ainsi, dans le cas particulier dont il s'agit, l'intégrale triple qui représente la valeur de $\mathfrak{M}\Theta$ pourra être exprimée en termes finis. Il est d'ailleurs facile de s'assurer que le second membre de l'équation (29) se réduira simplement à une fonction des rayons vecteurs $r, r_{,}, r_{,,}, \ldots$, menés de l'origine aux points dont les coordonnées sont

$$x,\quad y,\quad z,\quad x_{,},\quad y_{,},\quad z_{,},\quad x_{,,},\quad y_{,,},\quad z_{,,},\quad x',\quad y',\quad z',\quad \mathrm{x},\quad \mathrm{y},\quad \mathrm{z},$$

et des cosinus des angles compris entre ces rayons vecteurs.

Lorsque la fonction $\mathrm{f(x)}$ ne se réduira pas à une exponentielle, on pourra, en vertu des formules connues, la transformer en une somme d'exponentielles. Il y a plus : si l'on suppose la fonction

$$\mathfrak{F}(x, x_{,}, x_{,,}, \ldots, x', \ldots)$$

réduite à l'unité, la formule (26) donnera simplement

$$\mathfrak{M}\Theta = \mathfrak{M}\,\mathrm{f}[k(\alpha\mathrm{x} + 6\mathrm{y} + \gamma\mathrm{z})] = \mathfrak{M}\,\mathrm{f}(kr\alpha)$$

ou, ce qui revient au même,

$$(30)\qquad \mathfrak{M}\Theta = \frac{1}{2}\int_{-1}^{1}\mathrm{f}(kr\alpha)\,d\alpha;$$

et il est aisé de s'assurer que, dans le cas général, on pourra, en partant de la formule (26), réduire la détermination de $\mathfrak{M}\Theta$ à la détermination de l'intégrale

$$\frac{1}{2}\int_{-1}^{1}\mathrm{f}(kr\alpha)\,d\alpha,$$

et de celles qu'on en déduit quand on remplace la fonction $\mathrm{f(x)}$ par l'une des fonctions

$$\int \mathrm{f(x)}\,d\mathrm{x},\quad \int\!\!\int \mathrm{f(x)}\,d\mathrm{x}^2,\quad \ldots.$$

Ajoutons que chacune de ces fonctions, et même chacune des intégrales desquelles dépendra la valeur de $\mathfrak{M}\Theta$, pourra être transformée en une intégrale simple.

411.

PHYSIQUE MATHÉMATIQUE. — *Nouveau Mémoire sur les douze équations qui déterminent les mouvements de translation, de rotation et de dilatation de molécules sollicitées par des forces d'attraction ou de répulsion mutuelle.*

C. R., T. XXVII, p. 12 (3 juillet 1848).

Dans ce nouveau Mémoire, je commence par former les équations qui déterminent, dans un système moléculaire, d'une part, les déplacements du centre de gravité de chaque molécule, d'autre part, les dilatations et condensations de cette molécule, et, par suite, sa rotation autour de son centre de gravité. J'examine, en particulier, ce qui arrive quand les mouvements deviennent infiniment petits et le système moléculaire isotrope; puis je considère spécialement les quatre inconnues qui représentent : 1° la dilatation υ du volume du système moléculaire, en un point donné, que je fais d'abord coïncider avec le centre de gravité d'une molécule; 2° les trois variations atomiques que subit la dilatation υ, quand on passe du centre de gravité de la molécule à trois points séparés de ce centre par une distance très petite prise pour unité, en suivant trois directions parallèles aux axes coordonnés.

Au reste, je développerai, dans un autre article, les formules que renferme mon nouveau Mémoire, et que je viens d'indiquer.

412.

Analyse mathématique. — *Théorèmes divers sur les fonctions différentielles et sur les valeurs moyennes des fonctions.*

C. R., T. XXVII, p. 37 (10 juillet 1848).

Les méthodes que j'ai données dans les précédents Mémoires pour la détermination des valeurs moyennes des fonctions peuvent encore être simplifiées, dans leurs applications, à l'aide de divers théorèmes que je vais indiquer.

§ I. — *Théorèmes relatifs aux fonctions différentielles.*

Soient

$x, y, z, \ldots$ diverses variables;
$s_1, s_2, \ldots, s_m$ diverses fonctions de ces variables;
s l'une quelconque de ces fonctions,

et

$$\mathcal{S} = s_1 s_2 \ldots s_m \tag{1}$$

le produit de ces mêmes fonctions. Soit enfin

$$\nabla = a\,\mathrm{D}_x + b\,\mathrm{D}_y + c\,\mathrm{D}_z + \ldots \tag{2}$$

une fonction linéaire et homogène des caractéristiques D_x, D_y, D_z, ... On aura, d'une part,

$$\nabla s = a\,\mathrm{D}_x s + b\,\mathrm{D}_y s + c\,\mathrm{D}_z s + \ldots \tag{3}$$

et, d'autre part,

$$\mathrm{D}_x \mathcal{S} = \mathcal{S}\left(\frac{\mathrm{D}_x s_1}{s_1} + \frac{\mathrm{D}_x s_2}{s_2} + \ldots + \frac{\mathrm{D}_x s_m}{s_m}\right). \tag{4}$$

Or, de ces deux formules, dont la dernière continue de subsister quand on y remplace la variable x par l'une quelconque des autres variables y, z, ..., on déduit aisément la proposition suivante :

Théorème I. — *Soient*

$x, y, z, \ldots$ *diverses variables;*

$s_1, s_2, \ldots, s_m$ *diverses fonctions de ces variables;*

S *le produit de ces mêmes fonctions;*

∇ *une fonction linéaire et homogène des caractéristiques* D_x, D_y, D_z, ...;

on aura

$$\nabla \mathrm{S} = \mathrm{S}\left(\frac{\nabla s_1}{s_1} + \frac{\nabla s_2}{s_2} + \ldots\right). \tag{5}$$

Théorème II. — *Les mêmes choses étant posées que dans le théorème précédent, soient*

$$\nabla_1, \quad \nabla_2, \quad \ldots, \quad \nabla_n$$

diverses fonctions linéaires et homogènes des caractéristiques D_x, D_y, D_z, ... *Soit encore*

$$\Box = \nabla_1 \nabla_2 \ldots \nabla_n \tag{6}$$

le produit des facteurs symboliques $\nabla_1, \nabla_2, \ldots, \nabla_n$. *Concevons enfin que le produit* $\Box$ *soit décomposé en produits partiels, en sorte qu'on ait*

$$\Box = \Box_1 \Box_2 \ldots \Box_m, \tag{7}$$

chacun des facteurs $\Box_1, \Box_2, \ldots, \Box_m$ *étant le produit partiel de plusieurs des facteurs symboliques* $\nabla_1, \nabla_2, \ldots, \nabla_n$, *et pouvant se réduire à l'un de ces derniers facteurs ou même à l'unité. La fonction différentielle* $\Box \mathrm{S}$ *sera équivalente à la somme des divers produits de la forme*

$$\Box_1 s_1 \Box_2 s_2 \ldots \Box_m s_m \tag{8}$$

correspondants aux divers systèmes de valeurs que peuvent acquérir, dans la formule (7), *les facteurs symboliques* $\Box_1, \Box_2, \ldots, \Box_m$.

Exemple. — Soit $n = 2$, en sorte qu'on ait

$$\Box = \nabla_1 \nabla_2;$$

alors, dans le second membre de la formule (7), on pourra supposer ou l'un des facteurs $\square_1, \square_2, \ldots, \square_m$ équivalent à $\square$, c'est-à-dire au produit $\nabla_1 \nabla_2$, et tous les autres à l'unité, ou deux facteurs respectivement égaux à ∇_1 et à ∇_2, chacun des autres étant réduit à l'unité. Donc alors on aura, si $m = 2$,

$$\nabla_1 \nabla_2 (s_1 s_2) = s_1 \nabla_1 \nabla_2 s_2 + s_2 \nabla_1 \nabla_2 s_1 + \nabla_1 s_1 \nabla_2 s_2 + \nabla_1 s_2 \nabla_2 s_1;$$

si $m = 3$,

$$\begin{aligned}\nabla_1 \nabla_2 (s_1 s_2 s_3) = s_2 s_3 \nabla_1 \nabla_2 s_1 + s_3 s_1 \nabla_1 \nabla_2 s_2 + s_1 s_2 \nabla_1 \nabla_2 s_3 \\ + s_1(\nabla_1 s_2 \nabla_2 s_3 + \nabla_1 s_3 \nabla_2 s_2) + s_2(\nabla_1 s_3 \nabla_2 s_1 + \nabla_1 s_1 \nabla_2 s_3) \\ + s_3(\nabla_1 s_1 \nabla_2 s_2 + \nabla_1 s_2 \nabla_2 s_1),\end{aligned}$$

. . . .

Corollaire. — Si, dans le produit partiel

$$\square_1 s_1 \square_2 s_2 \ldots \square_m s_m,$$

on échange entre eux les facteurs symboliques $\square_1, \square_2, \ldots, \square_m$, on obtiendra des produits partiels de la même forme, qui seront, en général, distincts les uns des autres. On doit seulement excepter le cas où chacun des facteurs symboliques échangés entre eux se réduirait à l'unité. Or, concevons que, dans le second membre de la formule (7), les facteurs symboliques, réduits à l'unité, soient en nombre égal à l. En joignant au produit partiel

$$\square_1 s_1 \square_2 s_2 \ldots \square_m s_m$$

ceux qu'on en déduira par des échanges opérés entre les facteurs symboliques $\square_1, \square_2, \ldots, \square_m$, on obtiendra un nombre total de produits partiels évidemment égal à $1.2.3\ldots m$, si l se réduit à zéro. Si l cesse de s'évanouir, alors, en échangeant entre eux les facteurs symboliques qui se réduiront à l'unité, on obtiendra $1.2.3\ldots l$ produits partiels qui ne seront pas distincts l'un de l'autre. Donc alors le nombre des produits partiels distincts qui se déduiront l'un de l'autre, par des échanges opérés entre les facteurs symboliques, sera égal au rapport

$$\frac{1.2.3\ldots m}{1.2\ldots l} = m(m-1)\ldots(l+1).$$

D'ailleurs tous ces produits deviendront égaux entre eux, si l'on a

$$s_1 = s_2 = \ldots = s_m.$$

Cela posé, le théorème II entraîne évidemment la proposition suivante :

THÉORÈME III. — *Soient*

s *une fonction quelconque des variables* $x, y, z, \ldots$;

$\nabla_1, \nabla_2, \ldots, \nabla_n$ *des fonctions linéaires et homogènes des caractéristiques* D_x, D_y, D_z, $\ldots$;

$\Box = \nabla_1 \nabla_2 \ldots \nabla_n$ *le produit de ces fonctions linéaires.*

Soient enfin

$\Box_1, \Box_2, \ldots, \Box_m$ *des facteurs symboliques dont le produit soit* $\Box$, *chacun de ces facteurs pouvant être ou l'unité, ou l'un des facteurs* $\nabla_1, \nabla_2, \ldots, \nabla_n$, *ou le produit de quelques-uns de ces derniers facteurs;*

l *le nombre de ceux des facteurs symboliques* $\Box_1, \Box_2, \ldots, \Box_m$ *qui se réduisent à l'unité.*

La fonction différentielle $\Box s^m$ *sera équivalente à la somme des divers produits de la forme*

$$(9) \qquad (l+1)(l+2)\ldots m \Box_1 s \Box_2 s \ldots \Box_m s$$

correspondants aux divers systèmes de valeurs des facteurs symboliques $\Box_1, \Box_2, \ldots, \Box_m$.

Exemples. — Si l'on pose successivement $\Box = \nabla$, et $\Box = \nabla\nabla_1, \ldots$, $\nabla, \nabla_1, \ldots$ étant des fonctions linéaires des caractéristiques D_x, D_y, D_z, $\ldots$, le théorème III fournira les équations

$$\nabla s^m = m s^{m-1} \nabla s,$$
$$\nabla_1 \nabla s^m = m(m-1) s^{m-2} \nabla s \nabla_1 s + m s^{m-1} \nabla_1 \nabla s,$$
$$\ldots\ldots\ldots\ldots\ldots\ldots\ldots\ldots$$

Corollaire. — Supposons que, dans le théorème III, on remplace s par $s - \varsigma$, ς étant indépendant de $x, y, z, \ldots$; on conclura de ce théorème que la fonction symbolique $\square(s - \varsigma)^m$ est équivalente à la somme des produits de la forme

$$(10) \qquad (l+1)(l+2)\ldots m \square_1(s-\varsigma)\square_2(s-\varsigma)\ldots\square_m(s-\varsigma).$$

Si d'ailleurs on pose après les différentiations $\varsigma = s$, le produit (10) s'évanouira toutes les fois qu'un ou plusieurs des facteurs symboliques $\square_1, \square_2, \ldots, \square_m$ se réduiront à l'unité, par conséquent toutes les fois que l différera de zéro, et se réduira, si $l = 0$, au produit

$$(11) \qquad 1.2.3\ldots m \square_1 s \square_2 s \ldots \square_m s.$$

On peut donc énoncer la proposition suivante :

Théorème IV. — *Les mêmes choses étant posées que dans le théorème III, si l'on détermine la valeur de la fonction*

$$\square \frac{(s-\varsigma)}{1.2\ldots m},$$

en effectuant les differentiations sans faire varier ς, *et en posant après les différentiations* $\varsigma = s$, *on trouvera cette valeur égale à la somme des produits de la forme*

$$\square_1 s \square_2 s \ldots \square_m s.$$

On peut encore déduire aisément du théorème III la proposition suivante :

Théorème V. — *Soient*

$s_1, s_2, \ldots, s_m$ *diverses fonctions linéaires des variables* $x, y, z, \ldots$;
$8 = s_1 s_2 \ldots s_m$ *le produit de ces fonctions;*
$\bigcirc$ *une fonction homogène des caractéristiques* $D_x, D_y, D_z, \ldots$.

Le rapport $\frac{\bigcirc 8}{8}$ *sera équivalent, si* $\bigcirc$ *est du second degré, à la somme des produits de la forme*

$$\frac{\bigcirc(s_1 s_2)}{s_1 s_2},$$

s_1, s_2 *pouvant être remplacees par deux quelconques des facteurs* s_1,

$s_2, \ldots, s_m$; *si* $\bigcirc$ *est du troisième degré, à la somme des produits de la forme*

$$\frac{\bigcirc(s_1 s_2 s_3)}{s_1 s_2 s_3},$$

s_1, s_2, s_3 *pouvant être remplacées par trois quelconques des facteurs* $s_1, s_2, s_3, \ldots, s_m$; *etc.*

Corollaire. — Si l'on remplace successivement $\bigcirc$ par $\bigcirc^2, \bigcirc^3, \ldots$, la recherche des rapports

$$(12) \qquad \frac{\bigcirc \mathcal{S}}{\mathcal{S}}, \quad \frac{\bigcirc^2 \mathcal{S}}{\mathcal{S}}, \quad \frac{\bigcirc^3 \mathcal{S}}{\mathcal{S}}, \quad \ldots$$

se trouvera réduite par le théorème V à celle des rapports de la forme

$$(13) \qquad \frac{\bigcirc(s_1 s_2)}{s_1 s_2}, \quad \frac{\bigcirc^2(s_1 s_2 s_3 s_4)}{s_1 s_2 s_3 s_4}, \quad \frac{\bigcirc^3(s_1 s_2 s_3 s_4 s_5 s_6)}{s_1 s_2 s_3 s_4 s_5 s_6}, \quad \ldots.$$

On aura d'ailleurs

$$(14) \quad \left\{ \begin{array}{l} \bigcirc^2(s_1 s_2 s_3 s_4) = 1.2[\bigcirc(s_1 s_2)\bigcirc(s_3 s_4) + \bigcirc(s_1 s_3)\bigcirc(s_2 s_4) + \bigcirc(s_1 s_4)\bigcirc(s_2 s_3)], \\ \bigcirc^3(s_1 s_2 s_3 s_4 s_5 s_6) = 1.2.3[\bigcirc(s_1 s_2 s_3)\bigcirc(s_4 s_5 s_6) + \ldots], \\ \ldots\ldots\ldots\ldots\ldots\ldots\ldots\ldots\ldots\ldots \end{array} \right.$$

§ II. — *Théorèmes relatifs aux valeurs moyennes des fonctions.*

Les théorèmes établis dans le § I permettent de simplifier les formules obtenues dans le Mémoire sur les valeurs moyennes des fonctions. Ainsi, en particulier, à l'aide de ces théorèmes, on peut réduire la formule (29) de la page 56 à l'équation que nous allons indiquer.

Supposons que, en conservant les notations adoptées dans le précédent Mémoire, on pose, en outre,

$$s = \tfrac{1}{2} r^2,$$

$$\bigcirc = \tfrac{1}{2}(\mathrm{D}_x^2 + \mathrm{D}_y^2 + \mathrm{D}_z^2)$$

et

$$\square = \mathcal{F}\left(\frac{x\mathrm{x} + y\mathrm{y} + z\mathrm{z}}{k}\mathrm{D}_s, \ldots, \frac{x'\mathrm{x} + y'\mathrm{y} + z'\mathrm{z}}{k}\mathrm{D}_s, \ldots\right).$$

L'équation (29) de la page 56 pourra être réduite à

$$(1)\qquad \mathfrak{M}\Theta = \left[1 + \frac{1}{1.2}\frac{\bigcirc}{D_s} + \frac{1}{1.2.3}\left(\frac{\bigcirc}{D_s}\right)^2 + \ldots\right]\square R,$$

sous la condition que les différentiations indiquées par les caractéristiques D_x, D_y, D_z soient appliquées seulement à la fonction de x, y, z désignée par $\square$, comme si $r^2 = 2s$ était indépendant de x, y, z. Ajoutons que la formule (1) pourra encore être présentée sous la forme symbolique

$$(2)\qquad \mathfrak{M}\Theta = e^{\frac{\bigcirc}{D_s}}\square R.$$

413.

Physique mathématique. — *Mémoire sur le mouvement d'un système de molécules.*

C. R., T. XXVII, p. 93 (24 juillet 1848).

La plupart des résultats que j'ai obtenus jusqu'à ce jour dans les problèmes de Physique mathématique, et que je suis heureux d'avoir vu accueillir avec tant de bienveillance par les géomètres, étaient déduits ou des propriétés générales des mouvements simples ou de la considération de corps dont les molécules étaient supposées réduites à des points matériels. Il est vrai que les formules fournies par cette hypothèse représentaient une grande partie des phénomènes, et que, dans beaucoup de cas, on pouvait en déduire avec précision, non seulement les résultats d'expériences déjà faites, mais aussi les résultats d'expériences à faire. Il est vrai encore que les prévisions du calcul à cet égard ont été généralement confirmées par l'observation, spécialement par les belles expériences de M. Jamin sur les propriétés de la lumière réfléchie par un métal et sur la polarisation incomplète des rayons lumineux réfléchis par la surface extérieure d'un corps isophane. Toutefois il restait à éclaircir quelques points dans la solution des questions que l'on pouvait résoudre en réduisant les molécules des corps à de simples points matériels; et, d'autre part, plusieurs phénomènes peuvent dépendre des mouvements relatifs des divers atomes qui constituent les molécules des corps, ou de ce que M. Ampère nommait les *vibrations atomiques*.

Déjà, dans plusieurs Mémoires présentés à l'Académie par divers auteurs et par moi-même, il a été question des vibrations atomiques. On doit surtout remarquer les observations importantes consignées à ce sujet dans plusieurs Mémoires de M. Laurent, et les formules qu'il a obtenues dans ses recherches sur les mouvements infiniment petits d'un système de sphéroïdes. Mais, à ma connaissance, on n'a pas encore établi les équations générales des mouvements infiniment petits d'un système de molécules dont chacune est considérée comme un système d'atomes. On peut, il est vrai, regarder les douze équations que j'ai présentées à l'Académie dans les séances précédentes, comme offrant une première approximation dans la recherche de ces derniers mouvements. Mais ces douze équations, qui déterminent les mouvements de translation et de rotation des molécules avec leurs dilatations dans les divers sens, supposent que, la position d'un atome étant rapportée au centre de gravité de la molécule dont il fait partie, on développe les déplacements relatifs de cet atome suivant les puissances ascendantes de ses coordonnées relatives, et que l'on réduit ensuite chaque développement à ses deux premiers termes.

Par les motifs que je viens d'exposer, il m'a paru nécessaire d'entreprendre de nouvelles recherches sur les corps considérés comme des systèmes de molécules ou même comme des systèmes de points matériels. Les résultats de mon travail formeront l'objet de plusieurs Mémoires que je me propose de présenter successivement à l'Académie. Les propositions et les formules qui s'y trouveront établies me semblent propres à éclaircir les principales difficultés qui peuvent subsister encore sur les divers points de la Physique mathématique. D'ailleurs je n'hésiterai pas à faire un appel aux physiciens et aux géomètres en les priant de m'aider de leurs lumières, et de voir eux-mêmes si les difficultés leur paraissent effectivement résolues. M. Laurent a déjà bien voulu me promettre d'être sévère pour mes formules, et de me signaler les objections qu'il rencontrerait. J'espère que, dans l'intérêt de la science, mes illustres confrères, et spécialement ceux qui se sont plus particulièrement occupés de la théorie de la lumière, ne refuseront pas de me rendre le même service. J'aurai souvent, comme par le passé, l'occasion d'indiquer à l'avance les résultats d'expériences à faire; et, par conséquent, mes travaux pourront n'être pas sans influence sur les progrès de la Physique expérimentale.

Dès aujourd'hui j'ai l'honneur de présenter à l'Académie deux nouveaux Mémoires dont le premier est relatif aux équations générales des mouvements infiniment petits d'un système de molécules. Le second a pour objet les conditions qui se rapportent aux limites des corps, et, en particulier, les lois de la réflexion et de la réfraction des rayons lumineux.

Le premier de ces deux Mémoires diffère surtout de ceux que j'ai présentés à l'Académie dans des dernières séances, en un point qu'il importe de signaler. Dans ceux-ci douze inconnues propres à exprimer les mouvements de translation et de rotation des molécules et leurs dilatations dans les divers sens étaient déterminées par douze équations aux différences mêlées en fonction de quatre variables indépendantes qui représentaient les coordonnées et le temps. Au contraire, dans mon nouveau Mémoire, les trois inconnues seulement, savoir, les trois déplacements d'un atome mesurés parallèlement aux axes coordonnés, se trouvent déterminées par trois équations aux différences mêlées en fonction de sept variables indépendantes, savoir du temps et de six coordonnées dont trois fixent la position d'une molécule dans l'espace, tandis que les trois autres fixent la position de l'atome par rapport au centre de gravité de la molécule.

Après avoir obtenu, dans le cas général, les équations dont il s'agit, je donne les formules auxquelles elles se réduisent quand le système de molécules devient isotrope.

Pour ne pas trop allonger cet article, je me bornerai à extraire ici de mon Mémoire les équations définitives auxquelles je parviens quand les diverses molécules sont semblables entre elles. Je renverrai à une autre séance l'examen des conséquences importantes qu'entraînent ces équations, des intégrales qui les vérifient, et des phénomènes que ces intégrales représentent.

Analyse.

Considérons un système de molécules, chaque molécule étant elle-même composée d'atomes que l'on suppose sollicités par des forces d'attraction ou de répulsion mutuelle. Soient d'ailleurs

$m, m_{\prime}, m_{\prime\prime}, \ldots$ les masses des diverses molécules;

$m', m'', \ldots$ les masses des atomes qui composent la molécule m;

$m'_{\prime}, m''_{\prime}, \ldots$ les masses des atomes correspondants de la molécule $m_{\prime}$;

. . . .

Rapportons les positions des centres de gravité des diverses molécules à trois axes rectangulaires des x, y, z que nous ferons passer par une origine fixe, et les positions des divers atomes qui composent une molécule m à trois axes des x', y', z' menés parallèlement aux trois premiers par le centre de gravité de m. Soient, au premier instant,

x, y, z et $x + \mathrm{x}, y + \mathrm{y}, z + \mathrm{z}$ les coordonnées rectangulaires des centres de gravité des molécules m et $m_{\prime}$;

x', y', z' et $x' + \mathrm{x}', y' + \mathrm{y}', z' + \mathrm{z}'$ les coordonnées rectangulaires des atomes m', m'' rapportées au centre de gravité de m;

r' la distance des atomes m' et m'';

$r_{\prime}$ la distance des atomes m' et $m''_{\prime}$;

$m'm''\,\mathrm{f}(r')$ l'action mutuelle des atomes m', m'', la fonction $\mathrm{f}(r')$ étant positive quand les atomes s'attirent, négative quand ils se repoussent.

Posons d'ailleurs

$$f(r') = \frac{\mathrm{f}(r')}{r'}.$$

Supposons enfin que le système moléculaire parte d'un état d'équilibre, et que, au premier instant, les diverses molécules soient semblables entre elles et semblablement orientées.

On aura non seulement

$$r'^2 = x'^2 + y'^2 + z'^2,$$

mais encore

$$r_{,}^2 = (x + x')^2 + (y + y')^2 + (z + z')^2.$$

Soient, d'autre part, au bout du temps t,

ξ, η, ζ les déplacements absolus de l'atome m' mesurés parallèlement aux axes des x, y, z, dans un mouvement infiniment petit.

Ces déplacements pourront être considérés comme des fonctions du temps t et des six coordonnées x, y, z, x', y', z' dont les trois dernières varieront entre les limites fort restreintes déterminées par les dimensions des molécules; et, si l'on pose

$$u = D_x, \quad v = D_y, \quad w = D_z, \quad u' = D_{x'}, \quad v' = D_{y'}, \quad w' = D_{z'},$$

$$\upsilon = u\xi + v\eta + w\zeta, \quad \upsilon' = u'\xi + v'\eta + w'\zeta,$$

υ et υ' représenteront au bout du temps t, et autour de l'atome m', la condensation de volume : 1° du système moléculaire; 2° de la molécule m. Cela posé, si l'on fait, pour abréger,

$$\omega = x u + y v + z w, \quad \omega' = x' u' + y' v' + z' w',$$

puis

$$G' = Sm''(e^{\omega'} - 1) f(r'), \quad H' = Sm''\left(e^{\omega'} - \frac{\omega'^2}{2}\right)\frac{f'(r')}{r'},$$

le signe S indiquant une somme de termes semblables et qui correspondront aux divers atomes m'', m''', ..., c'est-à-dire aux divers atomes compris dans la molécule m et distincts de m', puis enfin

$$G = SSm''_{,}(e^{\omega+\omega'} - 1) f(r_{,}), \quad H = SSm''_{,}\left[e^{\omega+\omega'} - \frac{(\omega + \omega')^2}{2}\right]\frac{f'(r_{,})}{r_{,}},$$

le double signe SS indiquant une double somme de termes semblables qui correspondront aux divers atomes

$$m'_{,}, \quad m''_{,}, \quad m'''_{,}, \quad \ldots, \quad m'_{,,}, \quad m''_{,,}, \quad m'''_{,,}, \quad \ldots,$$

compris dans les molécules $m_{\prime}$, $m_{\prime\prime}$, ... distinctes de m; on aura, pour déterminer ξ, η, ζ en fonction des sept variables t, x, y, z, x', y', z', trois équations dont la première sera

$$(1)\quad \begin{cases} (\mathrm{D}_t^2 - \mathrm{G} - \mathrm{G}')\xi = \mathrm{D}_u(\mathrm{D}_{u'}\mathrm{H}'\xi + \mathrm{D}_{v'}\mathrm{H}'\eta + \mathrm{D}_{w'}\mathrm{H}'\zeta) \\ \qquad + (\mathrm{D}_u + \mathrm{D}_{u'})[(\mathrm{D}_u + \mathrm{D}_{u'})\mathrm{H}\xi + (\mathrm{D}_v + \mathrm{D}_{v'})\mathrm{H}\eta + (\mathrm{D}_w + \mathrm{D}_{w'})\mathrm{H}\zeta]. \end{cases}$$

Pour obtenir les deux autres équations, il suffira d'échanger entre eux les axes des x, y, z en même temps que les lettres correspondantes à ces axes; par conséquent, il suffira de remplacer dans le premier membre de la formule (1) ξ par η ou par ζ, et de remplacer en même temps dans le premier terme du second membre le facteur symbolique D_u par D_v ou D_w, puis, dans le second terme, le facteur symbolique $\mathrm{D}_u + \mathrm{D}_{u'}$ par $\mathrm{D}_v + \mathrm{D}_{v'}$ ou $\mathrm{D}_w + \mathrm{D}_{w'}$. Lorsque le système de molécules sera homogène dans toute son étendue, les coefficients G, G', H, H' deviendront indépendants des valeurs attribuées aux trois coordonnées x, y, z.

Considérons maintenant d'une manière spéciale le cas où le système moléculaire deviendrait isotrope. Alors les coefficients

$$\mathrm{G}',\quad \mathrm{H}',\quad \mathrm{G},\quad \mathrm{H}$$

devront être remplacés par les moyennes isotropiques

$$\mathfrak{M}\mathrm{G}',\quad \mathfrak{M}\mathrm{H}',\quad \mathfrak{M}\mathrm{G},\quad \mathfrak{M}\mathrm{H},$$

et, si l'on pose, pour abréger,

$$h = \frac{u^2 + v^2 + w^2}{2},\qquad h' = \frac{u'^2 + v'^2 + w'^2}{2},\qquad h_{\prime} = uu' + vv' + ww',$$

on conclura des principes établis dans mes précédents Mémoires sur les valeurs moyennes des fonctions, que $\mathfrak{M}\mathrm{G}'$, $\mathfrak{M}\mathrm{H}'$ se réduisent à des fonctions de h', et $\mathfrak{M}\mathrm{G}$, $\mathfrak{M}\mathrm{H}$ à des fonctions de h, h', $h_{\prime}$.

Cela posé, si l'on fait, pour abréger,

$$\mathrm{E} = \mathfrak{M}\mathrm{G} + \mathfrak{M}\mathrm{G}' + \mathrm{D}_h\mathfrak{M}\mathrm{H} + \mathrm{D}_{h'}\mathfrak{M}\mathrm{H}',$$

on verra l'équation (1) se réduire, pour un système isotrope de molécules, à la formule

$$(2)\quad \begin{cases} (\mathrm{D}_t^2 - \mathrm{E})\xi = u'\mathrm{D}_{h'}^2 \mathfrak{M}\,\mathrm{H}'\upsilon' \\ \qquad + [u(\mathrm{D}_h + \mathrm{D}_{h_{,}}) + u'(\mathrm{D}_{h_{,}} + \mathrm{D}_{h'})]\,[(\mathrm{D}_h + \mathrm{D}_{h_{,}})\mathfrak{M}\,\mathrm{H}\upsilon + (\mathrm{D}_{h_{,}} + \mathrm{D}_{h'})\mathfrak{M}\,\mathrm{H}\upsilon']. \end{cases}$$

Ajoutons que de cette formule on en déduira deux autres semblables à l'aide d'un échange opéré entre les trois axes coordonnés.

Si chaque molécule est composée d'un très grand nombre d'atomes, alors pour se former une idée des résultats auxquels conduiront les équations du mouvement, on pourra, dans une première approximation, opérer comme si les coefficients

$$\mathrm{G},\quad \mathrm{H},\quad \mathrm{G}',\quad \mathrm{H}',\quad \mathrm{E},$$

qui sont indépendants des coordonnées x, y, z, étaient aussi indépendants des coordonnées x', y', z'. En opérant ainsi, on déduira de l'équation (2), jointe aux deux équations de même forme, deux équations séparées entre les deux inconnues υ, υ', puis une équation caractéristique à laquelle satisferont toutes les inconnues. D'ailleurs cette équation caractéristique sera vérifiée quand on égalera chaque inconnue au produit d'un facteur constant par une exponentielle de la forme

$$e^{ux+vy+wz+u'x'+v'y'+w'z'-st},$$

u, v, w, u', v', w', s étant, non plus des symboles de différentiation, mais des constantes réelles ou imaginaires. Si, pour fixer les idées, on suppose

$$s = \mathrm{s}i,\qquad u = \mathrm{u}i,\qquad v = \mathrm{v}i,\qquad w = \mathrm{w}i,\qquad u' = \mathrm{u}'i,\qquad v' = \mathrm{v}'i,\qquad w' = \mathrm{w}'i,$$

i étant une racine carrée de -1, et s, u, v, w, u′, v′, w′ des constantes réelles, et si dans cette même hypothèse on détermine k, k', $\imath$, $\imath'$ à l'aide des formules

$$\mathrm{k}^2 = \mathrm{u}^2 + \mathrm{v}^2 + \mathrm{w}^2,\qquad \mathrm{k}'^2 = \mathrm{u}'^2 + \mathrm{v}'^2 + \mathrm{w}'^2,$$
$$\mathrm{k}\imath = \mathrm{u}x + \mathrm{v}y + \mathrm{w}z,\qquad \mathrm{k}'\imath' = \mathrm{u}'x' + \mathrm{v}'y' + \mathrm{w}'z',$$

$\imath$, $\imath'$ représenteront des longueurs mesurées perpendiculairement à deux espèces d'ondes planes qui devront être soigneusement distinguées l'une de l'autre. Enfin, si l'on pose

$$k = \frac{2\pi}{l}, \qquad k' = \frac{2\pi}{l'}, \qquad s = \frac{2\pi}{T},$$

l, l' seront les épaisseurs de ces deux espèces d'ondes planes, tandis que T représentera la durée des vibrations moléculaires; et il est clair que l'équation caractéristique établira une relation, non plus seulement entre les deux constantes s, k, mais entre les trois constantes s, k, k' et le cosinus de l'angle compris entre les plans des deux espèces d'ondes.

Dans un autre article, je dirai comment je suis parvenu à la formation des équations (1) et (2), comment on peut obtenir leurs intégrales générales, et quel rapport ces équations et ces intégrales ont avec les recherches de quelques auteurs sur les mouvements moléculaires ou atomiques, particulièrement avec les inductions ou les calculs que renferment les Notes et Mémoires de M. Ampère et de M. Laurent.

414.

Physique mathématique. — *Mémoire sur les conditions relatives aux limites des corps, et, en particulier, sur celles qui conduisent aux lois de la réflexion et de la réfraction de la lumière.*

C. R., T. XXVII, p. 99 (24 juillet 1848).

Ce Mémoire, dont l'extrait lu à la dernière séance sera imprimé dans le prochain *Compte rendu*, a pour objet la recherche des conditions qui se rapportent aux limites des corps, spécialement de celles qui déterminent la réflexion et la réfraction des mouvements simples dont la superposition reproduit les diverses espèces de mouvements infiniment petits. Suivant une première loi, si un mouvement simple, en rencontrant une surface plane, donne naissance à des mouvements réfléchis ou réfractés, ces divers mouvements seront toujours de la nature de ceux que l'auteur a nommés mouvements *correspondants*. D'ailleurs les mouvements réfléchis et réfractés peuvent être, ou du nombre de ceux qui se propagent sans s'affaiblir, ou du nombre de ceux qui s'éteignent en se propageant. Dans le premier cas, ils doivent offrir des ondes planes qui s'éloignent de la surface réfléchissante ou réfringente. Dans le second cas, les vibrations moléculaires doivent diminuer avec la distance à la surface. La loi précédente suffit pour déterminer la direction des ondes planes, liquides, sonores, lumineuses qui peuvent être réfléchies ou réfractées par la surface de séparation de deux milieux.

Quant aux lois qui déterminent les directions et les amplitudes des vibrations moléculaires, elles peuvent se déduire, quand chaque milieu renferme un seul système de molécules, et sous la condition énoncée dans un précédent Mémoire (*Comptes rendus* de 1843) du principe de l'égalité entre les pressions exercées par les deux milieux sur la surface de séparation. Si chaque milieu est un corps qui renferme, outre ses molécules propres, les molécules de l'éther ou fluide lumineux, on devra, au principe dont il s'agit, joindre le principe de la *continuité du mouvement dans l'éther*. D'ailleurs, l'équation caractéristique relative au double système de molécules offrira deux espèces de racines dont les unes disparaîtront avec les molécules du corps, les autres avec les molécules de l'éther; et dans une première approximation l'on pourra obtenir les phénomènes dépendants des mouvements infiniment petits du corps, à l'aide du principe relatif aux pressions, en tenant compte seulement des racines de première espèce, puis les phénomènes dépendants des mouvements infiniment petits de l'éther, à l'aide du principe de la continuité de mouvement, en tenant compte seulement des racines de seconde espèce.

415.

Calcul intégral. — *Mémoire sur de nouveaux théorèmes relatifs aux valeurs moyennes des fonctions, et sur l'application de ces théorèmes à l'intégration des équations aux dérivées partielles que présente la mécanique moléculaire.*

C. R., T. XXVII, p. 105 (31 juillet 1848).

Simple énoncé.

416.

Physique mathématique. — *Rapport sur un Mémoire de M.* Laurent, *relatif aux équations d'équilibre et de mouvement d'un système de sphéroïdes sollicités par des forces d'attraction et de répulsion mutuelles.*

C. R., T. XXVII, p. 105 (31 juillet 1848).

L'un de nous a donné, dans un Mémoire lithographié en 1836, ainsi que dans le premier Volume des *Exercices d'Analyse et de Physique mathématique*, les équations générales du mouvement d'un système de points matériels sollicités par des forces d'attraction et de répulsion mutuelles, en déduisant ces mêmes équations des formules qu'il avait obtenues dans un travail présenté à l'Académie le 1er octobre 1827. Il a, de plus, fait remarquer : 1° la forme symbolique à laquelle on peut réduire les équations dont il s'agit, en exprimant les termes qu'elles renferment à l'aide de deux fonctions caractéristiques; 2° les réductions nouvelles qu'on peut faire subir aux équations symboliques trouvées, dans le cas où leur forme devient indépendante de la direction attribuée à deux des axes coordonnés supposés rectangulaires, ou même à ces trois axes simultanément. Enfin il a donné les équations analogues auxquelles on parvient quand on considère deux systèmes de points matériels qui se pénètrent mutuellement; et même, dans un Mémoire présenté à l'Académie le 4 novembre 1839, il a considéré le cas plus général où les points matériels donnés appartiennent à trois ou à un plus grand nombre de systèmes, en remarquant d'ailleurs que ces divers systèmes peuvent être, par exemple, les diverses espèces d'atomes dont se composaient les molécules d'un corps cristallisé. Dans le Mémoire dont nous avons à rendre compte, M. Laurent considère non plus un système de points matériels, mais un système de sphéroïdes sollicités par des forces d'attraction ou de répulsion mutuelles, et il recherche les équations du mouvement d'un semblable système. M. Poisson s'était déjà occupé de cette question; mais les formules qu'il avait obtenues se rapportaient spécialement au cas particulier où les dimensions des sphéroïdes, comparées aux distances qui les séparaient, étaient assez petites pour qu'on pût négliger certains termes; et d'ailleurs, ce que n'avait pas fait M. Poisson, M. Laurent déduit les actions mutuelles de deux sphéroïdes des actions exercées par les éléments de l'un sur les éléments de l'autre.

Après avoir établi les six équations générales qui déterminent le mouvement du centre de gravité de chaque sphéroïde, et son mouvement de rotation autour de ce même centre, M. Laurent considère spécialement le cas où ces deux mouvements deviennent infiniment petits; il trouve qu'elles peuvent alors se réduire à des équations linéaires symboliques analogues à celles que nous avons rappelées ci-dessus, et qui expriment les mouvements d'un ou deux systèmes de molécules. Les inconnues comprises dans les équations dont il s'agit représentent, comme on devait s'y attendre, les déplacements infiniment petits du centre de gravité d'un sphéroïde, mesurés parallèlement aux axes coordonnés, et les rotations infiniment petites de ce sphéroïde autour de trois droites menées par le même centre parallèlement à ces axes.

M. Laurent s'est encore proposé de résoudre, pour un système de sphéroïdes, le problème résolu par l'un de nous pour un ou deux systèmes de points matériels, en recherchant ce que deviennent les équations propres à représenter les mouvements infiniment petits du système, dans le cas où ces équations prennent une forme indépendante des directions des axes coordonnés. Il a prouvé que, pour arriver à ce dernier cas, il suffit de remplacer le second membre de chaque équation, considéré comme une fonction explicite des coordonnées des divers points, par une intégrale triple qui renferme cette même fonction sous le signe $\int$, et qui se rapporte aux trois angles introduits par une transformation de coordonnées. Mais, comme, dans l'évaluation de cette intégrale, l'auteur a négligé certains termes, les équations définitives auxquelles il est parvenu ne sont pas les plus générales que l'on puisse obtenir en considérant des milieux isotropes. En recherchant quelle est la nature des milieux auxquels correspond la forme des équations données par M. Laurent, le rapporteur a reconnu qu'elle correspond au cas où, le système donné se composant de molécules non seulement semblables, mais semblablement orientées dans l'état initial, le mouvement est indépendant du mode d'orientation.

En intégrant les équations trouvées, M. Laurent a obtenu les lois des mouvements simples que ces équations peuvent représenter, ainsi que les vibrations et rotations des molécules dans les mouvements dont il s'agit.

Enfin, en terminant son Mémoire, il a observé que des six équations du mouvement on peut déduire deux équations séparées entre deux inconnues dont l'une est précisément la condensation de volume du système donné.

En résumé, dans le Mémoire dont nous venons de rendre compte, M. Laurent a donné de nouvelles preuves de la sagacité qu'il avait déjà montrée dans des recherches favorablement accueillies par les géomètres. Nous pensons, en conséquence, que ce Mémoire, comme les précédents, est digne d'être approuvé par l'Académie, et que l'Académie doit engager l'auteur à continuer ses recherches sur ce sujet difficile abordé par lui avec beaucoup de talent.

417.

Calcul intégral. — *Démonstration et applications de la formule*

$$F(k) = \frac{\pi^{\frac{1}{2}}}{\Gamma\left(\frac{n}{2}\right)} D_\iota^{\frac{n-1}{2}} \iota^{\frac{n-2}{2}} \underset{\alpha, 6, \gamma, \dots}{\overset{\rho=1}{M}} F(\omega\sqrt{\iota}).$$

C. R., T. XXVII, p. 133 (7 août 1848).

Dans cette formule, qui permet de résoudre d'importantes questions d'Analyse et de Physique mathématique, par exemple d'intégrer généralement les équations aux dérivées partielles du second ordre, linéaires et à coefficients constants, on a

$$\omega = u\alpha + v6 + w\gamma + \dots,$$
$$k^2 = u^2 + v^2 + w^2 + \dots,$$
$$\rho^2 = \alpha^2 + 6^2 + \gamma^2 + \dots;$$

de plus, n désigne le nombre, supposé impair, des variables u, v, w, ..., et ι une variable auxiliaire que l'on réduit définitivement à l'unité; enfin $F(k)$ est une fonction paire de k, développable suivant les puissances ascendantes de k^2, et la moyenne indiquée par le signe M s'étend à toutes les valeurs de α, 6, γ, ..., pour lesquelles ρ demeure compris entre deux limites infiniment voisines de l'unité.

418.

M. Augustin Cauchy présente à l'Académie les Notes et Mémoires dont les titres suivent :

C. R., T. XXVII, p. 162 (14 août 1848).

Première Note. — *Sur la surface caractéristique et la surface des ondes, correspondantes à des équations homogènes de degré pair entre les coor-*

données et le temps, considérees comme enveloppes de deux plans mobiles, dont les deux équations sont représentées par la seule formule

$$x\mathrm{x} + y\mathrm{y} + z\mathrm{z} = t^2,$$

t étant lié à x, y, z ou à x, y, z par une équation homogène.

Seconde Note. — *Sur la surface mobile dont l'équation est de la forme*

$$\mathrm{h} + x(\mathrm{x} - \mathrm{a}) + y(\mathrm{y} - \mathrm{b}) + z(\mathrm{z} - \mathrm{c}) = \tfrac{1}{2}t^2,$$

t étant donné en fonction de x, y, z par une équation caractéristique, et sur la valeur ρ que prend le rayon de courbure moyenne de cette surface, c'est-à-dire la moyenne géométrique entre ses rayons de courbure principaux, quand on choisit les paramètres h, a, b, c, de manière que les points correspondants aux coordonnées a, b, c et x, y, z se confondent avec un seul point situé sur sa surface caractéristique, le point qui répond aux coordonnées x, y, z étant situé sur la surface des ondes.

Premier Mémoire. — *Integration générale des équations homogènes, linéaires et à coefficients constants, d'un ordre quelconque, et intégration spéciale de l'équation*

$$\mathrm{F}(\mathrm{D}_t, \mathrm{D}_x, \mathrm{D}_y, \mathrm{D}_z)\varpi = 0,$$

que résout la fonction principale ϖ *déterminée par la formule*

$$\varpi = \underset{\lambda,\mu,\nu}{\overset{\varsigma=1}{\mathrm{M}}} \mathcal{E} \frac{s^{m-1}}{(\mathrm{F}(s, x, y, z))} \frac{\rho\tau^3 \varpi(x + \lambda\tau, y + \mu\tau, z + \nu\tau)}{t^3},$$

τ étant le rayon de la surface des ondes, correspondant au point de la surface caractéristique dont les coordonnées sont x, y, z, et ρ le rayon de courbure mentionné dans la seconde Note. D'ailleurs, dans la formule précédente, on a

$$\varsigma = \sqrt{\lambda^2 + \mu^2 + \nu^2},$$

et l'on suppose que, à chaque valeur de s, fournie par l'équation

$$\mathrm{F}(s, x, y, z) = 0,$$

correspond une valeur de $d^2 s$ constamment positive. Ajoutons que, en vertu de cette formule, l'intégrale générale d'une équation homogène, linéaire, à coefficients constants et à quatre variables indépendantes, se trouve exprimée par une intégrale définie double, de laquelle on voit sortir immédiatement les lois des phénomènes.

SECOND MÉMOIRE. — *Démonstration du théorème fondamental suivant lequel une inconnue déterminée, comme fonction principale, par une équation linéaire, homogène, à coefficients constants, à quatre variables indépendantes x, y, z, t, et rigoureusement nulle au premier instant en dehors d'une certaine enveloppe invariablement liée à un point pris pour origine, n'a de valeur au bout du temps t que dans l'intérieur de la même enveloppe qu'un mouvement de translation aurait déplacée avec l'origine en faisant coïncider cette dernière avec un point quelconque de la surface des ondes.*

419.

M. AUGUSTIN CAUCHY présente à l'Académie les Notes et Mémoires dont les titres suivent :

C. R., T. XXVII, p. 197 (21 août 1848).

PREMIER MÉMOIRE. — *Intégration générale de l'équation homogène du second ordre*

$$D_t^2 \varpi = F(D_x, D_y, D_z, \ldots)\varpi,$$

à laquelle on satisfait, quand le nombre n des variables x, y, z, ... est impair, en prenant

$$\varpi = \frac{\pi^{\frac{1}{2}}}{2\Gamma\left(\frac{m}{2}\right)} \mathop{\mathrm{M}}_{\alpha_1, \alpha_2, \ldots, \alpha_m}^{\rho=1} \iota D_\iota^{\frac{m-3}{2}} \left[\iota^{\frac{m-2}{2}} e^{\lambda t\sqrt{\iota}} \varpi(x + \alpha t\sqrt{\iota}, y + 6 t\sqrt{\iota}, \ldots)\right],$$

α, 6, ..., λ étant liés aux variables auxiliaires α_1, α_2, ..., α_m par des équations linéaires que donne le calcul, la valeur de ρ étant

$$\rho = \sqrt{\alpha_1^2 + \alpha_2^2 + \ldots + \alpha_m^2},$$

et ι devant être réduit à l'unité, après les différentiations indiquées par la caractéristique D_ι.

Première Note. — *Sur la fonction appelée* principale *dans les recherches présentées à la dernière séance* (¹).

Deuxième Note. — *Détermination de l'intégrale singulière*

$$\int\int\int \ldots \mathrm{I}\, f(\alpha, 6, \gamma, \ldots, \tau)\, d\alpha\, d6\, d\gamma \ldots d\tau,$$

I étant la partie réelle de l'expression

$$i(\varepsilon - \omega i)^{-m+1},$$

dans laquelle i désigne une racine carrée de l'unité négative, ε un nombre infiniment petit, et ω une fonction donnée des m variables α, 6, γ, ... Réduction du calcul à la recherche des systèmes de valeurs de α, 6, ..., τ qui vérifient les équations simultanées

$$\omega = 0, \qquad \frac{D_\alpha \omega}{\alpha} = \frac{D_6 \omega}{6} = \ldots.$$

Examen spécial de la valeur $\mathcal{R}$ que prend l'intégrale, dans le cas où, les intégrations étant effectuées entre des limites voisines de l'un de ces systèmes, on a

$$\omega = st - 8r, \qquad 8 = \alpha\lambda + 6\mu + \gamma\nu + \ldots,$$

(¹) Cette fonction est distincte de celle qui a été désignée sous le même nom dans d'autres Mémoires. Si l'on adopte l'ancienne définition, la formule et la proposition énoncées dans la dernière séance devront être appliquées, non plus à la fonction principale ϖ, mais à sa dérivée de l'ordre $n-2$, prise par rapport à t; donc alors, en supposant toutes les nappes de la surface caractéristique réelles et convexes, on aura

$$D_t^{n-2}\varpi = \mathop{\mathrm{M}}_{\lambda,\mu,\nu}^{\varsigma=1} \mathcal{E} \frac{s^{n-1}}{[F(s, x, y, z)]_s} \frac{\rho r^3 \varpi(x + \lambda\tau, y + \mu\tau, z + \nu\tau)}{t^3},$$

x, y, z étant les coordonnées d'un point quelconque de l'espace; τ étant, au bout du temps t, le rayon de la surface des ondes, qui forme avec les demi-axes des coordonnées positives les angles dont les cosinus sont λ, μ, ν; les coordonnées x, y, z étant celles du point correspondant de la surface caractéristique, et les valeurs de ρ, ς étant celles que nous avons indiquées. Alors aussi $\frac{\rho r^2}{t^2}$ sera précisément le rayon de courbure de la surface caractéristique au point (x, y, z).

s étant une fonction homogène du premier degré en α, β, γ, ..., et, de plus,

$$\mathrm{f}(\alpha, \beta, \gamma, \ldots) = \frac{1}{\sqrt{1 - \alpha^2 - \beta^2 - \gamma^2 - \ldots}}.$$

SECOND MÉMOIRE. — *Intégration générale de l'équation homogène et du degré n,*

$$F(D_t, D_x, D_y, D_z, \ldots)\varpi = 0,$$

dans laquelle le coefficient de $D_t^n \varpi$ est supposé réduit à l'unité, quel que soit le nombre m des variables x, y, z, ... Examen spécial du cas où m est impair.

TROISIÈME NOTE. — *Explication des contradictions qui se manifestent dans plusieurs cas entre les intégrales par séries des équations différentielles, ou aux dérivées partielles, et leurs intégrales en termes finis. Examen spécial du cas où les intégrales en séries disparaissent, quoique les intégrales en termes finis subsistent.*

420.

C. R., T. XXVII, p. 225 (28 août 1848).

M. AUGUSTIN CAUCHY présente à l'Académie un *Mémoire sur la fonction principale assujettie à vérifier l'équation de l'ordre n*

$$F(D_t, D_x, D_y, D_z, \ldots)\varpi = 0,$$

et à s'évanouir avec ses dérivées relatives à t d'un ordre inférieur à $n - 1$ pour une valeur nulle de t. Lorsque, le coefficient de $D_t^n \varpi$ étant l'unité, $F(t, x, y, z, \ldots)$ se réduit à une fonction homogène de t ou de t^2 et de u, la lettre u désignant une fonction de $x, y, z, \ldots$ homogène ou non homogène et du second degré, la question peut être ordinairement ramenée au cas où la fonction u est de la forme

$$x^2 + y^2 + z^2 + \ldots.$$

Alors, si l'équation donnée est homogène, la fonction principale ϖ se déterminera par la formule

$$D_t^{n-2}\varpi = \frac{\pi^{\frac{1}{2}}}{2\Gamma\left(\frac{m}{2}\right)} \mathop{\overset{\rho=1}{\mathrm{M}}}_{\alpha_1, \alpha_2, \ldots, \alpha_m} \mathcal{E} \frac{s^{n-1}t}{((\mathcal{S}))_s} D_\iota^{\frac{m-3}{2}} \left[\iota^{\frac{m-2}{2}} \varpi(x+\alpha_1 t\sqrt{\iota}, y+\alpha_2 t\sqrt{\iota}, \ldots)\right],$$

ι devant être réduit définitivement à l'unité, m désignant le nombre des variables $x, y, z, \ldots$, et $\mathcal{S}$ ce que devient la fonction $F(t, x, y, z, \ldots)$ quand on y remplace t par s et $x^2+y^2+z^2+\ldots$ par l'unité.

421.

M. Augustin Cauchy présente à l'Académie deux Notes sur les objets ici indiqués :

C. R., T. XXVII, p. 356 (9 octobre 1848).

Première Note. — *Sur l'intégrale*

$$\mathcal{S} = \int_{-1}^{1} \frac{(1-\alpha^2)^{\frac{m-3}{2}} d\alpha}{(a+b\alpha i)^m} = \int_0^{\pi} \frac{\sin^{m-2}\varphi \, d\varphi}{(a+bi\cos\varphi)^m},$$

dans laquelle i désigne une racine carrée de l'unité négative; et détermination de cette intégrale, pour des valeurs impaires de m, à l'aide de la formule

$$\mathcal{S} = \pi^{\frac{1}{2}} \frac{\Gamma\left(\frac{m-1}{2}\right)}{\Gamma\left(\frac{m}{2}\right)} \frac{a}{(a^2+b^2)^{\frac{m+1}{2}}}.$$

Seconde Note. — *Sur la transformation d'une fonction $\varpi(x, y, z, \ldots)$ de m variables $x, y, z, \ldots$ en une intégrale de l'ordre m relative à m variables auxiliaires $\lambda, \mu, \nu, \ldots$, et qui dépend d'une fonction nouvelle de $x, y, z, \ldots$ dont le degré se réduit au second.*

Solution de ce problème à l'aide de la formule

$$\varpi(x, y, z, \ldots) = \frac{\Gamma\left(\frac{m+1}{2}\right)}{\pi^{\frac{m+1}{2}}} \int\int\int\ldots \frac{\varepsilon\,\varpi(\lambda, \mu, \nu, \ldots)\,d\lambda\,d\mu\,d\nu\ldots}{(\varepsilon^2+\rho^2)^{\frac{m+1}{2}}},$$

dans laquelle ε désigne un nombre infiniment petit, m un nombre impair, et ρ^2 une fonction de $x, y, z, \ldots$ du second degré, déterminée par l'équation

$$\rho^2 = (x-\lambda)^2 + (y-\mu)^2 + (z-\nu)^3 + \ldots.$$

Ajoutons que la formule subsiste pour tout système de valeurs de x, y, z, ... représentées par des valeurs de λ, μ, ν, ... comprises entre les limites des intégrations.

422.

M. Augustin Cauchy présente à l'Académie trois Notes sur les objets ici indiqués :

C. R., T. XXVII, p. 373 (16 octobre 1848).

Première Note. — *Démonstration du théorème suivant lequel l'intégrale*

$$\int_0^\infty e^{pi}\,\mathrm{f}(re^{pi})\,dr$$

reste invariable, tandis que l'argument p de la variable imaginaire

$$z = re^{pi}$$

varie entre des limites entre lesquelles la fonction $\mathrm{F}(z)$ demeure finie et continue, cette fonction étant d'ailleurs tellement choisie, que le produit $z\,\mathrm{f}(z)$ s'évanouisse pour une valeur nulle et pour une valeur infinie du module r de z.

Deuxième Note. — *Application du théorème établi dans la Note précé-*

dente à l'évaluation des intégrales

$$A = \int_{-1}^{1} \frac{(1-\alpha)^m (1+\alpha)^n + (1+\alpha)^m (1-\alpha)^n}{(\cos\theta + \alpha i \sin\theta)^{m+n}} \frac{d\alpha}{1-\alpha^2},$$

$$B = \int_{-1}^{1} \frac{(1-\alpha)^m (1+\alpha)^n - (1+\alpha)^m (1-\alpha)^n}{i(\cos\theta + \alpha i \sin\theta)^{m+n}} \frac{d\alpha}{1-\alpha^2},$$

dans lesquelles m, n désignent deux nombres entiers ou fractionnaires, ou même irrationnels, et θ un arc renfermé entre les limites $-\frac{\pi}{2}, \frac{\pi}{2}$; détermination de ces intégrales à l'aide des formules

$$A = \frac{2^{m+n}\,\Gamma(m)\,\Gamma(n)}{\Gamma(m+n)} \cos(m-n)\theta,$$

$$B = \frac{2^{m+n}\,\Gamma(m)\,\Gamma(n)}{\Gamma(m+n)} \sin(m-n)\theta.$$

Troisième Note. — *Sur une fonction* $\Pi(r)$ *de la variable* r *liée aux* m *variables* $x, y, z, \ldots$ *par l'équation*

$$r^2 = x^2 + y^2 + z^2 + \ldots,$$

et sur la transformation de cette fonction, pour le cas où $\Pi(r)$ est une fonction paire de r, en une intégrale multiple qui dépend de la fonction linéaire

$$\upsilon = \alpha x + 6y + \gamma z + \ldots,$$

à l'aide de la formule

$$\Pi(r) = \frac{1}{\Gamma(m-1)} \mathop{\mathrm{M}}_{\alpha, 6, \gamma, \ldots}^{\rho=1} f^{(m-2)}(\upsilon),$$

dans laquelle on a

$$\rho^2 = \alpha^2 + 6^2 + \gamma^2 + \ldots$$

et

$$f(r) = D_r \int_0^r (r^2 - \tau^2)^{\frac{m-3}{2}} \tau\, \Pi(\tau)\, d\tau.$$

423.

M. Augustin Cauchy présente des recherches analytiques sur les objets ici indiqués :

C. R., T. XXVII, p. 433 (30 octobre 1848).

Nouveau Mémoire sur l'équation linéaire et de l'ordre n

$$F(D_t, D_x, D_y, D_z, \ldots)\varpi = 0,$$

$F(t, x, y, z, \ldots)$ étant une fonction entière et homogène de t et des m variables $x, y, z, \ldots$, et en même temps une fonction entière de t^2, dans laquelle le coefficient de t^n se réduit à l'unité. Intégration de cette équation, dans le cas où m est un nombre impair, à l'aide de la formule

$$D_t^{n-2}\varpi = k \mathop{\mathrm{M}}_{\lambda, \mu, \nu, \ldots}^{\varsigma=1} \mathop{\mathrm{M}}_{\alpha, \beta, \gamma, \ldots}^{\rho=1} \mathcal{E} \frac{s^{n-1} t \upsilon^{m-2} \sqrt{\upsilon^2}\, D_\upsilon^{m-2}[\upsilon^{m-1}\Pi(st\upsilon)]}{(F(s, \alpha, 6, \gamma, \ldots))_s},$$

dans laquelle on a

$$k = (-1)^{\frac{m-1}{2}} \frac{\pi}{2^{m-1}\left[\Gamma\left(\frac{m}{2}\right)\right]^2},$$

$$\rho^2 = \alpha^2 + 6^2 + \gamma^2 + \ldots, \qquad \varsigma^2 = \lambda^2 + \mu^2 + \nu^2 + \ldots, \qquad \frac{1}{\upsilon} = \alpha\lambda + 6\mu + \gamma\nu + \ldots$$

et

$$\Pi(s) = \varpi(x + \lambda s, y + \mu s, z + \nu s, \ldots),$$

$\varpi(x, y, z, \ldots)$ étant la valeur initiale de la dérivée de l'ordre $n - 1$ de la fonction principale ϖ, c'est-à-dire la valeur de $D_t^{n-1}\varpi$ correspondante à $t = 0$.

Première Note. — *Sur une transformation de l'intégrale obtenue dans le Mémoire précédent, et sur la réduction de cette intégrale à la forme*

$$D_t^{n-2}\varpi = \mathop{\mathrm{M}}_{\lambda, \mu, \nu, \ldots}^{\varsigma=1} \Sigma \mathop{\mathrm{M}}_{\alpha, \beta, \gamma, \ldots}^{s=1} k_s t \upsilon^{m-2} \sqrt{\upsilon^2}\, D_\upsilon^{m-2}[\upsilon^{m-1}\Pi(\upsilon t)],$$

le signe Σ s'étendant à toutes les valeurs positives de s et de α qui vérifient les équations

$$F(s, \alpha, \beta, \gamma, \ldots) = 0, \qquad s = 1,$$

et la valeur de k_s étant déterminée par la formule

$$\tfrac{1}{2} k_s = \frac{(-1)^{\frac{m-1}{2}}}{2^m \pi^{\frac{m-2}{2}} \Gamma\left(\frac{m}{2}\right)} \int\int \cdots \frac{d\beta\, d\gamma \ldots}{\sqrt{[D_\alpha F(1, \alpha, \beta, \gamma, \ldots)]^2}},$$

dans laquelle les intégrations s'étendent à toutes les valeurs de β, γ, ..., pour lesquelles on a $s = 1$. Conditions sous lesquelles s'effectue la réduction ici indiquée.

Seconde Note. — *Application de l'intégrale obtenue dans le Mémoire au cas où l'équation donnée devient isotrope, c'est-à-dire au cas où la fonction* $F(t, x, y, z, \ldots)$ *dépend uniquement des variables*

$$t \quad \text{et} \quad r = \sqrt{x^2 + y^2 + z^2 + \ldots},$$

et où l'intégrale trouvée se réduit à

$$D_t^{n-2} \varpi = \frac{\pi^{\frac{1}{2}}}{2\Gamma\left(\frac{m}{2}\right)} \mathop{\mathrm{M}}_{\lambda, \mu, \nu, \ldots}^{\varsigma=1} D_\iota^{\frac{m-3}{2}} \left[\iota^{\frac{m-2}{2}} \mathcal{E} \frac{s^{n-1} t\, \Pi(st\sqrt{\iota})}{(F(s, \lambda, \mu, \nu, \ldots))_s} \right],$$

ι devant être réduit à l'unité, après les différentiations.

424.

M. Augustin Cauchy présente à l'Académie les quatre Notes suivantes :

C. R., T. XXVII, p. 499 (13 novembre 1848).

Première Note. — *Application de la formule donnée, dans la séance du* 30 *octobre* (p. 84), *au cas particulier où l'on a*

$$\varpi(x, y, z, \ldots) = f(r), \qquad r = \sqrt{x^2 + y^2 + z^2 + \ldots},$$

et où l'intégrale trouvée se réduit à

$$\mathrm{D}_t^{n-2}\varpi = \frac{\pi^{\frac{1}{2}}}{2^{\frac{m-1}{2}}\Gamma\left(\frac{m}{2}\right)} \underset{\alpha, \beta, \gamma, \ldots}{\overset{\rho=1}{\mathrm{M}}} \mathcal{E} \frac{s^{n-2}\mathrm{D}_\upsilon^{\frac{m-3}{2}}[\omega^{m-2}f(\omega)]}{(\mathrm{F}(s, \alpha, \beta, \gamma, \ldots))_s},$$

les valeurs de ρ^2, ω et υ étant

$$\rho^2 = \alpha^2 + \beta^2 + \gamma^2 + \ldots, \qquad \omega = \alpha x + \beta y + \gamma z + \ldots + st, \qquad \upsilon = \frac{1}{t}\omega^2.$$

Deuxième Note. — *Démonstration de la formule*

$$\varpi(x, y, z, \ldots) = \frac{\Gamma\left(\frac{m+1}{2}\right)}{\pi^{\frac{m+1}{2}}} \int\int\int \ldots \varpi(\lambda, \mu, \nu, \ldots) \frac{\varepsilon\, d\lambda\, d\mu \ldots}{(\varepsilon^2 + \varsigma^2)^{\frac{m+1}{2}}},$$

m désignant un nombre impair, ε un nombre infiniment petit, la valeur de ς^2 étant

$$\varsigma^2 = (x-\lambda)^2 + (y-\mu)^2 + (z-\nu)^2 + \ldots,$$

et les intégrations étant effectuées entre les limites, hors desquelles la fonction sous le signe $\int$ s'évanouit. Usage de cette formule dans l'intégration de l'équation homogène dont elle fournit l'intégrale générale déduite de l'intégrale particulière qu'offre la Note précédente.

Troisième Note. — *Sur l'intégrale*

$$\mathrm{K} = \int_{t'}^{t''} \mathcal{E} \frac{f(x, t)}{(\mathrm{F}(x, t))_x} dt,$$

t' étant inférieur à t'', et $\mathrm{F}(x, t)$ étant une fonction entière des variables x, t, dont le degré soit n par rapport à chacune des variables.

Examen du cas où la fonction $\mathrm{F}(x, t)$ s'évanouit hors des limites

$$x = -\varepsilon, \qquad x = \varepsilon,$$

ε étant un nombre très petit, et où les n racines de l'équation

$$\mathrm{F}(x, t) = 0,$$

résolue par rapport à t, sont des fonctions réelles, distinctes et continues de t entre les limites $x = -\varepsilon$, $x = \varepsilon$. Transformation de l'intégrale K, dans cette hypothèse, à l'aide de la formule

$$K = -\int_{-\varepsilon}^{\varepsilon} \mathcal{E} \frac{\iota_t f(x, t)}{(F(x, t))_t} dx,$$

ι_t désignant un coefficient qui s'évanouit, quand t est situé hors des limites t', t'', et qui, dans le cas contraire, se réduit à $+1$ quand $D_x t$ est positif, à -1 quand $D_x t$ est négatif.

Quatrième Note. — *Application des formules données dans la Note précédente à la délimitation des intégrales des équations homogènes. Accord des résultats ainsi obtenus, dans le cas où toutes les racines de l'équation caractéristique sont réelles, et où les variables indépendantes sont au nombre de quatre, avec les conclusions énoncées par M.* Blanchet *dans la Note du 20 décembre 1841. Application des formules à la délimitation des ondes propagées dans les systèmes de molécules dont les mouvements sont représentés par des équations à sept variables indépendantes.*

425.

M. Augustin Cauchy présente à l'Académie diverses recherches sur les objets ci-après indiqués :

C. R., T. XXVII, p. 525 (20 novembre 1848).

Mémoire sur les fonctions discontinues. Examen spécial d'une fonction discontinue $\varpi(x, y, z, \ldots)$ qui se réduit à une fonction continue $\Pi(x, y, z, \ldots)$ quand les variables x, y, z, ... demeurent comprises entre des limites réelles et constantes $x = x'$, $x = x''$, $y = y'$, $y = y''$, ..., et qui s'évanouit toujours dans le cas contraire. Détermination de la fonction discontinue $\varpi(x, y, z, \ldots)$, considérée comme valeur particulière d'une fonction continue, quand les variables $x, y, z, \ldots$ deviennent imaginaires. Démonstration du théorème suivant lequel $\varpi(x, y, z, \ldots)$ se réduit alors à $\Pi(x, y, z, \ldots)$ quand les parties réelles de $x, y, z, \ldots$ sont toutes comprises entre les limites ci-dessus indiquées, et à zéro dans le cas contraire.

Première Note. — *Application des principes établis dans le Mémoire précédent à l'intégration de l'équation homogène*

$$F(D_t, D_x, D_y, D_z, \ldots)\varpi = 0.$$

Vitesse de propagation des ondes planes représentée, au signe près, par la valeur de s tirée des formules

$$F(s, \alpha, \beta, \gamma, \ldots) = 0, \qquad \alpha^2 + \beta^2 + \gamma^2 + \ldots = 1,$$

quand cette valeur est réelle; et par la partie réelle de s, quand s devient imaginaire.

Deuxième Note. — *Détermination générale de la fonction principale qui vérifie l'équation homogène.* Ondes courbes et très minces, considérées comme des enveloppes d'ondes planes. Nappes diverses des ondes courbes. La dérivée de l'ordre $n - 2$ de la fonction principale est rigoureusement nulle en dedans de la plus petite nappe, en dehors de la plus grande nappe, et entre les nappes elles-mêmes, quand les diverses nappes offrent des surfaces d'ellipsoïde semblables entre elles.

Cette proposition se vérifie encore lorsque, toutes les valeurs de s étant réelles, on néglige les quantités comparables au cube de l'épaisseur des ondes.

Troisième Note. — Si l'on fait abstraction du cas spécial traité dans la Note précédente, la dérivée de l'ordre $n - 2$ de la fonction principale sera généralement nulle, en dedans de la plus petite nappe; mais elle ne s'évanouira rigoureusement en dehors de la plus grande nappe que dans le cas où toutes les valeurs de s seront réelles.

426.

M. Augustin Cauchy présente à l'Académie des recherches nouvelles sur les objets ci-après indiqués :

C. R., T. XXVII, p. 537 (27 novembre 1848).

Premier Mémoire. — *Démonstration de plusieurs théorèmes généraux d'Analyse et de Calcul intégral.*

Première Note. — *Sur les coefficients limitateurs considérés comme valeurs particulières de fonctions continues d'une ou de plusieurs variables.* Avantages que présente, dans la solution des problèmes de Mécanique ou de Physique, l'emploi du *limitateur* l_x assujetti à se réduire sensiblement, pour une valeur réelle de la variable x, ou à zéro ou à l'unité, suivant que cette valeur est négative ou positive.

Second Mémoire. — *Sur les équations discontinues auxquelles on est conduit en cherchant à résoudre les problèmes les plus généraux d'Analyse ou de Calcul intégral.* Emploi du limitateur l_x dans la transformation de ces équations et dans la détermination de leurs intégrales.

Deuxième Note. — *Sur les phénomènes représentés par les intégrales des équations discontinues, et en particulier sur les ondes planes que représentent les intégrales en termes finis des équations discontinues aux dérivées partielles.* Détermination directe des limitateurs que renferment ces dernières intégrales. Application de ces mêmes intégrales à la détermination des lois de réflexion et de réfraction de la lumière.

Troisième Note. — *Sur le développement en série des intégrales des équations discontinues.* Les fonctions que renferment ces intégrales, et qui s'y trouvent multipliées par les coefficients limitateurs, peuvent être, sous certaines conditions, développées en séries ordonnées suivant les puissances ascendantes du temps; mais on ne saurait en dire autant des coefficients limitateurs auxquels on doit conserver toujours leurs formes primitives.

427.

M. Augustin Cauchy présente à l'Académie diverses Notes et Mémoires sur les objets ci-après indiqués :

C. R., T. XXVII, p. 572 (4 décembre 1848).

Note. — *Sur les diverses formes qu'on peut assigner au* limitateur l_x, *en prenant, par exemple,*

$$\mathrm{l}_x = \frac{1}{1+e^{-\frac{x}{\varepsilon}}} \qquad \text{ou} \qquad \mathrm{l}_x = \frac{1}{2}\left(1 + \frac{x}{\varepsilon + \sqrt{x^2}}\right),$$

ε désignant un nombre infiniment petit. On trouve alors

$$\mathrm{l}_x + \mathrm{l}_{-x} = 1.$$

Alors aussi, pour une valeur de x imaginaire et de la forme $x = \alpha + 6i$, le limitateur l_x se réduit sensiblement ou à zéro ou à l'unité, suivant que la partie réelle α de x est négative ou positive.

Premier Mémoire. — *Sur l'intégration de l'équation aux dérivées partielles*

$$\mathrm{D}_t^2 8 = (a^2 \mathrm{l}_{-x} + b^2 \mathrm{l}_x) \mathrm{D}_x^2 8,$$

dans laquelle on suppose l'inconnue 8 assujettie à vérifier, pour une valeur nulle de t, les deux conditions

$$8 = \varpi(x), \qquad \mathrm{D}_t 8 = 0.$$

Détermination de l'inconnue 8 à l'aide de la formule

$$8 = u\,\mathrm{l}_{-x} + v\,\mathrm{l}_x,$$

la valeur de u étant

$$u = \frac{1}{2}\mathrm{l}_{-x-at}\,\varpi(x+at) + \frac{1}{2}\mathrm{l}_{-x+at}\,\varpi(x-at)$$
$$+ \frac{1}{2}\frac{b-a}{b+a}\mathrm{l}_{x+at}\,\varpi(-x-at) + \frac{a}{b+a}\mathrm{l}_{x+at}\,\varpi\left(b\,\frac{x+at}{a}\right),$$

et v étant ce que devient u quand on y remplace b par $-a$, a par $-b$, et 1_x par 1_{-x}. Application de la formule trouvée, et des formules analogues, à la Physique mathématique.

Deuxième Mémoire. — Dans ce Mémoire, on démontre le théorème suivant :

Soient u, v deux fonctions entières de m variables $x, y, z, \ldots$, toutes deux homogènes, mais l'une u du premier degré, l'autre v du second. Supposons d'ailleurs que la fonction v reste toujours positive et que les carrés des coefficients des variables dans la fonction u donnent pour somme l'unité. Soit encore $r = \sqrt{x^2 + y^2 + z^2 + \ldots}$, *et concevons que, dans le cas où l'on assujettit les variables $x, y, z, \ldots$ à la condition* $v = 1$, *on nomme* H *la valeur maximum de u, et* V *le produit des m racines positives de l'équation qui fournit les maxima et minima de r. Enfin, nommons* A *le produit des* $m - 1$ *racines positives de l'équation qui fournit les maxima et minima de r, dans le cas où les variables $x, y, z, \ldots$ sont assujetties à vérifier simultanément les deux conditions* $u = 0$, $v = 1$. *On aura généralement*

$$AH = V.$$

Application de ce théorème et d'autres propositions analogues : 1° à la Géométrie; 2° à l'intégration des équations homogènes.

Troisième Mémoire. — *Sur les mouvements infiniment petits de deux systèmes de molécules qui se pénètrent mutuellement, et en particulier sur les vibrations de l'éther dans un corps solide ou fluide dont chaque molécule est considérée comme un système d'atomes.*

428.

M. Augustin Cauchy présente à l'Académie des recherches nouvelles sur les objets ci-après indiqués :

C. R., T. XXVII, p. 596 (11 décembre 1848).

Note. — *Sur les fonctions* isotropes *de plusieurs systèmes de coordonnées rectangulaires, et spécialement sur celles de ces fonctions qui sont en même temps* hémitropes, *et qui changent de signe avec les coordonnées parallèles à un seul axe.* Toute fonction développable suivant les puissances entières des coordonnées, lorsqu'elle est hémitrope, se compose de termes qui sont tous de degré impair, et doit renfermer au moins trois systèmes de coordonnées.

Premier Mémoire. — *Sur les actions ternaires, ou, en d'autres termes, sur les modifications que l'action mutuelle de deux atomes peut subir en présence d'un troisième atome.* Influence du platine réduit en éponge sur la combinaison de l'oxygène et de l'hydrogène. Influence d'un atome d'un corps sur l'action mutuelle de deux atomes d'éther. Il suffit de tenir compte de cette dernière influence, dans la recherche des formules qui expriment les mouvements infiniment petits du fluide éthéré, puis de réduire les formules trouvées à des équations isotropes, pour retrouver précisément les équations différentielles de la polarisation chromatique. Accord des résultats ainsi obtenus avec les expériences de M. Pasteur.

Second Mémoire. — *Sur les lois de la polarisation des rayons lumineux dans les cristaux à un ou à deux axes optiques.* Il suffit de supposer les atomes d'éther distribués isotropiquement autour de chaque atome du corps, puis de tenir compte de l'influence exercée par chaque atome du corps sur les actions mutuelles des atomes d'éther, pour retrouver la conclusion qui se déduit des expériences de Fresnel, savoir, que les vibrations lumineuses dirigées suivant un des trois axes d'élasticité, et comprises dans le plan d'une onde passant par le deuxième ou le troisième axe, offrent dans l'un ou l'autre cas la même vitesse de propagation.

429.

C. R., T. XXVII, p. 621 (18 décembre 1848).

M. Augustin Cauchy présente à l'Académie un Mémoire sur les trois espèces de rayons lumineux qui correspondent aux mouvements *simples* du fluide éthéré. Les principaux résultats auxquels l'auteur parvient sont par lui indiqués dans les termes suivants :

1° Ceux des rayons lumineux qui se propagent sans s'affaiblir offrent des vitesses de propagation dont les carrés sont les racines réelles d'une équation du troisième degré. Les deux premières racines de cette équation répondent aux rayons jusqu'ici observés par les physiciens. Elles deviennent égales entre elles, dans les milieux isophanes, lorsque les rayons observés se réduisent à un seul. Elles sont distinctes, mais peu différentes l'une de l'autre, dans les cristaux à un ou deux axes optiques, et dans les corps isophanes qui font tourner le plan de polarisation. Elles deviennent imaginaires dans les métaux et les corps opaques.

2° Les lois de la réflexion et de la réfraction de la lumière se déduisent de deux principes fondamentaux. Le premier consiste en ce que les mouvements simples incident, réfléchis et réfractés sont des mouvements *correspondants* (p. 71 et 72). Le second est le principe de la *continuité du mouvement dans l'éther*. En vertu de ce dernier principe, les déplacements infiniment petits ξ, η, ζ d'un atome d'éther, mesurés parallèlement à trois axes rectangulaires des x, y, z, à une distance infiniment petite de la surface de séparation de deux milieux, devront conserver la même valeur quand on passera du premier milieu au second; et l'on devra encore en dire autant des dérivées de ξ, η, ζ, prises par rapport à une coordonnée qui serait perpendiculaire à la surface réfléchissante, par exemple des trois dérivées $D_x\xi$, $D_x\eta$, $D_x\zeta$, si cette surface est perpendiculaire à l'axe des x. On obtient de cette manière six équations de condition, qui suffisent dans le cas où les équations différentielles du mouvement de l'éther peuvent être réduites sensiblement à des équations du second ordre. Dans le cas contraire, de nouvelles conditions, que l'on devra joindre aux précédentes, se déduiraient encore immédiatement du principe énoncé. Ajoutons que, dans chaque milieu, le déplacement ξ, η ou ζ se composera de diverses parties correspondantes aux divers rayons incident, réfléchis ou réfractés.

3° En opérant comme on vient de le dire, on obtient précisément les formules que j'ai données pour déterminer le mode de polarisation et l'intensité des rayons lumineux réfléchis ou réfractés par la surface d'un corps transparent ou opaque. Ces formules, dans une première approximation, et dans le cas particulier où il s'agit d'un corps transparent dont la surface polariserait complètement un rayon réfléchi sous une certaine incidence, se réduiraient aux formules de Fresnel, et se trouvent d'ailleurs vérifiées par les expériences de M. Jamin.

4° Les expériences qui vérifient mes formules vérifient en même temps l'existence du troisième rayon lumineux dont les propriétés sont mises en évidence par l'analyse de laquelle ces formules se tirent. Le calcul montre que le troisième rayon de lumière disparaît quand la lumière incidente est ou polarisée dans le plan d'incidence, ou propagée dans une direction parallèle ou perpendiculaire à la surface réfléchissante, et qu'il s'éteint dans chaque milieu à une distance notable de cette surface. Si, après avoir déterminé le coefficient d'extinction du troisième rayon, on divise l'unité par ce coefficient, le quotient obtenu changera de valeur dans le passage du premier au second milieu, à moins que la surface réfléchissante ne polarise complètement la lumière réfléchie sous une certaine incidence; et si l'on multiplie la différence entre les deux valeurs trouvées par la caractéristique du rayon réfracté, le produit sera précisément le coefficient très petit que renferment les formules relatives aux corps transparents et vérifiées par M. Jamin.

5° L'existence du troisième rayon semble encore indiquée par d'autres phénomènes, spécialement par la perte de lumière observée dans les rayons réfléchis sous des incidences obliques, et par un fait remarquable dont nous devons la connaissance à M. Arago, savoir que la lumière disséminée par une surface hors de la direction de la réflexion régulière est polarisée perpendiculairement au plan d'émergence.

430.

PHYSIQUE MATHÉMATIQUE. — *Mécanique moléculaire.*

C. R., T. XXVIII, p. 2 (2 janvier 1849).

Des savants illustres, dont plusieurs sont membres de cette Académie, m'ayant engagé à réunir en un corps de doctrines les recherches que j'ai entreprises et poursuivies depuis une trentaine d'années, sur la Mécanique moléculaire et sur la Physique mathématique, j'ai cru qu'il était de mon devoir de répondre, autant que je le pouvais, à leur attente, et de réaliser prochainement le vœu qu'ils m'avaient exprimé. Il m'était d'autant moins permis de résister à leur désir, qu'en y accédant je remplis, en quelque sorte, un acte de piété filiale, puisque ce désir était aussi le vœu d'un tendre père, qui, joignant, jusqu'en ses derniers jours, l'amour de l'étude et la culture des Lettres à la pratique de toutes les vertus, s'est endormi du sommeil des justes, et s'est envolé vers une meilleure patrie. Pressé par tous ces motifs, je me propose de publier bientôt un Traité de Mécanique moléculaire où, après avoir établi les principes généraux sur lesquels cette science me paraît devoir s'appuyer, j'appliquerai successivement ces principes aux diverses branches de la Physique mathématique, surtout à la théorie de la lumière, à la théorie du son, des corps élastiques, de la chaleur, etc. Pour ménager les instants de l'Académie, je me bornerai à lui offrir, et à insérer dans les *Comptes rendus,* de courts extraits de mes recherches, spécialement relatifs aux questions qui, en raison de leur nouveauté ou de leur importance, me sembleront plus propres à exciter la curiosité des physiciens et des géomètres.

Je commencerai aujourd'hui, en déduisant des principes exposés dans les séances du 24 juillet et du 18 décembre 1848, les équations du troisième rayon lumineux, dont l'existence, comme j'en ai fait la remarque, peut être considérée comme déjà constatée par les phénomènes que présentent la réflexion et la réfraction de la lumière.

Analyse.

Les divers points de l'espace étant rapportés à trois axes rectangulaires des x, y, z, et deux milieux étant séparés l'un de l'autre par le plan des yz perpendiculaire à l'axe des x, concevons que les déplacements infiniment petits d'une molécule d'éther, supposée réduite à un point matériel, soient représentés, dans le premier milieu, par ξ, η, ζ, dans le second milieu, par ξ', η', ζ'. Supposons d'ailleurs que, dans une première approximation, les équations aux dérivées partielles, propres à exprimer les mouvements infiniment petits de l'éther, puissent être, sans erreur sensible, réduites à des équations du second ordre. Alors, en vertu du principe de la continuité du mouvement dans l'éther, on aura, pour $x = 0$,

$$(1)\qquad \begin{cases} \xi = \xi', & \eta = \eta', & \zeta = \zeta', \\ D_x\xi = D_x\xi', & D_x\eta = D_x\eta', & D_x\zeta = D_x\zeta'. \end{cases}$$

Dans chacune de ces équations de condition, le déplacement relatif à chaque milieu sera la somme des déplacements mesurés dans les divers mouvements incident, réfléchis et réfractés.

Concevons, pour fixer les idées, que chacun des milieux donnés soit un milieu isophane qui ne fasse pas tourner les plans de polarisation des rayons simples. Les équations des mouvements infiniment petits de l'éther dans le premier milieu seront

$$(2)\qquad (D_t^2 - E)\xi = FD_x\upsilon, \qquad (D_t^2 - E)\eta = FD_y\upsilon, \qquad (D_t^2 - E)\zeta = FD_z\upsilon,$$

E, F désignant des fonctions entières de la somme $D_x^2 + D_y^2 + D_z^2$, et υ étant la dilatation du volume de l'éther déterminée par la formule

$$(3)\qquad \upsilon = D_x\xi + D_y\eta + D_z\zeta.$$

Si les équations (2) peuvent être réduites, sans erreur sensible, à des équations homogènes du second ordre, F deviendra constant, et l'on aura

$$(4)\qquad E = \Omega^2(D_x^2 + D_y^2 + D_z^2),$$

Ω désignant la vitesse de propagation des ondes planes à vibrations transversales. Ajoutons que les constantes F et Ω^2 changeront généralement de valeurs, quand on passera du premier milieu au second.

Supposons maintenant qu'un mouvement simple de l'éther, à vibrations transversales, se propage dans le premier milieu, situé du côté des x négatives. Après être parvenu jusqu'à la surface réfléchissante, ou, en d'autres termes, jusqu'au plan des yz, ce mouvement simple, qui constituera un rayon simple de lumière, donnera naissance, dans chaque milieu, à deux autres mouvements simples, par conséquent à deux autres rayons simples réfléchis ou réfractés. D'ailleurs, ces divers mouvements simples seront du nombre de ceux que nous avons nommés *mouvements correspondants*. Ajoutons que, dans chaque milieu, l'un des deux nouveaux rayons réfléchis ou réfractés sera un rayon ordinaire à vibrations transversales, tandis que l'autre sera le troisième rayon lumineux, et ne restera sensible qu'à une très petite distance du plan des yz.

Concevons à présent que, afin de mettre en évidence les déplacements des atomes d'éther mesurés dans les divers rayons simples, on se serve des lettres ξ, η, ζ pour désigner les déplacements relatifs au rayon incident, puis des indices $'$ et $''$, joints à ces mêmes lettres pour indiquer les déplacements relatifs aux deux nouveaux rayons, en plaçant ces indices en bas ou en haut de chaque lettre, suivant qu'il s'agit des rayons réfléchis ou réfractés, et en conservant l'indice $''$ pour le troisième rayon lumineux, qui s'éteint à une très petite distance de la surface réfléchissante. Alors, à la place des formules (1), on obtiendra les suivantes :

$$(5)\qquad \begin{cases} \xi+\xi_{\prime}+\xi_{\prime\prime}=\xi'+\xi'', & D_x\xi+D_x\xi_{\prime}+D_x\xi_{\prime\prime}=D_x\xi'+D_x\xi'',\\ \eta+\eta_{\prime}+\eta_{\prime\prime}=\eta'+\eta'', & D_x\eta+D_x\eta_{\prime}+D_x\eta_{\prime\prime}=D_x\eta'+D_x\eta'',\\ \zeta+\zeta_{\prime}+\zeta_{\prime\prime}=\zeta'+\zeta'', & D_x\zeta+D_x\zeta_{\prime}+D_x\zeta_{\prime\prime}=D_x\zeta'+D_x\zeta''. \end{cases}$$

Si le rayon incident est polarisé dans le plan d'incidence, ou, en d'autres termes, si les vibrations des atomes d'éther sont perpendiculaires à ce plan et parallèles à la surface réfléchissante, il suffira de faire coïncider le plan d'incidence avec le plan des xy, pour que $\zeta_{\prime\prime}$, ζ'' s'évanouissent, et alors les deux dernières des conditions (5), réduites à la forme

$$(6) \qquad \zeta + \zeta_{\prime} = \zeta', \qquad D_x \zeta + D_x \zeta_{\prime} = D_x \zeta',$$

fourniront précisément les formules de réflexion et de réfraction données par Fresnel pour ce cas particulier. Si, au contraire, le rayon incident offre, pour les molécules d'éther, des vibrations renfermées dans le plan d'incidence ou parallèles à ce plan, alors, en supposant toujours que celui-ci coïncide avec le plan des xy, on déduira des quatre premières d'entre les conditions (5), non seulement les propriétés des rayons ordinaires réfléchis et réfractés, comme je l'ai fait dans le Ier Volume des *Exercices d'Analyse et de Physique mathématique* (1), mais encore les propriétés du troisième rayon, c'est-à-dire du rayon qui s'éteint à une très petite distance de la surface réfléchissante, soit dans le premier, soit dans le second milieu, et l'on obtiendra ainsi les conclusions suivantes :

Soit T la durée d'une vibration moléculaire dans le rayon incident. Supposons d'ailleurs que l'épaisseur d'une onde plane, ou, ce qui revient au même, la longueur d'une ondulation soit représentée par l dans le rayon incident, et par l' dans le rayon réfracté ordinaire. Soit encore τ l'angle d'incidence, τ' l'angle de réfraction, et posons

$$s = \frac{2\pi}{T}, \qquad k = \frac{2\pi}{l}, \qquad k' = \frac{2\pi}{l'}, \qquad \Omega = \frac{s}{k}, \qquad \Omega' = \frac{s}{k'}.$$

Représentons par $-\Omega_{\prime\prime}^2$, $-\Omega''^2$ les valeurs négatives des deux sommes $\Omega^2 + F$, $\Omega'^2 + F'$, la lettre F' désignant ce que devient la constante F quand on passe du premier milieu au second; et, en supposant $\Omega_{\prime\prime}$, Ω'' positifs, prenons

$$k_{\prime\prime} = \frac{s}{\Omega_{\prime\prime}}, \qquad k'' = \frac{s}{\Omega''}.$$

Enfin, en admettant toujours que, dans le rayon incident, les vibra-

(1) *OEuvres de Cauchy*, S. II, T. XI.

tions des molécules d'éther soient parallèles au plan des xy, posons

$$u = k\cos\tau, \qquad u' = k'\cos\tau', \qquad v = k\sin\tau = k'\sin\tau',$$

$$u_{\prime\prime} = \sqrt{k_{\prime\prime}^2 + v^2}, \qquad u'' = -\sqrt{k''^2 + v^2},$$

$$\theta = \frac{k'}{k} = \frac{\sin\tau}{\sin\tau'};$$

θ sera ce qu'on nomme l'indice de réfraction, et les équations symboliques du rayon incident pourront être réduites à la forme

$$(7) \qquad \bar{\xi} = \bar{8}\sin\tau, \qquad \bar{\eta} = \bar{8}\cos\tau, \qquad \bar{8} = \mathrm{H}e^{(ux+vy-st)i},$$

H désignant un paramètre imaginaire et i une racine carrée de -1. De plus, les équations symboliques du troisième rayon, c'est-à-dire du rayon qui s'éteint à très petite distance de la surface réfléchissante, pourront être réduites, dans le premier milieu, à la forme

$$(8) \qquad \bar{\xi}_{\prime\prime} = \frac{u_{\prime\prime}}{k_{\prime\prime}}\bar{8}_{\prime\prime}, \qquad \bar{\eta}_{\prime\prime} = \frac{v}{k_{\prime\prime}}\bar{8}_{\prime\prime}i, \qquad \bar{8}_{\prime\prime} = \mathrm{H}_{\prime\prime}e^{u_{\prime\prime}x+(vy-st)i},$$

et dans le second milieu, à la forme

$$(9) \qquad \bar{\xi}'' = \frac{u''}{k''}\bar{8}'', \qquad \bar{\eta}'' = \frac{v}{k''}\bar{8}''i, \qquad \bar{8}'' = \mathrm{H}''e^{u''x+(vy-st)i}.$$

Ajoutons que les quantités $u_{\prime\prime}$ et $-u_{\prime\prime}$ représenteront évidemment les coefficients d'extinction du troisième rayon dans le premier et dans le second milieu.

Soient maintenant $\bar{\mathrm{I}}$, $\bar{\mathrm{I}}'$ les coefficients de réflexion et de réfraction des rayons ordinaires, réfléchis et réfractés. Soient, en outre,

$$(10) \qquad \bar{\mathrm{I}}_{\prime\prime} = \frac{\mathrm{H}_{\prime\prime}}{\mathrm{H}} \quad \text{et} \quad \bar{\mathrm{I}}'' = \frac{\mathrm{H}''}{\mathrm{H}}$$

les coefficients de réflexion et de réfraction du troisième rayon dans le premier et dans le second milieu. Les quatre premières des formules (5) donneront

$$(11) \qquad \begin{cases} \bar{\mathrm{I}} = \dfrac{(v^2 - uu')(v^2 + u_{\prime\prime}u'') - (u' + u)(u_{\prime\prime} + u'')v^2 i}{(v^2 + uu')(v^2 + u_{\prime\prime}u'') - (u' - u)(u_{\prime\prime} + u'')v^2 i}\,\dfrac{u - u'}{u + u'}, \\[2ex] \bar{\mathrm{I}}' = \dfrac{kk'(v^2 + u_{\prime\prime}u'')}{(v^2 + uu')(v^2 + u_{\prime\prime}u'') - (u' - u)(u_{\prime\prime} + u'')v^2 i}\,\dfrac{2u}{u + u'} \end{cases}$$

et, de plus,

$$(12) \qquad \frac{\overline{\mathrm{I}}_{\prime\prime}}{\mathrm{k}''} = \frac{\overline{\mathrm{I}}''}{\mathrm{k}_{\prime\prime}} = \frac{\mathrm{k}''\mathrm{k}_{\prime\prime}}{\mathrm{v}^2 + \mathrm{u}_{\prime\prime}\mathrm{u}''} \frac{\mathrm{k}'^2 - \mathrm{k}^2}{\mathrm{kk}'} \frac{\mathrm{v}}{\mathrm{u}_{\prime\prime} - \mathrm{u}''} \frac{\overline{\mathrm{I}}'}{\mathrm{k}}.$$

Les conséquences importantes qui se déduisent des formules (11) et (12), dont les deux premières coïncident avec les équations obtenues dans le Ier Volume des *Exercices d'Analyse* [*voir* les formules (56) de la page 174] (¹), seront développées dans un prochain article.

431.

PHYSIQUE MATHÉMATIQUE. — *Note sur les rayons lumineux simples et sur les rayons évanescents.*

C. R., T. XXVIII, p. 25 (8 janvier 1849).

Étant donné un système de molécules, supposées réduites à des points matériels, j'ai appelé *mouvement simple* du système tout mouvement infiniment petit, dans lequel les déplacements d'une molécule, mesurés parallèlement à trois axes rectangulaires, sont les parties réelles de trois variables imaginaires, respectivement égales aux produits de trois constantes imaginaires par une même exponentielle, dont l'exposant imaginaire est une fonction linéaire des coordonnées et du temps. J'ai, de plus, nommé *déplacements symboliques* les trois variables imaginaires, dont les déplacements effectifs sont les parties réelles. Enfin, j'ai observé que l'exponentielle variable à laquelle les déplacements symboliques sont proportionnels, est le produit d'un facteur réel par une exponentielle trigonométrique; et ce facteur réel, et l'argument de l'exponentielle trigonométrique, sont ce que j'ai appelé le *module* et l'*argument* du mouvement simple. Cela posé, il est facile de reconnaître que tout mouvement simple d'un système de molécules est un mouvement par ondes planes, les diverses

(¹) *OEuvres de Cauchy*, S. II, T. XI.

molécules se mouvant dans des plans qui sont parallèles entre eux, sans être nécessairement parallèles aux plans des ondes. Un mouvement simple est *durable* et *persistant,* lorsque son module est indépendant du temps, et alors chaque molécule décrit une ellipse qui peut se réduire à un cercle ou à une portion de droite. Un tel mouvement se propagera sans s'éteindre, et les ellipses décrites seront toutes pareilles les unes aux autres, si le module se réduit constamment à l'unité. Mais, si le module ne se réduit à l'unité que pour les points situés dans un certain plan, alors l'amplitude d'une vibration moléculaire, c'est-à-dire le grand axe de l'ellipse décrite par une molécule, décroîtra en progression géométrique, tandis que la distance de la molécule au plan dont il s'agit croîtra en progression arithmétique.

Dans la théorie de la lumière, à un mouvement simple durable et persistant du fluide éthéré correspond ce qu'on nomme un *rayon lumineux simple.* La *direction* du rayon est celle dans laquelle le mouvement se transmet à travers une très petite ouverture faite dans un écran. Le rayon lui-même est représenté à chaque instant par la courbe que dessinent, en vertu de leurs déplacements, les molécules primitivement situées sur sa direction. Si les molécules décrivent des cercles ou des ellipses, le rayon sera *polarisé circulairement* ou *elliptiquement,* et représenté par une espèce d'hélice ou de spirale à double courbure. Cette hélice se changera en une courbe plane, si les vibrations moléculaires sont rectilignes; et, dans ce cas, le rayon *polarisé rectilignement* deviendra ce que nous appelons un *rayon plan.*

Le *module* et l'*argument* d'un rayon lumineux simple ne sont autre chose que le module et l'argument du mouvement simple qui lui correspond. Si le module se réduit constamment à l'unité, le rayon se propagera sans s'affaiblir. Si le module diffère généralement de l'unité, l'amplitude des vibrations lumineuses décroîtra en progression géométrique, tandis que la distance à un plan fixe croîtra en progression arithmétique, et alors le rayon de lumière deviendra ce que nous appellerons un *rayon évanescent.* La lumière que renferme un rayon évanescent peut être, dans un grand nombre de cas, perçue par l'œil. Telle est, en particulier, la lumière verte transmise par voie de réfraction à travers une feuille d'or très mince. Telle est encore la lumière transmise à travers les faces latérales d'un prisme de verre qui a pour bases deux triangles rectangles, et fournie par un rayon émergent qui rase la face de sortie, dans le cas où le rayon réfracté forme, avec la normale à cette dernière face, un angle supérieur à l'angle de réflexion totale. Alors, comme je l'ai dit en 1836 (Tome II, page 349) ([1]), le rayon émergent s'éteint graduellement, tandis que le rayon incident forme un angle de plus en plus petit avec la face d'entrée.

Les coefficients des trois coordonnées dans l'exponentielle qui caractérise un rayon simple, c'est-à-dire dans l'exponentielle à laquelle les déplacements symboliques des molécules d'éther sont proportionnels, méritent une attention particulière. Quand le milieu que l'on considère est un milieu isophane ordinaire, qui ne produit pas la polarisation chromatique, les rayons simples qui peuvent s'y propager sont de deux espèces. Pour certains rayons, les trois déplacements symboliques de chaque molécule sont proportionnels aux trois coefficients dont il s'agit. Pour d'autres rayons, si l'on multiplie respectivement les trois coefficients par les trois déplacements symboliques, la somme des produits obtenus devra se réduire à zéro. D'ailleurs, dans les milieux isophanes, les directions des rayons lumineux sont généralement perpendiculaires aux plans des ondes. Cela posé, on peut affirmer que, dans ces milieux, les vibrations des molécules d'éther seront ordinairement *longitudinales*, c'est-à-dire perpendiculaires aux plans des ondes, pour les rayons simples d'une espèce, et *transversales*, c'est-à-dire comprises dans les plans des ondes, pour les rayons de l'autre espèce, quand ces rayons se propageront sans s'affaiblir, ou, ce qui revient au même, quand leurs modules se réduiront constamment à l'unité. Mais, quand les modules seront généralement distincts de

([1]) *OEuvres de Cauchy*, S. I, T. IV, p. 20.

l'unité, les rayons simples propagés par les milieux isophanes cesseront d'offrir des vibrations longitudinales ou transversales, en devenant ce que nous appelons des *rayons évanescents*. Alors aussi le rayon évanescent, qui tiendra la place d'un rayon à vibrations longitudinales, sera un rayon simple composé de molécules dont les vibrations s'exécuteront dans des plans perpendiculaires aux traces des plans des ondes sur le plan fixe correspondant au module 1.

Le troisième rayon de lumière, réfléchi ou réfracté par la surface de séparation de deux milieux, est précisément l'un de ceux que nous appelons *évanescents;* et, pour expliquer les phénomènes de la réflexion et de la réfraction lumineuses, il est nécessaire de tenir compte de ce troisième rayon. C'est ce qu'avait vu M. George Green dès l'année 1837; il avait même cherché à déduire de cette idée les lois de la réflexion de la lumière, en appliquant à la détermination des mouvements de l'éther seul la méthode donnée par Lagrange dans la *Mécanique analytique*, ou, ce qui revient au même, en faisant coïncider les équations de condition relatives à la surface de séparation des deux milieux avec celles qu'on obtient quand on égale entre elles les pressions exercées par les deux milieux sur cette surface. Mais, comme je l'ai déjà dit, au principe de l'*égalité entre ces pressions* on doit, dans la théorie de la lumière, substituer le principe de *la continuité du mouvement dans l'éther;* et alors, en opérant comme je l'ai fait dans la dernière séance, on arrive directement et promptement à résoudre le problème, dont la solution est donnée par des formules nouvelles qui comprennent, comme cas particulier, celles de Fresnel. En vertu de ces formules nouvelles, le troisième rayon est un rayon évanescent, dirigé de manière à raser la surface réfléchissante ou réfringente, et composé de molécules qui décrivent des ellipses comprises dans le plan d'incidence, les plans des ondes étant à la fois perpendiculaires au plan d'incidence et à la surface dont il s'agit. Si, d'ailleurs, on conçoit sur une membrane placée tout près de la surface réfléchissante ou réfringente l'image de ce troisième rayon, cette image n'offrira une lumière représentée par une fraction sensible de la lumière incidente que dans une épaisseur très petite. Mais cette très petite épaisseur ne sera peut-être pas une raison suffisante pour que l'on doive désespérer de rendre le troisième rayon sensible à l'œil, surtout si l'on réfléchit à l'extrême petitesse du diamètre apparent des étoiles fixes, qui très probablement doit être, pour un grand nombre d'entre elles, inférieur à $\frac{1}{10}$ ou même à $\frac{1}{100}$ de seconde sexagésimale.

432.

Physique mathématique. — *Mémoire sur la réflexion et la réfraction de la lumière, et sur de nouveaux rayons réfléchis et réfractés.*

C. R., T. XXVIII, p. 57 (15 janvier 1849).

D'expériences faites en 1816 sur deux faisceaux de lumière polarisée, dont l'origine est la même, et dont le système produit le phénomène des interférences, ou cesse de le produire, suivant que les plans de polarisation sont obliques l'un à l'autre ou perpendiculaires entre eux, Fresnel avait conclu que, dans les rayons lumineux, les vibrations sont transversales, et qu'en conséquence elles ne font pas varier la densité de l'éther. Plus tard, en s'appuyant, d'une part sur les conclusions que nous venons de rappeler, d'autre part sur des inductions et des hypothèses plus ou moins vraisemblables, cet illustre physicien est parvenu à découvrir, pour la réflexion de la lumière à la surface des corps transparents, des formules qui s'accordent assez bien avec l'expérience. Toutefois, cet accord n'est pas complet. Ainsi, par exemple, suivant les formules de Fresnel, la lumière réfléchie serait, comme Malus l'avait trouvé, entièrement polarisée dans le plan d'incidence, sous un certain angle; et cet angle, conformément à la loi découverte par M. Brewster, aurait pour tangente l'indice de réfraction. Or les expériences de divers physiciens, particulièrement celles de M. Biot et de M. Airy, ont démontré que les corps très réfringents, entre autres le diamant, ne polarisent complètement, sous aucune incidence, la lumière réfléchie par leur surface. Les formules de Fresnel ne pouvaient donc être qu'approximatives, et devaient être remplacées par des formules plus générales, qu'il importait de rechercher.

Mais, pour arriver à ces formules générales, il devenait nécessaire de donner pour base aux recherches ultérieures sur la lumière les principes mêmes de la Mécanique rationnelle. Tel est l'objet de plusieurs Mémoires que j'ai publiés à partir de l'année 1829. Ainsi, en particulier, dans la séance du 12 janvier 1829, après avoir établi et intégré les équations des mouvements infiniment petits d'un système de points matériels sollicités par des forces d'attraction ou de répulsion mutuelle, je déduisais des intégrales obtenues les conclusions suivantes :

« 1° Si un système de molécules est tellement constitué, que l'élasticité de ce système soit la même en tous sens, un ébranlement produit en un point quelconque se propagera de manière qu'il en résulte deux ondes sphériques animées de vitesses constantes, mais inégales. De ces deux ondes la première disparaîtra, si la dilatation initiale du volume se réduit à zéro; et alors, si l'on suppose les vibrations des molécules primitivement parallèles à un plan donné, elles ne cesseront pas d'être parallèles à ce plan.

» 2° Si un système de molécules est tellement constitué, que l'élasticité reste la même en tous sens autour d'un axe parallèle à une droite donnée, dans toutes les directions perpendiculaires à cet axe, les équations du mouvement renfermeront plusieurs coefficients dépendants de la nature du système, et l'on pourra établir entre ces coefficients une relation telle, que la propagation d'un ébranlement primitivement produit en un point du système donne naissance à trois ondes dont chacune coïncide avec une surface du second degré. De plus, si l'on fait abstraction de celle des trois ondes qui disparaît avec la dilatation du volume quand l'élasticité redevient la même en tous sens, les deux ondes restantes se réduiront au système d'une sphère et d'un ellipsoïde de révolution, cet ellipsoïde ayant pour axe de révolution le diamètre de la sphère. »

L'accord de ces conclusions avec le théorème d'Huygens sur la double réfraction de la lumière dans les cristaux à un seul axe optique était un motif de croire que l'on pourrait arriver à déduire de la Mécanique moléculaire l'explication des phénomènes lumineux, et transformer ainsi le système des ondulations en une théorie mathématique de la lumière. Cette croyance put s'appuyer sur une base plus solide encore et plus étendue, lorsque, ayant considéré les mouvements par ondes planes, je parvins à déduire de mes formules, non seulement les vibrations transversales de l'éther admises par Fresnel et la polarisation dans les cristaux à un axe optique ([1]), mais encore les lois générales de la polarisation produite par un cristal quelconque (31 mai 1830), la forme connue de la surface des ondes (14 juin 1830), les lois de la dispersion des couleurs (*Bulletin de Férussac,* 1830, et *Nouveaux Exercices*), le phénomène des ondes et les lois de la diffraction (*Comptes rendus,* séance du 9 mai 1836), enfin les propriétés des rayons évanescents, qui, en pénétrant dans les corps opaques, s'éteignent graduellement, et de telle sorte que l'intensité de la lumière décroît en progression géométrique pour des profondeurs croissantes en progression arithmétique (séance du 11 avril 1836, et Mémoire lithographié, août 1836). D'autres recherches, indiquées ou publiées dans l'année 1836 (*voir* en particulier les *Nouveaux Exercices,* les *Comptes rendus des séances de l'Académie des Sciences* et le Mémoire lithographié), étaient relatives à la réflexion et à la réfraction opérées par la surface d'un corps transparent, ou même d'un corps opaque, et spécialement d'un métal. Mais, quoique les formules auxquelles ces recherches m'avaient conduit s'accordassent assez bien avec l'expérience, elles n'offraient pas encore toute la précision qu'on pouvait espérer d'atteindre, et demeuraient comparables, pour le degré d'exactitude, aux formules de Fresnel, avec lesquelles elles coïncidaient dans le cas où les corps étaient diaphanes. D'ailleurs, elles n'étaient pas suffisamment démontrées. Pour obtenir des formules

([1]) D'après ce que m'a dit, à cette époque, M. Blanchet, les lois de la polarisation par les cristaux à un axe optique avaient déjà été déduites par lui de mes formules.

plus exactes, et que l'on pût appliquer avec une entière confiance, il était indispensable de rechercher quelles étaient, pour la lumière transmise d'un milieu dans un autre, les conditions relatives à la surface de séparation des deux milieux. Or cette question était d'autant plus épineuse, qu'ici l'on se trouvait naturellement induit en erreur par la méthode même ordinairement employée pour l'établissement de semblables conditions. Entrons à ce sujet dans quelques détails.

Dans l'Hydrostatique et dans la théorie des corps élastiques, les conditions relatives à la surface de séparation de deux milieux sont celles qu'on obtient en égalant entre elles les pressions intérieure et extérieure supportées par la surface en un point quelconque. Le principe de l'égalité entre ces pressions conduit d'ailleurs au même résultat que la formule générale d'équilibre ou de mouvement donnée par Lagrange dans la *Mécanique analytique*. Cela posé, on peut être, au premier abord, tenté d'appliquer le principe ou la formule dont il s'agit à la théorie de la lumière. Mais cette application ne serait pas légitime. En effet, supposons, pour fixer les idées, que l'on mette en présence l'une de l'autre deux masses de fluide éthéré, comprises dans deux corps solides ou fluides séparés par une surface plane. La pression supportée par un élément infiniment petit de cette surface sera la résultante des actions exercées à travers l'élément par les molécules du corps et de l'éther situés d'un certain côté, sur les molécules du corps et de l'éther situés de l'autre côté. Or, supposons que la résultante des actions exercées par les molécules de l'éther soit très petite vis-à-vis de la résultante des actions exercées par les molécules de chaque corps, et concevons qu'un mouvement infiniment petit soit transmis d'un corps à l'autre, à travers la surface de séparation. Alors, dans une première approximation, on pourra, il est vrai, faire abstraction des molécules d'éther, et déduire du principe d'égalité entre les pressions intérieure et extérieure les conditions relatives à la surface qui devront être jointes aux équations des mouvements vibratoires et infiniment petits des corps donnés. Mais on ne pourra pas, en faisant abstraction des molécules des corps, appliquer le principe énoncé aux seules molécules d'éther; car cela reviendrait à effacer, dans les équations de condition obtenues, les termes sensibles, et à y conserver uniquement ceux qui peuvent être négligés sans inconvénient.

Il faut donc de toute nécessité, quand il s'agit de la théorie de la lumière, remplacer la méthode de Lagrange par une méthode nouvelle, ou, ce qui revient au même, remplacer le principe d'égalité entre les pressions extérieure et intérieure par un nouveau principe. Effectivement, les lois de la réflexion et de la réfraction lumineuses peuvent être déduites de la méthode nouvelle que j'ai développée dans les *Comptes rendus* de 1839, ou, mieux encore, du nouveau principe exposé dans l'article qui a été lu à la séance du 24 juillet 1848, et qui doit paraître prochainement dans le *Recueil des Mémoires de l'Académie*. Suivant ce nouveau principe, lorsque la lumière se propage dans un milieu donné, ou se transmet d'un milieu dans un autre à travers la surface qui sépare ces deux milieux, il doit y avoir, en général, *continuité du mouvement dans l'éther,* c'est-à-dire que les déplacements moléculaires mesurés parallèlement aux axes coordonnés, et les dérivées de ces déplacements prises par rapport aux variables indépendantes, ou, du moins, celles de ces dérivées dont les valeurs ne sont pas déterminées par les équations des mouvements infiniment petits, doivent être généralement des fonctions continues de ces variables, ou, en d'autres termes, varier par degrés insensibles avec les coordonnées et le temps. On se trouve immédiatement conduit à ce principe, dès l'instant où l'on admet que les mouvements infiniment petits de l'éther peuvent être représentés, dans chaque milieu, par des équations linéaires aux dérivées partielles, et à coefficients constants; attendu que la continuité d'une fonction dans le voisinage d'une valeur attribuée à une variable indépendante est une condition nécessaire de l'existence d'une valeur correspondante de la dérivée.

Cela posé, concevons que, deux milieux étant séparés l'un de l'autre par une surface plane, on prenne un axe perpendiculaire à cette surface pour axe des x, puis la surface elle-même pour plan des y, z; et supposons qu'un rayon simple de lumière, propagé dans le premier milieu, vienne tomber sur la surface dont il s'agit. Si, comme il est naturel de le croire, le rayon de la sphère d'activité sensible d'une molécule d'éther est très petit par rapport à une longueur d'onde lumineuse, le rayon incident se propagera, en se modifiant, à travers la surface de séparation des deux milieux, et donnera naissance à des rayons réfléchis et réfractés. D'ailleurs, les lois de la réflexion et de la réfraction pourront se déduire des équations qui représenteront les mouvements infiniment petits de l'éther dans les deux milieux, jointes au principe de la continuité du mouvement dans l'éther. Si, dans une première approximation, les équations des mouvements infiniment petits peuvent être réduites à des équations aux dérivées partielles, qui soient du second ordre, non seulement par rapport au temps, mais encore par rapport aux coordonnées, alors, en vertu du principe énoncé, les déplacements moléculaires et leurs dérivées du premier ordre prises par rapport à l'abscisse x, devront, à des distances infiniment petites de la surface de séparation, conserver les mêmes valeurs, quand on passera d'un milieu à l'autre. D'ailleurs, un déplacement, mesuré dans chaque milieu parallèlement à un axe fixe, sera la somme des déplacements mesurés parallèlement au même axe dans les divers rayons, savoir : dans les rayons incidents et réfléchis, s'il s'agit du premier milieu, et, s'il s'agit du second, dans les rayons réfractés.

Si les équations des mouvements infiniment petits pouvaient être sensiblement réduites, non plus au second ordre, mais au quatrième ordre, au sixième, etc., alors, parmi les dérivées des déplacements moléculaires, relatives à l'abscisse x, celles qui devraient, à des distances infiniment petites de la surface réfléchissante et réfringente, conserver les mêmes valeurs quand on passerait d'un milieu à l'autre, ne seraient plus seulement les dérivées du premier ordre, mais les dérivées d'un ordre inférieur au quatrième, au sixième, etc.

Une première loi de réflexion et de réfraction, qui, dans la théorie de la lumière, se déduit du principe de la continuité du mouvement dans l'éther, et qui se déduirait aussi, dans la théorie des corps élastiques, du principe de l'égalité entre les pressions intérieure et extérieure supportées par la surface de séparation de deux milieux, c'est que des mouvements simples, incident, réfléchis et réfractés sont toujours du nombre de ceux qui ont été nommés *mouvements correspondants*. Ajoutons que des mouvements simples, réfléchis et réfractés, mais durables et persistants, doivent toujours offrir, quand ils se propagent sans s'affaiblir, des ondes planes que leur vitesse de propagation éloigne de plus en plus de la surface réfléchissante ou réfringente, et quand ils s'affaiblissent en se propageant, des vibrations moléculaires dont l'amplitude diminue en progression géométrique, tandis que la distance à la surface croît en progression arithmétique. La loi que nous venons de rappeler suffit pour déterminer les directions des ondes planes, liquides, sonores, lumineuses, etc., qui peuvent être réfléchies ou réfractées par la surface de séparation de deux milieux. Dans la théorie de la lumière, elle fournit immédiatement : 1° quand on considère des corps isophanes, l'égalité des angles d'incidence et de réfraction et le théorème de Descartes, qui réduit à une quantité constante le rapport des sinus d'incidence et de réfraction; 2° quand on considère des corps doublement réfringents, les règles établies par Malus et par M. Biot pour la détermination des rayons réfléchis par la seconde surface des cristaux à un ou à deux axes optiques.

Au reste, la loi ici rappelée n'est pas la seule qui se déduise de la continuité du mouvement dans l'éther. Ce principe fournit encore, avec une grande facilité, les diverses circonstances de la réflexion et de la réfraction lumineuses, par exemple les directions et les amplitudes des vibrations de l'éther, ou, en d'autres termes, le mode de polarisation et l'intensité de la lumière réfléchie ou réfractée par la surface d'un corps transparent ou opaque. On arrive ainsi, en particulier, aux formules établies par les corps isophanes et transparents, dans les *Comptes rendus* de 1839 (séances des 1er et 8 avril, du 24 juin, du 1er juillet, du 25 novembre et du 2 décembre) et reproduites dans les *Exercices d'Analyse et de Physique mathématique*. Ces formules qui, comme on le voit, se déduisent directement des principes fondamentaux de la Mécanique moléculaire, sont précisément celles qui ont été vérifiées par les expériences de M. Jamin. Elles renferment, avec l'angle d'incidence et l'indice de réfraction, les coefficients d'extinction de deux rayons *évanescents*, qui, propagés dans le premier et dans le second milieu le long de la surface de séparation, n'offrent de lumière sensible qu'à de très petites distances de cette surface. Ces deux rayons évanescents, dont chacun tient la place d'un mouvement à vibrations longitudinales, influent nécessairement sur la production des phénomènes de réflexion et de réfraction lumineuses; et si, après avoir fait cette remarque, dans son Mémoire du 11 décembre 1837, M. Green n'a pas obtenu définitivement les véritables lois de ces phénomènes, cela nous paraît tenir principalement à ce qu'il a cru pouvoir appliquer à l'éther considéré isolément la formule générale du mouvement donnée par Lagrange.

Il est bon d'observer que les carrés des vitesses avec lesquelles les ondes lumineuses se propagent dans un milieu donné sont généralement fournies par une équation du troisième degré, qui offre deux racines égales, quand ce milieu devient isophane. Si la troisième racine correspondante au troisième rayon, ou, ce qui revient au même, au rayon évanescent, se réduisait à zéro pour chacun des milieux donnés, les deux rayons évanescents propagés le long de la surface de séparation disparaîtraient, et les formules de la réflexion et de la réfraction lumineuses se réduiraient aux formules de Fresnel. Ainsi les formules de Fresnel sont, dans la théorie de la lumière, ce que sont en Astronomie les lois de Kepler, ou, en d'autres termes, les formules du mouvement elliptique auxquelles on parvient en faisant disparaître les planètes perturbatrices. La lumière réfléchie, qui, suivant les formules de Fresnel, peut toujours être complètement polarisée sous un certain angle, ne pourra plus l'être, en vertu des nouvelles formules, que dans le cas particulier où les coefficients d'extinction des deux rayons évanescents deviendraient égaux entre eux. Dans le cas contraire, si l'on décompose un rayon incident polarisé rectilignement en deux rayons plans, renfermés, l'un dans le plan d'incidence, l'autre dans le plan perpendiculaire, les nœuds de ces derniers seront inégalement déplacés par la réflexion, et il en résultera entre les deux rayons une différence de phases qui sera surtout sensible quand la tangente de l'angle d'incidence se rapprochera beaucoup de l'indice de réfraction. Enfin, dans une première approximation, cette différence de phases, diminuée de π, sera la somme de deux angles positifs, mais inférieurs à π, dont les tangentes trigonométriques seront les produits qu'on obtient quand on multiplie le sinus d'incidence par la tangente de la somme ou de la différence entre les angles d'incidence et de réfraction, et par un très petit coefficient ε. Ajoutons que, si l'on nomme l la longueur d'ondulation dans le rayon incident, $k = \frac{2\pi}{l}$ la *caractéristique* de ce rayon, et $k_{\prime\prime}$, k'' les coefficients d'extinction des rayons évanescents sous l'incidence perpendiculaire dans le premier et dans le second milieu, le coefficient très petit ε se réduira sensiblement à la différence $\frac{k}{k''} - \frac{k}{k_{\prime\prime}}$, et qu'en conséquence, si ε est positif, k'' sera inférieur au rapport $\frac{k}{\varepsilon}$. De cette remarque, jointe aux formules établies dans la séance du 8 janvier, on déduit aisément une limite inférieure à l'amplitude des vibrations lumineuses dans le rayon évanescent que propage un milieu correspondant à une valeur positive de ε. Supposons, pour fixer les idées, que dans le rayon incident la longueur d'ondulation l ait la valeur moyenne d'un demi-millième de millimètre, et que ce rayon, polarisé perpendiculairement au plan d'incidence, soit réfléchi sous un angle de 45° par une plaque de réalgar. On aura sensiblement, d'après M. Jamin, $\varepsilon = 0,00791$, l'indice de réfraction étant 2,454; et, en vertu de ce qui a été dit ci-dessus, le rayon évanescent propagé dans la plaque sera un rayon *filiforme*, ou, en d'autres termes, un rayon d'une très petite épaisseur, dans lequel l'amplitude des vibrations lumineuses décroîtra très rapidement avec la distance à la surface. On pourra d'ailleurs calculer une limite inférieure de cette amplitude, et l'on reconnaîtra que, si on la représente par l'unité dans le rayon incident, elle surpassera, sur la surface même, la fraction 0,295; puis à des distances égales à $\frac{1}{100}$ ou à $\frac{1}{10}$, c'est-à-dire au centième ou au dixième d'une longueur d'ondulation, les fractions 0,133 et 0,000105. Remarquons en outre qu'une épaisseur égale à $\frac{1}{10}$, vue à une distance d'un décimètre, sous-tendra un angle très peu différent d'une seconde sexagésimale, et par conséquent supérieur, d'après les observations d'Herschel, au diamètre apparent de Sirius.

Une dernière observation, qui n'est pas sans importance, c'est que, dans le cas où les équations des mouvements infiniment petits de l'éther sont réduites non plus au second ordre, mais au quatrième, au sixième, etc., la théorie précédente fournit de nouveaux rayons réfléchis et réfractés. Ces nouveaux rayons, dont les directions forment généralement avec la normale à la surface réfléchissante des angles très petits, correspondent aux diverses racines de l'équation qui sert à déduire de la durée des vibrations moléculaires la longueur des ondulations prise pour inconnue. Les formules que j'ai obtenues dans les *Nouveaux Exercices,* et qui expriment les lois de la dispersion des couleurs, permettent de fixer aisément les directions et les intensités de ces nouveaux rayons, ainsi que je l'expliquerai dans un prochain article.

433.

Physique mathématique. — *Rapport concernant un Memoire de M.* Jamin *sur la réflexion de la lumière à la surface des corps transparents.*

C. R., T. XXVIII, p. 121 (22 janvier 1849).

Lorsqu'un rayon de lumière, propagé dans un certain milieu, dans l'air par exemple, tombe sur la surface extérieure d'un corps transparent, on voit paraître de nouveaux rayons qui se propagent à partir de cette surface, et que l'on nomme *réfléchis* ou *réfractés*. Or il importe de connaître et de constater, non seulement les diverses circonstances de la réflexion et de la réfraction lumineuses, mais encore les lois de ces deux phénomènes. Sous ce double rapport, les nouvelles expériences et recherches de M. Jamin nous paraissent devoir être rangées parmi celles qui peuvent efficacement contribuer au progrès de la science. Entrons à ce sujet dans quelques détails.

On sait qu'un rayon de lumière offre ce qu'on appelle la polarisation rectiligne, circulaire ou elliptique, lorsqu'il est du nombre de ceux que l'on considère, dans le système des ondulations, comme renfermant des molécules d'éther dont chacune décrit une portion de droite, un cercle ou une ellipse. On sait encore qu'un rayon polarisé rectilignement disparaît lorsqu'on l'observe dans un azimut convenablement choisi, à travers un analyseur, par exemple à travers une plaque de tourmaline ou un prisme de Nicol. On sait, enfin, que la couleur communiquée à un rayon polarisé rectilignement qui traverse d'abord une lame biréfringente d'une épaisseur convenable, spécialement une lame de chaux sulfatée, puis un analyseur, se modifie quand la polarisation devient elliptique ou circulaire. C'est à l'aide de ce dernier moyen, joint à l'emploi de la lumière solaire, que M. Jamin est parvenu à reconnaître l'étendue et la généralité d'un phénomène jusqu'ici observé par les physiciens dans un petit nombre de cas seulement. D'une expérience faite par Malus en 1808, il résultait qu'une plaque de verre polarise complètement, dans le plan d'incidence, la lumière réfléchie par sa surface sous un angle de 57°.

En substituant au verre un grand nombre de substances diverses, M. Brewster trouva que chacune d'elles polarisait complètement la lumière réfléchie sous un angle dont la tangente était l'indice de réfraction. Toutefois M. Biot et d'autres physiciens montrèrent que la polarisation devient incomplète quand la réflexion est produite par la surface d'un corps très réfringent, du diamant par exemple; et, dans la lumière réfléchie par ce dernier corps, M. Airy reconnut les caractères de la polarisation elliptique. Il résulte des expériences de M. Jamin que ce genre de polarisation est généralement produit par la réflexion de la lumière à la surface de presque tous les corps, non seulement de ceux qui sont très réfringents, mais aussi de ceux qui réfractent peu la lumière, et du verre en particulier, sous des incidences ordinairement peu différentes de l'angle considéré par M. Brewster. Les exceptions à cette règle sont extrêmement rares; et si, jusqu'à présent, on n'a pas reconnu la polarisation elliptique dans les rayons réfléchis par les corps dont le pouvoir réfringent est peu considérable, cela tient surtout à ce que, pour une certaine incidence, la lumière transmise au travers de l'analyseur échappait à l'œil en raison d'une trop faible intensité.

Après avoir constaté la polarisation incomplète des rayons réfléchis par la plupart des corps transparents, M. Jamin a voulu mesurer avec exactitude les effets de la réflexion. Pour y parvenir, il a fait construire un nouvel appareil d'une précision remarquable. Dans cet appareil, un rayon solaire, polarisé par un prisme de Nicol dans un certain azimut, se transforme, quand il est réfléchi sous une incidence convenable, en un rayon doué de la polarisation elliptique, et, par conséquent, décomposable en deux rayons plans, qui, polarisés, le premier dans le plan d'incidence, le second dans un plan perpendiculaire, offrent des nœuds distincts et des phases inégales; puis la différence de phases entre les deux rayons composants se trouve détruite par un compensateur ([1]) à plaques croisées qui glissent l'un sur l'autre, et se mesure à l'aide d'une vis micrométrique. Le rayon réfléchi étant alors réduit à un rayon plan, l'observateur le reçoit sur un analyseur à l'aide duquel il détermine son azimut.

([1]) On sait que M. Babinet a formé le compensateur, ici utilisé par M. Jamin, en taillant sous le même angle, dans un cristal de quartz, deux prismes à base triangulaire, qui offrent, le premier des arêtes parallèles, le second des arêtes perpendiculaires à l'axe optique, et en substituant le système de ces deux prismes superposés au système de deux plaques croisées, mais à épaisseurs constantes, dont M. Biot avait signalé les propriétés.

M. Jamin remarque, avec raison, qu'il est utile de donner au rayon incident fourni par le polarisateur un azimut peu différent d'un angle droit, et que cette dernière condition, supposée remplie, augmente considérablement l'exactitude des résultats déduits de l'observation. Dans toutes les expériences de M. Jamin, l'azimut du rayon incident était de 84°.

Après avoir étudié, comme on vient de le dire, les effets de la réflexion produite sous des incidences diverses par un grand nombre de corps, M. Jamin n'a rencontré que deux substances qui lui aient paru offrir le phénomène de la polarisation complète, savoir : la ménilite, et l'alun taillé perpendiculairement à l'axe de l'octaèdre qui représente sa molécule intégrante. Pour toutes les autres substances, l'angle d'incidence qui avait pour tangente l'indice de réfraction était, non pas un angle de polarisation complète, mais, à très peu près, un angle de polarisation maximum.

Lorsqu'un rayon simple et polarisé rectilignement, après avoir été réfléchi sous une incidence quelconque par un des corps transparents qui sont aptes à produire le phénomène de la polarisation complète, est décomposé en deux rayons polarisés, l'un dans le plan d'incidence, l'autre perpendiculairement à ce plan, la différence de phases entre le premier et le second des deux rayons composants peut être, comme l'on sait, représentée, au signe près, ou par une demi-circonférence π, ou par une circonférence entière 2π, suivant que l'incidence adoptée est inférieure ou supérieure à l'angle de polarisation. Si, à un corps qui polarise complètement la lumière, on substitue un métal, la différence de phases dont il s'agit variera par degrés insensibles, depuis l'incidence normale jusqu'à l'incidence rasante, en passant d'une manière continue de la limite π à la limite 2π (*voir* le Tome II des *Comptes rendus*, p. 428). Enfin, si la lumière est réfléchie par une substance transparente quelconque, alors, comme le constatent les expériences de M. Jamin, la différence de phases, sensiblement stationnaire dans le voisinage de l'incidence rasante ou normale, passera de la limite π à la limite 2π, tandis que l'angle d'incidence variera entre deux valeurs extrêmes qui, pour les corps peu réfringents, seront toutes deux très voisines de l'angle de polarisation maximum. Ajoutons que les expériences de M. Jamin, après lui avoir donné des valeurs positives de la différence des phases pour la plupart des substances employées, ont fourni pour trois d'entre elles des valeurs négatives.

Ce changement de signe dans la différence des phases est d'autant plus remarquable qu'il n'était pas prévu. Les trois substances pour lesquelles il a été constaté par M. Jamin sont le silex résinite, l'hyalite et la fluorine, qui, toutes trois, offrent un indice de réfraction peu différent de 1,43.

Parlons maintenant des conséquences importantes qui se déduisent, sous le rapport théorique, des expériences de M. Jamin.

En partant de la notion des vibrations transversales de l'éther, déduite d'expériences qu'il avait faites avec M. Arago, et de quelques hypothèses plus ou moins vraisemblables, Fresnel était parvenu à découvrir, pour la réflexion et la réfraction de la lumière à la surface des corps transparents, des formules qui supposaient l'existence d'un angle de polarisation complète. D'autre part, lorsque l'on conserve, conformément aux indications de l'Analyse mathématique, la notion des vibrations transversales dans les rayons lumineux, et que, en même temps, on substitue aux hypothèses admises par Fresnel les principes de la Mécanique moléculaire, spécialement le principe de la continuité du mouvement dans l'éther, tel qu'il a été défini dans la précédente séance, on arrive aux formules que l'un de nous a établies dans l'année 1839 (Tomes VIII et IX des *Comptes rendus,* séances du 1er avril et du 25 novembre), et qui comprennent, comme cas particulier (Tome VIII, p. 471), les formules de Fresnel. Enfin, si, à l'aide des nouvelles formules, on détermine la différence de phases entre les deux rayons composants dont le système peut être substitué à un rayon réfléchi doué de la polarisation elliptique, cette différence, diminuée de π, se réduira, dans une première approximation, à la somme de deux angles positifs, mais inférieurs à π, dont les tangentes trigonométriques seront

$$\varepsilon \sin\tau \operatorname{tang}(\tau+\tau'), \quad \varepsilon \sin\tau \operatorname{tang}(\tau-\tau'),$$

τ étant l'angle d'incidence, τ' l'angle de réfraction, et ε un coefficient très petit. Ajoutons que si, l étant la longueur d'ondulation dans le rayon incident, on pose $k = \frac{2\pi}{l}$, on aura sensiblement

$$\varepsilon = \frac{k}{k''} - \frac{k}{k_{''}},$$

$k_{''}$, k'' étant les coefficients d'extinction des rayons évanescents, sous l'incidence normale, dans l'air et dans le corps donné.

Or, après avoir opéré comme il a été dit ci-dessus, et reconnu que la polarisation incomplète de la lumière réfléchie par la plupart des corps ne permet plus en général d'appliquer aux phénomènes de la réflexion sous une incidence quelconque les formules de Fresnel, M. Jamin a voulu comparer les résultats de ses expériences avec ceux que fournissent les nouvelles formules. Ici, comme dans ses précédentes recherches, la théorie s'est accordée avec l'observation d'une manière inespérée. Ainsi, par exemple, le rayon incident étant réfléchi par le sulfure d'arsenic sous une incidence variable de 50° à 85°, le rapport de la différence de phases produite par la réflexion à une demi-circonférence a varié de 1,018 à 1,979; et, dans une trentaine d'expériences correspondantes à autant d'incidences diverses, la différence entre les nombres fournis par l'observation et la théorie a presque toujours été inférieure à 0,01.

Il est utile de le remarquer, les nouvelles formules renferment seulement, avec l'angle d'incidence, deux constantes qui dépendent de la nature du corps soumis à l'expérience, savoir, l'*indice de réfraction* et le coefficient ε, nommé *coefficient d'ellipticité* par M. Jamin. La constance de ces deux coefficients a été diversement établie. La constance du premier ou de l'indice de réfraction est la loi de Descartes, établie d'abord par l'expérience, puis confirmée par la théorie. La constance du second, indiquée d'abord et prévue par la théorie, se trouve aujourd'hui confirmée par les expériences de M. Jamin. Ajoutons que les données fournies par ces expériences ont permis à M. Jamin de déterminer, à l'aide de la réflexion seule, et avec une grande exactitude, les indices de réfraction des substances qu'il avait employées.

D'après ce qui a été dit plus haut, ε ou le coefficient d'ellipticité est la différence de deux fractions qui offrent un numérateur commun et qui ont pour dénominateurs les coefficients d'extinction du rayon évanescent dans l'air et dans le corps soumis à l'expérience. Par suite, ε s'évanouira, et la polarisation sera complète sous une certaine incidence, si les coefficients d'extinction mesurés dans l'air et dans le corps sont égaux. Dans le cas contraire, ε sera positif ou négatif, avec la différence de phases produite par la réflexion, suivant que le premier des coefficients d'extinction, mesuré dans l'air, sera supérieur ou inférieur au second. Dans les *Comptes rendus* de 1839 (2e semestre), la l'application faite à la page 729 des formules générales données à page 687 (¹) supposait implicitement que le coefficient d'extinction mesuré dans l'air devient infini, et, dans cette hypothèse particulière, ε ne pouvait être que positif. M. Jamin ayant prouvé par ses expériences que ε devient négatif pour certaines substances, il faut en conclure que le coefficient d'extinction du rayon évanescent dans l'air conserve une valeur finie, et qu'en conséquence l'intensité de la lumière dans ce rayon n'est pas rigoureusement nulle.

Remarquons encore que si la lumière, au lieu de passer de l'air dans un premier ou dans un second corps diaphane, était transmise du premier corps au second, la valeur de ε correspondante à cette troisième hypothèse se déduirait immédiatement des valeurs de ε relatives aux deux premières et s'évanouirait, si ces valeurs étaient égales, en donnant naissance au phénomène de la polarisation complète des rayons réfléchis sous une certaine incidence. Il serait bon de vérifier, par des observations directes, ces conséquences de la théorie. Ce serait là un nouveau sujet de recherches sur lequel nous appellerons volontiers l'attention de M. Jamin.

(¹) *Œuvres de Cauchy*, S. I, T. V, p. 40-59.

En résumé, les Commissaires sont d'avis que le Mémoire soumis à leur examen peut contribuer efficacement aux progrès de la science, non seulement en raison de la précision des méthodes d'expérimentation employées par l'auteur, mais aussi à cause des résultats qu'ont donnés les expériences, et de l'appui qu'elles apportent à la théorie de la lumière, en confirmant les lois de réflexion que fournissent les principes de la Mécanique moléculaire. Ils pensent, en conséquence, que le Mémoire de M. Jamin est très digne d'être approuvé par l'Académie et inséré dans le *Recueil des Savants étrangers*.

434.

C. R., T. XXVIII, p. 161 (5 février 1849).

M. Augustin Cauchy présente une Note sur la détermination simultanée de l'indice de réfraction d'une lame ou plaque transparente, et de l'angle compris entre deux surfaces planes qui terminent cette plaque.

435.

Analyse et Physique mathématiques. — *Mémoire sur les fonctions discontinues.*

C. R., T. XXVIII, p. 277 (26 février 1849).

Dans les problèmes d'Analyse et de Mécanique, les valeurs des inconnues peuvent être souvent représentées par des fonctions continues des variables indépendantes. C'est ce qui arrive par exemple en Astronomie, quand on détermine les mouvements des corps célestes, puisque les coordonnées qui fixent la position d'un astre à une époque quelconque sont évidemment des fonctions continues de ses coordonnées initiales et du temps.

Ce n'est pas tout : la plupart des questions que l'on résout en intégrant des équations différentielles ou aux dérivées partielles, par exemple les problèmes qui, dans la Physique mathématique, se ramènent à l'intégration d'équations linéaires aux dérivées partielles et à coefficients constants, semblent, au premier abord, ne devoir introduire dans le calcul que des fonctions continues. En effet, comme je l'ai remarqué dans un précédent Mémoire, supposer qu'une inconnue est déterminée par une équation linéaire aux dérivées partielles et à coefficients constants, c'est supposer implicitement que cette inconnue est une fonction continue des variables indépendantes, attendu que la continuité d'une fonction dans le voisinage d'une valeur particulière attribuée à une variable indépendante est une condition nécessaire de l'existence d'une valeur correspondante de la dérivée.

Toutefois, pour qu'un problème de Physique, qui exige l'intégration de certaines équations linéaires, puisse être complètement résolu, il est nécessaire de joindre aux équations dont il s'agit la connaissance de l'état initial des corps que l'on considère et les conditions relatives aux limites de ces mêmes corps. Or cet état initial et ces limites peuvent introduire dans le calcul des fonctions discontinues. Ainsi, en particulier, si les équations proposées représentent les vibrations infiniment petites d'un système de molécules réduites à des points matériels, le mouvement pourra résulter d'un ébranlement initial primitivement circonscrit dans des limites très resserrées. Or il est clair que, dans ce cas, les déplacements des molécules et leurs vitesses initiales, considérés comme fonctions des coordonnées, pourront varier d'une manière continue entre les limites dont il s'agit, mais deviendront généralement discontinues quand on atteindra ces limites, qu'on ne pourra dépasser sans que les mêmes fonctions passent tout à coup d'une valeur sensible à une valeur nulle.

Les fonctions discontinues, ainsi introduites dans le calcul par la considération de l'état initial d'un système de points matériels, se retrouvent dans les intégrales des équations qui représentent le mouvement du système. Seulement les variables indépendantes que contenaient ces fonctions y sont remplacées par de nouvelles quantités variables, quelquefois même par des expressions imaginaires. De plus, il peut arriver que les intégrales obtenues soient exprimées, non en termes finis, mais en séries qui renferment, avec les fonctions discontinues, leurs dérivées des différents ordres.

Eu égard à ces diverses circonstances, les fonctions discontinues donnent naissance, dans les problèmes de Mécanique et de Physique, à des difficultés graves ou à des contradictions apparentes et à de singuliers paradoxes qu'il importe de signaler et d'éclaircir. Entrons à ce sujet dans quelques détails.

Une première difficulté est de savoir ce que devient une fonction discontinue de variables réelles, qui s'évanouit hors de certaines limites, quand ces variables sont remplacées par des expressions imaginaires, et surtout ce que deviennent alors les limites dont il s'agit.

Une seconde difficulté réside dans la contradiction apparente qui existe, pour l'ordinaire, entre les intégrales exprimées en termes finis quand elles renferment des fonctions discontinues, et les développements de ces mêmes intégrales en séries convergentes.

Concevons, pour fixer les idées, qu'il s'agisse d'une colonne d'air renfermée dans un cylindre infiniment étroit dont l'axe soit pris pour axe des abscisses, et que le mouvement soit occasionné par un déplacement primitif et infiniment petit des molécules situées dans le voisinage du point pris pour origine. Alors, au bout du temps t, le déplacement d'une molécule d'air correspondante à l'abscisse x sera représenté par l'intégrale de l'équation linéaire que l'on nomme *équation du son;* et l'on conclura de cette intégrale exprimée en termes finis que le mouvement se propage, dans la colonne d'air, de part et d'autre de l'origine, avec deux vitesses de propagation égales entre elles, mais dirigées en sens opposés. Ajoutons que, si l'on développe la même intégrale suivant les puissances ascendantes de t, on obtiendra une intégrale en série qui paraîtra satisfaire encore à toutes les données du problème, et qui néanmoins entraînera des conclusions contraires à celles que nous venons d'énoncer. En effet, dans l'intégrale en série, chacune des puissances de t se trouvera multipliée par une fonction de x, qui s'évanouira pour toute valeur de x sensiblement différente de zéro; par conséquent, la somme de la série s'évanouira au bout du temps t, comme au premier instant, pour tout point situé à une distance notable de l'origine; d'où il semblera légitime de conclure que les molécules d'air primitivement déplacées vibreront, mais sans que leur mouvement de vibration se propage en passant de ces molécules à d'autres. Ainsi, tandis que l'intégrale en termes finis indique des vibrations sonores qui se propagent avec une vitesse constante, l'intégrale en série semble indiquer les vibrations stationnaires.

Les difficultés que nous venons de signaler et toutes les difficultés analogues disparaîtraient, si l'état initial d'un système était représenté, non plus à l'aide d'une ou de plusieurs fonctions discontinues, mais à l'aide de fonctions continues dont chacune offrît, pour des valeurs quelconques, réelles ou même imaginaires des variables indépendantes, une valeur différente de zéro. C'est donc à la discontinuité des fonctions introduites dans le calcul que tiennent les difficultés dont il s'agit. Il est naturel d'en conclure que, pour éclaircir les points douteux et pour faire cesser les contradictions, il suffira de rétablir la continuité. On y parvient en considérant les fonctions discontinues comme des valeurs particulières de fonctions plus générales, mais continues, desquelles on les tire en réduisant à zéro un paramètre spécial.

Il importe d'observer que les fonctions discontinues introduites dans le calcul par la considération de l'état initial d'un système ne cessent généralement d'être continues que pour certaines valeurs des variables qu'elles renferment. Ainsi, par exemple, il arrive souvent qu'une fonction discontinue d'une ou de plusieurs variables se confond entre des limites données de ces variables avec une certaine fonction continue, et passe brusquement, hors de ces limites, d'une valeur sensible à une valeur nulle. Il y a plus : une fonction discontinue qui ne satisfait pas à de telles conditions peut ordinairement se partager en plusieurs autres qui remplissent des conditions analogues; et, par suite, on peut se borner à établir la théorie des fonctions discontinues dans le cas particulier que nous venons d'indiquer. Ajoutons que, dans ce cas, la fonction discontinue peut être considérée comme équivalente au produit de la fonction continue donnée par un coefficient qui se réduise toujours à l'unité entre les limites proposées, et à zéro en dehors de ces limites. Ce coefficient, que j'appellerai *limitateur*, peut être regardé lui-même, ou comme une fonction discontinue, ou comme la valeur particulière que prend une fonction continue quand on fait évanouir un paramètre spécial. En conséquence, il suffira de considérer les coefficients limitateurs, non seulement pour retrouver, mais aussi pour résoudre toutes les difficultés que présente la théorie des fonctions discontinues. On conçoit d'ailleurs que cette considération permet de surmonter plus aisément les obstacles, en débarrassant les questions relatives à la discontinuité d'une circonstance qui leur est étrangère, savoir, de la forme particulière attribuée à chaque fonction discontinue entre des limites données, et en attirant l'attention du calculateur sur un coefficient qui suffit à caractériser ces limites au delà desquelles cesse la continuité. En opérant ainsi, on établit sans peine les propriétés des fonctions discontinues, considérées comme représentant des valeurs particulières de fonctions plus générales, mais continues; et l'on arrive, par exemple, aux propositions que nous allons énoncer.

Théorème I. — *Si une fonction discontinue de la variable x s'évanouit pour des valeurs réelles de cette variable situées hors de limites données a, b, la même fonction, quand la variable x deviendra imaginaire, s'évanouira toutes les fois que la partie réelle x sera située hors de ces limites.*

Théorème II. — *Si une fonction discontinue de plusieurs variables indépendantes $x, y, z, \ldots$ s'évanouit pour des valeurs réelles de ces variables situées hors de certaines limites données et constantes, la même fonction, quand les variables deviendront imaginaires, s'évanouira toutes les fois que leurs parties réelles seront situées hors de ces limites.*

La considération des limitateurs permet de faire disparaître la contradiction qui, dans les problèmes de Physique mathématique, semble exister entre les résultats déduits des intégrales en termes finis et des intégrales en séries. En effet, supposons une fonction discontinue représentée par le produit d'un limitateur et d'une fonction continue. Si l'on fait subir aux variables indépendantes des accroissements très petits, on pourra, en général, développer, suivant les puissances ascendantes de ces accroissements, la fonction continue, mais non pas le limitateur, et, en multipliant par ce dernier les divers termes du développement trouvé, on obtiendra une série équivalente à la fonction discontinue. On peut, de cette manière, développer en série convergente chacune des fonctions discontinues que renferme l'intégrale de l'équation en termes finis de l'équation du son, et l'on retrouve alors une intégrale en série qui s'accorde complètement avec l'autre intégrale.

Dans le problème du son, un ébranlement primitivement circonscrit entre des limites très resserrées donne naissance à un mouvement qui se propage dans l'espace avec une vitesse constante et réelle. Alors aussi la vitesse de propagation est fournie par une équation du second degré, qui offre deux racines réelles égales au signe près. Dans d'autres problèmes de Physique mathématique, par exemple dans la théorie de la lumière, les vitesses de propagation des mouvements vibratoires, ou même les carrés de ces vitesses, vérifient des équations qui sont d'un degré supérieur au second, et qui peuvent admettre des racines imaginaires. On peut demander si les mouvements correspondants à ces racines imaginaires sont ou ne sont pas du nombre de ceux qui se propagent dans l'espace. La réponse à cette question se déduit aisément du premier des théorèmes précédemment énoncés. On arrive ainsi à la proposition suivante :

Théorème III. — *Lorsqu'un ébranlement, primitivement circonscrit entre des limites très resserrées, donne naissance à un ou à plusieurs mouvements vibratoires, représentés par les intégrales d'un système d'équations linéaires aux dérivées partielles et à coefficients constants, si l'équation à laquelle satisfont les vitesses de propagation supposées réelles offre aussi des racines imaginaires, le mouvement correspondant à une racine imaginaire sera ou ne sera pas du nombre de ceux qui se propagent dans l'espace, suivant que la partie réelle de la racine imaginaire sera sensible ou nulle; et, dans le premier cas, la vitesse de propagation du mouvement vibratoire sera précisément représentée par la valeur numérique de cette partie réelle.*

Dans un prochain article, nous appliquerons les principes qui viennent d'être exposés à la détermination des intégrales discontinues qui expriment, non seulement les mouvements vibratoires propagés dans un premier milieu en vertu d'un ébranlement initial circonscrit entre des limites très resserrées, mais encore les mouvements correspondants, réfléchis et réfractés par une surface plane qui sépare ce premier milieu d'un autre; et nous verrons comment ces divers mouvements répondent aux divers termes contenus dans ces intégrales, comment, par exemple, dans la théorie de la lumière, les divers rayons incident, réfléchis et réfractés, se trouvent représentés par les termes proportionnels aux divers limitateurs.

436.

PHYSIQUE MATHÉMATIQUE. — *Mémoire sur les rayons réfléchis et réfractés par des lames minces et sur les anneaux colorés.*

C. R., T. XXVIII, p. 333 (12 mars 1849).

On sait qu'un rayon lumineux simple, doué de la polarisation circulaire ou elliptique, peut toujours être décomposé en deux autres rayons doués de la polarisation rectiligne, et renfermés dans des plans qui se coupent à angle droit. De plus, dans un rayon plan, c'est-à-dire doué de la polarisation rectiligne, le déplacement absolu d'une molécule éthérée en un point quelconque est le produit qu'on obtient en multipliant la *demi-amplitude* d'une vibration moléculaire par le cosinus d'un certain angle appelé *phase*. Enfin, si un rayon plan se propage d'un point à un autre dans un milieu isophane, cette propagation aura pour effet d'ajouter à la phase un accroissement proportionnel à la distance entre les deux points; et, si, le même rayon étant réfléchi ou réfracté par une surface plane qui sépare ce premier milieu d'un second, les vibrations de l'éther sont parallèles ou perpendiculaires au plan d'incidence, la réflexion ou la réfraction, en faisant croître la phase d'une quantité donnée, fera aussi varier l'amplitude des vibrations de l'éther dans un rapport donné.

Cela posé, concevons qu'un rayon simple de lumière, propagé dans l'air, tombe sur une lame mince transparente, isophane, et à faces parallèles. Ces deux faces feront subir au rayon dont il s'agit des réflexions et réfractions successives. Si, d'ailleurs, ce rayon fait partie d'un système ou faisceau de rayons de même nature, qui émanent d'une source commune de lumière située à une très grande distance, et qui se trouvent, par suite, composés de molécules dont les vibrations, semblables entre elles, s'exécutent par ondes planes, alors, des divers points situés sur les deux faces de la lame mince, s'échapperont des rayons émergents, dont chacun sera produit par la superposition de plusieurs rayons réfléchis ou réfractés. Considérons en particulier un rayon simple qui, primitivement propagé dans l'air suivant une certaine direction, et polarisé dans le plan d'incidence ou perpendiculairement à ce plan, émerge en un point donné A de la lame mince. On pourra, en s'appuyant sur les principes établis dans les précédents Mémoires, déterminer, non seulement les accroissements successifs de la phase dus à la propagation du rayon dans l'air et dans la lame transparente, ainsi qu'aux réflexions et aux réfractions qu'il aura subies en rencontrant les deux faces de cette lame, mais encore les coefficients constants par lesquels l'amplitude des vibrations moléculaires devra être successivement multipliée, en vertu de ces réflexions et de ces réfractions; puis, en superposant au rayon ainsi déterminé les rayons de même nature qui, au sortir de la lame, prendront la même direction, on obtiendra ce qu'on appelle le *rayon émergent* au point A.

On simplifie notablement les calculs quand on emploie, pour caractériser chaque rayon simple et doué de la polarisation rectiligne, non plus deux quantités réelles, savoir l'amplitude des vibrations moléculaires et l'angle appelé *phase*, mais une seule expression imaginaire, savoir le déplacement symbolique d'une molécule, ou, en d'autres termes, le produit qu'on obtient quand on multiplie la demi-amplitude d'une vibration moléculaire par l'exponentielle trigonométrique dont la phase est l'argument. Alors on reconnaît que, pour obtenir d'un seul coup les modifications diverses imprimées à un rayon plan, 1° par sa propagation dans l'air ou dans la lame mince, 2° par les diverses réflexions ou réfractions dues aux faces qui la terminent, il suffit de multiplier le déplacement symbolique et primitif d'une molécule éthérée par divers facteurs ou *coefficients de propagation* respectivement proportionnels aux espaces mesurés dans l'air, ou dans la lame mince, sur les diverses parties du rayon plan, puis par les divers *coefficients de réflexion* ou de *réfraction* qui correspondent aux diverses rencontres du rayon avec les deux faces de la lame mince. Alors aussi, pour obtenir immédiatement le rayon émergent en un point donné de la lame mince, il suffit de recourir à la sommation d'une progression géométrique.

La même méthode s'applique, avec un égal succès, à la détermination des rayons qui émergent d'une couche d'air très mince, comprise entre deux plaques isophanes, dont l'une est transparente, l'autre transparente ou opaque, par exemple entre deux plaques de verre, ou entre une plaque de verre et une plaque de métal.

Enfin les formules ainsi obtenues peuvent être appliquées avec avantage à la détermination, sinon complètement rigoureuse, du moins très approximative, des anneaux colorés que produit une couche d'air très mince, comprise entre une lentille et un miroir de verre ou de métal, ou entre deux lentilles superposées. C'est, au reste, ce que j'expliquerai plus en détail dans un nouvel article.

ANALYSE.

Concevons, pour fixer les idées, qu'une lame d'air terminée par deux faces planes et parallèles soit comprise entre deux milieux isophanes, le premier transparent, le second transparent ou opaque. Faisons tomber sur la première face de cette lame un faisceau de rayons lumineux propagés par ondes planes dans le premier milieu, en vertu d'un mouvement simple de l'éther, et polarisés ou parallèlement, ou perpendiculairement au plan d'incidence. Un rayon simple OA, compris dans le faisceau dont il s'agit, et propagé dans une direction déterminée, sera successivement transformé, par les deux faces de la lame d'air, en une série de nouveaux rayons réfléchis et réfractés. Cela posé, nommons A le point où le rayon incident OA rencontre la première face de la lame d'air, et A_n le point où ce rayon, transformé par des réflexions ou réfractions successives, sort de la lame, après l'avoir traversée n fois en divers sens, et en prenant une direction nouvelle $A_n O_n$. Soient d'ailleurs, à une époque donnée, par exemple au bout du temps t,

$\mathfrak{s}$ le déplacement absolu d'une molécule d'éther, dans le rayon incident OA au point A;

$\mathfrak{s}_n$ le déplacement absolu d'une molécule d'éther, dans le rayon émergent $A_n O_n$ au point A_n;

$\bar{\mathfrak{s}}$ et $\bar{\mathfrak{s}}_n$ les déplacements symboliques correspondants aux déplacements absolus $\mathfrak{s}$ et $\mathfrak{s}_n$, c'est-à-dire les expressions imaginaires dont les déplacements absolus $\mathfrak{s}$ et $\mathfrak{s}_n$ représentent les parties réelles.

Soient encore

l, l' les longueurs d'ondulation du rayon simple dans l'air et dans le premier milieu;

c l'épaisseur de la lame d'air;

τ l'angle aigu formé par une droite normale aux deux faces de la lame avec l'un quelconque des rayons

$$AA_1, \quad A_1A_2, \quad \ldots, \quad A_{n-1}A_n,$$

qui traversent obliquement cette lame dans toute son épaisseur en passant de la première face à la seconde, ou de la seconde face à la première;

l'angle aigu formé par la même normale avec le rayon incident OA ou avec le rayon émergent $O_n A_n$;

$\bar{I}$, $\bar{I}'$ les coefficients de réflexion et de réfraction du rayon simple $A_1 A_2$, ou $A_3 A_4$, ..., qui passe de la lame d'air dans le premier des deux milieux adjacents à cette lame, sous l'incidence τ;

$\bar{I}_{,}$, $\bar{I}'_{,}$ les coefficients de réflexion et de réfraction du rayon AA_1 ou $A_2 A_3$, ... qui passe de la lame d'air dans le second des milieux adjacents à cette lame, sous l'incidence τ;

$(\bar{I})$, $(\bar{I}')$ les coefficients de réflexion et de réfraction du rayon incident OA qui passe du premier milieu dans l'air, sous l'incidence τ';

$2h$ la projection de l'une quelconque des longueurs égales

$$AA_2, \quad A_1 A_3, \quad \ldots, \quad A_{n-2} A_n,$$

sur la direction du rayon incident OA;

P le coefficient de propagation commun des divers rayons

$$AA_1, \quad A_1 A_2, \quad \ldots, \quad A_{n-1} A_n,$$

qui traversent la lame d'air dans toute son épaisseur;

P' le coefficient de propagation d'un rayon incident OA, entre les points O et A, dans le cas où le point O est choisi de manière que l'on ait

$$OA = h.$$

Posons, d'ailleurs,

$$k = \frac{2\pi}{l}, \qquad k' = \frac{2\pi}{l'}, \qquad K = \frac{P}{P'}.$$

Il est facile de prouver que l'on aura

$$P = e^{\frac{kc\,i}{\cos\tau}}, \qquad K = e^{kc\,i\cos\tau},$$

i étant une racine carrée de -1. De plus, pour obtenir au bout du temps t le déplacement symbolique $\bar{8}_n$ d'une molécule d'éther qui coïncide avec le point A_n dans le rayon émergent $A_n O_n$, il suffira évidemment, si le point A_n est situé sur la première face de la lame d'air, de multiplier le déplacement symbolique $\bar{\mathfrak{s}}$ d'une molécule d'éther qui coïncide avec le point A dans le rayon incident OA, par le produit des divers facteurs

$$(\bar{\mathrm{I}}'),\quad \mathrm{P},\quad \bar{\mathrm{I}}_{,},\quad \mathrm{P},\quad \bar{\mathrm{I}},\quad \mathrm{P},\quad \bar{\mathrm{I}}_{,},\quad \mathrm{P},\quad \ldots,\quad \bar{\mathrm{I}}',$$

ou, ce qui revient au même, par le produit

$$\bar{\mathrm{I}}'(\bar{\mathrm{I}}')\bar{\mathrm{I}}^{\frac{n}{2}-1}\bar{\mathrm{I}}_{,}^{\frac{n}{2}}\mathrm{P}^{n},$$

dans lequel n sera un nombre pair.

Soient maintenant CA la trace du plan d'incidence OAC sur la première face de la lame d'air, et C le point où cette trace coupe le plan mené par le point O perpendiculairement au rayon incident OA. Comme les diverses molécules d'éther comprises dans ce dernier plan seront toutes à la fois déplacées de la même manière, il est clair que, pour obtenir au bout du temps t le déplacement symbolique de la molécule qui coïncidera ou avec le point O dans le rayon incident OA, ou avec le point C dans un rayon parallèle SC, il suffira de diviser le déplacement symbolique $\mathfrak{s}$ par le coefficient de propagation Π correspondant à la longueur OA. Soit d'ailleurs C_n le point où le rayon SC, transformé par des réfractions et réflexions successives, sortira de la lame d'air dans une certaine direction $C_n S_n$, après avoir traversé n fois cette même lame en sens divers. Pour que le point C_n coïncide avec le point A, il suffira évidemment que la longueur CA devienne équivalente à la longueur AA_n, ou, ce qui revient au même, que la longueur OA se réduise au produit de la longueur h par le nombre n; et, comme alors on aura

$$\Pi = \mathrm{P}'^{n},$$

le déplacement symbolique d'une molécule d'éther sera exprimé, au bout du temps t : 1° au point C, et dans le rayon incident SC, par le rapport

$$\frac{\bar{8}}{\mathrm{P}'^{n}};$$

2° au point A, et dans le rayon émergent $C_n S_n$, par le produit

$$\bar{\mathrm{I}}'(\bar{\mathrm{I}}')\bar{\mathrm{I}}^{\frac{n}{2}-1}\bar{\mathrm{I}}_{,}^{\frac{n}{2}}\mathrm{P}^{n}\frac{\bar{8}}{\mathrm{P}'^{n}}=\bar{\mathrm{I}}'(\bar{\mathrm{I}}')\bar{\mathrm{I}}_{,}^{\frac{n}{2}-1}\bar{\mathrm{I}}^{\frac{n}{2}}\mathrm{K}^{n}\bar{8}.$$

Si, dans ce dernier produit, on attribue successivement à n les valeurs

$$2, \quad 4, \quad 6, \quad 8, \quad \ldots,$$

on obtiendra les divers termes d'une progression géométrique dont la somme sera

$$\frac{\bar{\mathrm{I}}'(\bar{\mathrm{I}}')\bar{\mathrm{I}}_{,}\mathrm{K}^{2}}{1-\bar{\mathrm{I}}\bar{\mathrm{I}}_{,}\mathrm{K}^{2}}\bar{8}.$$

Enfin, si à cette somme on ajoute le déplacement symbolique

$$(\bar{\mathrm{I}})\bar{8}$$

d'une molécule d'éther qui coïncide avec le point A dans le rayon réfléchi en ce point par la première face de la lame d'air, on obtiendra le déplacement symbolique d'une molécule éthérée dans le rayon émergent formé par la superposition de tous les rayons simples qui sortiront de la lame d'air au point A. Donc ce dernier déplacement symbolique sera le produit de $\bar{8}$ par la somme

$$(\bar{\mathrm{I}})+\frac{\bar{\mathrm{I}}(\bar{\mathrm{I}}')\bar{\mathrm{I}}_{,}\mathrm{K}^{2}}{1-\bar{\mathrm{I}}\bar{\mathrm{I}}_{,}\mathrm{K}^{2}}. \tag{1}$$

Par des raisonnements semblables à ceux qui précèdent, on prouvera encore que, si les deux milieux adjacents à la lame d'air sont tous deux transparents, les divers rayons simples qui sortiront de cette lame au point A_1 produiront, par leur superposition, un rayon émergent dans lequel le déplacement symbolique d'une molécule d'éther sera le produit de $\bar{8}$ par le rapport

$$\frac{(\bar{\mathrm{I}}')\bar{\mathrm{I}}'_{,}\mathrm{P}}{1-\bar{\mathrm{I}}\bar{\mathrm{I}}_{,}\mathrm{K}^{2}}. \tag{2}$$

Les valeurs des coefficients

$$\bar{I},\quad \bar{I}_{,},\quad \bar{I}',\quad \bar{I}'_{,},\quad (\bar{I}),\quad (\bar{I}'),$$

renfermés dans les expressions (1) et (2), se déduisent sans peine des formules établies dans les précédents Mémoires, spécialement dans le Mémoire du 2 janvier dernier (p. 95); et d'abord on conclut immédiatement de ces formules, que l'on a dans tous les cas

$$\bar{I}'(\bar{I}') = (1+\bar{I})[1+(\bar{I})],$$

ce qui réduit l'expression (1) à la suivante :

$$(3)\qquad \frac{(\bar{I}) + [1+\bar{I}+(\bar{I})]\bar{I}_{,}K^2}{1-\bar{I}\bar{I}_{,}K^2}.$$

Soient, d'autre part,

$$u = k\cos\tau,\qquad u' = k'\cos\tau',\qquad v = k\sin\tau = k'\sin\tau'.$$

On aura, en supposant le rayon incident polarisé dans le plan d'incidence,

$$\bar{I} = \frac{u-u'}{u+u'} = \frac{\sin(\tau'-\tau)}{\sin(\tau'+\tau)},\qquad \bar{I}' = \frac{2u}{u+u'} = \frac{2\sin\tau'\cos\tau}{\sin(\tau'+\tau)},$$

$$(\bar{I}) = -\bar{I}.$$

Si, au contraire, le rayon incident est renfermé dans le plan d'incidence, les valeurs de $\bar{I}$, $\bar{I}'$ seront fournies par les formules (11) de la page 99, dont la première déterminera $(\bar{I})$ au lieu de $\bar{I}$, quand on changera les signes de $u_{\prime\prime}$, u'', et le signe de la différence $u - u'$ ou $u' - u$.

Quant aux valeurs de $\bar{I}_{,}$ et $\bar{I}'_{,}$, on les déduira de celles de $\bar{I}$ et $\bar{I}'$ en remplaçant le premier des deux milieux adjacents à la lame d'air par le second.

Comme on l'a remarqué ci-dessus, lorsque le rayon incident est polarisé dans le plan d'incidence, $\bar{I}$ et $(\bar{I})$ vérifient la condition

$$(4)\qquad (\bar{I}) = -\bar{I}.$$

Cette même condition se vérifie encore quand, le rayon incident étant renfermé dans le plan d'incidence, le premier des milieux adjacents à la lame d'air est de nature telle, que la première face de la lame d'air polarise complètement la lumière réfléchie sous un certain angle; et, dans le cas contraire, la condition (4) se vérifie au moins approximativement. Or, en vertu de cette condition, l'expression (3) se réduit au rapport

$$(5) \qquad \frac{\bar{I}_{\prime} K^2 - \bar{I}}{1 - \bar{I} \bar{I}_{\prime} K^2}.$$

Si la lame d'air est comprise entre deux milieux de même nature, on aura

$$\bar{I}_{\prime} = \bar{I}, \qquad \bar{I}'_{\prime} = I',$$

et, par suite, l'expression (5) se trouvera réduite au produit

$$(6) \qquad \bar{I} \frac{K^2 - 1}{1 - \bar{I}^2 K^2}.$$

Ce produit s'évanouira, quand on aura $K = \pm 1$, et, par suite,

$$kc \cos\tau = n\pi, \qquad c = \tfrac{1}{2} nl \operatorname{séc}\tau,$$

n étant un nombre entier. Donc alors le rayon émergent en un point quelconque de la première face de la lame d'air disparaîtra complètement.

437.

Calcul intégral. — *Recherches nouvelles sur les séries et sur les approximations des fonctions de très grands nombres.*

C. R., T. XXIX, p. 42 (16 juillet 1849).

L'Astronomie mathématique, sujet principal de mon cours à la Faculté des Sciences, a naturellement rappelé mon attention sur les séries à l'aide desquelles on détermine les valeurs des inconnues dans les mouvements planétaires, par conséquent sur les règles générales de la convergence des développements des fonctions explicites ou implicites, et sur les limites des restes qui complètent ces développements quand on les arrête après un certain nombre de termes. Les réflexions que j'ai faites à ce sujet m'ont fourni la solution de quelques difficultés qui n'étaient pas sans importance, et m'ont permis de perfectionner encore en plusieurs parties la théorie des suites, ainsi que je vais le dire en peu de mots.

Je rappellerai d'abord que, si l'on désigne par u_n le terme général d'une série simple

$$(1) \qquad u_0, \quad u_1, \quad u_2, \quad \ldots,$$

par r_n le module de u_n, et par l le *module* de la série, c'est-à-dire la limite ou la plus grande des limites vers lesquelles converge $(r_n)^{\frac{1}{n}}$ pour des valeurs croissantes de n, la série sera convergente, quand on aura $l < 1$, divergente, quand on aura $l > 1$. Si, en désignant par

$$z = re^{ip}$$

une variable dont le module soit r et l'argument p, on pose

$$u_n = a_n z^n,$$

alors en nommant k le module de la série

$$(2) \qquad a_0, \quad a_1, \quad a_2, \quad \ldots,$$

dont le terme général est a_n, on trouvera

$$l = kr,$$

et par suite la série

$$(3) \qquad a_0, \quad a_1 z, \quad a_2 z^2, \quad \ldots$$

sera convergente quand on aura $r < \frac{1}{k}$, divergente quand on aura $r > \frac{1}{k}$. Ajoutons que, si $f(z)$ désigne une fonction explicite de z qui, avec sa dérivée $f'(z)$, demeure fonction continue de r et de p, pour tout module r de z inférieur à une certaine limite r, $f(z)$ sera développable, pour un tel module, en une série de la forme (3), et qu'alors on aura précisément

$$\iota = \frac{1}{k},$$

si à la valeur ι du module r on peut joindre une valeur de l'argument p tellement choisie, que la fonction

$$f(z) \quad \text{ou} \quad f'(z)$$

devienne infinie.

Je prouve encore que, si $F(z)$ étant avec sa dérivée $F'(z)$ fonction continue de z et de divers paramètres $s, t, \ldots$, on fait varier ces paramètres par degrés insensibles, la valeur de z déterminée par l'équation

$$F(z) = 0$$

restera généralement fonction continue de $s, t, \ldots$ jusqu'au moment où l'on aura

$$F'(z) = 0.$$

De ces diverses propositions, on peut aisément déduire les règles de la convergence et les modules des séries qui représentent les développements des fonctions implicites d'une seule variable. On en conclut, par exemple, que si $\varpi(z)$ désigne une fonction toujours continue de z une racine

$$u = s + z$$

de l'équation

$$(4) \qquad u - t\varpi(u) = s$$

ou

$$(5) \qquad z - t\varpi(s+z) = 0$$

pourra être développée par la formule de Lagrange en une série convergente ordonnée suivant les puissances ascendantes de t, jusqu'au moment où le module θ de t acquerra une valeur Θ qui permettra de vérifier simultanément l'équation (5) et la suivante

$$(6) \qquad 1 - t\varpi'(s+z) = 0,$$

et que, jusqu'à ce moment, toute fonction continue de z sera elle-même développable en une série convergente ordonnée suivant les puissances ascendantes de t. On en conclut aussi que les séries propres à représenter les développements de z et de u, suivant les puissances ascendantes de t, auront précisément pour module le rapport $\frac{\theta}{\Theta}$.

Ce n'est pas tout : si l'on nomme υ celle des racines de l'équation (4) qui se réduit à s pour $t = 0$, et $\mathrm{f}(z)$ une fonction continue de z, on aura, en vertu de la formule de Lagrange,

$$\mathrm{f}(\upsilon) = \mathrm{f}(s) + \mathop{\mathrm{S}}_{n=1}^{n=\infty} T_n t^n, \tag{7}$$

la valeur de T_n étant

$$T_n = \frac{1}{1.2\ldots n} \mathrm{D}_s^{n-1} \{ \mathrm{f}'(s) [\varpi(s)]^n \}. \tag{8}$$

Si d'ailleurs on nomme $\mathfrak{r}$ et $\mathfrak{p}$ les valeurs de r et p tirées des équations (5), (6), et correspondantes au module Θ de t, alors, en attribuant à

$$z = re^{ip}$$

un module r égal ou inférieur à $\mathfrak{r}$, on pourra remplacer la formule (8) par la suivante

$$T_n = \frac{1}{2\pi n} \int_{-\pi}^{\pi} z \,\mathrm{f}'(s+z) \left[\frac{\varpi(s+z)}{z} \right]^n dp;$$

et en posant, pour abréger,

$$z \,\mathrm{f}'(s+z) = \mathfrak{f}(z), \qquad \frac{\varpi(s+z)}{z} = Z,$$

on aura

$$T_n = \frac{1}{2\pi n} \int_{-\pi}^{\pi} Z^n \mathfrak{f}(z)\, dp. \tag{9}$$

Soient maintenant

$$R, \quad \mathfrak{R}$$

les modules *maxima maximorum* de

$$Z \text{ et } \mathfrak{f}(z),$$

considérés comme fonctions de p; le module de T_n sera, en vertu de la formule (10), inférieur au rapport

$$\frac{R^n \mathfrak{R}}{n},$$

qui se réduira simplement à

$$\frac{\mathfrak{R}}{n} \Theta^{-n}$$

si l'on suppose $r = \mathfrak{r}$; et par suite, si, dans la série de Lagrange, on conserve seulement la somme des n premiers termes, la somme des termes négligés offrira un module inférieur au rapport

$$\frac{\mathfrak{R}\left(\frac{\theta}{\Theta}\right)^n}{n\left(1 - \frac{\theta}{\Theta}\right)},$$

θ étant le module de t. Il reste à trouver une limite plus approchée de l'erreur commise, en déterminant d'une manière approximative la valeur d'une intégrale de la forme

$$(10) \qquad \mathcal{S} = \frac{1}{2\pi} \int_{-\pi}^{\pi} Z^n \mathfrak{f}(z)\, dp,$$

dans le cas où n est un très grand nombre et où l'on attribue à z un module pour lequel se vérifie la condition

$$(11) \qquad Z' = 0.$$

On y parviendra comme il suit.

Supposons d'abord $\mathfrak{f}(z) = 1$. Alors l'équation (10) donnera

$$(12) \qquad \mathcal{S} = \frac{1}{2\pi} \int_{-\pi}^{\pi} Z^n\, dp.$$

Concevons que, dans cette dernière formule, on pose $r = \mathfrak{r}$ et $p = \mathfrak{p} + \varphi$. On aura

$$(13) \qquad \mathcal{S} = \frac{1}{2\pi} \int_{-\pi}^{\pi} Z^n\, d\varphi.$$

Décomposons l'intégrale (13) en deux parties, dont l'une soit prise entre des limites très rapprochées $-\varpi$, $+\varpi$, l'autre étant représentée par $\mathfrak{O}$; nous aurons

(14) $$\mathcal{S} = \frac{1}{2\pi}\int_{-\varpi}^{\varpi} Z^n \, d\varphi + \mathfrak{O},$$

ϖ étant un arc très petit. Supposons d'ailleurs que, pour $r = \mathfrak{r}$, $p = \mathfrak{p}$, on ait, non seulement

$$Z = R, \qquad Z' = 0,$$

mais encore

$$\frac{1}{2}\mathrm{D}_p \, \mathrm{l}(Z) = -a, \qquad \frac{1}{2.3}\mathrm{D}_p^2 \, \mathrm{l}(Z) = b;$$

on trouvera, pour une très petite valeur numérique de φ,

(15) $$\mathrm{l}(Z) = \mathrm{l}(R) - a\varphi^2 + \beta\varphi^3,$$

β étant très peu différent de b. Ajoutons que, R étant le module *maximum maximorum* de Z considéré comme fonction de p, la partie indépendante de i dans a sera nécessairement positive. Cela posé, la formule (15) donnera

$$Z = Re^{-a\varphi^2} e^{\beta\varphi^3},$$

et l'on aura, par suite,

(16) $$\mathcal{S} = \frac{R^n}{2\pi}\int_{-\varpi}^{\varpi} e^{-na\varphi^2} e^{n\beta\varphi^3} \, d\varphi + \mathfrak{O}.$$

Supposons à présent ϖ tellement choisi, que, pour de grandes valeurs de n, les deux produits

(17) $$n\varpi^2, \quad n\varpi^3$$

soient le premier très grand, le second très petit. Alors, comme il est facile de le voir, on aura sensiblement

(18) $$\int_{-\varpi}^{\varpi} e^{-na\varphi^2} e^{n\beta\varphi^3} \, d\varphi = \frac{\pi^{\frac{1}{2}}}{\sqrt{na}}.$$

De plus, dans le second membre de la formule (16), le dernier terme $\mathfrak{O}$ deviendra très petit par rapport au premier, si le module *maximum maximorum* de Z répond à une valeur unique de z, et si d'ailleurs n est assez grand pour que le module de Z^n, entre les limites $-\varpi$, $+\varpi$ de p, surpasse toujours le module de Z^n hors de ces limites. Donc alors la valeur de S, déterminée par la formule (16), pourra être réduite à la forme

$$\mathrm{S} = \frac{R^n}{2\sqrt{na\pi}}(1+\delta), \tag{19}$$

δ désignant une quantité qui s'évanouira avec $\frac{1}{n}$, et dont le module restera compris entre des limites qu'il sera facile de calculer.

Si le même module *maximum maximorum* de Z correspondait à deux ou plusieurs valeurs distinctes, par exemple à deux valeurs conjuguées de z, alors, dans le second membre de la formule (19), il faudrait au rapport

$$\frac{R^2}{2\sqrt{na\pi}} \tag{20}$$

substituer la somme des rapports de cette forme correspondants à ces valeurs de z. Cette somme serait, pour l'ordinaire, le double de la partie indépendante de i, dans chaque rapport.

Enfin, si à la formule (12) on substitue la formule (10), on devra multiplier le rapport (20) par le module $\mathcal{R}$ de $f(z)$ correspondant aux valeurs $\mathfrak{r}$ et $\mathfrak{p}$ de r et de p.

Ajoutons que les produits

$$n\varpi^2, \quad n\varpi^3$$

deviendront, le premier très grand, le second très petit, pour de très grandes valeurs de n, si l'on pose

$$\varpi = \frac{c}{n^\mu},$$

c, μ étant deux nombres dont le second soit compris entre $\frac{1}{2}$ et $\frac{1}{3}$.

438.

CALCUL INTÉGRAL. — *Mémoire sur l'intégration d'un système quelconque d'équations différentielles, et, en particulier, de celles qui représentent les mouvements planétaires.*

C. R., T. XXIX, p. 65 (23 juillet 1849).

Les développements en séries qui vérifient un système d'équations différentielles ne peuvent évidemment représenter les intégrales de ce système que dans le cas où les séries sont convergentes; et c'est seulement quand on a démontré leur convergence qu'une question de Physique ou de Mécanique par laquelle on a été conduit à ces équations différentielles peut être censée mathématiquement résolue. Toutefois, dans l'Astronomie, la convergence des séries qui représentent le mouvement troublé d'une planète n'est point établie par le calcul. Seulement on a remarqué que les formules obtenues s'accordaient assez bien avec les résultats de l'observation, et l'on en a conclu naturellement que les séries étaient convergentes, mais sans pouvoir dire quelle était la durée du temps pendant lequel la convergence subsisterait. Il m'a paru important de faire disparaître ces incertitudes et de rechercher une méthode à l'aide de laquelle on pût non seulement obtenir, sous une forme nouvelle et simple, les intégrales générales d'un système d'équations différentielles, mais encore calculer aisément des limites des erreurs que l'on commet, quand on arrête ces séries après un certain nombre de termes. Tel est l'objet du nouveau travail que je présente à l'Académie. Je me contenterai d'indiquer ici quelques-uns des résultats les plus remarquables, me réservant d'y ajouter, dans les prochaines séances, de plus amples développements.

Soient données, entre le temps t et les variables $x, y, z, \ldots,$ des équations différentielles de la forme

$$D_t x = X, \qquad D_t y = Y, \qquad D_t z = Z, \qquad \ldots,$$

$X, Y, Z, \ldots$ étant des fonctions données de $x, y, z, \ldots, t$. Soient encore

$$s = \mathrm{f}(x, y, z, \ldots, t)$$

une fonction donnée de $x, y, z, \ldots, t$, et

$$\mathrm{x}, \quad \mathrm{y}, \quad \mathrm{z}, \quad \ldots, \quad \varsigma$$

ce que deviennent

$$x, \quad y, \quad z, \quad \ldots, \quad s$$

au bout du temps τ. Pour déterminer ς en fonction de $x, y, z, \ldots, t$ et τ, il suffira d'intégrer l'équation *caractéristique*, c'est-à-dire l'équation linéaire aux dérivées partielles

$$\mathrm{D}_t \varsigma + \Box \varsigma = 0,$$

dans laquelle on a

$$\Box \varsigma = X \mathrm{D}_x \varsigma + Y \mathrm{D}_y \varsigma + \ldots,$$

et d'assujettir ς à vérifier, pour $t = \tau$, la condition

$$\varsigma = \mathfrak{s},$$

$\mathfrak{s}$ désignant la fonction $\mathrm{f}(x, y, z, \ldots, \tau)$ que l'on déduit de

$$s = \mathrm{f}(x, y, z, \ldots, t)$$

en y remplaçant t par τ. Cela posé, faisons, pour abréger,

$$\nabla \mathfrak{s} = -\int_\tau^t \Box \mathfrak{s}\, dt;$$

si la valeur de $\tau - t$ est assez petite pour que la somme de la série, dont le terme général est $\nabla^n \mathfrak{s}$, soit convergente, on aura

$$\varsigma = \mathfrak{s} + \nabla \mathfrak{s} + \nabla^2 \mathfrak{s} + \ldots. \tag{1}$$

Soient d'ailleurs

θ un nombre qui varie entre les limites 0, 1;

$u, v, w, \ldots$ des fonctions de θ, qui s'évanouissent avec θ et se réduisent, pour $\theta = 1$, aux constantes $a, b, c, \ldots$, en conservant toujours des modules égaux ou inférieurs à ceux de $a, b, c, \ldots$;

$U, V, W, \ldots$ ce que devient $X, Y, Z, \ldots$ quand on attribue à $x, y, z, \ldots, t$ les accroissements $u, v, w, \ldots, \theta(\tau - t)$.

Enfin, en supposant les modules de $a, b, c, \ldots$ et de $\tau - t$ assez petits pour que les fonctions U, V, W ne cessent pas d'être continues, prenons

$$\Theta = \frac{U}{D_\theta u} + \frac{V}{D_\theta v} + \ldots, \tag{2}$$

et nommons ρ ce que devient le module de l'exponentielle

$$e^{\int_0^1 \mathrm{l}\,\Theta\, d\theta} \tag{3}$$

quand on attribue aux variables $u, v, w, \ldots$ et aux constantes $a, b, c, \ldots$, des arguments tels que le module ρ devienne un *maximum maximorum*. La série que renferme le second membre de la formule (1) sera convergente, quand le module de $\tau - t$ sera inférieur au produit de $\frac{1}{\rho}$ par $\frac{1}{e}$, e étant la base des logarithmes hyperboliques. Ajoutons qu'il sera utile de choisir les modules des variables $u, v, w, \ldots$ et des constantes $a, b, c, \ldots$ de manière à rendre le module ρ le plus petit possible.

439.

Calcul intégral. — *Suite des recherches sur l'intégration d'un système d'équations différentielles, et transformation remarquable de l'intégrale générale de l'équation caractéristique.*

C. R., T. XXIX, p. 103 (30 juillet 1849).

Considérons les notations adoptées dans le précédent article; supposons toujours les variables $x, y, z, \ldots$ liées au temps t par les équations différentielles

$$D_t x = X, \qquad D_t y = Y, \qquad \ldots,$$

X, Y étant des fonctions données de $x, y, z, \ldots, t$. Soient encore

$$s = \mathrm{f}(x, y, z, \ldots, t)$$

une fonction donnée de ces diverses variables, et

$$\mathrm{x}, \quad \mathrm{y}, \quad \mathrm{z}, \quad \ldots, \quad \varsigma$$

ce que deviennent

$$x, \quad y, \quad z, \quad \ldots, \quad s$$

au bout du temps τ. Enfin posons, pour abréger,

$$\mathfrak{s} = \mathrm{f}(x, y, z, \ldots, \tau),$$
$$\square \mathfrak{s} = X \mathrm{D}_x \mathfrak{s} + Y \mathrm{D}_y \mathfrak{s} + \ldots,$$
$$\nabla \mathfrak{s} = -\int_\tau^t \square \mathfrak{s}\, dt.$$

Lorsque la série dont le terme général est $\nabla^n \mathfrak{s}$ sera convergente, on aura (p. 142)

(1) $$\varsigma = \mathfrak{s} + \nabla \mathfrak{s} + \nabla^2 \mathfrak{s} + \ldots.$$

D'ailleurs le terme général $\nabla^n \mathfrak{s}$ de la série peut être transformé avec avantage, et ramené à une forme digne de remarque, à l'aide d'un artifice de calcul que nous allons indiquer.

Soient

$$\varphi(u), \quad \chi(u)$$

deux fonctions de la variable

$$u = re^{ip},$$

et supposons que ces fonctions restent continues pour un module r de u inférieur à une certaine limite. On aura, pour toute valeur de r inférieure à cette limite, non seulement

(2) $$\varphi(0) = \mathfrak{M}\, \varphi(u),$$

la notation $\mathfrak{M}\, \varphi(u)$ désignant la moyenne isotropique entre les diverses valeurs de $\varphi(u)$ considéré comme fonction de p, c'est-à-dire l'intégrale définie

$$\frac{1}{2\pi} \int_{-\pi}^{\pi} \varphi(u)\, dp,$$

mais encore, en intégrant par parties,

$$(3)\qquad \mathfrak{M}[u\,\varphi'(u)\,\chi(u)] = -\,\mathfrak{M}[u\,\varphi(u)\,\chi'(u)].$$

Soient maintenant

$$U,\quad V,\quad \ldots$$

ce que deviennent les fonctions

$$X,\quad Y,\quad \ldots$$

lorsqu'on y remplace t par une variable θ comprise entre les limites t et τ, et que l'on attribue aux variables x, y, ... des accroissements désignés par u, v, ... Supposons d'ailleurs chacun de ces accroissements décomposé en n éléments, en sorte qu'on ait

$$(4)\qquad \begin{cases} u = u_1 + u_2 + \ldots + u_n, \\ v = v_1 + v_2 + \ldots + v_n, \\ \ldots\ldots\ldots\ldots\ldots\ldots, \end{cases}$$

et, après avoir écrit θ_n au lieu de θ dans U, V, ..., prenons

$$(5)\qquad \mathrm{K}_n = \mathrm{D}_u U + \mathrm{D}_v V + \ldots - \frac{U}{u_n} - \frac{V}{v_n} - \ldots,$$

$$(6)\qquad \mathfrak{s}_n = \mathfrak{f}(x+u, y+v, \ldots, \tau).$$

Enfin, soit K_m ce que devient K_n quand on remplace dans les formules (4) et (5) le nombre n par le nombre m, et θ_n par θ_m. Si les éléments

$$u_1,\quad u_2,\quad \ldots,\quad u_n;\quad v_1,\quad v_2,\quad \ldots,\quad v_n;\quad \ldots$$

offrent des modules tellement choisis, que pour ces modules, ou pour des modules plus petits, les fonctions

$$U,\quad V,\quad \ldots,\quad \mathfrak{s}_n$$

ne cessent jamais d'être continues, on aura, en vertu des formules (1) et (2),

$$(7)\qquad \nabla^n \mathfrak{s} = \int_\tau^t \int_\tau^{\theta_1} \ldots \int_\tau^{\theta_{n-1}} \mathfrak{M}[\mathrm{K}_1 \mathrm{K}_2 \ldots \mathrm{K}_n \mathfrak{s}_n]\, d\theta_1\, d\theta_2 \ldots d\theta_n,$$

le signe $\mathfrak{M}$ indiquant la moyenne isotropique entre les diverses valeurs du produit

$$K_1 K_2 \ldots K_n$$

correspondantes aux diverses valeurs des arguments de

$$u_1, \quad u_2, \quad \ldots, \quad u_n; \quad v_1, \quad v_2, \quad \ldots, \quad v_n; \quad \ldots.$$

Si, comme il arrive souvent dans les questions de Mécanique, on a identiquement

$$(8) \qquad D_x X + D_y Y + \ldots = 0,$$

la valeur de K_n fournie par l'équation (5) sera réduite à

$$(9) \qquad K_n = -\left(\frac{U}{u_n} + \frac{V}{v_n} + \ldots\right).$$

Ajoutons que dans tous les cas, lorsque, n étant un très grand nombre, les éléments de $u, v, \ldots$ seront très petits, on pourra négliger la somme $D_u U + D_v V + \ldots$ vis-à-vis de la somme $\frac{U}{u_n} + \frac{V}{v_n} + \ldots$, et réduire ainsi, sans erreur sensible, la formule (5) à la formule (9).

Lorsque les fonctions $X, Y, \ldots$ seront indépendantes de t, la formule (7) donnera simplement

$$(10) \qquad \nabla^n s = \frac{(t-\tau)^n}{1.2\ldots n} \mathfrak{M}[K_1 K_2 \ldots K_n s_n].$$

Les formules (7) et (10) permettent de calculer aisément des limites supérieures à l'erreur que l'on commet, dans la valeur de ς, quand on arrête, après un certain nombre de termes, la série qui a pour terme général $\nabla^n s$. C'est, au reste, ce que nous expliquerons plus en détail dans un autre article.

440.

Cristallographie. — *Rapport sur un Mémoire de M.* Bravais *relatif à certains systèmes ou assemblages de points matériels.*

C. R., T. XXIX, p. 133 (6 août 1849).

Parmi les applications que l'on a faites de la Géométrie, l'une des plus remarquables est la science nouvelle créée, vers la fin du dernier siècle, par l'auteur de l'*Essai sur la Cristallographie.* Après avoir observé que les cristaux sont des assemblages de molécules similaires, notre illustre Haüy a recherché les lois suivant lesquelles les diverses molécules d'un corps se trouvent réunies et juxtaposées dans un même cristal. Aux observations que l'auteur avait faites, sont venues se joindre des observations nouvelles; et, enrichies par les fécondes méditations des minéralogistes, la science qu'il avait fondée a pu se perfectionner et s'étendre en participant aux progrès de la Physique moléculaire. Toutefois, M. Bravais a pensé que la Cristallographie pouvait subir encore des perfectionnements, et il est effectivement parvenu à découvrir, dans certains systèmes de points matériels, des propriétés qui sont dignes de remarque, et des caractères qui peuvent être utilement employés à la classification des cristaux. L'étude de ces propriétés, de ces caractères, est l'objet spécial du Mémoire dont nous avons en ce moment à rendre compte. Essayons d'en donner une idée en peu de mots.

Considérons trois séries de plans tellement disposés, que les divers plans d'une même série soient parallèles entre eux et équidistants, sans être jamais parallèles à aucun plan d'une autre série. L'assemblage des points suivant lesquels se couperont tous ces plans formera ce qu'on peut appeler un *système réticulaire,* et ce système, suivant la remarque déjà faite par divers auteurs, spécialement par M. Delafosse, sera éminemment propre à représenter le système des points avec lesquels coïncident, dans un cristal quelconque, les centres des diverses molécules. D'ailleurs ces trois séries de plans, dont chacun est appelé, par M. Bravais, *plan réticulaire,* partageront l'espace en *parallélépipèdes élémentaires,* tous égaux entre eux; et les divers points du système, compris dans un même plan réticulaire, formeront un *réseau* dont les *mailles,* les *fils* et les *nœuds* seront, d'une part, les parallélogrammes élémentaires qui serviront de bases aux parallélépipèdes; d'autre part, les droites sur lesquelles se mesureront les côtés de ces parallélogrammes, et les points d'intersection de ces droites ou les sommets des parallélogrammes dont il s'agit. M. Bravais appelle *paramètres* les longueurs des arêtes d'un parallélépipède élémentaire adjacentes à un même sommet; il nomme *tétraèdre élémentaire* un tétraèdre construit sur ces trois arêtes, et *triangle élémentaire* un triangle qui a pour côtés deux côtés adjacents d'un parallélogramme élémentaire.

Cela posé, M. Bravais commence par établir, tantôt à l'aide de la Géométrie, tantôt à l'aide d'une analyse tout à la fois élégante et simple, les propriétés générales des réseaux. Il prouve, en particulier, que les nœuds d'un réseau donné sont en même temps les nœuds d'un nombre infini d'autres réseaux, dont les fils se coupent sous des angles divers, mais dont les mailles sont toujours équivalentes en surface aux mailles du premier. Il prouve encore que, parmi les triangles élémentaires correspondants à ces divers réseaux, il en existe un, mais un seul, qui offre trois angles aigus, et que ce triangle, auquel il donne le nom de *triangle principal,* a pour côtés les trois plus petits paramètres que l'on puisse obtenir en joignant l'un à l'autre les nœuds du réseau donné.

Après avoir établi les propriétés des réseaux, M. Bravais a recherché celles des assemblages ou systèmes réticulaires. Il a reconnu d'abord que les nœuds dont se compose un système réticulaire peuvent être fournis, d'une infinité de manières différentes, par les intersections de trois séries de plans parallèles, auxquels correspondent des parallélépipèdes élémentaires de formes diverses, mais égaux en volume.

Il prouve que, parmi les tétraèdres élémentaires correspondants à un système réticulaire, c'est-à-dire à un système donné de nœuds, il existe un *tétraèdre principal,* dans lequel chaque angle dièdre est ou un angle aigu, ou un angle droit, l'une des bases de ce tétraèdre ayant pour côtés les deux plus petits paramètres que l'on puisse obtenir en joignant l'un à l'autre les nœuds donnés. Enfin M. Bravais nomme *axe de symétrie* d'un système réticulaire une droite tellement choisie, qu'il suffise d'imprimer au système autour de cet axe une rotation mesurée par un certain angle pour substituer les divers nœuds les uns aux autres; puis il démontre que l'angle qui sert de mesure à la rotation doit être nécessairement égal soit à un ou à deux droits, soit au tiers ou aux deux tiers d'un angle droit. Donc le rapport de la circonférence entière à l'arc qui mesure la rotation ne peut être que l'un des nombres 2, 3, 4, 6; et la symétrie est nécessairement, suivant le langage adopté par M. Bravais, *binaire,* ou *ternaire,* ou *quaternaire,* ou *sénaire.* D'autre part, il est clair que, si un système de nœuds tourne autour d'un axe passant par un point quelconque, le mouvement de rotation effectif de tout le système autour de cet axe ne différera pas du mouvement apparent de rotation autour d'un axe parallèle passant par un nœud quelconque, aux yeux d'un observateur dont la position coïnciderait avec ce même nœud. Il en résulte immédiatement que, à tout axe de symétrie qui ne passe par aucun nœud d'un système donné correspondent toujours d'autres axes de symétrie parallèles au premier, et passant par les divers nœuds du système. Il est d'ailleurs facile de voir que tout axe de symétrie passant par un nœud donné, coïncide nécessairement, ou avec l'une des arêtes d'un parallélépipède élémentaire qui a ce nœud pour sommet, ou avec l'une des diagonales d'un tel parallélépipède, ou avec la diagonale de l'une de ses faces. Ces principes étant admis, on peut, comme l'a fait M. Bravais, classer les divers systèmes réticulaires, ou plutôt les divers systèmes de nœuds qu'ils peuvent offrir, d'après le nombre et la nature des axes de symétrie qui passent par un nœud donné. L'auteur compte effectivement sept classes d'assemblages ou systèmes de nœuds, distinguées les unes des autres par les caractères que nous allons rappeler.

Les systèmes de la première classe, correspondants au premier système cristallin des minéralogistes, offrent quatre axes ternaires, trois axes quaternaires et six axes binaires. Les formes distinctes comprises dans cette classe sont : 1° le cube; 2° le cube centré ou rhomboèdre de 120°, ou octaèdre à base carrée; 3° le tétraèdre régulier, ou octaèdre régulier, ou rhomboèdre de 70° 31′ 44″.

Les systèmes de la seconde classe, correspondants au second système cristallin des minéralogistes, offrent un seul axe quaternaire et quatre axes binaires. Les formes comprises dans cette classe sont : 1° le prisme droit à base carrée; 2° le prisme droit centré à base carrée, ou octaèdre à base carrée.

Les systèmes de la troisième classe offrent un seul axe sénaire et six axes binaires. Cette classe présente d'ailleurs une seule forme, savoir : le prisme droit, qui a pour base un triangle équilatéral.

Les systèmes de la quatrième classe offrent un seul axe ternaire et trois axes binaires. Cette classe présente une seule forme, savoir : un rhomboèdre, dans lequel deux sommets opposés sont les extrémités d'un axe de symétrie ternaire, les six autres sommets étant ceux de deux triangles équilatéraux, dont les plans parallèles entre eux divisent en trois parties égales la diagonale dont il s'agit.

Les systèmes de la troisième et de la quatrième classe correspondent au troisième système cristallin des minéralogistes.

Les systèmes de la cinquième classe, correspondants au quatrième système cristallin des minéralogistes, offrent trois axes binaires. Cette classe présente quatre formes distinctes, savoir : le parallélépipède rectangulaire centré ou non centré, et le même parallélépipède ayant deux ou six faces centrées.

Les systèmes de la sixième classe, correspondants au cinquième système cristallin des minéralogistes, offrent un seul axe binaire. Cette classe présente deux formes, savoir : le prisme droit centré ou non centré, qui a pour base un parallélogramme.

Les systèmes de la septième classe, correspondants au sixième système cristallin des minéralogistes, sont ceux qui n'offrent aucun axe de symétrie. Cette classe comprend une seule forme, savoir : le prisme oblique, qui a pour base un parallélogramme.

En résumé, si, les divers systèmes cristallins étant caractérisés par le nombre et la nature de leurs axes de symétrie, on range ces systèmes dans l'ordre indiqué par le nombre de ces axes, on obtiendra le Tableau suivant :

	NOMBRE DES AXES DE SYMÉTRIE				NOMBRE TOTAL des axes de symétrie.
	binaire.	ternaire.	quaternaire.	sénaire.	
Système terquaternaire..	6	4	3	»	13
Système sénaire	6	»	»	1	7
Système quaternaire.....	4	»	1	»	5
Système ternaire........	3	1	»	»	4
Système terbinaire......	3	»	»	»	3
Système binaire	1	»	»	»	1
Système asymétrique....	0	»	»	»	0

En terminant, M. Bravais établit divers théorèmes relatifs aux faces semblables ou plutôt similaires qui se trouvent échangées entre elles quand on fait tourner un système réticulaire autour de l'un quelconque des axes de symétrie.

Les Commissaires pensent que dans ce nouveau travail M. Bravais a donné de nouvelles preuves de la sagacité qu'il avait déjà montrée dans d'autres recherches. En conséquence, ils sont d'avis que le Mémoire soumis à leur examen est très digne d'être approuvé par l'Académie et inséré dans le *Recueil des Savants étrangers*.

441.

Analyse algébrique. — *Sur les quantités géométriques, et sur une méthode nouvelle pour la résolution des équations algébriques de degré quelconque.*

C. R., T. XXIX, p. 250 (3 septembre 1849).

On sait qu'une équation algébrique du degré n offre toujours n racines dont plusieurs peuvent être du nombre de celles que l'on a nommées *imaginaires*. D'ailleurs, la théorie des expressions algébriques appelées *imaginaires* a été, à diverses époques, envisagée sous divers points de vue. Dès l'année 1806, M. l'abbé Buée et M. Argand, en partant de cette idée que $\sqrt{-1}$ est un signe de perpendicularité, avaient donné des expressions imaginaires une interprétation contre laquelle des objections spécieuses ont été proposées. Plus tard, M. Argand et d'autres auteurs, particulièrement MM. Français, Faure, Mourey, Vallès, etc., ont publié des recherches [1] qui avaient pour but de développer ou de modifier l'interprétation dont il s'agit. Dans mon *Analyse algébrique*, publiée en 1821 [2], je m'étais contenté de faire voir que l'on peut rendre rigoureuse la théorie des expressions et des équations imaginaires, en considérant ces expressions et ces équations comme *symboliques*. Mais, après de nouvelles et mûres réflexions, le meilleur parti à prendre me paraît être d'abandonner entièrement l'usage du signe $\sqrt{-1}$ et de remplacer la théorie

(1) Une grande partie des résultats de ces recherches avait été, à ce qu'il paraît, obtenue, même avant le siècle présent et dès l'année 1786, par un savant modeste, M. Henri-Dominique Truel, qui, après les avoir consignés dans divers manuscrits, les a communiqués, vers l'année 1810, à M. Augustin Normand, constructeur de vaisseaux au Havre.

(2) *OEuvres de Cauchy*, S. II, T. III.

des expressions *imaginaires* par la théorie des quantités que j'appellerai *géométriques,* en mettant à profit les idées émises et les notations employées, non seulement par les auteurs déjà cités, mais aussi par M. de Saint-Venant dans un Mémoire digne de remarque sur les sommes géométriques. C'est ce que j'essaye d'expliquer dans une Note qui s'imprime en ce moment, et qui offrira une sorte de résumé des travaux faits sur cette matière, reproduits dans un ordre méthodique, avec des modifications utiles. Je me bornerai pour l'instant à extraire de cette Note quelques notions relatives aux quantités géométriques, et deux théorèmes sur lesquels s'appuie la méthode nouvelle que je propose pour la résolution des équations de tous les degrés.

§ I. — *Quantités géométriques, définitions, notations.*

Menons dans un plan fixe, et par un point fixe, pris pour origine ou *pôle,* un axe polaire OX. Nous appellerons *quantité géométrique* et nous désignerons par la notation r_p un rayon vecteur tracé dans ce plan, et dont la longueur r sera mesurée dans la direction qui formera, avec l'axe fixe, l'angle polaire p. La longueur r sera la *valeur numérique* ou le *module* de la quantité géométrique r_p, l'angle p en sera l'*argument.* Le point à partir duquel se mesurera la longueur r et le point auquel elle aboutira seront l'*origine* et l'*extrémité* de cette longueur ou quantité géométrique.

Deux quantités géométriques seront dites égales entre elles quand elles offriront la même longueur mesurée dans la même direction ou dans des directions parallèles. Il en résulte que l'équation

$$R_p = r_p$$

entraînera toujours la suivante

$$R = r, \qquad P = p + 2k\pi, \qquad \cos P = \cos p, \qquad \sin P = \sin p,$$

k étant une quantité entière quelconque.

Cela posé, la notion de *quantité géométrique* comprendra, comme cas particulier, la notation de *quantité algébrique*, positive ou négative, et, à plus forte raison, la notation de *quantité arithmétique* ou de nombre, renfermée elle-même, comme cas particulier, dans la notion de quantité algébrique.

Après avoir défini les quantités géométriques, il est encore nécessaire de définir les diverses fonctions de ces quantités, spécialement leurs sommes, leurs produits et leurs puissances entières, en choisissant des définitions qui s'accordent avec celles que l'on admet dans le cas où il s'agit simplement de quantités algébriques. Or cette condition sera remplie, si l'on adopte les conventions que nous allons indiquer.

Étant données plusieurs quantités géométriques

$$r_p, \quad r'_{p'}, \quad r''_{p''}, \quad \ldots,$$

ce que nous appellerons leur *somme*, et ce que nous indiquerons par la notation

$$r_p + r'_{p'} + r''_{p''} + \ldots,$$

ce sera la quantité géométrique que l'on obtient quand on porte, l'une après l'autre, les longueurs $r, r', r'', \ldots$ dans les directions indiquées par les arguments $p, p', p'', \ldots,$ en prenant pour origine de chaque longueur nouvelle l'extrémité de la longueur précédente, et en joignant l'origine de la première longueur à l'extrémité de la dernière. En vertu de cette définition, le module de la somme de deux quantités géométriques est toujours compris entre la somme et la différence de leurs modules. De plus, la somme de plusieurs quantités géométriques aura pour module un nombre qui ne surpassera jamais la somme de leurs modules.

Ce que nous appellerons le *produit* de plusieurs quantités géométriques sera une nouvelle quantité géométrique qui aura pour module le produit de leurs modules, et pour argument la somme de leurs arguments.

En vertu de cette définition, le produit de plusieurs sommes de quantités géométriques sera la somme des produits partiels que l'on peut former avec les divers termes de ces mêmes sommes en prenant un facteur dans chacune d'elles. D'ailleurs on indiquera ce produit à l'aide des notations appliquées aux quantités algébriques.

On aura, par suite,

$$(1) \qquad r_p r'_{p'} r''_{p''} \ldots = (r r' r'' \ldots)_{p+p'+p''+\ldots}.$$

La $m^{\text{ième}}$ puissance de la quantité géométrique r_p, m étant un nombre entier quelconque, sera le produit de m facteurs égaux à r_p. Cette puissance sera indiquée par la notation r_p^m, et l'équation (1) donnera

$$r_p^m = (r^m)_{mp}.$$

Deux quantités géométriques seront dites *opposées* l'une à l'autre, lorsque leur somme sera nulle, et *inverses* l'une de l'autre, lorsque leur produit sera l'unité.

Enfin, pour les quantités géométriques, comme pour les quantités algébriques, la soustraction, la division, l'extraction des racines ne seront autre chose que les opérations inverses de l'addition, de la multiplication, de l'élévation aux puissances. Par suite, les résultats de ces opérations inverses, désignés sous le nom de *différences*, de *quotients*, de *racines*, seront complètement définis. Ils s'indiqueront d'ailleurs à l'aide des notations usitées pour les quantités algébriques. Ainsi, en particulier, la différence des deux quantités géométriques R_p, r_p s'indiquera par la notation $R_p - r_p$, et leur rapport ou quotient par la notation $\frac{R_p}{r_p}$.

Lorsque, dans une somme ou différence de quantités géométriques, quelques-unes s'évanouiront, on pourra se dispenser de les écrire. Par suite, $+r_p$ et $-r_p$ représenteront la somme et la différence des deux quantités o, r_p, en sorte qu'on aura

$$+r_p = r_p, \qquad -r_p = r_{p+\pi}.$$

Ces définitions étant adoptées, il sera facile de déterminer les diverses racines d'une quantité géométrique, par exemple les racines m^{iemes} de l'unité. On reconnaîtra, en particulier, que l'unité a pour *racines carrées*

$$1_0 = 1 \quad \text{et} \quad 1_\pi = -1,$$

pour *racines cubiques*

$$1 \quad \text{et} \quad \pm 1_{\frac{\pi}{3}},$$

pour *racines quatrièmes*

$$\pm 1 \quad \text{et} \quad \pm 1_{\frac{\pi}{2}},$$

etc.

L'une de ces racines, savoir $1_{\frac{\pi}{2}}$, est précisément la quantité géométrique que l'on est convenu de désigner par la lettre i. Elle est tout à la fois l'une des racines quatrièmes de l'unité, et l'une des racines carrées de -1.

Lorsque la quantité géométrique r_p a le pôle pour *origine*, son extrémité peut être censée avoir pour coordonnées polaires les quantités algébriques r, p, et pour coordonnées rectangulaires les quantités algébriques x, y liées à r, p par les formules

$$x = r\cos p, \qquad y = r\sin p.$$

Alors aussi on trouve

$$r_p = x + iy = r(\cos p + i\sin p);$$

puis, en posant $r = 1$,

$$1_p = \cos p + i\sin p.$$

Ajoutons que des formules

$$r_p = x + iy, \qquad r_p = x - iy, \qquad r_p\, r_{-p} = r^2$$

on tire immédiatement

$$r^2 = x^2 + y^2.$$

On a aussi

$$\cos p = \frac{1_p + 1_{-p}}{2}, \qquad \sin p = \frac{1_p - 1_{-p}}{2i}.$$

§ II. — *Fonctions entières; équations algébriques. Méthode nouvelle pour la résolution générale des équations.*

Suivant l'usage adopté pour les quantités algébriques, une quantité géométrique pourra quelquefois être désignée par une seule lettre.

Cela posé, soient $z = r_p$ une quantité géométrique variable, et a, b, c, ..., h des coefficients constants, qui pourront être eux-mêmes des quantités géométriques. Si l'on pose

$$Z = a + bz + cz^2 + \ldots + hz^n, \tag{1}$$

Z sera ce que nous appellerons une fonction entière de z, du degré n, et

$$Z = 0 \tag{2}$$

sera une *équation algébrique*. Soient d'ailleurs a, b, c, ..., h les modules des coefficients a, b, c, ..., h, et R le module de Z. Pour de très grandes valeurs du module r de z, le rapport $\frac{R}{r^n}$ se réduira sensiblement au nombre h. Donc, par suite, R deviendra infiniment grand avec r, et ne pourra s'évanouir que pour des valeurs finies de r et de z.

Concevons maintenant que le module r de z passe d'une valeur nulle à une valeur très petite, et nommons ρ_ϖ la racine de l'équation linéaire

$$a + bz = 0. \tag{3}$$

Quand on posera $z = r_\varpi$, en prenant r inférieur à ρ, le module du binôme

$$a + bz$$

sera précisément égal à

$$\mathrm{a} - \mathrm{b}r,$$

et le module de Z sera égal ou inférieur à la somme

$$\mathrm{a} - \mathrm{b}r + \mathrm{c}r^2 + \ldots + \mathrm{h}r^n. \tag{4}$$

Donc le module de Z sera inférieur au module a de son premier terme a, si la différence

(5) $$\mathrm{b}r - \mathrm{c}r - \ldots - \mathrm{h}r^n$$

est positive, ce qui aura toujours lieu, si l'on prend à la fois $r \leqq \rho$ et $r \leqq \mathfrak{r}$, $\mathfrak{r}$ étant la valeur de r qui rend cette différence un maximum, et qui coïncide avec la racine positive unique de l'équation

(6) $$\mathrm{b} - 2\mathrm{c}r - \ldots - n\mathrm{h}r^{n-1} = 0.$$

En résumé, on peut énoncer la proposition suivante :

THÉORÈME I. — *La fonction entière Z acquerra un module R inférieur au module* a *de son premier terme a, si l'on pose* $z = r_\varpi$, *r étant égal ou inférieur au module* ρ *de la racine* ρ_ϖ *de l'équation* (3) *et à la racine positive* $\mathfrak{r}$ *de l'équation* (6). *Donc* a *surpassera le plus petit des modules de Z correspondants aux deux suppositions*

$$z = \rho_\varpi, \qquad z = \mathfrak{r}_\varpi.$$

Le théorème précédent ne serait plus applicable à la fonction Z si le coefficient de z dans cette fonction s'évanouissait, ou, en d'autres termes, si cette fonction était de la forme $a + bz^l + cz^m + \ldots + hz^n$, $l, m, \ldots, n$ étant des nombres entiers. Mais alors on pourrait au théorème I substituer la proposition suivante :

THÉORÈME II. — *Soient*

(7) $$Z = a + bz^l + cz^m + \ldots + hz^n$$

une fonction entière de la variable $z = r_p$, *et* a, b, c, ..., h *les modules des coefficients a, b, c, ..., h. Supposons d'ailleurs que les nombres l, m, ..., n forment une suite croissante, et que, les coefficients a, b n'étant pas nuls, on nomme* ρ_ϖ *l'une quelconque des racines de l'équation binôme*

(8) $$a + bz^l = 0.$$

Enfin, soit $\mathfrak{r}$ *la racine positive unique de l'équation*

(9) $$l\mathrm{b} - m\mathrm{c}r^{m-l} - \ldots - n\mathrm{h}r^{n-l} = 0.$$

Le module a *du premier terme de la fonction Z surpassera le plus petit des modules de Z correspondants aux deux suppositions*

$$z = \rho_{\varpi}, \qquad z = \iota_{\varpi}.$$

S'il arrivait que la fonction Z offrît, à la suite de son premier terme a, un ou plusieurs autres termes dont les coefficients fussent sensiblement nuls, alors, en se servant du théorème I ou II, pour déterminer un module de Z inférieur à celui de a, on pourrait faire abstraction de ces mêmes termes, sauf à constater ensuite que le module de Z, quand on a égard aux termes omis, reste inférieur au module de a.

Lorsque, en s'appuyant sur le théorème I ou II, on aura fait décroître le module R de Z, en faisant passer la variable z de zéro à une valeur r_{ϖ} distincte de zéro, il suffira, pour opérer une nouvelle diminution du module R, d'attribuer à la valeur r_{ϖ} de z un accroissement que nous désignerons par ζ, et d'appliquer le théorème I ou II à Z considéré comme fonction, non plus de la variable z, mais de la variable ζ.

En opérant comme on vient de le dire, on pourra faire décroître sans cesse, et même rapprocher indéfiniment de zéro le module R de la fonction Z. Les valeurs successives de z, qui correspondront aux valeurs décroissantes de R, formeront une série dont le terme général aura pour limite une racine de l'équation (2). Si l'on nomme ζ la différence entre la variable z et cette racine, le rapport $\frac{Z}{\zeta}$ sera une fonction entière de ζ, par conséquent de z, du degré $n-1$; et en faisant décroître, à l'aide du théorème I ou II, le module de cette nouvelle fonction, on fera converger z vers une nouvelle racine de l'équation (2). En continuant de la sorte, non seulement on conclura des théorèmes énoncés que l'équation (2) admet toujours n racines égales ou inégales, mais encore on obtiendra de ces racines des valeurs aussi approchées que l'on voudra. Ainsi les théorèmes I et II fournissent, pour la résolution d'une équation algébrique de degré quelconque, une *méthode nouvelle* et très générale qui paraît digne d'être remarquée.

Si l'équation donnée se réduisait à l'équation binôme (1) ou (8), la racine unique ou les racines de l'équation se réduiraient au rapport $-\frac{a}{b}$, ou aux racines $n^{\text{ièmes}}$ de ce rapport.

Dans tout autre cas, lorsque l'approximation résultante de l'application de la méthode à la détermination d'une racine sera devenue très considérable, le module désigné par ρ, dans le théorème I, sera généralement très petit, et la méthode nouvelle se confondra simplement avec la méthode *linéaire* ou *newtonienne* fondée sur l'emploi de la seule équation (3), si l'équation (2) n'offre pas plusieurs racines égales à celle vers laquelle convergent les valeurs successives de z.

Lorsqu'on veut se borner à démontrer l'existence des racines des équations algébriques, on peut se contenter d'observer que le module de Z décroît quand on pose $z = r_\varpi$, en attribuant à r une valeur infiniment petite, et l'on se trouve ainsi ramené à la démonstration que M. Argand a donnée de cette existence, dans le IVe Volume des *Annales* de M. Gergonne (p. 133 et suiv.).

442.

ANALYSE MATHÉMATIQUE. — *Mémoire sur quelques théorèmes dignes de remarque, concernant les valeurs moyennes des fonctions de trois variables indépendantes.*

C. R., T. XXIX, p. 341 (1er octobre 1849).

Considérons une fonction de trois coordonnées rectangulaires, et supposons l'intégrale triple, qui renferme cette fonction sous le signe $\int$, étendue à tous les points situés dans l'intérieur d'une certaine enveloppe; le rapport de cette intégrale triple au volume compris dans la surface enveloppe sera une valeur moyenne de la fonction. Or cette valeur moyenne peut être présentée sous une forme nouvelle et très simple, lorsque la surface enveloppe est du second degré. D'ailleurs, de la seule inspection de cette forme nouvelle on déduit immédiatement, comme on le verra dans cet article, diverses propriétés remarquables de la valeur moyenne dont il s'agit. On en tire, par exemple, avec la plus grande facilité, une proposition générale qui comprend, comme cas particulier, le théorème bien connu à l'aide duquel on détermine l'attraction d'un ellipsoïde sur un point extérieur.

Analyse.

Soient x, y, z trois coordonnées rectangulaires, et s, $\mathrm{f}(x, y, z)$ deux fonctions de x, y, z, dont la première s'évanouisse quand on pose à la fois $x = 0$, $y = 0$, $z = 0$. Prenons d'ailleurs

$$(1) \qquad \mathcal{S} = \iiint \mathrm{f}(x, y, z)\, dx\, dy\, dz,$$

l'intégrale triple étant étendue à tous les points situés dans l'intérieur de la surface représentée par l'équation

$$(2) \qquad s = 1,$$

et supposons cette surface rencontrée en un seul point par l'un quelconque des rayons vecteurs qui partent de l'origine des coordonnées. Le volume $\mathcal{V}$, compris dans la surface, sera ce que devient l'intégrale $\mathcal{S}$, quand on réduit la fonction $\mathrm{f}(x, y, z)$ à l'unité, et le rapport $\frac{\mathcal{S}}{\mathcal{V}}$ sera une valeur moyenne de $\mathrm{f}(x, y, z)$, savoir, celle qui, d'après les conventions admises dans un précédent Mémoire, devra être désignée par la notation $\underset{s=0}{\overset{s=1}{\mathrm{M}}} \mathrm{f}(x, y, z)$; en sorte qu'on aura identiquement

$$(3) \qquad \underset{s=0}{\overset{s=1}{\mathrm{M}}} \mathrm{f}(x, y, z) = \frac{\mathcal{S}}{\mathcal{V}} = \frac{\iiint \mathrm{f}(x, y, z)\, dx\, dy\, dz}{\iiint dx\, dy\, dz}.$$

Concevons maintenant que l'on ait

$$s = \mathrm{F}(x, y, z).$$

Comme la valeur moyenne

$$\underset{s=0}{\overset{s=1}{\mathrm{M}}}\, \mathrm{f}(x, y, z) \tag{4}$$

dépendra uniquement des formes des fonctions indiquées par les lettres f, F, cette valeur ne sera point altérée, si aux variables x, y, z on substitue d'autres variables qui dépendent des premières et leur soient, par exemple, proportionnelles. Donc, si l'on nomme a, b, c des constantes positives, on pourra, dans l'expression (3), remplacer

$$x, \quad y, \quad z \qquad \text{et} \qquad s = \mathrm{F}(x, y, z)$$

par

$$ax, \quad by, \quad cz \qquad \text{et} \qquad \mathrm{F}(ax, by, cz),$$

de sorte qu'en posant

$$\varsigma = \mathrm{F}(ax, by, cz)$$

on aura identiquement

$$\underset{s=0}{\overset{s=1}{\mathrm{M}}}\, \mathrm{f}(x, y, z) = \underset{\varsigma=0}{\overset{\varsigma=1}{\mathrm{M}}}\, \mathrm{f}(ax, by, cz). \tag{5}$$

En conséquence, on peut énoncer la proposition suivante :

Théorème I. — *La moyenne entre les diverses valeurs de la fonction* $\mathrm{f}(x, y, z)$ *correspondantes aux divers points du volume termine par la surface que représente l'équation*

$$\mathrm{F}(x, y, z) = 1 \tag{6}$$

sera aussi la moyenne entre les diverses valeurs de la fonction $\mathrm{f}(ax, by, cz)$ *correspondantes aux divers points du volume compris dans la surface que représente l'équation*

$$\mathrm{F}(ax, by, cz) = 1. \tag{7}$$

Enfin, si, en nommant ι une variable auxiliaire, on suppose $\mathrm{f}(x, y, z)$ choisie de manière que, dans l'intérieur du volume $\mathcal{V}$ terminé par la surface (6),

$$\mathrm{f}(\iota x, \iota y, \iota z) \tag{8}$$

reste fonction continue de ι pour tout module de ι inférieur à l'unité, alors $f(\iota ax, \iota by, \iota cz)$ restera, pour un tel module, fonction continue de ι, dans l'intérieur du volume terminé par la surface (7), et l'on aura identiquement, en vertu de la formule de Maclaurin,

$$(9) \qquad f(ax, by, cz) = e^{ax\mathrm{D}_\alpha + by\mathrm{D}_6 + cz\mathrm{D}_\gamma} f(\alpha, 6, \gamma),$$

α, 6, γ étant de nouvelles variables auxiliaires que l'on devra réduire à zéro, après les différentiations effectuées. Donc, alors, en posant, pour abréger,

$$\mathrm{u} = \mathrm{D}_\alpha, \qquad \mathrm{v} = \mathrm{D}_6, \qquad \mathrm{w} = \mathrm{D}_\gamma,$$

on tirera de la formule (5)

$$(10) \qquad \underset{s=0}{\overset{s=1}{\mathrm{M}}} f(x, y, z) = \underset{\varsigma=0}{\overset{\varsigma=1}{\mathrm{M}}} e^{a\mathrm{u}x + b\mathrm{v}y + c\mathrm{w}z} f(\alpha, 6, \gamma).$$

Le cas où la surface enveloppe, représentée par l'équation (2) ou (6), se réduit à un ellipsoïde, mérite une attention spéciale. Dans ce cas, en nommant a, b, c les demi-axes de l'ellipsoïde, et en les prenant pour demi-axes des x, y, z, on pourra supposer

$$(11) \qquad s = \left(\frac{x^2}{a^2} + \frac{y^2}{b^2} + \frac{z^2}{c^2}\right)^{\frac{1}{2}}.$$

On aura, par suite,

$$(12) \qquad \varsigma = (x^2 + y^2 + z^2)^{\frac{1}{2}} = r,$$

r étant le rayon vecteur mené de l'origine des coordonnées au point (x, y, z). Donc alors la formule (8) donnera

$$(13) \qquad \underset{s=0}{\overset{s=1}{\mathrm{M}}} f(x, y, z) = \underset{r=0}{\overset{r=1}{\mathrm{M}}} e^{a\mathrm{u}x + b\mathrm{v}y + c\mathrm{w}z} f(\alpha, 6, \gamma).$$

D'autre part, si l'on prend

$$k = (a^2 + b^2 + c^2)^{\frac{1}{2}},$$

on aura, en désignant par $f(x)$ une fonction quelconque de la variable x,

$$(14) \qquad \underset{r=0}{\overset{r=1}{\mathrm{M}}} f(ax + by + cz) = \underset{r=0}{\overset{r=1}{\mathrm{M}}} f(kx),$$

puis on en conclura

$$(15)\qquad \mathop{\mathrm{M}}_{r=0}^{r=1} e^{ax+by+cz} = \mathop{\mathrm{M}}_{r=0}^{r=1} e^{kx};$$

et, comme on aura encore

$$\mathop{\mathrm{M}}_{r=0}^{r=1} e^{kx} = \frac{\int_{-1}^{1}(1-x^2)e^{kx}\,dx}{\int_{-1}^{1}(1-x^2)\,dx} = \frac{3}{4}(1-\mathrm{D}_k^2)\frac{e^k-e^{-k}}{k},$$

il est clair que, si l'on pose, pour abréger,

$$(16)\qquad \Pi(k) = \frac{3}{4}(1-\mathrm{D}_k^2)\frac{e^k-e^{-k}}{k} = 1 + \frac{1}{5}\frac{k^2}{2} + \frac{1}{5.7}\frac{k^4}{2.4} + \frac{1}{5.7.9}\frac{k^6}{2.4.6} + \ldots,$$

on trouvera définitivement

$$(17)\qquad \mathop{\mathrm{M}}_{r=0}^{r=1} e^{ax+by+cz} = \Pi(k).$$

Par suite, si l'on prend

$$\varkappa = (a^2\mathrm{u}^2 + b^2\mathrm{v}^2 + c^2\mathrm{w}^2)^{\frac{1}{2}}$$

ou, ce qui revient au même,

$$(18)\qquad \varkappa^2 = a^2\mathrm{u}^2 + b^2\mathrm{v}^2 + c^2\mathrm{w}^2,$$

l'équation (13) donnera

$$(19)\qquad \mathop{\mathrm{M}}_{s=0}^{s=1} \mathrm{f}(x,y,z) = \Pi(\varkappa)\,\mathrm{f}(\alpha,\beta,\gamma)$$

ou, ce qui revient au même,

$$(20)\qquad \mathop{\mathrm{M}}_{s=0}^{s=1} \mathrm{f}(x,y,z) = \left(1 + \frac{1}{5}\frac{\varkappa^2}{2} + \frac{1}{5.7}\frac{\varkappa^4}{2.4} + \ldots\right)\mathrm{f}(\alpha,\beta,\gamma).$$

En conséquence, on pourra énoncer la proposition suivante :

THÉORÈME II. — *Si* $\mathrm{f}(x,y,z)$ *est tellement choisie, que* $\mathrm{f}(\iota x, \iota y, \iota z)$ *reste fonction continue de* ι *pour tout module de* ι *inférieur à l'unité, et pour tout point* (x, y, z) *situé dans l'intérieur de l'ellipsoïde, dont l'équation est*

$$\frac{x^2}{a^2}+\frac{y^2}{b^2}+\frac{z^2}{c^2}=1, \tag{21}$$

alors, non seulement la série dont le terme général est

$$\frac{1}{5.7\ldots(2n+3)}\,\frac{8^{2n}\,f(\alpha,6,\gamma)}{2.4\ldots2n}$$

sera convergente, mais, de plus, la somme de cette série sera précisément la moyenne entre les diverses valeurs de la fonction $f(x, y, z)$ *correspondantes aux divers points situés à l'intérieur de ce même ellipsoïde.*

Il est bien entendu qu'en calculant la valeur de l'expression

$$8^{2n}\,f(\alpha,6,\gamma),$$

on devra réduire à zéro, après les différentiations effectuées, chacune des variables auxiliaires α, 6, γ.

Concevons, à présent, que l'on désigne par Θ le premier membre de la formule (20). En vertu de cette formule, jointe à l'équation (18), Θ sera une fonction des trois paramètres a, b, c. Si, d'ailleurs, $f(x, y, z)$ vérifie une équation aux dérivées partielles de la forme

$$(l D_x^2+m D_y^2+n D_z^2)\,f(x,y,z)=0, \tag{22}$$

l, m, n étant trois coefficients constants, on aura encore

$$(l u^2+m v^2+n w^2)\,f(\alpha,6,\gamma)=0; \tag{23}$$

et, par suite, on pourra de la valeur de 8^2, fournie par l'équation (18), éliminer u^2, ou v^2, ou w^2, à l'aide de la formule

$$l u^2+m v^2+n w^2=0; \tag{24}$$

on pourra, par exemple, à l'équation (18), substituer la suivante :

$$8^2=\left(a^2-\frac{l}{n}c^2\right)u^2+\left(b^2-\frac{m}{n}c^2\right)v^2. \tag{25}$$

Donc alors la quantité Θ se trouvera réduite à une fonction des différences

$$a^2 - \frac{l}{n}c^2, \quad b^2 - \frac{m}{n}c^2.$$

D'ailleurs, ces différences ne seront point altérées, si l'on fait croître ou décroître respectivement les carrés

$$a^2, \quad b^2, \quad c^2$$

de quantités de la forme

$$\theta l, \quad \theta m, \quad \theta n,$$

θ désignant un nouveau paramètre. Donc, si l'on pose

$$\Theta = \varpi(a^2, b^2, c^2) \tag{26}$$

et

$$\overline{\Theta} = \varpi(a^2 - \theta l, b^2 - \theta m, c^2 - \theta n), \tag{27}$$

c'est-à-dire si l'on désigne par $\overline{\Theta}$ la moyenne entre les diverses valeurs de $f(x, y, z)$ correspondantes aux divers points situés dans l'intérieur de l'ellipsoïde, dont l'équation est

$$\frac{x^2}{a^2 - \theta l} + \frac{y^2}{b^2 - \theta m} + \frac{z^2}{c^2 - \theta n} = 1, \tag{28}$$

on aura identiquement, au moins pour des valeurs de θ comprises entre certaines limites, $\overline{\Theta} = \Theta$, et

$$\overline{\Theta} - \Theta = 0. \tag{29}$$

D'ailleurs, si dans l'équation (28), qui subsistera certainement pour de très petites valeurs du paramètre θ, on fait varier ce paramètre à partir de $\theta = 0$, alors, en vertu des principes établis dans un précédent Mémoire (*Comptes rendus*, Tome XX, p. 375) [1], elle continuera de subsister, tant que le premier membre $\overline{\Theta} - \Theta$ restera fonction continue de θ. Enfin cette dernière condition sera remplie, si θ varie entre des limites telles que

$$f(x\sqrt{a^2 - \theta l}, y\sqrt{b^2 - \theta m}, z\sqrt{c^2 - \theta n}) \tag{30}$$

[1] *OEuvres de Cauchy*, S. I, T. IX, p. 32.

reste fonction continue de θ pour tout point situé dans l'intérieur de la sphère représentée par l'équation

$$x^2+y^2+z^2=1. \tag{31}$$

On peut donc énoncer encore la proposition suivante :

THÉORÈME III. — *Les mêmes choses étant posées que dans le théorème II, on n'altérera pas la moyenne entre les diverses valeurs de* f(x, y, z), *si à l'ellipsoïde représenté par la formule* (20) *on substitue l'ellipsoïde représenté par la formule* (28), *en attribuant au paramètre* θ *une valeur numérique comprise entre zéro et une limite supérieure tellement choisie que, dans l'intervalle, l'expression* (30) *demeure fonction continue de ce paramètre, pour tout point* (x, y, z) *dont la distance à l'origine ne surpasse pas l'unité.*

Corollaire I. — $\overline{\Theta}$ devant être, en vertu de la formule (29), égal à Θ, et par suite, indépendant de θ, on en conclura

$$D_\theta \overline{\Theta}=0;$$

puis, eu égard à l'équation (27),

$$l\frac{D_a\overline{\Theta}}{a}+m\frac{D_b\overline{\Theta}}{b}+n\frac{D_c\overline{\Theta}}{c}=0,$$

par conséquent,

$$l\frac{D_a\Theta}{a}+m\frac{D_b\Theta}{b}+n\frac{D_c\Theta}{c}=0. \tag{32}$$

Corollaire II. — Des principes ci-dessus rappelés il résulte que, sans altérer la valeur moyenne de f(x, y, z), et, par conséquent, sans détruire l'équation (29), on pourra faire varier, non seulement le paramètre θ, comme il est dit dans le théorème III, mais encore les paramètres a, b, c, pourvu, toutefois, qu'en vertu de ces variations $\overline{\Theta}$ ne cesse pas d'être fonction continue de tous ces paramètres. Ajoutons que cette dernière condition sera remplie, si ces variations sont telles, que l'expression (30) reste fonction continue de a, b, c, θ.

Dans le cas particulier où les coefficients l, m, n se réduisent à l'unité, l'équation (28) se réduit à

$$\frac{x^2}{a^2-\theta}+\frac{y^2}{b^2-\theta}+\frac{z^2}{c^2-\theta}=1, \tag{33}$$

et les divers ellipsoïdes que représente cette équation pour diverses valeurs de θ sont des ellipsoïdes *homofocaux*, c'est-à-dire que leurs sections principales sont des ellipses qui offrent toujours les mêmes foyers. Alors aussi l'équation (22) se réduit à

$$(D_x^2+D_y^2+D_z^2)\,f(x,y,z)=0, \tag{34}$$

et l'équation (32) à

$$\frac{D_a\Theta}{a}+\frac{D_b\Theta}{b}+\frac{D_c\Theta}{c}=0. \tag{35}$$

D'ailleurs on satisfait à l'équation (34) en prenant, par exemple,

$$f(x,y,z)=\frac{1}{r}, \tag{36}$$

ou même, plus généralement,

$$f(x,y,z)=\frac{1}{\iota}, \tag{37}$$

ι désignant la distance du point mobile (x, y, z) à un point fixe $(\mathrm{x}, \mathrm{y}, \mathrm{z})$, en sorte qu'on ait

$$\iota^2=(x-\mathrm{x})^2+(y-\mathrm{y})^2+(z-\mathrm{z})^2. \tag{38}$$

Cela posé, le théorème III et son deuxième corollaire entraîneront généralement la proposition suivante :

Théorème IV. — *Soit ι la distance d'un point fixe* A *à un point mobile* P, *et nommons* O *le centre d'un ellipsoïde qui ne renferme pas le point* P. *La moyenne entre les diverses valeurs de $\frac{1}{\iota}$ correspondantes aux divers points situés dans l'intérieur de l'ellipsoïde ne sera point altérée, si à celui-ci on substitue l'un quelconque des ellipsoïdes homofocaux qui ne renferment pas le point* P, *ou même l'ellipsoïde homofocal dont la surface passe par ce point.*

Le théorème IV est celui à l'aide duquel on détermine l'attraction exercée par un ellipsoïde sur un point extérieur.

Ajoutons que, si la distance OP, représentée par le radical

$$\sqrt{x^2 + y^2 + z^2},$$

surpasse la plus grande des distances comprises entre le centre de l'ellipsoïde et les foyers des sections principales, la valeur moyenne Θ de la fonction $\frac{1}{t}$ se déduira aisément de l'équation (20), ou, ce qui revient au même, de la formule

$$(39) \qquad \Theta = \left(1 + \frac{1}{5}\frac{\omega^2}{2} + \frac{1}{5.7}\frac{\omega^4}{2.4} + \ldots\right)\frac{1}{r},$$

les valeurs de r et de ω^2 étant déterminées par les formules

$$r = (x^2 + y^2 + z^2)^{\frac{1}{2}}, \qquad \omega^2 = (a^2 - b^2)u^2 + (a^2 - c^2)v^2.$$

443.

Analyse mathématique. — *Rapport sur un Mémoire de M.* Roche, *relatif aux figures ellipsoïdales qui conviennent à l'équilibre d'une masse fluide soumise à l'attraction d'un point éloigné.*

C. R., T. XXIX, p. 376 (8 octobre 1849).

Maclaurin a reconnu qu'une masse fluide, animée d'un mouvement de rotation uniforme, et composée de molécules qui s'attirent mutuellement en raison inverse du carré de la distance, peut satisfaire aux conditions d'équilibre, lorsque sa surface extérieure est celle d'un ellipsoïde de révolution, pourvu que la vitesse angulaire ne dépasse pas une certaine limite. A la limite dont il s'agit, répond un seul ellipsoïde. A une valeur plus petite de la vitesse angulaire correspondent deux ellipsoïdes, dont l'un se réduit sensiblement à une sphère quand la vitesse angulaire est très petite. Laplace a d'ailleurs prouvé que celui-ci est la seule figure d'équilibre qu'on puisse obtenir quand on suppose la vitesse angulaire très petite et la forme du fluide peu différente de la sphère. Quant à l'autre ellipsoïde de Maclaurin, il offre généralement un aplatissement considérable, surtout quand la vitesse angulaire est sensiblement nulle.

Il semblerait naturel d'admettre qu'une masse fluide homogène, douée d'un mouvement de rotation uniforme, doit, dans le cas d'équilibre, offrir toujours pour surface extérieure une surface de révolution. Mais, dans ces derniers temps, M. Jacobi a démontré qu'une telle masse peut se présenter aussi sous la forme d'un ellipsoïde à trois axes inégaux. Cette proposition nouvelle et remarquable ayant fixé l'attention des géomètres, on a étudié les relations qui existent entre la vitesse angulaire et les trois axes de l'ellipsoïde, ou plutôt les rapports de ces mêmes axes. M. Meyer a fait voir que, pour des valeurs de la vitesse angulaire suffisamment petites, l'ellipsoïde de M. Jacobi subsiste avec les deux ellipsoïdes de Maclaurin. La vitesse angulaire venant à croître, il arrive un moment où l'ellipsoïde de M. Jacobi se confond avec l'un des deux ellipsoïdes de Maclaurin, et ceux-ci finissent par disparaître après être devenus égaux entre eux, quand la vitesse angulaire atteint la limite dont nous avons précédemment parlé.

On peut d'ailleurs, au lieu de faire croître la vitesse angulaire, faire croître le moment de rotation, c'est-à-dire le produit de la vitesse angulaire par le moment d'inertie relatif à l'axe de rotation; et alors on arrive, quand on se borne à considérer les ellipsoïdes de Maclaurin, aux propositions établies par Laplace dans le Tome II de la *Mécanique céleste* et, quand on considère en outre l'ellipsoïde de M. Jacobi, aux résultats donnés par M. Liouville dans un Mémoire que renferme la *Connaissance des Temps* pour l'année 1849.

Dans les travaux que nous venons de rappeler, la masse fluide, douée d'un mouvement de rotation uniforme, était supposée uniquement soumise aux actions mutuelles de ses molécules. Il importait de voir si la forme d'un ellipsoïde pouvait convenir encore à une telle masse, dans le cas où elle était de plus attirée par un point extérieur très éloigné, doué de la même vitesse angulaire, et tournant dans un plan perpendiculaire à l'axe de rotation. Laplace, qui s'était occupé de ce dernier problème, ne l'avait résolu que dans un cas très particulier, savoir, quand la masse fluide est sensiblement sphérique et d'ailleurs très petite relativement à la masse du point extérieur. M. Roche a recherché une solution générale de la même question, et il a eu le bonheur de réussir. Nous avons vérifié les calculs qui l'ont conduit aux équations fondamentales du problème, et nous avons trouvé ces équations parfaitement exactes. Il est hors de doute, comme le dit M. Roche, que, dans le cas général, la solution est fournie par des ellipsoïdes dont les axes sont inégaux, le plus petit axe de chaque ellipsoïde étant l'axe de révolution.

M. Roche ne s'est pas borné à établir les formules fondamentales : il a encore discuté ces formules, il en a fait des applications diverses, et, sur notre demande, il a joint au Mémoire primitif des développements nouveaux. Ces développements, que nous déposons sur le bureau de l'Académie, et la discussion des formules fondamentales nous paraissent offrir assez d'intérêt pour demander un examen spécial qui pourra fournir la matière d'un nouveau Rapport. Mais cet examen, relatif en partie à des pièces qui ne nous avaient point été soumises, pouvait entraîner, dans la présentation du Rapport, des retards que nous aurions regrettés, et n'était d'ailleurs nullement nécessaire pour fixer notre opinion sur un travail dont le mérite est incontestable à nos yeux.

En résumé, les Commissaires sont d'avis que M. Roche a résolu avec sagacité une question importante, et que son Mémoire est très digne d'être approuvé par l'Académie.

444.

CALCUL INTÉGRAL. — *Mémoire sur les intégrales continues et les intégrales discontinues des équations différentielles ou aux dérivées partielles.*

C. R., T. XXIX, p. 548 (19 novembre 1849).

Les intégrales d'un système d'équations différentielles ou aux dérivées partielles peuvent fournir pour valeurs générales des inconnues ou des fonctions continues, ou des fonctions discontinues des variables indépendantes. En d'autres termes, ces intégrales peuvent être ou continues ou discontinues. Il importe de ne pas confondre entre elles ces deux espèces d'intégrales, et de rechercher celles qui fournissent la solution de problèmes de Mécanique ou de Physique. Tel sera l'objet de ce nouveau Mémoire.

Considérons d'abord une ou plusieurs équations différentielles, dans lesquelles le temps soit pris pour variable indépendante. On pourra, en augmentant, s'il est nécessaire, le nombre des inconnues, réduire ces équations au premier ordre. Cette réduction étant opérée, pour que l'on puisse déterminer complètement les valeurs générales des inconnues, il sera nécessaire de connaître leurs valeurs initiales. Il y a plus : cette connaissance ne sera suffisante que pour la détermination des intégrales continues, s'il est possible d'obtenir de telles intégrales. Elle deviendra généralement insuffisante, s'il n'est plus possible d'obtenir des intégrales continues, ou si l'on suppose que les valeurs générales des inconnues puissent être des fonctions discontinues du temps. Entrons à ce sujet dans quelques détails.

Concevons, pour fixer les idées, qu'il s'agisse d'intégrer la plus simple de toutes les équations différentielles, savoir celle qu'on obtient en égalant à zéro la dérivée d'une inconnue dont la valeur initiale est donnée. Cette équation offrira une seule intégrale continue, qu'on obtiendra en égalant la valeur générale de l'inconnue à sa valeur initiale. Mais, si l'on suppose que l'intégrale puisse devenir discontinue, la valeur générale de l'inconnue pourra être une fonction du temps qui varie par sauts brusques à diverses époques, en se réduisant à une constante entre deux époques consécutives. Donc l'équation différentielle dont il s'agit offrira, non seulement une intégrale continue, mais encore une infinité d'intégrales discontinues.

Concevons maintenant qu'il s'agisse d'intégrer l'équation différentielle qu'on obtient quand on égale la dérivée de l'inconnue à une fonction donnée du temps. Si le temps varie entre des limites telles que cette fonction ne puisse acquérir des valeurs infinies ou indéterminées, l'équation proposée offrira, comme dans le cas précédent, une seule intégrale continue et une infinité d'intégrales discontinues, dont l'une quelconque sera la somme qu'on obtiendra en ajoutant à l'intégrale continue l'une des fonctions discontinues dont la dérivée s'évanouit. Mais, si la fonction donnée devient, à une certaine époque, ou infinie ou indéterminée, l'intégrale finie elle-même pourra se transformer alors en une intégrale discontinue.

Ces diverses conclusions sont précisément celles auxquelles je suis parvenu dans les leçons que j'ai données, à l'École Polytechnique, sur le Calcul infinitésimal (*voir* le résumé de ces leçons, publié en 1823, p. 103) (¹).

Généralement, étant donné un système d'équations différentielles du premier ordre entre le temps t pris pour variable indépendante, et diverses inconnues, si les dérivées de ces inconnues sont, en vertu de ces équations différentielles, représentées par des fonctions qui demeurent continues par rapport aux diverses variables, du moins entre certaines limites, on obtiendra, du moins jusqu'à une certaine époque déterminée par les limites dont il s'agit, un système unique d'intégrales continues, avec une infinité d'intégrales discontinues; mais, lorsqu'on dépassera cette époque, le système des intégrales continues pourra se transformer en un système d'intégrales discontinues.

(¹) *Œuvres de Cauchy*, S. II, T. IV.

Les observations que nous venons de faire sont évidemment applicables, non seulement à un système d'équations différentielles, mais encore à un système d'équations aux dérivées partielles qui renfermeraient, avec le temps et une ou plusieurs autres variables indépendantes, des inconnues dont on donnerait les valeurs initiales. Pour des équations de cette nature, on obtiendrait généralement un système unique d'intégrales qui demeureraient continues, au moins jusqu'à une certaine époque, et une infinité de systèmes d'intégrales discontinues. Ajoutons que le système unique d'intégrales continues pourra se transformer lui-même en un système d'intégrales discontinues, si les valeurs initiales des inconnues sont représentées par des fonctions discontinues des variables dont ces valeurs dépendent.

Cherchons maintenant quelles sont, parmi les intégrales continues ou discontinues d'un système d'équations différentielles ou aux dérivées partielles, celles qu'il convient d'employer dans le cas où ces équations correspondent à un problème de Mécanique ou de Physique, dans le cas, par exemple, où elles représentent les mouvements finis ou infiniment petits d'un nombre déterminé ou indéterminé de points matériels.

Considérons d'abord n points matériels sollicités par des forces données. Le mouvement de ces points sera représenté par $3n$ équations différentielles du second ordre, ou, ce qui revient au même, par $6n$ équations différentielles du premier ordre, qui serviront à déterminer en fonction du temps $6n$ inconnues, savoir les coordonnées de ces points et les vitesses avec lesquelles varieront ces coordonnées. De plus, si le mouvement commence avec le temps, l'état initial du système fournira, pour une valeur nulle du temps, les valeurs correspondantes de toutes les inconnues. Or il est bien vrai que, ces valeurs étant données, les $6n$ équations différentielles, considérées sous un point de vue purement analytique, et abstraction faite du problème de Mécanique auquel elles se rapportent, admettront, non seulement un système unique d'intégrales qui demeureront continues au moins jusqu'à une certaine époque, mais encore une infinité de systèmes d'intégrales discontinues. Toutefois, il est clair que, parmi ces divers systèmes, un seul pourra résoudre le problème de Mécanique proposé. J'ajoute que ce système unique sera précisément le système des intégrales continues. C'est, en effet, ce que l'on peut démontrer de la manière suivante.

Les mouvements que nous observons dans la nature sont des mouvements continus, en vertu desquels un point matériel ne passe jamais brusquement d'une position à une autre sans passer par une série de positions intermédiaires. Il y a plus : les variations que l'on observe dans les vitesses étant produites par l'action continue des forces appliquées aux points mobiles, les vitesses elles-mêmes varient toujours avec le temps par degrés insensibles, et ne passent jamais d'une valeur donnée ou d'une direction donnée à une autre que d'une manière continue. Si, dans certaines circonstances, par exemple quand les corps se choquent, il semble quelquefois qu'il y a un changement brusque de vitesse, cela tient uniquement à ce que le temps pendant lequel la vitesse passe d'une valeur à une autre, après avoir successivement acquis toutes les valeurs intermédiaires, nous échappe en raison de sa petitesse. Donc, en définitive, les coordonnées des points mobiles et les vitesses de ces points, mesurées dans des directions quelconques, devront toujours être des fonctions continues du temps. Donc, lorsqu'on intégrera les équations différentielles qui représenteront le mouvement d'un nombre déterminé de points matériels, les seules intégrales qui résoudront le problème de Mécanique proposé seront les intégrales continues qui satisferont aux conditions initiales, c'est-à-dire celles qui reproduiront au premier instant les valeurs initiales données des diverses inconnues.

Si l'on considère, non plus un nombre fini et déterminé de points matériels, mais un corps solide ou fluide dans lequel le nombre de ces points devienne indéfini, alors, pour représenter leurs mouvements, on obtiendra, non plus un système d'équations différentielles, mais un système d'équations aux dérivées partielles, dans lesquelles les variables indépendantes pourront être le temps et les coordonnées rectilignes ou non rectilignes d'un point quelconque, par exemple les coordonnées mesurées sur trois axes rectangulaires. Ajoutons que l'on pourra prendre pour inconnues les déplacements d'un point matériel, mesurés parallèlement aux axes coordonnés, et les vitesses du point projeté sur ces mêmes axes. Enfin, pour être en état de déterminer les valeurs générales de ces inconnues, il sera nécessaire de connaître leurs valeurs initiales. D'ailleurs, ces valeurs initiales pourront être des fonctions continues ou discontinues des coordonnées. Dans le premier cas, on pourrait généralement satisfaire aux équations données par un système d'intégrales continues qui fourniraient, pour les raisons ci-dessus énoncées, l'unique solution du problème de Mécanique auquel se rapporteraient ces équations. Mais il importe d'observer, d'une part, que les corps solides ou fluides, loin de pouvoir être considérés comme étant des masses continues et indéfinies, sont, au contraire, des assemblages de molécules, limités dans tous les sens; d'autre part, qu'au premier instant, et dans le corps donné, les déplacements et les vitesses des molécules supposées réduites à des points matériels, pourront demeurer sensibles entre certaines limites, et passer brusquement, quand on franchira ces limites, d'une valeur sensible à une valeur nulle. Donc, dans le cas général, les valeurs initiales des inconnues devront être supposées fonctions discontinues des coordonnées. Cette hypothèse étant admise, les intégrales déduites des équations proposées et des conditions initiales pourront elles-mêmes devenir toutes discontinues; et c'est précisément ce qui arrivera si les équations données sont homogènes. Il reste à savoir comment, parmi ces intégrales toutes discontinues, on pourra distinguer celles qui résoudront la question de Mécanique proposée. On y parviendra en s'appuyant sur la remarque suivante :

Une fonction discontinue de plusieurs variables indépendantes peut toujours être considérée comme représentant la valeur particulière que prend, pour une valeur nulle d'une variable auxiliaire, une fonction plus générale, mais continue, qui renferme cette variable auxiliaire avec toutes les autres.

En partant de cette remarque, on déterminera aisément les intégrales discontinues qui résoudront un problème de Mécanique dont la solution exigera l'intégration de certaines équations aux dérivées partielles jointes à certaines conditions initiales. Il suffira de rechercher parmi les valeurs initiales des inconnues celles qui seront représentées par des fonctions discontinues, de considérer ces fonctions comme les valeurs particulières que prennent, pour une valeur nulle d'une variable auxiliaire, d'autres fonctions plus générales, mais continues, puis de résoudre le problème en substituant ces dernières fonctions aux premières, et de réduire, dans la solution trouvée, la variable auxiliaire à zéro.

Observons, d'ailleurs, que l'on simplifiera les formules fournies par l'intégration, en y introduisant les coefficients que j'ai nommés *limitateurs*, et dont chacun, dépendant d'une seule quantité variable, se réduit, suivant qu'elle est positive ou négative, à zéro ou à l'unité.

Analyse.

§ I. — *Intégrales continues et discontinues des équations différentielles.*

Considérons d'abord l'équation différentielle

$$D_t s = 0, \tag{1}$$

et soit c la valeur de s qui correspond à une valeur nulle du temps t. L'équation (1) admettra une seule intégrale continue, savoir

$$s = c, \tag{2}$$

et une infinité d'intégrales discontinues comprises dans la formule

$$s = \varpi(t), \tag{3}$$

$\varpi(t)$ étant une fonction de t, qui change brusquement de valeur à diverses époques, en se réduisant à une constante entre deux époques consécutives.

Soit maintenant l_t un coefficient *limitateur* qui se réduise à zéro ou à l'unité, suivant que la variable t est négative ou positive, ce qui aura lieu, par exemple, si l'on prend

$$(4)\qquad \mathrm{I}_t = \frac{1}{2}\left(1 + \frac{t}{\sqrt{t^2}}\right).$$

Si, en admettant que les quantités

$$0,\quad t_1,\quad t_2,\quad \ldots,\quad t_{n-1}$$

forment une suite croissante, on veut que la fonction $\varpi(t)$ se réduise

à c	entre les limites	$t = 0$,	$t = t_1$,
à c_1	entre les limites	$t = t_1$,	$t = t_2$,
......	....	.....,	.....,
à c_{n-1}	pour	$t > t_{n-1}$,	

il suffira de prendre

$$(5)\qquad \varpi(t) = c + (c_1 - c)\mathrm{I}_{t-t_1} + (c_2 - c_1)\mathrm{I}_{t-t_2} + \ldots + (c_n - c_{n-1})\mathrm{I}_{t-t_n}.$$

Considérons à présent l'équation différentielle

$$(6)\qquad \mathrm{D}_t s = \mathrm{f}(t),$$

$\mathrm{f}(t)$ étant une fonction qui demeure continue, du moins tant que le temps t ne dépasse pas une certaine limite; et soit toujours c la valeur de s correspondante à $t = 0$. Pour une valeur de t inférieure à la limite dont il s'agit, l'équation (6) offrira une seule intégrale continue, savoir

$$(7)\qquad s = c + \int_0^t \mathrm{f}(t)\,dt,$$

et une infinité d'intégrales discontinues, comprises dans la formule

$$(8)\qquad s = \varpi(t) + \int_0^t \mathrm{f}(t)\,dt,$$

la valeur de $\varpi(t)$ étant de la nature de celle que détermine l'équation (5).

Si la valeur attribuée à t est supérieure à celle pour laquelle la fonction $f(t)$ cesse d'être continue, l'intégrale (7) pourra devenir elle-même discontinue. C'est ce qui aura lieu, par exemple, si l'on prend

$$f(t) = \frac{1}{1-t},$$

et si d'ailleurs on suppose $t > 1$.

Généralement, étant donné un système d'équations différentielles du premier ordre avec les valeurs initiales des inconnues, on pourra obtenir pour ces équations des intégrales continues ou discontinues. Mais, comme on l'a précédemment expliqué, les intégrales continues seront les seules qu'il conviendra d'employer, quand il s'agira de résoudre un problème de Mécanique ou de Physique.

§ II. — *Intégrales continues et discontinues des équations aux dérivées partielles.*

Considérons d'abord l'équation aux dérivées partielles

$$(1) \qquad D_t s = \Omega D_x s,$$

Ω étant une quantité positive, et supposons l'inconnue s assujettie à vérifier, pour une valeur nulle du temps t, la condition initiale

$$(2) \qquad s = \varphi(x).$$

Si $\varphi(x)$ est une fonction continue de la variable indépendante x, l'équation (1), jointe à l'équation (2), admettra une seule intégrale continue, savoir

$$(3) \qquad s = \varphi(x + \Omega t),$$

et une infinité d'intégrales discontinues. Si, au contraire, la fonction $\varphi(x)$ devient discontinue, si l'on suppose, par exemple,

$$(4) \qquad \varphi(x) = l_x f(x),$$

$f(x)$ étant une fonction de x toujours continue, et l_x un coefficient limitateur qui se réduise à zéro ou à l'unité, suivant que la variable x

est négative ou positive, alors non seulement la condition initiale, réduite à la forme

$$(5) \qquad s = \mathrm{l}_x \mathrm{f}(x),$$

fournira une valeur discontinue de s, mais l'intégrale (3), réduite à la forme

$$(6) \qquad s = \mathrm{l}_{x+\Omega t} \mathrm{f}(x+\Omega t),$$

deviendra elle-même discontinue. D'ailleurs on pourra satisfaire à la fois à l'équation (1) et à la condition (5), non seulement par l'intégrale (6), mais encore par une infinité d'autres intégrales discontinues, par exemple en prenant

$$(7) \qquad s = \mathrm{l}_x \mathrm{f}(x+\Omega t),$$

ou bien encore

$$(8) \qquad s = \mathrm{l}_{x+u} \mathrm{f}(x+\Omega t),$$

u désignant une fonction de x et de t qui s'évanouisse pour $t=0$. Au reste, parmi ces intégrales toutes discontinues, celle que fournit l'équation (6) jouira seule d'une propriété remarquable que nous allons indiquer.

La valeur discontinue de $\varphi(x)$, que fournit l'équation (4), peut être considérée comme la valeur particulière que reçoit une fonction continue de x et d'une variable auxiliaire ι, quand on pose $\iota = 0$, par exemple, comme la valeur particulière que reçoit le produit

$$\mathrm{l}_x \mathrm{f}(x),$$

quand, après avoir posé

$$(9) \qquad \mathrm{l}_x = \frac{1}{2}\left(1 + \frac{x}{\iota + \sqrt{x^2}}\right),$$

ou bien encore

$$(10) \qquad \mathrm{l}_x = \frac{1}{1+e^{-\frac{x}{\iota}}},$$

on fait évanouir ι. Il en résulte que l'intégrale (6), qui devient discontinue, quand on suppose, dans les formules (9) ou (10), $\iota = 0$, se trouve comprise, comme cas particulier, dans une intégrale continue, mais plus générale, qui satisfait à la fois à l'équation (1) et à la condition (5).

En général, lorsque des fonctions inconnues du temps et d'une ou de plusieurs autres variables indépendantes seront déterminées par des équations aux dérivées partielles jointes à un nombre suffisant de conditions initiales, on pourra, si ces conditions ne renferment point de fonctions discontinues, obtenir un système unique d'intégrales continues et une infinité de systèmes d'intégrales discontinues. Si, au contraire, les conditions initiales renferment des fonctions discontinues, on n'obtiendra plus que des systèmes d'intégrales discontinues; mais, parmi ces systèmes, se trouvera du moins un système unique d'intégrales discontinues comprises, comme cas particulier, dans des intégrales continues, desquelles on les déduira en réduisant à zéro une certaine variable auxiliaire. D'ailleurs le système unique dont il s'agit sera précisément celui qui devra être employé, lorsque les équations ou les conditions données se rapporteront à un problème de Mécanique ou de Physique.

Les principes exposés dans ce Mémoire font disparaître les contradictions apparentes des résultats que fournit l'application de diverses méthodes à l'intégration des équations aux dérivées partielles dans les questions de Physique mathématique. C'est ce que nous expliquerons dans de nouveaux articles, où nous appliquerons les mêmes principes à la détermination des lois qui régissent la propagation, la réflexion et la réfraction des mouvements vibratoires dans les corps considérés comme des systèmes de molécules ou de points matériels.

Nous nous bornerons pour l'instant à remarquer que, si, en supposant la fonction $\varphi(x)$ continue, on développe le second membre de la formule (3) en une série ordonnée suivant les puissances ascendantes de t, on obtiendra, pour déterminer s, l'équation

$$(11) \qquad s = \varphi(x) + \frac{\Omega t}{1} D_x \varphi(x) + \frac{\Omega^2 t^2}{1.2} D_x^2 \varphi(x) + \ldots .$$

Si, au contraire, on suppose la fonction $\varphi(x)$ discontinue et déterminée par l'équation (4), $f(x)$ étant une fonction continue de x, le second membre de l'équation (3) ou (6) cessera, en même temps que la fonction $l_{x+\Omega t}$, d'être développable en une série ordonnée suivant les puissances ascendantes de t. Néanmoins, tant que la série comprise dans le second membre de la formule (11) sera convergente, la fonction de s que présente cette formule continuera de satisfaire pour une valeur quelconque de t à l'équation (1), et pour $t=0$ à la condition (2). Mais, comme dans le voisinage de toute valeur, ou positive ou négative, de x, on tirera de l'équation (4)

$$D_x \varphi(x) = l_x D_x f(x), \qquad D_x^2 \varphi(x) = l_x D_x^2 \varphi(x), \qquad \ldots,$$

la formule (11) pourra être réduite à

$$s = l_x\left[f(x) + \frac{\Omega t}{1} D_x f(x) + \frac{\Omega^2 t^2}{1.2} D_x^2 f(x) + \ldots\right]. \tag{12}$$

Par conséquent, dans l'hypothèse admise, la formule (11) ou (12) fournira le développement en série de la valeur de s déterminée, non plus par l'équation (3) ou (6) analogue à celles qui servent à résoudre les problèmes de Mécanique, mais par l'équation (7).

Si, dans la même hypothèse, on voulait obtenir le développement en série de la valeur de s fournie par l'équation (6), il faudrait se borner à développer le facteur $f(x+\Omega t)$, et ainsi, à la place de la formule (12), on obtiendrait la suivante :

$$s = l_{x+\Omega t}\left[f(x) + \frac{\Omega t}{1} D_x f(x) + \frac{\Omega^2 t^2}{1.2} D_x^2 f(x) + \ldots\right]. \tag{13}$$

Des remarques semblables s'appliquent aux intégrales en série et aux intégrales en termes finis de l'équation qui représente le mouvement du son dans l'air ou dans un corps solide. Elles donnent l'explication des contradictions apparentes entre les résultats auxquels semblent conduire ces deux espèces d'intégrales, et montrent non seulement comment il arrive que l'intégrale en série semble contredire le phénomène de la propagation du son, indiqué par l'intégrale en termes finis, mais aussi comment l'intégrale en série doit être modifiée pour devenir propre à représenter les vibrations sonores d'un système donné de points matériels.

445.

Calcul intégral. — *Application des principes établis dans la séance précédente à la recherche des intégrales qui représentent les mouvements infiniment petits des corps homogènes, et spécialement les mouvements par ondes planes.*

C. R., T. XXIX, p. 606 (26 novembre 1849).

Comme je l'ai remarqué dans de précédents Mémoires, les mouvements intérieurs des corps considérés comme des systèmes de molécules se trouvent représentés par des équations qui renferment avec les inconnues, et leurs dérivées relatives au temps, leurs différences finies prises par rapport aux coordonnées initiales. Ces équations deviendront linéaires, si les mouvements deviennent infiniment petits, et se transformeront en équations aux dérivées partielles, si les différences finies des inconnues peuvent être développées, à l'aide du théorème de Taylor, en séries convergentes. Enfin, si, un corps étant homogène, ses molécules sont supposées réduites à des points matériels, les équations trouvées seront non seulement linéaires et aux dérivées partielles, mais encore à coefficients constants.

D'autre part, en suivant la méthode indiquée dans mes *Exercices d'Analyse et de Physique mathématique,* on pourra réduire l'intégration des équations dont il s'agit à l'intégration de la seule *équation caractéristique,* ou même à l'évaluation de la seule fonction que j'ai désignée sous le nom de *fonction principale.* Il y a plus : les intégrales fournies par cette méthode, étant continues lorsque les valeurs initiales des inconnues sont des fonctions continues des coordonnées, fourniront toujours la solution véritable du problème de Mécanique ou de Physique auquel se rapporteront les équations données. Enfin, la fonction principale pouvant être considérée comme formée par l'addition d'un nombre fini ou infini de termes proportionnels à des exponentielles dont chacune offrira pour exposant une fonction linéaire des variables indépendantes, tout mouvement vibratoire infiniment petit d'un corps homogène pourra être censé résulter de la superposition d'un nombre fini ou infini de mouvements partiels du nombre de ceux que j'ai appelés *mouvements simples*.

Parmi les intégrales auxquelles on arrive en opérant comme on vient de le dire, on doit remarquer celles qu'on obtient quand les valeurs initiales des inconnues dépendent seulement de la distance d'un point matériel à un plan fixe. Alors la valeur générale de chaque inconnue se trouve exprimée par une fonction de cette distance et du temps. Donc les divers points matériels que renfermait au premier instant un plan quelconque parallèle au plan donné offrent des vibrations semblables, en vertu desquelles le plan qui les contient oscille, sans cesser d'être parallèle au plan fixe et de manière à entraîner dans son mouvement ces mêmes points. Donc alors le mouvement vibratoire du système donné de points matériels est ce qu'on peut appeler un mouvement par *ondes planes*. Alors aussi les équations données peuvent être remplacées par des équations linéaires aux dérivées partielles qui ne renferment plus que deux variables indépendantes.

Le cas où les équations linéaires données peuvent être réduites, sans erreur sensible, à des équations homogènes, mérite une attention spéciale. Dans ce cas, si les fonctions que renferment les conditions initiales deviennent discontinues, les intégrales trouvées seront elles-mêmes discontinues; et si, d'ailleurs, les mouvements s'exécutent par ondes planes, ces ondes seront déterminées par des plans généralement mobiles, dont chacun, au bout du temps t, séparera les points mis en vibration de points laissés ou rendus au repos. Ajoutons que ces ondes planes, mais limitées, pourront être aisément représentées dans le calcul à l'aide des coefficients désignés sous le nom de *limitateurs*.

Ce n'est pas tout : si deux corps homogènes sont séparés par une surface plane, un mouvement vibratoire pourra se transmettre de l'un à l'autre, et, pour obtenir les lois de transmission, il faudra joindre aux équations données les formules que fourniront les principes établis dans mon Mémoire *sur les conditions relatives aux limites des corps*. S'il s'agit en particulier de vibrations lumineuses, alors, pour arriver à déduire du calcul les phénomènes de réflexion et de réfraction, on devra recourir au principe de la *continuité du mouvement dans l'éther*. Supposons, pour fixer les idées, qu'un rayon de lumière vienne à tomber sur une surface plane qui sépare l'un de l'autre deux milieux homogènes. Supposons encore que le rayon incident soit un rayon simple, mais tronqué, dans lequel les molécules vibrantes constituent une onde plane terminée par des plans parallèles. A l'onde incidente correspondront des ondes réfléchies et des ondes réfractées, représentées par les différents termes que renfermeront les intégrales des équations données, et ces diverses ondes seront terminées, soit en avant, soit en arrière, par des plans dont les traces sur la surface de séparation seront les mêmes. Ajoutons que les ondes réfléchies ou réfractées seront de deux espèces, et que parmi les rayons correspondants à ces ondes on devra comprendre les *rayons évanescents*, c'est-à-dire ceux dans lesquels les vibrations sont sensiblement nulles à des distances sensibles de la surface réfléchissante ou réfringente.

Dans les formules obtenues comme on vient de le dire, il suffira de jeter les yeux sur les coefficients limitateurs pour reconnaître quelles sont les limites des diverses ondes et leurs vitesses de propagation. S'agit-il, par exemple, des ondes qui constituent les rayons évanescents, on remarquera que les limitateurs relatifs à ces rayons peuvent être réduits aux valeurs particulières qu'acquièrent les limitateurs des ondes incidentes, pour les points situés sur la surface de séparation des milieux donnés. On en conclura que les ondes correspondantes aux rayons évanescents sont terminées par des plans perpendiculaires à cette surface, et se propagent dans le sens indiqué par une droite perpendiculaire à ces plans, avec la même vitesse que les ondes incidentes.

Quant aux lois de polarisation, elles seront précisément celles que j'ai indiquées dans mes précédents Mémoires, et dont l'exactitude se trouve confirmée par les belles expériences de M. Jamin. Les formules que fournissent ces lois déterminent en même temps la direction des vibrations de l'éther dans la lumière polarisée. Elles vérifient l'assertion de Fresnel. Comme je l'ai déjà dit en 1836, cet illustre physicien a eu raison d'affirmer, non seulement que les vibrations des molécules éthérées sont généralement comprises dans les plans des ondes, mais encore qu'elles s'exécutent dans des plans perpendiculaires à ceux que l'on nomme *plans de polarisation*.

Analyse.

§ I. — *Sur les coefficients limitateurs.*

Les coefficients que nous avons nommés *limitateurs* fournissent un moyen très simple de représenter dans le calcul des fonctions discontinues qui se réduisent entre certaines limites à des fonctions continues données, et s'évanouissent hors de ces limites.

Ainsi, par exemple, $\mathfrak{l}_t$ désignant un limitateur qui se réduit à zéro ou à l'unité suivant que la variable indépendante t est négative ou positive, pour obtenir une fonction discontinue $\varphi(t)$ qui se réduise à une fonction donnée $\mathrm{f}(t)$ entre les limites $t=a$, $t=b>a$, et s'évanouisse toujours hors de ces limites, il suffira de prendre

$$\varphi(t)=\mathfrak{l}_{t-a}\,\mathfrak{l}_{b-t}\,\mathrm{f}(t) \tag{1}$$

ou, ce qui revient au même, il suffira de prendre

$$\varphi(t)=\mathfrak{L}_t\,\mathrm{f}(t), \tag{2}$$

le limitateur $\mathfrak{L}_t$ étant déterminé par la formule

$$\mathfrak{L}_t=\mathfrak{l}_{t-a}\,\mathfrak{l}_{b-t}. \tag{3}$$

Pareillement, si l'on veut obtenir une fonction discontinue $\varphi(x,y)$ de deux coordonnées rectangulaires x, y, qui se réduise à une fonction continue donnée $f(x,y)$, pour tous les points situés à l'intérieur du rectangle compris entre les quatre droites représentées par les équations

$$x = x_{\prime}, \qquad x = x_{\prime\prime}, \qquad y = y_{\prime}, \qquad y = y_{\prime\prime},$$

et s'évanouisse pour tous les points extérieurs à ce rectangle; si d'ailleurs on suppose $x_{\prime\prime} > x_{\prime}$ et $y_{\prime\prime} > y_{\prime}$, il suffira de prendre

$$(4) \qquad \varphi(x,y) = \mathfrak{l}_{x,y}\, f(x,y),$$

le limitateur $\mathfrak{l}_{x,y}$ étant déterminé par la formule

$$(5) \qquad \mathfrak{l}_{x,y} = \mathfrak{l}_{x-x_{\prime}}\, \mathfrak{l}_{x_{\prime\prime}-x}\, \mathfrak{l}_{y-y_{\prime}}\, \mathfrak{l}_{y_{\prime\prime}-y}.$$

En général, si, désignant par x, y, z, ... diverses variables indépendantes, on représente par $\mathfrak{l}_{x,y,z,\ldots}$ un limitateur qui se réduise à l'unité ou à zéro suivant que les variables x, y, z, ... sont ou ne sont pas comprises entre certaines limites, alors, pour obtenir une fonction discontinue $\varphi(x,y,z,\ldots)$ qui se réduise à une fonction donnée $f(x,y,z,\ldots)$ entre les limites dont il s'agit, et s'évanouisse hors de ces limites, il suffira de prendre

$$(6) \qquad \varphi(x,y,z,\ldots) = \mathfrak{l}_{x,y,z,\ldots}\, f(x,y,z,\ldots).$$

D'ailleurs le limitateur $\mathfrak{l}_{x,y,z,\ldots}$ pourra toujours être considéré comme le produit de plusieurs autres limitateurs analogues à celui que nous avons représenté par $\mathfrak{l}_t$. Supposons, pour fixer les idées, que, x, y, z désignant trois coordonnées rectangulaires, la fonction $\varphi(x,y,z)$ doive s'évanouir, pour tous les points non renfermés entre deux surfaces représentées par les deux équations

$$u = u_{\prime}, \qquad u = u_{\prime\prime},$$

u étant une fonction donnée de x, y, z, et $u_{\prime}$, $u_{\prime\prime}$ deux quantités constantes, dont la seconde surpasse la première. Alors on pourra supposer, dans l'équation (6),

$$(7) \qquad \mathfrak{l}_{x,y,z,\ldots} = \mathfrak{l}_{u-u_{\prime}}\, \mathfrak{l}_{u-u_{\prime\prime}}.$$

Quand on applique l'Analyse à la Mécanique ou à la Physique, les conditions initiales introduisent ordinairement dans le calcul des limitateurs. Ajoutons que les variables réelles dont ces limitateurs dépendent au premier instant se trouvent souvent remplacées, au bout d'un temps quelconque t, par des expressions imaginaires. Il importe de savoir quelles sont les valeurs acquises dans ce cas par les limitateurs. On y parvient en décomposant un limitateur quelconque en facteurs de la forme l_t ou l_x, et en ayant d'ailleurs égard à l'observation suivante.

Comme on dit à la page 180, le limitateur l_x, qui se réduit à zéro ou à l'unité, suivant que la valeur de x, supposée réelle, est négative ou positive, peut être considéré comme la valeur particulière que reçoit une fonction continue de x et d'une variable auxiliaire ι, quand on pose $\iota = 0$. Cette fonction continue pourra être, par exemple,

$$\frac{1}{1+e^{-\frac{x}{\iota}}}, \tag{8}$$

ι désignant un nombre infiniment petit. Or, si dans le facteur (8) on pose

$$x = \alpha + \beta i,$$

α, β étant deux quantités réelles, on verra l'exponentielle

$$e^{-\frac{x}{\iota}} = e^{-\frac{\alpha}{\iota}}\left(\cos\frac{\beta}{\iota} + i \sin\frac{\beta}{\iota}\right)$$

converger, pour des valeurs décroissantes du nombre ι, vers une limite nulle ou infinie, suivant que α sera positif ou négatif, et l'on en conclura

$$\mathrm{l}_{\alpha+\beta i} = \mathrm{l}_{\alpha}. \tag{9}$$

Ainsi, lorsque la variable x est en partie imaginaire, on peut, dans le limitateur l_x, réduire cette variable à sa partie réelle. On arriverait encore aux mêmes conclusions si, à l'expression (8), on substituait une autre fonction de x et de ι, qui eût encore la propriété de se réduire à 1_x pour $\iota = 0$, par exemple l'expression

$$\frac{1}{2}\left(1 + \frac{x}{\iota + \sqrt{x^2}}\right).$$

§ II. — *Sur une certaine classe d'intégrales particulières des équations linéaires aux dérivées partielles et à coefficients constants.*

Considérons un système d'équations linéaires aux dérivées partielles et à coefficients constants. Supposons d'ailleurs, pour fixer les idées, que, dans ces équations, les variables indépendantes soient le temps t et trois coordonnées rectangulaires x, y, z. Parmi les intégrales particulières qui vérifieront ces équations, on devra distinguer celles qu'on obtiendra en supposant que les valeurs initiales des inconnues dépendent uniquement de la distance du point (x, y, z) à un plan fixe. Soient α, β, γ les cosinus des angles formés par une perpendiculaire à ce plan avec les demi-axes des coordonnées positives, et prenons

$$(1) \qquad \imath = \alpha x + \beta y + \gamma z.$$

Supposons, d'ailleurs, que les intégrales cherchées doivent être continues ou du moins comprises, comme cas particulier, dans des intégrales continues, et, par conséquent, de la nature de celles qui résolvent les questions de Mécanique ou de Physique. Dans cette hypothèse, les inconnues, offrant des valeurs initiales qui dépendront de la seule variable $\imath$, dépendront, au bout du temps t, des seules variables $\imath$, t; et, pour réduire les équations proposées à ne plus renfermer que ces deux variables, il suffira d'y substituer à D_x, D_y, D_z leurs valeurs tirées des formules symboliques

$$(2) \qquad D_x = \alpha D_\imath, \qquad D_y = \beta D_\imath, \qquad D_z = \gamma D_\imath.$$

Si les équations proposées correspondent aux mouvements vibratoires infiniment petits d'un système de points matériels, les intégrales particulières dont nous venons de parler représenteront ce qu'on peut appeler des *mouvements par ondes planes*. Si, de plus, les équations proposées sont homogènes, chaque onde plane pourra être limitée, en avant et en arrière, par des plans mobiles parallèles au plan fixe que représente l'équation

$$(3)\qquad \alpha x + 6y + \gamma z = 0 \qquad \text{ou} \qquad \text{t} = 0.$$

Concevons, pour fixer les idées, que les équations données se réduisent à celle qu'on nomme l'*équation du son*, c'est-à-dire à la formule

$$(4)\qquad D_t^2 8 = \Omega^2 (D_x^2 + D_y^2 + D_z^2) 8,$$

Ω étant une quantité positive et constante. Si les valeurs initiales de l'inconnue 8 et de sa dérivée $D_t 8$ dépendent uniquement de la distance du point (x, y, z) au plan fixe représenté par l'équation (3), ou, en d'autres termes, de la variable t, en sorte qu'on ait, pour $t = 0$,

$$(5)\qquad 8 = \varphi(\text{t}), \qquad D_t 8 = \Phi(\text{t}),$$

la valeur générale de 8 dépendra des seules variables t, t; et, comme on tirera de l'équation (4), jointe aux formules (2),

$$(6)\qquad D_t^2 8 = \Omega^2 D_{\text{t}}^2 8,$$

on trouvera définitivement

$$(7)\qquad 8 = \frac{\varphi(\text{t} + \Omega t) + \varphi(\text{t} - \Omega t)}{2} + \int_0^t \frac{\Phi(\text{t} + \Omega \tau) + \Phi(\text{t} - \Omega \tau)}{2}\, d\tau.$$

Si les valeurs initiales de 8 et $D_t 8$, savoir $\varphi(\text{t})$ et $\Phi(\text{t})$, se réduisent aux valeurs correspondantes de deux fonctions continues données $f(\text{t})$ et $F(\text{t})$, entre les limites

$$(8)\qquad \text{t} = a, \qquad \text{t} = b > a,$$

et s'évanouissent hors de ces mêmes limites, on aura

$$(9)\qquad \varphi(\text{t}) = l_{\text{t}} f(\text{t}), \qquad \Phi(\text{t}) = l_{\text{t}} F(\text{t}),$$

la valeur du limitateur l_{t} étant déterminée par la formule

$$(10)\qquad l_{\text{t}} = l_{\text{t}-a}\, l_{b-\text{t}}.$$

Alors aussi l'équation (7) donnera

$$(11)\quad \left\{\begin{aligned} \vartheta = {} & \frac{\mathrm{l}_{\iota+\Omega t}\,\mathrm{f}(\iota+\Omega t)+\mathrm{l}_{\iota-\Omega t}\,\mathrm{f}(\iota-\Omega t)}{2} \\ & + \int_0^t \frac{\mathrm{l}_{\iota+\Omega\tau}\,\mathrm{F}(\iota+\Omega\tau)+\mathrm{l}_{\iota+\Omega\tau}\,\mathrm{F}(\iota-\Omega\tau)}{2}\,d\tau. \end{aligned}\right.$$

Des deux termes que renferme le second membre de la formule (10), le premier s'évanouira, et le dernier, réduit à une quantité constante, deviendra indépendant des variables ι, t, quand les limites a, b ne comprendront pas entre elles la somme $\iota+\Omega t$, ou la différence $\iota-\Omega t$. Donc la valeur de ϑ, déterminée par le système des équations (10) et (11), ne sera variable avec ι et t, que dans l'épaisseur de l'onde plane terminée par les plans mobiles correspondants aux deux équations

$$(12)\qquad \iota = a - \Omega t, \qquad \iota = b - \Omega t,$$

ou bien encore de l'onde plane terminée par ceux que représentent les formules

$$(13)\qquad \iota = a + \Omega t, \qquad \iota = b + \Omega t.$$

Ajoutons que ces deux ondes, avec les plans qui les terminent et qui sont parallèles au plan fixe représenté par l'équation (3), se mouvront en sens inverses avec des vitesses de propagation représentées par la quantité positive Ω.

Si à l'équation (4) on substituait la suivante

$$(14)\qquad \mathrm{D}_t^2\vartheta + \Omega^2(\mathrm{D}_x^2+\mathrm{D}_y^2+\mathrm{D}_z^2)\vartheta = 0,$$

l'équation (6) deviendrait

$$(15)\qquad \mathrm{D}_t^2\vartheta + \Omega^2\mathrm{D}_\iota^2\vartheta = 0,$$

et l'on devrait, dans la formule (11), remplacer Ω par Ωi. Mais, comme on aurait [*voir* la formule (9) du § I]

$$(16)\qquad \mathrm{l}_{\iota\pm\Omega t i} = \mathrm{l}_\iota,$$

et, par suite, eu égard à l'équation (10),

$$(17)\qquad \mathfrak{l}_{\iota\pm\Omega t i} = \mathfrak{l}_{\iota},$$

la valeur de 8 serait réduite à

$$(18)\qquad 8 = \mathfrak{l}_{\iota}\frac{\mathrm{f}(\iota+\Omega t)+\mathrm{f}(\iota-\Omega t)}{2} + \mathfrak{l}_{\iota}\int_0^t \frac{\mathrm{F}(\iota+\Omega\tau)+\mathrm{F}(\iota-\Omega\tau)}{2}\,d\tau.$$

Cela posé, la valeur de 8 s'évanouirait toujours en dehors de l'onde terminée par les plans fixes que représentent les équations (8), et, cette onde étant immobile, sa vitesse de propagation serait réduite à zéro.

En général, étant donné un système d'équations linéaires aux dérivées partielles et à coefficients constants entre diverses inconnues, le temps t et les coordonnées rectangulaires x, y, z, si l'on élimine toutes les inconnues à l'exception d'une seule, on se trouvera conduit à une équation caractéristique de la forme

$$(19)\qquad \mathrm{F}(\mathrm{D}_t, \mathrm{D}_x, \mathrm{D}_y, \mathrm{D}_z)8 = 0.$$

Si les équations données sont homogènes, l'équation caractéristique sera elle-même homogène, et si d'ailleurs les valeurs initiales des diverses inconnues dépendent uniquement de la distance ι du point (x, y, z) à un plan fixe, alors, à la place de la formule (6) ou (15), on obtiendra la suivante :

$$(20)\qquad \mathrm{F}(\mathrm{D}_t, \alpha\mathrm{D}_{\iota}, 6\mathrm{D}_{\iota}, \gamma\mathrm{D}_{\iota})8 = 0.$$

Enfin, si l'on suppose qu'au premier instant les diverses inconnues s'évanouissent en dehors de l'onde plane terminée par les plans que représentent les équations (8), alors, en opérant comme ci-dessus et ayant égard aux principes établis dans le § I, on reconnaîtra que cette onde plane se décompose généralement en plusieurs ondes de même espèce, qui se propagent avec des vitesses correspondantes aux diverses racines ω de l'équation

$$(21)\qquad \mathrm{F}(\omega, \alpha, 6, \gamma) = 0,$$

et représentées, aux signes près, par les parties réelles de ces mêmes racines.

Au reste, ainsi que je l'ai remarqué dans le préambule de ce Mémoire, les principes ici appliqués à la propagation des mouvements vibratoires et, en particulier, des mouvements par ondes planes dans un système de points matériels, s'appliquent avec le même succès à la détermination de la transmission de ces mouvements, quand ils passent d'un système à un autre, par exemple à la recherche des lois de la réflexion et de la réfraction lumineuse. C'est d'ailleurs ce que j'expliquerai plus en détail dans un autre article.

446.

Calcul intégral. — *Mémoire sur les systèmes d'équations linéaires différentielles ou aux dérivées partielles, à coefficients périodiques, et sur les intégrales élémentaires de ces mêmes équations.*

C. R., T. XXIX, p. 641 (3 décembre 1849).

Je viens aujourd'hui appeler l'attention des géomètres sur une nouvelle branche de Calcul intégral qui me paraît devoir contribuer aux progrès de la Mécanique moléculaire, et qui a pour objet l'intégration des équations linéaires à coefficients périodiques.

J'appellerai fonction périodique d'une ou de plusieurs variables indépendantes $x, y, z, \ldots$ celle qui ne sera point altérée quand on fera croître ou décroître ces variables de quantités représentées par des multiples de certains *paramètres* $a, b, c, \ldots,$ en faisant varier x d'un multiple de a, y d'un multiple de b, z d'un multiple de $c, \ldots$. Des *équations linéaires à coefficients périodiques* ne seront autre chose que des équations linéaires différentielles ou aux dérivées partielles, dans lesquelles les diverses dérivées des inconnues auront pour coefficients des fonctions périodiques des variables $x, y, z, \ldots$ ou de variables représentées par des fonctions linéaires de x, y, z, ... Enfin, j'appellerai *paramètres trigonométriques* les quotients α, 6, γ, ... qu'on obtiendra en divisant la circonférence 2π par les paramètres donnés a, b, c, ...

Dans les équations linéaires et à coefficients périodiques auxquelles on se trouve conduit par la Mécanique moléculaire, les coefficients sont, en général, fonctions des coordonnées, mais indépendants du temps t; et alors on peut obtenir des intégrales particulières qui fournissent pour les inconnues des valeurs représentées par des produits dont un seul facteur renferme le temps, ce facteur étant une exponentielle dont l'exposant est proportionnel à t. Ces intégrales particulières sont ce que nous appellerons des *intégrales élémentaires*. Lorsque l'exponentielle dont il s'agit sera une exponentielle trigonométrique, les intégrales élémentaires deviendront *isochrones*, c'est-à-dire qu'elles fourniront, pour valeurs des inconnues, des fonctions périodiques du temps.

Les intégrales élémentaires seront généralement imaginaires ou symboliques; mais elles ne cesseront pas, pour cela, d'être applicables à la solution des problèmes de Mécanique ou de Physique. Car, si l'on réduit les valeurs symboliques des inconnues à leurs parties réelles, ces parties réelles satisferont encore aux équations données.

Une propriété remarquable d'une fonction périodique de $x, y, z, \ldots$, c'est qu'elle peut être développée en série ordonnée suivant les puissances ascendantes et descendantes des exponentielles trigonométriques dont chacune a pour argument le produit d'une variable par le paramètre trigonométrique correspondant. Dans chaque terme de la série, le facteur constant est exprimé par une intégrale définie multiple, les intégrations étant effectuées à partir de zéro jusqu'à des limites représentées par les paramètres a, b, c, ... Le terme constant de la série est la valeur moyenne de la fonction. D'ailleurs, il est important d'observer que, si une fonction périodique u renferme avec les variables indépendantes x, y, z, ... d'autres quantités h, k, ..., la valeur moyenne de u, considérée comme fonction de h; k, ..., pourra changer de forme ou devenir discontinue quand on changera les valeurs de h, k (¹).

Ces principes étant admis, on peut développer en séries les intégrales élémentaires des équations linéaires à coefficients périodiques, en réduisant, dans une première approximation, les valeurs des inconnues à celles qu'on obtient quand on substitue à chaque coefficient périodique sa valeur moyenne. Alors, à la place des équations données, se présentent des équations auxiliaires à coefficients constants, auxquelles on satisfait en supposant les diverses inconnues proportionnelles à une seule *exponentielle caractéristique*, dont l'argument est fonction linéaire des variables indépendantes; puis, en admettant que les séries obtenues soient convergentes, on trouve, pour valeurs définitives des inconnues, des produits de deux facteurs dont l'un est une exponentielle caractéristique propre à vérifier le système des équations auxiliaires, l'autre facteur de chaque produit étant un coefficient périodique.

Il est bon d'observer que, à la recherche des intégrales élémentaires propres à vérifier les équations linéaires données, on pourra, si l'on veut, substituer la recherche des coefficients périodiques renfermés dans ces intégrales, ces coefficients devant eux-mêmes satisfaire à d'autres équations linéaires qu'il sera facile d'obtenir.

Observons enfin que les diverses exponentielles caractéristiques, propres à vérifier le système des équations auxiliaires, seront immédiatement fournies par l'*équation caractéristique* correspondante au système dont il s'agit.

(¹) Ainsi, par exemple, la fonction périodique

$$\frac{he^{\alpha x i}}{k + he^{\alpha x i}}$$

a pour valeur moyenne zéro, ou l'unité, suivant que le module de k est supérieur ou inférieur au module de h.

447.

Physique mathématique. — *Mémoire sur les vibrations infiniment petites des systèmes de points matériels.*

C. R., T. XXIX, p. 643 (3 décembre 1849).

Les principes exposés dans le précédent Mémoire sont particulièrement applicables à la détermination des mouvements vibratoires et infiniment petits des milieux cristallisés et de l'éther renfermé dans ces milieux. En effet, comme l'ont remarqué les minéralogistes, les centres de gravité des molécules d'un corps cristallisé composent un système *réticulaire* divisé en cases ou cellules par trois systèmes de plans rectangulaires ou obliques, mais parallèles à trois plans fixes. Un tel système jouit de propriétés diverses étudiées avec soin par M. Bravais, et doit être censé renfermer des molécules similaires, dont les atomes correspondants occupent, dans les diverses cellules, des positions semblables. Par suite aussi, les atomes du fluide éthéré doivent être distribués de la même manière dans toutes les cellules. Cela posé, les équations linéaires qui représenteront les mouvements vibratoires, infiniment petits et simultanés, d'un cristal homogène et du fluide éthéré qu'il renferme, seront évidemment des équations linéaires à coefficients périodiques. Si, dans ce cristal, les plans réticulaires divisent l'espace en rhomboïdes dont chacun ait pour arêtes trois paramètres désignés par a, b, c, les divers coefficients seront des fonctions périodiques de coordonnées parallèles à ces arêtes, et ces fonctions ne seront point altérées quand on fera croître ou décroître chaque coordonnée d'un multiple du paramètre qui lui correspond. Si d'ailleurs ces coordonnées sont obliques, rien n'empêchera de prendre pour variables indépendantes, outre le temps, des coordonnées rectangulaires, dont les coordonnées obliques seront évidemment fonctions linéaires.

Ces principes étant admis, pour obtenir ce qu'on peut appeler les *mouvements vibratoires élémentaires*, ou d'un milieu cristallisé, ou de l'éther qu'il renferme, il suffira de rechercher les intégrales élémentaires des équations aux dérivées partielles et à coefficients périodiques qui représentent ces mouvements. Dans le cas particulier où ces coefficients diffèrent peu de leur valeur moyenne, on déduira, des calculs indiqués dans le précédent Mémoire, la proposition suivante :

Théorème. — *Dans un milieu homogène et cristallisé, un mouvement vibratoire et infiniment petit de l'éther, représenté par un système d'*INTÉGRALES A COEFFICIENTS PÉRIODIQUES, *diffère, sous un seul rapport, d'un mouvement qui s'exécuterait dans le vide, c'est-à-dire d'un mouvement simple et par ondes planes. La seule différence consiste en ce que les coefficients de l'exponentielle caractéristique dans les valeurs symboliques des diverses inconnues se réduisent, dans le vide, à des constantes, et dans un milieu cristallisé à des fonctions périodiques. Par suite, lorsqu'il s'agit d'un mouvement durable et persistant, la seule différence consiste en ce que les amplitudes et les directions des vibrations atomiques qui, dans le vide, restent les mêmes pour tous les atomes, avec le mode de polarisation, varient dans un milieu cristallisé, quand on passe dans la même cellule d'un atome à un autre, quoiqu'elles reprennent les mêmes valeurs, quand on passe d'un atome situé dans une cellule donnée à l'atome qui, dans une autre cellule, occupe la même place.*

Dans un autre article, j'examinerai les diverses conséquences qui peuvent se déduire des intégrales élémentaires, appliquées à l'étude des divers phénomènes que présente la théorie de la lumière.

448.

Optique. — *Démonstration simple de cette proposition que, dans un rayon de lumière polarisé rectilignement, les vibrations des molécules sont perpendiculaires au plan de polarisation.*

C. R., T. XXIX, p. 645 (3 décembre 1849).

Faisons tomber sur la surface de séparation de deux milieux isophanes un rayon polarisé, dans lequel les vibrations de l'éther soient parallèles à cette surface, et par conséquent transversales. Ces vibrations ne pourront donner naissance qu'à d'autres vibrations transversales; et, par suite, les vibrations non transversales venant à manquer, la réflexion et la réfraction produiront seulement deux rayons à vibrations transversales, l'un réfléchi, l'autre réfracté. J'ajoute que le rayon réfléchi ne pourra disparaître sous aucune incidence. Car, s'il disparaissait, alors, en vertu du *principe* de la continuité du mouvement dans l'éther, le rayon réfracté ne pourrait être que la continuation du rayon incident, prolongé à travers le second milieu. Or cela ne saurait arriver, quand, les deux milieux étant de natures diverses, l'indice de réfraction ne se réduit pas à l'unité. Donc alors la réflexion ne peut faire disparaître un rayon incident, dans lequel les vibrations sont parallèles à la surface réfléchissante. Mais un rayon que la réflexion ne peut faire disparaître est précisément ce qu'on nomme un *rayon polarisé dans le plan d'incidence*. Donc un rayon dans lequel les vibrations de l'éther sont parallèles à une surface sur laquelle il tombe, et, en conséquence, perpendiculaires au plan d'incidence, est polarisé dans ce plan. Donc les vibrations du fluide éthéré, dans un rayon polarisé rectilignement, sont perpendiculaires au plan de polarisation.

449.

C. R., T. XXIX, p. 689 (10 décembre 1849).

M. Augustin Cauchy présente à l'Académie la suite de ses recherches sur l'intégration des équations linéaires à coefficients périodiques. Il considère spécialement les *intégrales élémentaires,* qui fournissent pour les inconnues des valeurs représentées par des produits de deux facteurs, dont l'un est une *exponentielle caractéristique,* propre à vérifier un certain système d'*équations auxiliaires,* linéaires, mais à coefficients constants, tandis que l'autre facteur est un coefficient périodique. L'auteur observe que l'exponentielle caractéristique ici mentionnée diffère généralement de celle qu'on obtiendrait si, dans les équations linéaires données, on réduisait chaque coefficient périodique à sa valeur moyenne. Cette observation est surtout utile dans les problèmes de Mécanique et de Physique.

450.

MÉCANIQUE MOLÉCULAIRE. — *Mémoire sur les vibrations d'un double système de molécules et de l'éther contenu dans un corps cristallisé.*

C. R., T. XXIX, p. 728 (17 décembre 1849).

Dans ce Mémoire, après avoir reproduit les équations qui représentent les mouvements finis ou infiniment petits d'un double système de molécules, je considère en particulier le cas où les équations obtenues sont linéaires et à coefficients périodiques, et je fais voir comment de celles-ci on peut déduire d'autres équations linéaires, mais à coefficients constants. Ces dernières équations, que je nomme *auxiliaires*, peuvent d'ailleurs être censées déterminer les *valeurs moyennes* des inconnues que renferment les équations proposées. Mais, comme j'en fais la remarque, elles sont généralement distinctes de celles auxquelles on parviendrait si, dans les équations proposées, on remplaçait chaque coefficient périodique par sa valeur moyenne. Cette observation, très importante dans la Physique mathématique, explique à elle seule un grand nombre de phénomènes relatifs aux théories du son et de la lumière, par exemple, les singulières influences des milieux cristallisés sur les vibrations de l'éther. Elle montre comment il arrive que ces milieux peuvent tantôt éteindre la lumière, tantôt produire les divers phénomènes lumineux, et, en particulier, la polarisation chromatique. C'est, au reste, ce que j'expliquerai plus en détail dans d'autres articles qui offriront le développement des principes posés dans celui-ci.

451.

MÉCANIQUE MOLÉCULAIRE. — *Mémoire sur les systèmes isotropes de points matériels.*

C. R., T. XXIX, p. 761 (24 décembre 1849).

Dans le Mémoire lithographié sous la date d'août 1836, et dans celui que j'ai présenté à l'Académie le 17 juin 1839 (¹), j'ai recherché ce que deviennent les équations des mouvements infiniment petits d'un ou de deux systèmes homogènes de points matériels, quand elles acquièrent la propriété de ne pouvoir être altérées, tandis que l'on fait tourner les axes coordonnés autour de l'origine, c'est-à-dire, en d'autres termes, quand les systèmes donnés deviennent *isotropes*. Mais, dans cette recherche, les coefficients que renfermaient les équations linéaires données étaient supposés réduits à des quantités constantes; et, comme j'en ai fait la remarque, cette supposition n'est pas toujours conforme à la réalité. Dans un grand nombre de problèmes de Physique et de Mécanique, les équations linéaires auxquelles on se trouve conduit renferment des coefficients, non plus constants, mais périodiques. Il est vrai qu'alors l'intégration des équations linéaires à coefficients périodiques peut être ramenée à l'intégration d'autres équations linéaires à coefficients constants, savoir de celles que j'ai désignées sous le nom d'*équations auxiliaires,* et qui déterminent les *valeurs moyennes* des inconnues. Mais, la forme de ces équations auxiliaires étant plus générale que celle des équations primitives, il devient nécessaire de généraliser les formules qui s'en déduisent, et spécialement celles qui représentent les mouvements infiniment petits des systèmes isotropes. Ajoutons qu'on peut obtenir aisément ces dernières formules sans le secours du Calcul intégral, en s'appuyant sur quelques théorèmes fondamentaux, relatifs aux *fonc-*

(¹) *Voir* le Tome VIII des *Comptes rendus* (*OEuvres de Cauchy*, S. I, T. IV, p. 417) et le Tome I des *Exercices d'Analyse et de Physique mathématique* (*Ibid.*, S. II, T. XII).

tions isotropes de coordonnées rectangulaires, c'est-à-dire aux fonctions qui ne sont pas altérées, quand on fait tourner les axes coordonnés autour de l'origine. Parmi ces théorèmes nous nous bornerons à citer le suivant.

Théorème. — *Une fonction isotrope des coordonnées rectangulaires de trois points dépend uniquement des quantités variables qui représentent les distances de ces points à l'origine et leurs distances mutuelles, et de la somme alternée qui représente, au signe près, le volume du tétraèdre dont ces distances sont les arêtes.*

Remarquons, d'ailleurs, que le carré du volume d'un tétraèdre étant une fonction entière des carrés des six arêtes, on pourra réduire toute fonction isotrope des coordonnées rectangulaires de trois points à une fonction de six quantités variables. Ajoutons qu'une telle fonction deviendra *hémitrope*, si elle change de signe avec les coordonnées elles-mêmes.

Quand on veut appliquer le théorème que nous venons d'énoncer à la recherche des conditions d'*isotropie* d'un système de points matériels, il convient de remplacer les trois équations qui déterminent les déplacements d'un point quelconque, mesurés parallèlement aux axes coordonnés, par l'équation unique qui détermine, pour le même point, le déplacement mesuré parallèlement à un quatrième axe arbitrairement choisi. En opérant ainsi, on se trouve immédiatement conduit aux équations que j'ai mentionnées dans la séance du 14 novembre 1842, et qui représentent avec tant de précision les phénomènes de polarisation et de dispersion circulaires produits par l'huile de térébenthine, l'acide tartrique, etc.

452.

C. R., T. XXX, p. 2 (7 janvier 1850).

M. Augustin Cauchy présente à l'Académie la suite de ses recherches sur les mouvements vibratoires des systèmes de molécules, et sur la théorie de la lumière. Les principales conséquences de ces recherches, spécialement celles qui se rapportent à la polarisation circulaire et aux phénomènes rotatoires produits par l'huile de térébenthine, l'acide tartrique, etc., seront développées dans un prochain article.

453.

Physique mathématique. — *Mémoire sur les perturbations produites dans les mouvements vibratoires d'un système de molécules par l'influence d'un autre système.*

C. R., T. XXX, p. 17 (14 janvier 1850).

Les équations différentielles qui représentent l'équilibre ou le mouvement d'un système de points matériels, celles-là mêmes auxquelles j'étais parvenu dans le Mémoire présenté à l'Académie le 1er octobre 1827, peuvent être appliquées, non seulement à la théorie du son et des corps élastiques, mais encore, ainsi que je l'ai montré dès l'année 1829, à la théorie de la lumière. Ces équations aux différences mêlées deviennent linéaires lorsque les mouvements sont infiniment petits et se transforment, quand on développe les différences finies des inconnues, à l'aide du théorème de Taylor, en équations aux dérivées partielles. D'ailleurs, lorsque le système de points matériels donné est homogène, on peut, dans une première approximation, supposer les coefficients des diverses dérivées réduits à des quantités constantes; et alors les mouvements simples ou élémentaires, représentés par les équations dont il s'agit, sont précisément de même nature que les mouvements vibratoires du fluide éthéré dans un rayon simple de lumière.

Concevons à présent que les atomes ou points matériels dont se compose un système homogène donné soient mis en présence d'autres atomes moins nombreux qui appartiennent à un second système pareillement homogène. Les équations linéaires et aux dérivées partielles, qui représenteront un mouvement vibratoire et infiniment petit du premier système, cesseront d'être des équations à coefficients constants. Mais, dans beaucoup de cas, les coefficients seront périodiques, et c'est ce qui arrivera en particulier si l'on considère les mouvements de l'éther contenu dans un corps cristallisé. Or, comme je l'ai remarqué dans un précédent Mémoire, les valeurs moyennes de plusieurs inconnues, assujetties à vérifier des équations linéaires aux dérivées partielles et à coefficients périodiques, sont déterminées par d'autres équations linéaires, mais à coefficients constants, savoir par celles que j'ai nommées *équations auxiliaires*. En partant de ce principe, on reconnaît que les actions exercées sur les atomes de l'éther par les molécules des corps produisent, dans les mouvements vibratoires du fluide lumineux, des perturbations analogues à celles que subit le mouvement d'une planète autour du Soleil, en vertu de l'action exercée sur elle par une autre planète. Entrons, à ce sujet, dans quelques détails.

Si l'on suppose qu'une seule planète se meuve autour du Soleil, l'orbite qu'elle décrira sera une courbe plane, et même une ellipse, dans laquelle le rayon vecteur mené du Soleil à la planète tracera des aires proportionnelles au temps. Cette ellipse pourra d'ailleurs, dans certains cas particuliers, se réduire à un cercle ou s'aplatir indéfiniment.

Si maintenant on suppose qu'une seconde planète se meuve autour du Soleil, elle produira, dans le mouvement de la première, des inégalités ou perturbations de deux espèces, savoir des inégalités périodiques qui s'évanouiront, à des époques équidistantes, sans modifier les éléments de l'ellipse décrite, et des inégalités séculaires qui altéreront sensiblement les éléments du mouvement elliptique.

Or ces divers phénomènes se reproduisent en petit dans la théorie de la lumière. En effet, considérons les mouvements vibratoires du fluide éthéré. Si ce fluide est isolé, ses vibrations pourront être représentées par des équations linéaires à coefficients constants, et alors chaque molécule décrira une courbe plane. Dans le cas le plus général, cette courbe plane sera une ellipse, et le rayon vecteur mené du centre de l'ellipse à la molécule d'éther décrira des aires proportionnelles au temps. Alors on obtiendra ce qu'on nomme la *polorisation elliptique.* D'ailleurs l'ellipse pourra, dans certains cas particuliers, se transformer en un cercle, ou s'aplatir indéfiniment, de manière à se réduire à son grand axe, et alors la polarisation elliptique se transformera en polarisation *circulaire* ou *rectiligne.* Ajoutons que, dans tout mouvement lumineux qui ne s'éteindra point pour des valeurs croissantes du temps ou de la distance à un plan fixe, les ellipses décrites par les diverses molécules du fluide éthéré seront toutes semblables les unes aux autres et comprises dans des plans parallèles.

Concevons, maintenant, que l'éther mis en vibration soit renfermé dans un autre corps, par exemple dans un milieu cristallisé. Les courbes décrites par les molécules de l'éther seront encore à très peu près des courbes planes, et même des ellipses. Mais les éléments du mouvement elliptique ne seront plus les mêmes que dans le cas où l'éther était à l'état d'isolement. D'ailleurs, les perturbations produites dans les éléments du mouvement elliptique seront de deux espèces. Les unes, analogues aux égalités périodiques des mouvements planétaires, seront elles-mêmes périodiques. Seulement elles seront représentées par des fonctions périodiques, non plus du temps, comme en Astronomie, mais des coordonnées d'un atome. Si, d'ailleurs, le mouvement vibratoire de l'éther n'est pas du nombre de ceux qui s'éteignent pour des valeurs croissantes du temps ou de la distance à un plan fixe, alors, dans le passage d'un atome à un autre, deux éléments de ce mouvement vibratoire resteront invariables, savoir la *longueur d'une ondulation lumineuse* ou, en d'autres termes, *l'épaisseur d'une onde plane* et la *durée des vibrations.* Quant aux perturbations non périodiques, elles seront analogues aux inégalités séculaires des mouvements des planètes, et altéreront les deux éléments dont il s'agit.

J'ajouterai ici une remarque importante.

La plupart des phénomènes que présente la théorie de la lumière, par exemple la propagation des ondes lumineuses dans les corps isophanes ou dans les milieux doués de la double réfraction, la dispersion des couleurs produite par le prisme, la diffraction des rayons transmis à travers une petite ouverture, la réflexion et la réfraction opérées par la surface d'un corps peuvent être déduits de l'intégration d'équations linéaires à coefficients constants; et j'étais en réalité parvenu, non seulement à les en déduire, mais encore à tirer du calcul les lois de ces phénomènes avec assez de bonheur pour que les prévisions de l'analyse aient été jusqu'ici confirmées par l'expérience. Toutefois, il restait à expliquer quelques autres phénomènes, particulièrement la polarisation chromatique produite par certains liquides, tels que l'huile de térébenthine et l'acide tartrique, ou même par ces liquides solidifiés, comme le montrent les belles expériences faites récemment par M. Biot. Or les principes que je viens d'énoncer permettent de rattacher ces phénomènes si remarquables aux actions directes exercées par les molécules des corps sur les atomes de l'éther, et à une distribution particulière de ces atomes déterminée par ces mêmes actions. C'est, au reste, ce que j'expliquerai plus en détail dans un nouvel article.

Je remarquerai, en finissant, que les mêmes principes fournissent encore l'explication de la différence qui existe entre la vitesse du son donnée par la formule newtonienne et la vitesse déterminée par l'expérience.

ANALYSE.

Considérons les équations qui représentent les mouvements vibratoires et infiniment petits de deux ou de plusieurs systèmes de molécules coexistants dans un même lieu. Ces équations, linéaires et aux différences mêlées, pourront souvent se transformer, comme je l'ai dit ailleurs, en équations aux dérivées partielles et *à coefficients périodiques*, qui renfermeront, avec les diverses inconnues, leurs dérivées des divers ordres, prises par rapport aux temps t et aux coordonnées rectangulaires ou obliques x, y, z d'un point quelconque, les coefficients de chaque inconnue et de ses dérivées étant eux-mêmes des fonctions périodiques de x, y, z.

Concevons, pour fixer les idées, que chaque coefficient soit une fonction périodique des coordonnées x, y, z, qui ne change pas de valeur quand on fait croître ou décroître ces coordonnées de quantités représentées par des multiples des trois paramètres a, b, c, savoir x d'un multiple de a, y d'un multiple de b, z d'un multiple de c; et posons

$$\alpha = \frac{2\pi}{a}, \qquad \beta = \frac{2\pi}{b}, \qquad \gamma = \frac{2\pi}{c}.$$

Un coefficient quelconque K pourra être développé en une série ordonnée suivant les puissances entières, positives, nulles ou négatives des exponentielles trigonométriques

$$e^{\alpha x i}, \quad e^{\beta y i}, \quad e^{\gamma z i},$$

de sorte qu'on aura

$$(1) \qquad K = S\, e^{l\alpha x i}\, e^{l'\beta y i}\, e^{l''\gamma z i}\, k_{l\alpha,\, l'\beta,\, l''\gamma},$$

la sommation qu'indique le signe S s'étendant à toutes les valeurs entières, positives, nulles ou négatives des quantités l, l', l''; et, pour satisfaire aux équations données, il suffira de développer, non seulement chaque coefficient K, mais encore chaque inconnue ε, en une série de même forme, en posant, par exemple,

$$(2) \qquad \varepsilon = S\, e^{l\alpha x i}\, e^{l'\beta y i}\, e^{l''\gamma z i}\, \varepsilon_{l\alpha,\, l'\beta,\, l''\gamma},$$

puis d'égaler entre eux, dans les deux membres de chaque équation, les coefficients des puissances semblables des exponentielles

$$e^{\alpha x i}, \quad e^{\beta y i}, \quad e^{\gamma z i}.$$

En opérant ainsi, et supposant que, dans le développement de chaque inconnue, on néglige les termes où la somme de valeurs numériques des trois quantités l, l', l'' surpasse un nombre donné, on obtiendra des équations linéaires et aux dérivées partielles, qui pourront être substituées avec avantage aux équations proposées, puisque les coefficients qu'elles renfermeront ne seront plus des fonctions périodiques de x, y, z, mais des quantités constantes.

Considérons, en particulier, un mouvement vibratoire et infiniment petit de l'éther dans un milieu cristallisé, et nommons ξ, η, ζ les déplacements d'un atome d'éther, mesurés parallèlement aux axes des x, y, z, supposés rectangulaires. D'après ce qui a été dit dans le Mémoire présenté à la séance du 17 décembre, on pourra supposer ce mouvement représenté par trois équations de la forme

$$(3)\qquad \begin{cases} (D_t^2 - G)\xi = D_u(D_u H\xi + D_v H\eta + D_w H\zeta), \\ (D_t^2 - G)\eta = D_v(D_u H\xi + D_v H\eta + D_w H\zeta), \\ (D_t^2 - G)\zeta = D_w(D_u H\xi + D_v H\eta + D_w H\zeta), \end{cases}$$

les valeurs de u, v, w étant

$$u = D_x, \qquad v = D_y, \qquad w = D_z,$$

et G, H désignant deux fonctions entières de u, v, w. Si, d'ailleurs, le milieu cristallisé dont il s'agit offre trois axes de symétrie parallèles aux axes rectangulaires des x, y, z, alors G, H seront des fonctions périodiques de ces coordonnées, et resteront invariables quand on fera croître x d'un multiple de a, y d'un multiple de b, z d'un multiple de c, les quantités positives a, b, c désignant les trois dimensions d'un *parallélépipède élémentaire*. Cela posé, les fonctions périodiques G, H et les inconnues

$$\xi, \quad \eta, \quad \zeta$$

pourront être développées en séries ordonnées suivant les puissances entières des exponentielles

$$e^{\alpha x i}, \quad e^{6 y i}, \quad e^{\gamma z i}.$$

Ajoutons que, dans une première approximation, on pourra réduire chaque série à son premier terme, c'est-à-dire à la *valeur moyenne* de G, H, ξ, η ou ζ, représentée par G_0, H_0, ξ_0, η_0 ou ζ_0, et qu'alors à la place des formules (3) on obtiendra les équations

$$(4)\quad \begin{cases} (D_t^2 - G_0)\xi_0 = D_u(D_u H_0 \xi_0 + D_v H_0 \eta_0 + D_w H_0 \zeta_0), \\ (D_t^2 - G_0)\eta_0 = D_v(D_u H_0 \xi_0 + D_v H_0 \eta_0 + D_w H_0 \zeta_0), \\ (D_t^2 - G_0)\zeta_0 = D_w(D_u H_0 \xi_0 + D_v H_0 \eta_0 + D_w H_0 \zeta_0), \end{cases}$$

qui seront linéaires comme les premières, mais à coefficients constants.

Concevons, à présent, que l'on procède à une seconde approximation, en conservant dans chaque développement, non seulement le terme indépendant des exponentielles trigonométriques

$$e^{\alpha x i},\quad e^{6 y i},\quad e^{\gamma z i},$$

mais encore les termes proportionnels à leurs premières puissances positives ou négatives, et en posant, par exemple,

$$(5)\quad \xi = \xi_0 + \xi_\alpha e^{\alpha x i} + \xi_6 e^{6 y i} + \xi_\gamma e^{\gamma z i} + \xi_{-\alpha} e^{-\alpha x i} + \xi_{-6} e^{-6 y i} + \xi_{-\gamma} e^{-\gamma z i}.$$

Remarquons, d'ailleurs, que a, b, c étant très petits, et α, 6, γ très considérables, les équations identiques de la forme

$$D_x^l(8_\alpha e^{\alpha x i}) = (D_x + \alpha i)^l 8_\alpha,$$

$$D_y^{l'}(8_6 e^{6 y i}) = (D_y + 6 i)^{l'} 8_6,$$

$$\ldots\ldots\ldots\ldots\ldots\ldots\ldots\ldots$$

se réduiront sensiblement aux suivantes

$$D_x^l(8_\alpha e^{\alpha x i}) = (\alpha i)^l 8_\alpha,$$

$$D_y^{l'}(8_6 e^{6 y i}) = (6 i)^{l'} 8_6,$$

$$\ldots\ldots\ldots\ldots\ldots\ldots,$$

quand on considérera des mouvements simples ou même des mouvements vibratoires produits par la superposition de mouvements simples dans lesquels les longueurs d'ondulation surpasseront notablement les paramètres a, b, c. Enfin, en ayant recours à un artifice de calcul imaginé par M. Sarrus, désignons, à l'aide de la notation

$$\overset{u=\alpha i}{\mid}\, K,\quad \text{ou}\quad \overset{v=6 i}{\mid}\, K,\quad \text{ou}\quad \overset{w=\gamma i}{\mid}\, K,$$

ce que devient une fonction entière K de u, v, w quand on y remplace u par αi, ou v par βi, ou w par γi. La seconde approximation fournira, pour la détermination simultanée de vingt et une inconnues

$$\xi_0,\quad \eta_0,\quad \zeta_0;$$
$$\xi_\alpha,\quad \eta_\alpha,\quad \zeta_\alpha;\quad \xi_\beta,\quad \eta_\beta,\quad \zeta_\beta;\quad \xi_\gamma,\quad \eta_\gamma,\quad \zeta_\gamma;$$
$$\xi_{-\alpha},\quad \eta_{-\alpha},\quad \zeta_{-\alpha};\quad \xi_{-\beta},\quad \eta_{-\beta},\quad \zeta_{-\beta};\quad \xi_{-\gamma},\quad \eta_{-\gamma},\quad \zeta_{-\gamma},$$

d'abord trois équations de la forme

$$(6)\quad \left\{\begin{aligned}
&D_t^2\xi_0 = G_0\,\xi_0 + D_u(D_u H_0\,\xi_0 + D_v H_0\,\eta_0 + D_w H_0\,\zeta_0)\\
&+ \overset{u=\alpha i}{\Big|}\,[G_{-\alpha}\xi_\alpha + D_u(D_u H_{-\alpha}\xi_\alpha + D_v H_{-\alpha}\eta_\alpha + D_w H_{-\alpha}\zeta_\alpha)]\\
&+ \overset{v=\beta i}{\Big|}\,[G_{-\beta}\xi_\beta + D_u(D_u H_{-\beta}\xi_\beta + D_v H_{-\beta}\eta_\beta + D_w H_{-\beta}\zeta_\beta)]\\
&+ \overset{w=\gamma i}{\Big|}\,[G_{-\gamma}\xi_\gamma + D_u(D_u H_{-\gamma}\xi_\gamma + D_v H_{-\gamma}\eta_\gamma + D_w H_{-\gamma}\zeta_\gamma)]\\
&+ \overset{u=-\alpha i}{\Big|}\,[G_\alpha\,\xi_{-\alpha} + D_u(D_u H_\alpha\,\xi_{-\alpha} + D_v H_\alpha\,\eta_{-\alpha} + D_w H_\alpha\,\zeta_{-\alpha})]\\
&+ \overset{v=-\beta i}{\Big|}\,[G_\beta\,\xi_{-\beta} + D_u(D_u H_\beta\,\xi_{-\beta} + D_v H_\beta\,\eta_{-\beta} + D_w H_\beta\,\zeta_{-\beta})]\\
&+ \overset{w=-\gamma i}{\Big|}\,[G_\gamma\,\xi_{-\gamma} + D_u(D_u H_\gamma\,\xi_{-\gamma} + D_v H_\gamma\,\eta_{-\gamma} + D_w H_\gamma\,\zeta_{-\gamma})]\\
&\ldots\ldots\ldots\ldots\ldots\ldots\ldots\ldots\ldots\ldots\ldots\ldots\ldots\ldots,
\end{aligned}\right.$$

puis dix-huit équations de la forme

$$(7)\quad \left\{\begin{aligned}
D_t^2\xi_\alpha &= \overset{u=\alpha i}{\Big|}\,[G_0\,\xi_\alpha + D_u(D_u H_0\,\xi_\alpha + D_v H_0\,\eta_\alpha + D_w H_0\,\zeta_\alpha)]\\
&\qquad + G_\alpha\xi_0 + D_u(D_u H_\alpha\xi_0 + D_v H_\alpha\eta_0 + D_w H_\alpha\zeta_0),\\
D_t^2\eta_\alpha &= \overset{u=\alpha i}{\Big|}\,[G_0\,\eta_\alpha + D_v(D_u H_0\,\xi_\alpha + D_v H_0\,\eta_\alpha + D_w H_0\,\zeta_\alpha)]\\
&\qquad + G_\alpha\eta_0 + D_v(D_u H_\alpha\xi_0 + D_v H_\alpha\eta_0 + D_w H_\alpha\zeta_0),\\
D_t^2\zeta_\alpha &= \overset{u=\alpha i}{\Big|}\,[G_0\,\zeta_\alpha + D_w(D_u H_0\,\xi_\alpha + D_v H_0\,\eta_\alpha + D_w H_0\,\zeta_\alpha)]\\
&\qquad + G_\alpha\zeta_0 + D_w(D_u H_\alpha\xi_0 + D_v H_\alpha\eta_0 + D_w H_\alpha\zeta_0),
\end{aligned}\right.$$

savoir les équations (7) et celles qu'on en déduira en y remplaçant, non seulement l'indice α par l'un quelconque des indices β, γ, $-\alpha$, $-\beta$, $-\gamma$, mais encore la condition $\overset{u=\alpha i}{\Big|}$ par celles des conditions $\overset{v=\beta i}{\Big|}$, $\overset{w=\gamma i}{\Big|}$, $\overset{u=-\alpha i}{\Big|}$, $\overset{v=-\beta i}{\Big|}$, $\overset{w=-\gamma i}{\Big|}$ qui se rapportera au nouvel indice. Il y a plus : dans l'hypothèse admise, on pourra négliger les premiers membres des formules (7) vis-à-vis des seconds membres, et réduire ainsi ces formules aux suivantes :

$$(8)\quad\left\{\begin{aligned}
&\int^{u=\alpha i}[G_0\xi_\alpha+D_u(D_u H_0\xi_\alpha+D_v H_0\eta_\alpha+D_w H_0\zeta_\alpha)]\\
&=-\ G_\alpha\xi_0-D_u(D_u H_\alpha\xi_0+D_v H_\alpha\eta_0+D_w H_\alpha\zeta_0),\\
&\int^{u=\alpha i}[G_0\eta_\alpha+D_u(D_u H_0\xi_\alpha+D_v H_0\eta_\alpha+D_w H_0\zeta_\alpha)]\\
&=-\ G_\alpha\eta_0-D_u(D_u H_\alpha\xi_0+D_v H_\alpha\eta_0+D_w H_\alpha\zeta_0),\\
&\int^{u=\alpha i}[G_0\zeta_\alpha+D_u(D_u H_0\xi_\alpha+D_v H_0\eta_\alpha+D_w H_0\zeta_\alpha)]\\
&=-\ G_\alpha\zeta_0-D_u(D_u H_\alpha\xi_0+D_v H_\alpha\eta_0+D_w H_\alpha\zeta_0).
\end{aligned}\right.$$

En résumé, les équations des vibrations lumineuses propagées à travers un milieu cristallisé pourront être représentées dans une première approximation par les équations (3), et dans une seconde approximation par les équations (6), (8), etc., jointes aux formules (5). Or les équations (6), (8) étant linéaires et à coefficients constants, on pourra les vérifier en supposant les diverses inconnues toutes proportionnelles à une même *exponentielle caractéristique*, et, en opérant ainsi, on arrivera aux conclusions énoncées dans le préambule de ce Mémoire.

De plus, on pourra choisir les fonctions de u, v, w, représentées par

$$\begin{gathered}
G_0,\quad H_0;\\
G_\alpha,\quad H_\alpha;\qquad G_\beta,\quad H_\beta;\qquad G_\gamma,\quad H_\gamma;\\
G_{-\alpha},\quad H_{-\alpha};\qquad G_{-\beta},\quad H_{-\beta};\qquad G_{-\gamma},\quad H_{-\gamma};
\end{gathered}$$

de manière que les équations (6), ou plutôt celles qu'on en déduit en éliminant les inconnues

$$\begin{gathered}
\xi_\alpha,\quad \eta_\alpha,\quad \zeta_\alpha;\qquad \xi_\beta,\quad \eta_\beta,\quad \zeta_\beta;\qquad \xi_\gamma,\quad \eta_\gamma,\quad \zeta_\gamma;\\
\xi_{-\alpha},\quad \eta_{-\alpha},\quad \zeta_{-\alpha};\qquad \xi_{-\beta},\quad \eta_{-\beta},\quad \zeta_{-\beta};\qquad \xi_{-\gamma},\quad \eta_{-\gamma},\quad \zeta_{-\gamma},
\end{gathered}$$

à l'aide des formules (8), etc., deviennent isotropes; et, en opérant ainsi, on retrouvera précisément les trois équations que j'ai données dans le Mémoire du 14 novembre 1842 pour représenter la polarisation chromatique produite par l'huile de térébenthine, l'acide tartrique, etc.

454.

Physique mathématique. — *Mémoire sur la propagation de la lumière dans les milieux isophanes.*

C. R., T. XXX, p. 33 (21 janvier 1850).

Comme je l'ai remarqué dans le Mémoire présenté à la dernière séance, les vibrations infiniment petites de l'éther, dans un milieu homogène dont les molécules restent sensiblement immobiles et, spécialement dans un corps cristallisé, peuvent être représentées par trois équations linéaires à coefficients périodiques qui déterminent les déplacements d'un atome, mesurés parallèlement à trois axes fixes. D'ailleurs ces équations linéaires à coefficients périodiques peuvent être remplacées par trois autres équations pareillement linéaires, mais à coefficients constants, que j'ai nommées *équations auxiliaires*, et qui déterminent les *valeurs moyennes* des inconnues. Enfin ces trois équations auxiliaires, qui ont pour premiers membres les dérivées du second ordre des valeurs moyennes des inconnues différentiées par rapport au temps, pourront être remplacées par une seule équation, qui aura pour premier membre la dérivée du second ordre d'un déplacement mesuré parallèlement à un axe quelconque.

Cela posé, si l'on veut déterminer les lois de la propagation de la lumière dans un milieu homogène, et spécialement dans un milieu cristallisé, on devra surtout rechercher la forme que prennent dans ce milieu les trois équations auxiliaires dont nous venons de parler, ou, ce qui revient au même, l'équation unique qui peut leur être substituée. En effet, la différence entre le déplacement d'un atome d'éther, mesuré parallèlement à un axe quelconque, et la valeur moyenne de ce déplacement, se composera de termes périodiques dont chacun, étant proportionnel au sinus ou au cosinus d'un angle très considérable, changera de signe sans changer de valeur numérique, quand on franchira des intervalles comparables aux dimensions des *parallélépipèdes élémentaires*, dont l'assemblage constitue un corps cristallisé. Or, ces dimensions étant insaisissables, il est naturel d'en conclure que, dans la théorie de la lumière, l'influence des termes périodiques sur les effets produits restera insensible, et qu'on pourra la négliger, au moins dans une première approximation, en tenant compte seulement des termes qui représenteront les valeurs moyennes des inconnues.

Remarquons encore que les trois équations auxiliaires auxquelles on parviendra, en partant des formules générales établies dans le précédent Mémoire, pourront être censées déterminer les dérivées du second ordre des valeurs moyennes des inconnues, différentiées par rapport au temps, en fonctions linéaires de ces mêmes inconnues et de leurs dérivées des divers ordres, prises par rapport aux coordonnées. On pourra donc exprimer par une fonction linéaire du même genre la dérivée du second ordre qu'on obtient en différentiant deux fois de suite par rapport au temps la valeur moyenne d'un déplacement mesuré parallèlement à un axe quelconque. Nommons Ω cette dernière fonction linéaire. Pour que le milieu donné soit *isophane*, ou, en d'autres termes, pour que la propagation de la lumière dans ce milieu s'effectue en tous sens suivant les mêmes lois, il suffira que la fonction Ω soit *isotrope*, c'est-à-dire qu'elle reste invariable quand on déplacera les axes coordonnés, en leur imprimant un mouvement de rotation quelconque autour de l'origine. Alors on se trouvera précisément ramené aux équations générales que j'ai données pour représenter les vibrations de l'éther dans les milieux isophanes (séance du 14 novembre 1842). Il y a plus : il sera facile d'assigner aux coefficients renfermés dans la fonction Ω des valeurs telles, que le milieu isophane ait la propriété de produire la polarisation chromatique, en faisant tourner dans un certain sens les plans de polarisation des rayons lumineux qui le traversent. En conséquence, pour expliquer cette propriété rotatoire de certains milieux isophanes, il n'est pas nécessaire de recourir à certaines hypothèses imaginées par divers auteurs ou par moi-même, ni d'introduire dans la Mécanique moléculaire des forces polarisées, c'est-à-dire variables avec les directions dans lesquelles elles s'exercent, ou des actions ternaires. Il suffit d'admettre qu'un atome d'éther étant mis en présence d'un atome d'un corps, ces deux atomes exercent l'un sur l'autre une action proportionnelle à leurs masses et à une fonction de leur distance, puis de joindre à l'hypothèse d'une action binaire entre les atomes de l'éther et les atomes d'un corps, la supposition d'un arrangement spécial de ces derniers atomes. Parmi les conditions auxquelles cet arrangement doit satisfaire, l'une est celle qu'admettent les physiciens et les minéralogistes, et que manifestent les belles expériences de M. Pasteur, savoir que la forme cristalline du corps isophane donné ne puisse être superposée à son image vue dans un miroir.

Ce n'est pas tout : si la fonction ci-dessus désignée par Ω est isotrope, non d'une manière absolue, mais par rapport à l'axe des x, c'est-à-dire si elle reste invariable, quand on déplace les axes des y et des z, en leur imprimant un mouvement de rotation quelconque autour de l'axe des x, le milieu donné sera isophane, non plus d'une manière absolue, mais par rapport à l'axe dont il s'agit, et la propagation du mouvement de l'éther autour de cet axe s'effectuera en tous sens suivant les mêmes lois. Alors on obtiendra, pour représenter les vibrations lumineuses, des équations que l'on trouvera dans ce Mémoire. D'ailleurs ces dernières équations pourront ou continuer de subsister, ou changer de forme quand on changera les signes des coordonnées parallèles à l'axe des y. Dans le premier cas, elles coïncideront avec celles que j'ai données dans le Mémoire lithographié d'août 1836. Dans le second cas, elles devront s'accorder avec celles que M. d'Ettingshausen annonce avoir obtenues, en s'occupant des cristaux à un axe optique (*voir* le Tome XXIV des *Comptes rendus*, page 802), et qui renferment, a-t-il dit, comme cas particulier les équations différentielles (à deux variables indépendantes) auxquelles

M. Mac-Cullagh a été conduit par diverses inductions dans un Mémoire lu à l'Académie royale d'Irlande en février 1836.

Analyse.

§ I. — *Sur les vibrations de l'éther dans un milieu homogène dont les molécules restent sensiblement immobiles.*

Considérons un mouvement vibratoire et infiniment petit de l'éther dans un milieu homogène dont les molécules restent sensiblement immobiles, et spécialement dans un milieu cristallisé. Nommons

m la masse d'un atome d'éther;
x, y, z les coordonnées initiales et rectangulaires de cet atome;

et soient, au bout du temps t,

ξ, η, ζ les déplacements du même atome, mesurés parallèlement aux axes des x, y, z.

Enfin, en supposant que le milieu cristallisé offre des axes de symétrie parallèles aux axes coordonnés, nommons ξ_0, η_0, ζ_0 les valeurs moyennes des déplacements ξ, η, ζ. La recherche des lois suivant lesquelles s'effectuera la propagation du mouvement vibratoire de l'éther pourra être réduite à l'intégration des trois *équations auxiliaires* qui détermineront les trois inconnues ξ_0, η_0, ζ_0. D'ailleurs ces équations auxiliaires pourront être réduites, dans une première approximation, aux formules (4) de la page 208, par conséquent à des équations de la forme

$$(1) \qquad D_t^2 \xi_0 = \mathfrak{X}, \qquad D_t^2 \eta_0 = \mathfrak{Y}, \qquad D_t^2 \zeta_0 = \mathfrak{Z},$$

$\mathfrak{X}$, $\mathfrak{Y}$, $\mathfrak{Z}$ étant non seulement des fonctions linéaires de ξ_0, η_0, ζ_0, mais encore des fonctions symboliques de

$$u = D_x, \qquad v = D_y, \qquad w = D_z;$$

et, dans une seconde approximation, aux formules que fournira l'élimination des dix-huit inconnues

$$\xi_\alpha,\quad \eta_\alpha,\quad \zeta_\alpha;\qquad \xi_\beta,\quad \eta_\beta,\quad \zeta_\beta;\qquad \xi_\gamma,\quad \eta_\gamma,\quad \zeta_\gamma;$$

$$\xi_{-\alpha},\quad \eta_{-\alpha},\quad \zeta_{-\alpha};\qquad \xi_{-\beta},\quad \eta_{-\beta},\quad \zeta_{-\beta};\qquad \xi_{-\gamma},\quad \eta_{-\gamma},\quad \zeta_{-\gamma}$$

entre les équations (6) et (8) des pages 209, 210. Ajoutons que, si le mouvement vibratoire dont il s'agit, ou les mouvements simples dont la superposition peut le reproduire offrent des longueurs d'ondulation notablement supérieures aux trois dimensions d'un *parallélépipède élémentaire* du milieu cristallisé, les équations auxiliaires fournies par la seconde approximation, ou même par les approximations ultérieures, pourront encore être représentées généralement par les formules (1). Seulement, si l'on se borne à la première approximation, les formules (1), réduites aux équations (4) de la page 208, satisferont à cette condition particulière, que les neuf coefficients symboliques des trois inconnues ξ_0, η_0, ζ_0 dans les fonctions linéaires $\mathfrak{X}$, $\mathfrak{Y}$, $\mathfrak{Z}$ se réduiront à six, ces fonctions étant alors de la forme

$$(2)\qquad \left\{\begin{aligned} \mathfrak{X} &= \mathfrak{L}\,\xi_0 + \mathfrak{R}\,\eta_0 + \mathfrak{Q}\,\zeta_0,\\ \mathfrak{Y} &= \mathfrak{R}\,\xi_0 + \mathfrak{M}\,\eta_0 + \mathfrak{P}\,\zeta_0,\\ \mathfrak{Z} &= \mathfrak{Q}\,\xi_0 + \mathfrak{P}\,\eta_0 + \mathfrak{N}\,\zeta_0,\end{aligned}\right.$$

tandis que, dans la seconde approximation et dans les approximations ultérieures, les neuf coefficients dont il s'agit seront généralement distincts les uns des autres.

Soient maintenant

a, b, c les coordonnées d'un point fixe R situé à l'unité de distance de l'origine O des coordonnées;

8 le déplacement de l'atome m, mesuré au bout du temps t, dans une direction parallèle à celle de la droite OR;

8_0 la valeur moyenne de 8.

On aura

$$(3)\qquad 8 = a\xi + b\eta + c\zeta,$$

$$(4)\qquad 8_0 = a\xi_0 + b\eta_0 + c\zeta_0,$$

et de l'équation (4), jointe aux formules (1), on tirera

$$D_t^2 8_0 = a\mathfrak{X} + b\mathfrak{Y} + c\mathfrak{Z}. \tag{5}$$

En d'autres termes, on aura

$$D_t^2 8_0 = \Omega, \tag{6}$$

pourvu que Ω désigne une fonction linéaire, non seulement de ξ, η, ζ, mais encore de a, b, c, et en même temps une fonction symbolique de D_x, D_y, D_z. Sous ces conditions, l'équation (6) sera une formule générale propre à représenter les vibrations infiniment petites de l'éther dans tout milieu homogène et cristallisé, qui offrira trois axes de symétrie rectangulaires entre eux.

Parmi les milieux homogènes et cristallisés, on doit distinguer ceux qui sont *isophanes*, soit d'une manière absolue, soit par rapport à un axe fixe. Il importe de rechercher ce que devient la formule (6) pour de semblables milieux. Pour y parvenir, il suffit de s'appuyer sur quelques propositions relatives aux fonctions isotropes, et en particulier sur celles qui seront énoncées dans le paragraphe suivant.

§ II. — *Sur les fonctions isotropes des coordonnées de divers points.*

Soient

$$x,\ y,\ z;\quad x_{\prime},\ y_{\prime},\ z_{\prime};\quad x_{\prime\prime},\ y_{\prime\prime},\ z_{\prime\prime};\quad \ldots$$

les coordonnées rectilignes de divers points P, $P_{\prime}$, $P_{\prime\prime}$, ... Une fonction Ω de ces coordonnées sera dite *isotrope*, si on ne l'altère pas en faisant subir aux cordonnées de chaque point les changements de valeurs qui résultent d'un mouvement de rotation quelconque imprimé aux axes des x, y et z autour de l'origine O. Cela posé, on établira aisément la proposition suivante :

Théorème I. — *Une fonction Ω des coordonnées rectilignes de divers points dépend uniquement des distances de ces points à l'origine, de leurs distances mutuelles et du sens dans lequel se meuvent des rayons vecteurs dont chacun est assujetti à passer constamment par l'origine et à décrire,* *dans un ordre déterminé, les faces latérales d'un tétraèdre qui a pour base le triangle formé avec trois quelconques des points donnés.*

Lorsque les coordonnées deviennent rectangulaires, le premier théorème entraîne immédiatement les propositions suivantes :

THÉORÈME II. — *Les positions de divers points* P, $P_{\prime}$, $P_{\prime\prime}$, ... *étant rapportés à trois axes rectangulaires, une fonction isotrope* Ω *de leurs coordonnées*

$$x,\ y,\ z;\quad x_{\prime},\ y_{\prime},\ z_{\prime};\quad x_{\prime\prime},\ y_{\prime\prime},\ z_{\prime\prime};\quad \ldots$$

dépendra uniquement des trinômes de la forme

$$x^2+y^2+z^2 \quad \text{ou} \quad xx_{\prime}+yy_{\prime}+zz_{\prime}$$

et des sommes alternées de la forme

$$S(\pm xy_{\prime}z_{\prime\prime}) = xy_{\prime}z_{\prime\prime} - xy_{\prime\prime}z_{\prime} + x_{\prime}y_{\prime\prime}z - x_{\prime}yz_{\prime\prime} + x_{\prime\prime}yz_{\prime} - x_{\prime\prime}y_{\prime}z.$$

THÉORÈME III. — *Les coordonnées*

$$x,\ y,\ z;\quad x_{\prime},\ y_{\prime},\ z_{\prime};\quad x_{\prime\prime},\ y_{\prime\prime},\ z_{\prime\prime}$$

de trois points P, $P_{\prime}$, $P_{\prime\prime}$ *étant supposées rectangulaires, si une fonction isotrope* Ω *de ces coordonnées est en même temps une fonction linéaire, non seulement des coordonnées du point* $P_{\prime}$, *mais encore des coordonnées du point* $P_{\prime\prime}$, *on aura*

$$(1)\quad \left\{\begin{aligned} \Omega = {} & E(x_{\prime}x_{\prime\prime}+y_{\prime}y_{\prime\prime}+z_{\prime}z_{\prime\prime}) \\ & + F(xx_{\prime}+yy_{\prime}+zz_{\prime})(xx_{\prime\prime}+yy_{\prime\prime}+zz_{\prime\prime}) \\ & + K(xy_{\prime}z_{\prime\prime}-xy_{\prime\prime}z_{\prime}+x_{\prime}y_{\prime\prime}z-x_{\prime}yz_{\prime\prime}+x_{\prime\prime}yz_{\prime}-x_{\prime\prime}y_{\prime}z), \end{aligned}\right.$$

E, F, K *étant trois fonctions de la somme* $x^2+y^2+z^2$.

Supposons maintenant que la fonction Ω soit isotrope, non plus d'une manière absolue, mais par rapport à l'axe des x, c'est-à-dire qu'elle reste invariable quand on déplace les axes des y et des z en leur imprimant un mouvement de rotation quelconque autour de l'axe des x. Alors, par des raisonnements semblables à ceux qui servent à démontrer les premier, deuxième et troisième théorèmes, on établira des théorèmes analogues, et, à la place de la formule (1), on obtiendra l'équation suivante

$$(2)\quad \left\{\begin{aligned} \Omega = {} & [\mathrm{G}x_{,} + \mathrm{H}(yy_{,} + zz_{,}) + \mathrm{K}(yz_{,} - y_{,}z)]x_{,,} \\ & + [\mathrm{L}x_{,} + \mathrm{M}(yy_{,} + zz_{,}) + \mathrm{N}(yz_{,} - y_{,}z](yy_{,,} + zz_{,,}) \\ & + \mathrm{P}(y_{,}y_{,,} + z_{,}z_{,,}) + \mathrm{Q}(y_{,}z_{,,} - y_{,,}z_{,}) + \mathrm{R}x_{,}(y_{,,}z - yz_{,,}), \end{aligned}\right.$$

G, H, K, L, M, N, P, Q, R étant des fonctions de x et de $y^2 + z^2$.

§ III. — *Sur les vibrations de l'éther dans les milieux isophanes.*

Revenons à la formule (6) du § I. Si, pour abréger, l'on écrit simplement ξ, η, ζ, ε au lieu de ξ_0, η_0, ζ_0, ε_0, cette formule donnera

$$(1)\qquad \mathrm{D}_t^2 \varepsilon = \Omega,$$

la valeur de ε étant

$$(2)\qquad \varepsilon = a\xi + b\eta + c\zeta.$$

D'ailleurs Ω sera une fonction linéaire, non seulement des coordonnées a, b, c du point fixe R situé à l'unité de distance de l'origine O, mais encore des déplacements moyens ξ, η, ζ, et en même temps une fonction symbolique de

$$u = \mathrm{D}_x, \qquad v = \mathrm{D}_y, \qquad w = \mathrm{D}_z.$$

Cela posé, pour que l'équation (1) devienne propre à représenter les mouvements de l'éther dans un milieu isophane, il suffira évidemment que la fonction de

$$u, \quad v, \quad w; \qquad a, \quad b, \quad c; \qquad \xi, \quad \eta, \quad \zeta,$$

désignée par Ω, devienne isotrope. De cette remarque, jointe au théorème III du § II, on conclura sans peine que le milieu donné sera isophane, si l'équation (1) se réduit à la formule

$$(3)\quad \left\{\begin{aligned} \mathrm{D}_t^2\varepsilon = {} & \mathrm{E}(a\xi + b\eta + c\zeta) \\ & + \mathrm{F}(a\mathrm{D}_x + b\mathrm{D}_y + c\mathrm{D}_z)(\mathrm{D}_x\xi + \mathrm{D}_y\eta + \mathrm{D}_z\zeta) \\ & + \mathrm{K}[a(\mathrm{D}_z\eta - \mathrm{D}_y\zeta) + b(\mathrm{D}_x\zeta - \mathrm{D}_z\xi) + c(\mathrm{D}_y\xi - \mathrm{D}_x\eta)], \end{aligned}\right.$$

E, F, K étant trois fonctions symboliques de $D_x^2 + D_y^2 + D_z^2$. Cette dernière formule devant subsister, quelle que soit la position du point R sur la surface de la sphère décrite du point O comme centre avec le rayon 1, il en résulte qu'après avoir substitué à $\texttt{8}$ sa valeur $a\xi + b\eta + c\zeta$ on pourra égaler entre eux dans les deux membres les coefficients de a, b, c. On obtiendra ainsi les trois équations

$$(4)\quad \begin{cases} D_t^2\xi = E\xi + Fu\upsilon + K(D_z\eta - D_y\zeta), \\ D_t^2\eta = E\eta + Fv\upsilon + K(D_x\zeta - D_z\xi), \\ D_t^2\zeta = E\zeta + Fw\upsilon + K(D_y\xi - D_x\eta), \end{cases}$$

la valeur de υ étant

$$(5)\quad \upsilon = D_x\xi + D_y\eta + D_z\zeta,$$

c'est-à-dire les équations différentielles du mouvement de l'éther dans les milieux isophanes (*voir* le Tome XV, page 916) [1].

Si le milieu dans lequel l'éther est contenu devait être isophane, non plus d'une manière absolue, mais seulement autour de l'axe des x, alors, en partant de l'équation (2) du paragraphe précédent, on obtiendrait, non plus la formule (3), mais la suivante

$$(6)\quad \begin{cases} D_t^2\texttt{8} = aG\xi + H(b\eta + c\zeta) + K(b\zeta - c\eta) \\ \qquad + [La + M(bD_y + cD_z) + N(cD_y - bD_z)](D_y\eta + D_z\zeta) \\ \qquad + P(bD_y + cD_z)\xi + [aQ + R(bD_y + cD_z)](D_z\eta - D_y\zeta), \end{cases}$$

G, H, K, L, M, N, P, Q, R étant des fonctions symboliques de D_x et de $D_y^2 + D_z^2$; puis on en conclurait

$$(7)\quad \begin{cases} D_t^2\xi = G\xi + L(D_y\eta + D_z\zeta) + Q(D_z\eta - D_y\zeta), \\ D_t^2\eta = H\eta + K\zeta + PD_y\xi \\ \qquad + (MD_y - ND_z)(D_y\eta + D_z\zeta) + RD_y(D_z\eta - D_y\zeta), \\ D_t^2\zeta = H\zeta - K\eta + PD_z\xi \\ \qquad + (MD_z + ND_y)(D_y\eta + D_z\zeta) + RD_z(D_z\eta - D_y\zeta). \end{cases}$$

Si l'on veut que ces dernières formules restent inaltérables, quand on remplace le demi-axe des y positives par le demi-axe des y néga-

(1) *OEuvres de Cauchy*, S. I, T. VII, p. 207.

tives, on devra réduire à zéro les coefficients symboliques K, N, Q, R, et alors on retrouvera les formules obtenues dans le Mémoire d'août 1836 (page 69).

455.

C. R., T. XXX, p. 114 (28 janvier 1850).

M. AUGUSTIN CAUCHY dépose sur le Bureau un exemplaire du *Mémoire sur les systèmes isotropes de points matériels*, qui doit paraître prochainement dans le Recueil des *Mémoires de l'Académie*.

456.

PHYSIQUE MATHÉMATIQUE. — *Mémoire sur les vibrations de l'éther dans les milieux qui sont isophanes par rapport à une direction donnée.*

C. R., T. XXX, p. 93 (4 février 1850).

§ I. — *Des conditions auxquelles satisfait une fonction des coordonnées rectilignes de divers points, quand elle est isotrope par rapport à l'un des axes coordonnés.*

Soient

$$x,\ y,\ z;\quad x_{\prime},\ y_{\prime},\ z_{\prime};\quad x_{\prime\prime},\ y_{\prime\prime},\ z_{\prime\prime};\quad \ldots$$

les coordonnées rectilignes de divers points P, $P_{\prime}$, $P_{\prime\prime}$, ... Une fonction Ω de ces coordonnées sera *isotrope* par rapport à l'axe des x, si on ne l'altère pas en faisant subir aux coordonnées y, z; $y_{\prime}$, $z_{\prime}$; $y_{\prime\prime}$, $z_{\prime\prime}$; ... les changements de valeurs qui résultent d'un mouvement de rotation imprimé aux axes des y et des z autour de l'origine O des coordonnées.

En partant de cette définition, l'on établit sans peine les propositions suivantes :

THÉORÈME I. — *Si une fonction* Ω *des coordonnées* x, y, z; $x_{,}, y_{,}, z_{,}$; $x_{,,}, y_{,,}, z_{,,}$; ... *de divers points* $P, P_{,}, P_{,,}, \ldots$ *est isotrope par rapport à l'axe des* x, *elle dépendra uniquement des abscisses* $x, x_{,}, x_{,,}, \ldots$ *de ces mêmes points, de leurs distances à l'axe des* x, *des angles que formeront entre elles ces distances, ou leurs projections sur un plan perpendiculaire à l'axe des* x, *enfin du sens dans lequel se mouvront des rayons vecteurs assujettis à passer constamment par l'origine et à décrire les angles dont il s'agit.*

THÉORÈME II. — *Les mêmes choses étant posées que dans le théorème I, si les coordonnées sont rectangulaires, la fonction* Ω *dépendra uniquement des abscisses* $x, x_{,}, x_{,,}, \ldots$ *des sommes de la forme*

$$y^2 + z^2 \quad \text{ou} \quad yy_{,} + zz_{,}$$

et des binômes de la forme

$$yz_{,} - y_{,}z.$$

THÉORÈME III. — *Les mêmes choses étant posées que dans les théorèmes I et II, et les points* $P, P_{,}, P_{,,}$ *étant au nombre de trois, si* Ω *doit être une fonction linéaire, non seulement des coordonnées* $x_{,}, y_{,}, z_{,}$ *du point* $P_{,}$, *mais encore des coordonnées* $x_{,,}, y_{,,}, z_{,,}$ *du point* $P_{,,}$, *on pourra prendre pour* Ω *l'un quelconque des produits*

$$\begin{gathered}
x_{,}x_{,,}, \quad y_{,}y_{,,} + z_{,}z_{,,}, \quad y_{,}z_{,,} - y_{,,}z_{,}, \\
x_{,}(yy_{,,} + zz_{,,}), \quad x_{,}(y_{,,}z - yz_{,,}), \\
x_{,,}(yy_{,} + zz_{,}), \quad x_{,,}(yz_{,} - y_{,}z), \\
(yy_{,} + zz_{,})(yy_{,,} + zz_{,,}), \quad (yz_{,} - y_{,}z)(yy_{,,} + zz_{,,}), \\
(yy_{,} + zz_{,})(y_{,,}z - yz_{,,}), \quad (yz_{,} - y_{,}z)(y_{,,}z - yz_{,,}),
\end{gathered}$$

ou bien encore la somme de ces produits respectivement multipliés par des fonctions quelconques des deux quantités variables x *et* $y^2 + z^2$.

Corollaire I. — Comme on a identiquement

$$(yy_{,} + zz_{,})(yy_{,,} + zz_{,,}) - (yz_{,} - y_{,}z)(y_{,,}z - yz_{,,}) = (y^2 + z^2)(y_{,}y_{,,} + z_{,}z_{,,})$$

et

$$(yy_{,} + zz_{,})(yz_{,,} - y_{,,}z) - (yz_{,} - y_{,}z)(yy_{,,} + zz_{,,}) = (y^2 + z^2)(y_{,}z_{,,} + y_{,,}z_{,}),$$

il en résulte que, des onze produits mentionnés dans le théorème III, les deux derniers peuvent être omis sans inconvénient, ce qui permet de réduire la fonction Ω à la forme

$$(1)\quad \begin{cases} \Omega = \quad [Gx_{,} + H(yy_{,} + zz_{,}) + K(yz_{,} - y_{,}z)]x_{,,} \\ \quad + [Lx_{,} + M(yy_{,} + zz_{,}) + N(yz_{,} - y_{,}z)](yy_{,,} + zz_{,,}) \\ \quad + P(y_{,}y_{,,} + z_{,}z_{,,}) + Q(y_{,}z_{,,} - y_{,,}z_{,}) + Rx_{,}(y_{,,}z - yz_{,,}), \end{cases}$$

G, H, K, L, M, N, P, Q, R étant des fonctions de x et de $y^2 + z^2$.

Corollaire II. — Si, dans la formule (1), on remplace G par $G + Lx$, H par $H + Mx$, K par $K + Nx$, on aura, pour déterminer Ω, la formule

$$(2)\quad \begin{cases} \Omega = \quad [Gx_{,} + H(yy_{,} + zz_{,}) + K(yz_{,} - y_{,}z)]x_{,,} \\ \quad + [Lx_{,} + M(yy_{,} + zz_{,}) + N(yz_{,} - y_{,}z)](xx_{,,} + yy_{,,} + zz_{,,}) \\ \quad + P(y_{,}y_{,,} + z_{,}z_{,,}) + Q(y_{,}z_{,,} - y_{,,}z_{,}) + Rx_{,}(y_{,,}z - yz_{,,}). \end{cases}$$

Corollaire III. — L'équation (2), ainsi qu'on devait s'y attendre, comprend, comme cas particulier, la formule (1) du précédent Mémoire (page 217), à laquelle on la réduit, en posant

$$G = P = E, \qquad H = N = 0, \qquad L = Fx, \qquad M = F, \qquad Q = Kx, \qquad R = K.$$

§ II. — *Sur les vibrations de l'éther dans des milieux qui sont isophanes par rapport à une direction donnée.*

Supposons que les vibrations de l'éther s'exécutent dans un milieu qui soit isophane par rapport à l'axe des x. Ces vibrations pourront se déduire de la formule (1) (page 217), dont le second membre Ω sera une fonction linéaire, non seulement des coordonnées a, b, c d'un point fixe situé à l'unité de distance de l'origine, mais encore des déplacements ξ, η, ζ d'un atome d'éther mesurés parallèlement aux axes des x, y, z, et en même temps une fonction symbolique de

$$u = D_x, \qquad v = D_y, \qquad w = D_z.$$

Cette fonction de u, v, w; a, b, c; ξ, η, ζ devant d'ailleurs être isotrope par rapport à l'axe des x, il suffira, pour l'obtenir, de remplacer dans le second membre de la formule (2) du § I, x, y, z par u, v, w; $x_{\prime}$, $y_{\prime}$, $z_{\prime}$ par a, b, c, et $x_{\prime\prime}$, $y_{\prime\prime}$, $z_{\prime\prime}$ par ξ, η, ζ. Alors le trinôme

$$xx_{\prime\prime}+yy_{\prime\prime}+zz_{\prime\prime}$$

se trouvera évidemment remplacé par le suivant

$$u\xi+v\eta+w\zeta$$

ou, ce qui revient au même, par la quantité

$$\upsilon = \mathrm{D}_x\xi+\mathrm{D}_y\eta+\mathrm{D}_z\zeta, \tag{1}$$

qui représente la dilatation du volume de l'éther au point (x, y, z). Cela posé, la formule (1) de la page 217 donnera

$$\left\{\begin{aligned} \mathrm{D}_t^2 8 = {} & [\mathrm{G}a+\mathrm{H}(b\mathrm{D}_y+c\mathrm{D}_z)+\mathrm{K}(c\mathrm{D}_y-b\mathrm{D}_z)]\xi \\ & +[\mathrm{L}a+\mathrm{M}(b\mathrm{D}_y+c\mathrm{D}_z)+\mathrm{N}(c\mathrm{D}_y-b\mathrm{D}_z)]\upsilon \\ & +\mathrm{P}(b\eta+c\zeta)+\mathrm{Q}(b\zeta-c\eta)+\mathrm{R}a(\mathrm{D}_z\eta-\mathrm{D}_y\zeta), \end{aligned}\right. \tag{2}$$

la valeur de 8 étant

$$8 = a\xi+b\eta+c\zeta. \tag{3}$$

Si, après avoir substitué cette valeur de 8 dans la formule (2), on égale entre eux, dans les deux membres, les coefficients de a, b, c, alors, en posant, pour abréger,

$$\Xi = \mathrm{D}_z\eta-\mathrm{D}_y\zeta, \tag{4}$$

on obtiendra les équations

$$\left\{\begin{aligned} \mathrm{D}_t^2\xi &= \mathrm{G}\xi+\mathrm{L}\upsilon+\mathrm{R}\Xi, \\ \mathrm{D}_t^2\eta &= \mathrm{P}\eta+\mathrm{Q}\zeta+(\mathrm{H}\mathrm{D}_y-\mathrm{K}\mathrm{D}_z)\xi+(\mathrm{M}\mathrm{D}_y-\mathrm{N}\mathrm{D}_z)\upsilon, \\ \mathrm{D}_t^2\zeta &= \mathrm{P}\zeta+\mathrm{Q}\eta+(\mathrm{H}\mathrm{D}_z+\mathrm{K}\mathrm{D}_y)\xi+(\mathrm{M}\mathrm{D}_z+\mathrm{N}\mathrm{D}_y)\upsilon. \end{aligned}\right. \tag{5}$$

Ainsi qu'on devait s'y attendre, les équations (5) comprennent, comme cas particulier, les formules (4), page 219, auxquelles on les réduit en posant

$$\mathrm{G}=\mathrm{P}=\mathrm{E},\qquad \mathrm{H}=\mathrm{N}=0,\qquad \mathrm{L}=\mathrm{F}\mathrm{D}_x,\qquad \mathrm{M}=\mathrm{F},\qquad \mathrm{Q}=\mathrm{K}\mathrm{D}_x,\qquad \mathrm{R}=\mathrm{K}.$$

Si l'on veut que le second membre de la formule (1) satisfasse à la condition de rester inaltérable quand on remplace le demi-axe des y positives par le demi-axe des y négatives, on devra supposer

$$K=0, \qquad N=0, \qquad Q=0, \qquad R=0.$$

Alors les équations (5), réduites à la forme

$$(6)\qquad \begin{cases} D_t^2\xi = G\xi + L\upsilon, \\ D_t^2\eta = P\eta + D_y(H\xi + M\upsilon), \\ D_t^2\zeta = P\zeta + D_z(H\xi + M\upsilon), \end{cases}$$

s'accorderont avec les formules obtenues dans le Mémoire lithographié de 1836, page 69.

Si dans les calculs qui précèdent on prenait pour point de départ, non plus l'équation (2), mais l'équation (1) du § I, alors, à la place des formules (5), on obtiendrait les suivantes :

$$(7)\qquad \begin{cases} D_t^2\xi = G\xi + L(D_y\eta + D_z\zeta) + R(D_z\eta + D_y\zeta), \\ D_t^2\eta = P\eta + Q\zeta + (HD_y - KD_z)\xi + (MD_y - ND_z)(D_y\eta + D_z\zeta), \\ D_t^2\zeta = P\zeta - Q\eta + (HD_z + KD_y)\xi + (MD_z + ND_y)(D_y\eta + D_z\zeta). \end{cases}$$

Dans un prochain article, je dirai comment les formules (5) ou (7) s'appliquent à la détermination des vibrations de l'éther dans les cristaux à un axe optique.

457.

Physique mathématique. — *Note sur la différence de marche entre les deux rayons lumineux qui émergent d'une plaque doublement réfringente à faces parallèles.*

C. R., T. XXX, p. 97 (4 février 1850).

Supposons qu'un rayon lumineux simple tombe sur une plaque à faces parallèles. Nommons

e l'épaisseur de la plaque;

τ l'angle d'incidence;
τ' l'angle de réfraction;
ω la vitesse de propagation des ondes incidentes;
ω' la vitesse de propagation des ondes réfractées.

On aura

$$(1)\qquad \frac{\omega'}{\omega}=\frac{\sin\tau'}{\sin\tau}.$$

Soient, maintenant,

h une longueur mesurée, dans l'intérieur de la plaque, sur la direction du rayon réfracté;
t le temps qu'emploie une onde réfractée à parcourir la longueur h;
s le chemin parcouru par une onde incidente pendant le temps t;
s' la projection de la longueur h sur le rayon incident, ou, ce qui revient au même, la distance entre les plans des ondes incidente et émergente menées par les extrémités de la longueur h.

On aura évidemment

$$h=c\,\text{séc}\,\tau',\qquad t=\frac{h}{\omega'},\qquad s=\omega t;$$

par conséquent,

$$(2)\qquad s=h\frac{\omega}{\omega'}=h\frac{\sin\tau}{\sin\tau'}$$

et

$$(3)\qquad s'=h\cos(\tau-\tau')<s.$$

Donc l'onde émergente sera en retard sur une onde incidente qui aurait conservé, pendant le temps t, la vitesse de propagation ω, la différence de marche étant

$$(4)\qquad s-s'=h\left[\frac{\sin\tau}{\sin\tau'}-\cos(\tau-\tau')\right]=h\frac{\sin(\tau-\tau')}{\sin\tau'}\cos\tau'=c\frac{\sin(\tau-\tau')}{\sin\tau'}.$$

Concevons maintenant que la plaque donnée soit doublement réfringente, et, en nommant τ' l'angle de réfraction ordinaire, désignons par τ'' l'angle de réfraction extraordinaire. Les deux ondes émergentes qui répondront aux deux rayons réfractés ordinaire et extraordinaire seront en retard sur une onde incidente qui aurait conservé, pendant le temps t, la vitesse de propagation ω, la différence de marche étant représentée dans la réfraction ordinaire par le produit

$$c\frac{\sin(\tau-\tau')}{\sin\tau'},$$

et dans la réfraction extraordinaire par le produit

$$c\frac{\sin(\tau-\tau'')}{\sin\tau''}.$$

Donc la différence de marche entre les deux rayons émergents, extraordinaire et ordinaire, sera représentée par le produit

$$c\left[\frac{\sin(\tau-\tau'')}{\sin\tau''}-\frac{\sin(\tau-\tau')}{\sin\tau'}\right],$$

et, si l'on nomme δ cette différence de marche, on aura

$$\delta=c\frac{\sin\tau\sin(\tau'-\tau'')}{\sin\tau'\sin\tau''}.$$

En appliquant cette formule très simple au cas où l'on considère une plaque de cristal de roche taillée perpendiculairement à l'axe optique, et nommant δ_0 la valeur de δ correspondante à une valeur nulle de τ, on trouve sensiblement dans une première approximation

$$(6)\qquad \delta^2=\delta_0^2\cos^4\tau'+\varepsilon^2\sin^4\tau',$$

$\frac{\varepsilon}{c}$ étant la différence entre les indices de réfraction extraordinaire et ordinaire. C'est, au reste, ce que j'expliquerai plus en détail dans un autre article où je comparerai mes formules avec celles qu'ont proposées MM. Airy et Mac-Cullagh.

458.

C. R., T. XXX, p. 161 (18 février 1850).

M. Augustin Cauchy présente un Mémoire sur les *fonctions dont les développements en séries ordonnées suivant les puissances ascendantes et entières d'une variable satisfont à certaines conditions dignes de remarque.*

459.

Analyse mathématique. — *Rapport sur un Mémoire relatif au développement de l'exponentielle e^x en produit continu;* par M. Fedor Thoman.

C. R., T. XXX, p. 162 (18 février 1850).

Euler a fait voir que les sinus, les cosinus et les fonctions dans lesquelles ils se transforment, quand on remplace les arcs supposés réels par des variables imaginaires, peuvent être changés en produits composés d'un nombre infini de facteurs, chaque facteur étant du premier degré par rapport à la variable que l'on considère. De plus, M. Jacobi a décomposé certaines transcendantes en produits de facteurs binômes qui sont encore en nombre infini, mais de degrés représentés par les nombres entiers 1, 2, 3, ... Enfin, dans un Mémoire sur les propriétés de certaines factorielles (*voir* les *Comptes rendus*, Tome XIX, page 1069) (¹), l'un de nous a observé que l'on peut, sous certaines conditions, décomposer en facteurs binômes de cette espèce les fonctions qui se développent en séries ordonnées suivant les puissances ascendantes d'une variable. Alors, n étant un nombre entier quelconque, les divers facteurs sont de la forme

$$1 \pm \mathrm{N}x^n,$$

N étant un coefficient qui varie avec l'exposant n (²).

(¹) *OEuvres de Cauchy*, S. I, T. VIII, p. 311.
(²) Si, pour fixer les idées, on décomposait en facteurs de cette forme l'exponen-

M. Fedor Thoman, en cherchant à développer en facteurs l'exponentielle e^x, a supposé que chaque facteur était, non plus de la forme

$$1 \pm N x^n,$$

mais de la forme

$$(1 \pm x^n)^N;$$

et, en partant de cette supposition, il a obtenu deux formules distinctes dans chacune desquelles l'exposant N se déduit généralement et directement de l'exposant n. D'ailleurs, de ces deux formules, M. Thoman tire aisément une troisième équation, en vertu de laquelle l'exponentielle e^x se décompose en facteurs de la forme

$$\left(\frac{1 - x^n}{1 + x^n}\right)^N,$$

n étant un entier dont les facteurs premiers sont impairs et inégaux entre eux. Ajoutons que de cette troisième équation il déduit un développement remarquable de la variable x en une série dont le terme général est proportionnel à l'arc qui a pour tangente x^n.

Les formules établies par M. Thoman supposent implicitement que la valeur numérique de la variable x est inférieure à l'unité. Si cette condition n'était pas remplie, les séries formées avec les logarithmes des divers facteurs de chaque produit cesseraient d'être convergentes, et, par suite, les formules obtenues cesseraient de subsister.

Les nouvelles formules de M. Thoman nous paraissent d'autant plus dignes de l'attention des analystes, que le nombre des fonctions

tielle e^x, on trouverait, en supposant le module de x inférieur à l'unité,

$$e^x = (1 + x)\left(1 + \frac{x^2}{2}\right)\left(1 + \frac{x^3}{3}\right)\cdots.$$

Dans le second membre de cette dernière équation, les coefficients des diverses puissances de x pourront être aisément déduits les uns des autres, à l'aide des formules (11) du Mémoire cité, en vertu desquelles le $n^{\text{ième}}$ facteur sera de la forme $1 - \frac{x^n}{n}$, lorsque n sera un nombre premier égal ou supérieur à 3. Ajoutons que, pour des valeurs paires ou impaires, mais très considérables de n, le coefficient de x^n sera le produit de $\frac{(-1)^n}{n}$ par un nombre très peu différent de l'unité.

jusqu'ici décomposées en produits de facteurs de forme déterminée est fort restreint. En conséquence, les Commissaires pensent que le Mémoire de M. Fedor Thoman mérite d'être approuvé par l'Académie et inséré dans le *Recueil des Savants étrangers*.

460.

ANALYSE MATHÉMATIQUE. — *Mémoire sur la décomposition des fonctions en facteurs.*

C. R., T. XXX, p. 186 (25 février 1850).

Dans un Mémoire présenté à l'Académie le 18 novembre 1844 ([1]), je me suis occupé de la décomposition d'une fonction s de la variable x en facteurs de la forme $1 + \mathrm{N}x^n$, n étant un nombre entier quelconque et N un coefficient qui dépend de l'exposant n. J'ai considéré spécialement le cas où la fonction s peut se développer en une série ordonnée suivant les puissances entières et positives de x, et j'ai indiqué deux méthodes qui sont propres à fournir la décomposition désirée. Or, dans le cas dont il s'agit, ces deux méthodes seront encore applicables, si l'on veut décomposer la fonction s, non plus en facteurs de la forme $1 + \mathrm{N}x^n$, mais en facteurs de l'une des formes

$$(1 + x^n)^{\mathrm{N}}, \quad (1 - x^n)^{\mathrm{N}}.$$

Parmi les résultats auxquels on parvient en opérant ainsi, on doit distinguer ceux qu'on obtient lorsque, dans le développement de $\mathrm{l}(s)$ suivant les puissances entières et positives de x, le coefficient de x^n se décompose en facteurs correspondants aux divers facteurs premiers de l'exposant n. Alors les équations qui fournissent la décomposition de la fonction s en facteurs se simplifient, et comprennent,

([1]) *Œuvres de Cauchy*, S. I, T. VIII, p. 311.

comme cas particuliers, les formules remarquables que M. Fedor Thoman a données dans un Mémoire approuvé par l'Académie.

ANALYSE.

Soit s une fonction de x, développable, au moins pour un module de x inférieur à une certaine limite, en une série ordonnée suivant les puissances entières et positives de x, en sorte qu'on ait alors

$$(1) \qquad s = H_0 + H_1 x + H_2 x^2 + \ldots.$$

Pour décomposer s en facteurs de la forme $(1 + x^n)^N$ ou, ce qui revient au même, pour trouver les valeurs de k_1, k_2, k_n, ..., propres à vérifier la formule

$$(2) \qquad s = H_0(1 + x)^{k_1}(1 + x^2)^{k_2}(1 + x^3)^{k_3}\ldots,$$

il suffira de recourir à l'une des méthodes indiquées dans le Mémoire du 18 novembre 1844. Si, pour fixer les idées, on emploie la seconde méthode, alors, en posant, pour abréger,

$$(3) \qquad \mathrm{l}\left(1 + \frac{H_1}{H_0}x + \frac{H_2}{H_0}x^2 + \ldots\right) = K_1 x + K_2 x^2 + \ldots,$$

on obtiendra l'équation

$$\begin{aligned} K_1 x + K_2 x^2 + K_3 x^3 + \ldots \\ = k_1 \mathrm{l}(1 + x) + k_2 \mathrm{l}(1 + x^2) + \ldots \\ = k_1 x + \left(k_2 - \frac{1}{2}k_1\right)x^2 + \left(k_3 + \frac{1}{3}k_1\right)x^3 + \left(k_4 - \frac{1}{2}k_2 - \frac{1}{4}k_1\right)x^4 + \ldots, \end{aligned}$$

à laquelle on satisfera en posant

$$(4) \qquad K_1 = k_1, \qquad K_2 = k_2 - \frac{1}{2}k_1, \qquad K_3 = k_3 + \frac{1}{3}k_1, \qquad \ldots$$

et, par suite,

$$(5) \qquad k_1 = K_1, \qquad k_2 = K_2 + \frac{1}{2}k_1, \qquad k_3 = K_3 - \frac{1}{3}k_1, \qquad \ldots.$$

Or il est clair que les équations (4) et (5) pourront servir à déterminer, non seulement les coefficients $K_1, K_2, K_3, \ldots$, lorsqu'on connaîtra les exposants $k_1, k_2, k_3, \ldots$, mais encore les exposants $k_1, k_2, k_3, \ldots$, lorsqu'on connaîtra les coefficients $K_1, K_2, K_3, \ldots$.

Concevons maintenant que, dans le second membre de l'équation (2), l'exposant k_n du binôme $1+x^n$ soit lié à l'exposant n, de telle sorte que k_n se décompose en facteurs correspondants aux divers facteurs premiers de n. Désignons, pour plus de commodité, par a, b, c, ... les nombres premiers

$$2,\quad 3,\quad 5,\quad \ldots,$$

a étant égal à 2, et posons

$$n = a^\lambda b^\mu c^\nu \ldots, \tag{6}$$

$$k_n = \mathrm{N} = \mathfrak{a}_\lambda \mathfrak{b}_\mu \mathfrak{c}_\nu \ldots, \tag{7}$$

$\mathfrak{a}_\lambda$, $\mathfrak{b}_\mu$, $\mathfrak{c}_\nu$, ... étant les facteurs de N correspondants aux facteurs a^λ, b^μ, c^ν, ... de n. Soit encore

$$m = a^\alpha b^\beta c^\gamma \ldots, \tag{8}$$

α, β, γ, ... étant des entiers quelconques; et, en supposant

$$\mathfrak{a}_0 = \mathfrak{b}_0 = \mathfrak{c}_0 = \ldots = 1, \tag{9}$$

nommons M un coefficient variable avec m, et déterminé par le système des équations

$$m\mathrm{M} = \mathrm{A}_\alpha \mathrm{B}_\beta \mathrm{C}_\gamma \ldots, \tag{10}$$

$$\mathrm{A}_\alpha = \mathop{\mathrm{S}}_{\lambda=0}^{\lambda=\alpha} (-1)^{1+\frac{\alpha}{\lambda}} \mathfrak{a}_\lambda a^\lambda, \qquad \mathrm{B}_\beta = \mathop{\mathrm{S}}_{\mu=0}^{\mu=\beta} \mathfrak{b}_\mu b^\mu, \qquad \mathrm{C}_\gamma = \mathop{\mathrm{S}}_{\nu=0}^{\nu=\gamma} \mathfrak{c}_\mu c^\mu, \qquad \ldots. \tag{11}$$

On aura, K_m étant égal à M,

$$K_1 x + K_2 x^2 + \ldots = \mathop{\mathrm{S}}_{m=1}^{m=\infty} \mathrm{M} x^m, \tag{12}$$

M se réduisant à l'unité en même temps que l'exposant m, et le signe S s'étendant, dans la formule (12), à toutes les valeurs entières et positives de m; puis on trouvera, sous la même condition, eu égard aux formules (2) et (3),

$$(13)\qquad \mathrm{l}\left(\frac{s}{\mathrm{H}_0}\right) = \mathop{\mathrm{S}}_{m=1}^{m=\infty} \mathrm{M}\, x^m,$$

par conséquent,

$$(14)\qquad s = \mathrm{H}_0\, e^{\mathop{\mathrm{S}}_{m=1}^{m=\infty} \mathrm{M}\, x^m}.$$

Or, en vertu de l'équation (10), que l'on peut mettre sous la forme

$$(15)\qquad \mathrm{M} = \frac{\mathrm{A}_\alpha}{a^\alpha}\,\frac{\mathrm{B}_\beta}{b^\beta}\,\frac{\mathrm{C}_\gamma}{c^\gamma}\cdots,$$

M sera évidemment décomposable en facteurs correspondants aux divers facteurs a^α, b^β, c^γ, ... du coefficient m. Ajoutons que, si l'on pose, pour abréger,

$$(16)\qquad \frac{\mathrm{A}_\alpha}{a^\alpha} = \mathcal{A}_\alpha,\qquad \frac{\mathrm{B}_\beta}{b^\beta} = \mathcal{B}_\beta,\qquad \frac{\mathrm{C}_\gamma}{c^\gamma} = \mathcal{C}_\gamma,\qquad \ldots,$$

la formule (15) sera réduite à

$$(17)\qquad \mathrm{M} = \mathcal{A}_\alpha \mathcal{B}_\beta \mathcal{C}_\gamma \cdots.$$

Réciproquement, si le coefficient M de x^m dans le développement de $\mathrm{l}(s)$ se réduit à l'unité pour $m = 1$, et se décompose généralement pour $m > 1$ en facteurs $\mathcal{A}_\alpha$, $\mathcal{B}_\beta$, $\mathcal{C}_\gamma$, ... correspondants aux facteurs a^α, b^β, c^γ, ... de m, alors, en attribuant successivement, dans les formules (11), à chacun des nombres α, β, γ, ... les valeurs 1, 2, 3, ..., on déduira de ces formules, jointes aux équations (9), (16) et (7), les valeurs successives de k_1, k_2, k_3, ...; et en posant toujours

$$n = a^\lambda b^\mu c^\nu \ldots,$$

on aura

$$(18)\qquad k_n = \left(\mathcal{A}_\lambda + \frac{\mathcal{A}_{\lambda-1} + \ldots + \mathcal{A}_1 + 1}{2}\right)\left(\mathcal{B}_\mu - \frac{\mathcal{B}_{\mu-1}}{b}\right)\left(\mathcal{C}_\nu - \frac{\mathcal{C}_{\nu-1}}{c}\right)\cdots.$$

Alors aussi les formules (2) et (14) donneront

$$(19)\qquad e^{\mathop{\mathrm{S}}_{m=1}^{m=\infty} \mathrm{M}\, x^m} = (1+x)^{k_1}(1+x^2)^{k_2}(1+x^3)^{k_3}\ldots,$$

la valeur générale de k_n étant déterminée par le système des formules (6) et (18).

Exemple I. — Si l'on veut avoir

$$\mathop{\mathrm{S}}_{m=1}^{m=\infty} \mathrm{M} x^m = x,$$

il suffira que M, en se réduisant à l'unité pour $m = 1$, s'évanouisse toujours pour $m > 1$. Alors $\mathcal{A}_\lambda$, $\mathcal{B}_\mu$, $\mathcal{C}_\nu$, ... se réduiront toujours à l'unité pour des valeurs nulles des indices λ, μ, ν, ... et à zéro pour des valeurs positives de ces mêmes indices ou de quelques-uns d'entre eux. Donc, par suite, en nommant θ le nombre des facteurs premiers, impairs et inégaux de n, on tirera de la formule (18)

$k_n = 0$, si l'un des facteurs μ, ν, ... surpasse l'unité;

$k_n = (-1)^\theta \frac{1}{n}$, si μ, ν, ..., étant égaux à l'unité, λ s'évanouit; enfin

$k_n = (-1)^\theta \frac{2^{\lambda-1}}{n}$, si μ, ν, ..., étant égaux à l'unité, λ est positif.

Alors aussi l'équation (19), réduite à la forme

$$(20) \qquad e^x = (1+x)(1+x^2)^{\frac{1}{2}}(1+x^3)^{-\frac{1}{3}}(1+x^4)^{\frac{1}{2}}(1+x^5)^{-\frac{1}{5}}(1+x^6)^{-\frac{1}{6}}\ldots,$$

coïncide avec la première des formules de M. Thoman.

Exemple II. — Si l'on veut avoir

$$\mathop{\mathrm{S}}_{m=1}^{m=\infty} \mathrm{M} x^m = x + x^2 + x^3 + x^4 + \ldots = \frac{x}{1-x},$$

il suffira que les nombres $\mathcal{A}_\lambda$, $\mathcal{B}_\mu$, $\mathcal{C}_\nu$, ... se réduisent tous à l'unité, non seulement pour des valeurs nulles, mais encore pour des valeurs positives des indices λ, μ, ν, ...; et par suite les formules (18), (19) donneront

$$(21) \qquad k_n = \left(1 + \frac{\lambda}{2}\right)\left(1 - \frac{1}{b}\right)\left(1 - \frac{1}{c}\right)\ldots,$$

$$(22) \qquad e^{\frac{x}{1-x}} = (1+x)(1+x^2)^{\frac{3}{2}}(1+x^3)^{\frac{2}{3}}(1+x^4)^2(1+x^5)^{\frac{4}{5}}(1+x^6)\ldots.$$

Si, dans les formules jusqu'ici obtenues, on remplace les binômes de la forme $1 + x^n$ par des binômes de la forme $1 - x^n$, on obtiendra de nouvelles formules analogues à celles que nous avons trouvées. Ainsi, par exemple, en supposant toujours qu'à la valeur de m déterminée par l'équation (8) correspond la valeur de M déterminée par l'équation (17), on obtiendra, au lieu de l'équation (19), la suivante

$$(23) \qquad e^{-\overset{m=\infty}{\underset{m=1}{\mathrm{S}}} \mathrm{M} x^m} = (1 - x)^{k_1} (1 - x_2)^{k_2} (1 - x_3)^{k_3} \ldots,$$

la valeur de k_n étant

$$(24) \qquad k_n = \left(\mathcal{A}_\lambda - \frac{\mathcal{A}_{\lambda-1}}{2}\right)\left(\mathcal{B}_\mu - \frac{\mathcal{B}_{\mu-1}}{b}\right)\left(\mathcal{C}_\nu - \frac{\mathcal{C}_{\nu-1}}{c}\right)\ldots.$$

La formule (23), dans le cas où l'on pose

$$\overset{m=\infty}{\underset{m=1}{\mathrm{S}}} \mathrm{M} x^m = x,$$

fournit la seconde des équations données par M. Thoman.

Il est bon d'observer que les formules (19) et (23) supposent l'une et l'autre la convergence des séries dont les termes généraux sont

$$\mathrm{M} x^m \quad \text{et} \quad k_n x^n.$$

461.

Astronomie. — *Rapport sur un Mémoire intitulé : Méthode pour calculer les éléments des planètes, ou plus généralement des astres dont les orbites sont peu inclinées à l'écliptique, fondée sur l'emploi des dérivées, relatives au temps, des trois premiers ordres de la longitude géocentrique et du premier ordre de la latitude; par M.* Yvon Villarceau.

C. R., T. XXX, p. 426 (15 avril 1850).

On sait que, dans le mouvement elliptique d'une planète autour du

Soleil, le rayon vecteur, l'anomalie vraie et l'anomalie excentrique dépendent du temps t et de trois éléments, qui sont le demi grand axe, l'excentricité et l'époque du passage de la planète au périhélie. Si à ces trois premiers éléments on joint la longitude du périhélie mesurée dans le plan de l'orbite, la longitude du nœud ascendant mesurée dans le plan de l'écliptique et l'inclinaison du plan de l'orbite sur le plan de l'écliptique, on obtiendra le système des six éléments du mouvement elliptique de la planète.

D'autre part, le mouvement effectif de la planète se trouve lié à son mouvement apparent vu de la Terre par trois équations de condition qui renferment avec les deux derniers éléments sept quantités variables, savoir : les distances de la planète au Soleil et à la Terre, sa longitude et sa latitude géocentriques, sa longitude mesurée dans le plan de son orbite et la longitude héliocentrique de la Terre. De ces quantités variables, trois seulement sont inconnues, savoir : la longitude de la planète mesurée dans le plan de son orbite et les distances de la planète au Soleil et à la Terre. Enfin, de ces trois inconnues, les deux premières peuvent être considérées comme fonctions du temps et des quatre premiers éléments. Donc, si l'on élimine, entre les trois équations de condition, la distance de la planète à la Terre, les deux équations restantes pourront être censées ne renfermer d'autres inconnues que les six éléments. Le système de ces deux équations pourra donc servir à déterminer les six éléments, si l'on en tire trois systèmes semblables, en l'appliquant à trois observations distinctes. Si les trois observations se rapprochent indéfiniment l'une de l'autre, le système des formules obtenues sera équivalent à celui auquel on parviendrait en joignant aux deux équations ici mentionnées leurs dérivées du premier et du second ordre, fournies par des différentiations relatives au temps. Il en résulte qu'on pourra réduire la détermination des six éléments et, par suite, d'une inconnue quelconque, à la détermination des longitude et latitude géocentriques de la planète et de leurs dérivées du premier et du second ordre.

Concevons en particulier que l'on prenne pour inconnue la distance r de la planète au Soleil. Pour réduire la détermination de cette inconnue à celle des longitude et latitude géocentriques et de leurs dérivées du premier et du second ordre, il faudra commencer par éliminer les six éléments de l'orbite entre les deux équations de condition ci-dessus indiquées et leurs dérivées du premier et du second ordre. Or on évitera cette élimination, si aux équations dont il s'agit on substitue les trois équations différentielles du mouvement de la planète qui ne renferment aucun élément, et si, après y avoir exprimé les coordonnées rectangulaires de la planète par rapport au centre du Soleil pris pour origine, en fonction de la distance de la planète à la Terre, ou de la projection ρ de cette distance sur le plan de l'écliptique, on élimine entre les trois équations trouvées les dérivées de ρ du premier et du second ordre. En effet, en opérant ainsi, on obtiendra entre les inconnues ρ et r une équation unique, de laquelle on pourra chasser à volonté l'inconnue ρ ou l'inconnue r, à l'aide de la formule trigonométrique déduite de la considération du triangle qui a pour sommets la planète, le Soleil et la Terre. On retrouvera de cette manière l'équation connue qui s'abaisse au septième degré, quand on la débarrasse d'un facteur étranger à la question.

En résumé, la détermination des éléments de l'orbite d'une planète peut être réduite à la détermination des valeurs qu'acquièrent à une époque donnée ses longitude et latitude géocentriques et leurs dérivées du premier et du second ordre, et à la résolution d'une équation du septième degré. Toutefois, cette réduction suppose que la planète se meut hors du plan de l'écliptique. Si elle décrivait une orbite renfermée dans ce même plan, il n'y aurait plus lieu à considérer ni la longitude du nœud ascendant, ni l'inclinaison; par suite, les éléments inconnus du mouvement elliptique seraient au nombre de quatre seulement; et en même temps les équations de condition par lesquelles le mouvement effectif de la planète se trouve lié à son mouvement apparent vu de la Terre se réduiraient à deux. Donc, en éliminant entre ces deux équations la distance de la planète à la Terre, on obtiendrait une équation unique qui pourrait être censée ne renfermer d'autres inconnues que les quatre éléments. Pour déduire de cette équation unique les quatre éléments dont il s'agit, il faudrait la transformer en quatre équations diverses, en l'appliquant successivement à quatre observations distinctes. Si d'ailleurs ces quatre observations se rapprochent indéfiniment l'une de l'autre, le système des formules obtenues sera équivalent à celui auquel on parviendrait en joignant à l'équation ici mentionnée ses dérivées du premier, du deuxième et du troisième ordre, fournies par des différentiations relatives au temps. Il en résulte que, dans l'hypothèse admise, on pourra réduire la détermination des quatre éléments, et, par suite, d'une inconnue quelconque, à la détermination de la longitude géocentrique de la planète et de ses dérivées du premier, du deuxième et du troisième ordre.

Concevons, en particulier, que l'on prenne pour inconnue la distance r de la planète au Soleil. Pour réduire la détermination de cette inconnue à celle de la longitude géocentrique et de ses dérivées des trois premiers ordres, il faudra commencer par éliminer les quatre éléments entre l'équation de condition ci-dessus indiquée et ses dérivées des trois premiers ordres. Or on évitera cette élimination, si à l'équation dont il s'agit on substitue : 1° les deux équations différentielles du mouvement de la planète qui ne renferment aucun élément; 2° les dérivées du premier ordre de ces mêmes équations, et si, après y avoir exprimé les coordonnées rectangulaires de la planète par rapport au centre du Soleil pris pour origine en fonction de la distance ρ de la planète à la Terre, on élimine la première dérivée de r et les dérivées de ρ des trois premiers ordres, entre les quatre équations trouvées et la dérivée de la formule trigonométrique déduite de la considération du triangle qui a pour sommets la planète, le Soleil et la Terre. En effet, en opérant ainsi, on obtiendra entre les inconnues r et ρ une équation unique de laquelle on pourra chasser, à l'aide de la formule trigonométrique, ou l'inconnue ρ ou l'inconnue r. On se trouvera conduit, de cette manière, à une équation en r ou en ρ, qui sera du dix-huitième degré et s'abaissera au dix-septième, quand on la débarrassera d'un facteur étranger à la question.

Ainsi, quand l'orbite de la planète que l'on considère est comprise dans le plan de l'écliptique, on obtient, pour déterminer la distance r de la planète au Soleil, non plus l'équation connue du septième degré qui devient insuffisante, et laisse indéterminée la valeur de cette distance, mais une équation du dix-septième degré.

Si l'orbite de la planète, sans être rigoureusement comprise dans le plan de l'écliptique, est très peu inclinée sur ce plan, alors, en opérant comme dans le cas où l'inclinaison est nulle, on obtiendra entre les inconnues r et ρ une équation qui renfermera, outre la longitude géocentrique de la planète et ses dérivées des trois premiers ordres, la latitude géocentrique et sa dérivée du premier ordre; et cette dernière équation, qui mérite d'être remarquée, sera celle qu'a donnée M. Villarceau, dont nous venons précisément d'indiquer la méthode. En éliminant l'inconnue ρ entre cette dernière et la formule trigonométrique déduite de la considération du triangle qui a pour sommets les trois astres, l'auteur obtient, comme dans le cas précédent, une équation en r réductible au dix-septième degré.

M. Villarceau a indiqué deux cas particuliers, dans lesquels la nouvelle équation se trouve notablement simplifiée. Ces cas sont celui où la planète est stationnaire en longitude, et celui où on l'observe à l'époque de l'opposition. Dans le premier cas, l'équation finale en ρ peut être aisément résolue à l'aide d'une élégante construction donnée par M. Binet.

Quant à la détermination des dérivées des longitude et latitude géocentriques, M. Villarceau l'effectue à l'aide de la formule générale d'interpolation donnée par l'un de nous en 1835.

Enfin M. Villarceau, pour ne laisser aucun doute sur l'utilité de sa nouvelle formule, l'a spécialement appliquée, en terminant son Mémoire, au calcul des éléments corrigés de l'orbite de la planète Iris.

Les Commissaires pensent que le Mémoire de M. Villarceau est digne de l'approbation de l'Académie; ils proposeraient de l'insérer dans la collection des *Savants étrangers,* si l'auteur ne l'avait destiné à un autre Recueil.

462.

THÉORIE DE LA LUMIÈRE. — *Note sur l'intensité de la lumière dans les rayons réfléchis par la surface d'un corps transparent ou opaque.*

C. R., T. XXX, p. 465 (22 avril 1850).

Les derniers Mémoires de M. Arago sur la Photométrie ont naturellement reporté mon attention vers les formules analytiques propres à fournir l'intensité de la lumière réfléchie par la surface d'un corps transparent ou opaque. Or, en comparant les résultats jusqu'ici énoncés par notre illustre confrère à ceux que donnent les formules, j'ai vu avec satisfaction qu'il y avait un accord parfait entre les uns et les autres. Je me bornerai aujourd'hui à citer, à l'appui de cette assertion, deux exemples qui me paraissent dignes de remarque.

Diverses inductions ont conduit les physiciens à prendre pour mesure de l'intensité de la lumière, dans un rayon doué de la polarisation rectiligne, le carré de l'amplitude des vibrations moléculaires du fluide éthéré. Ce principe étant admis, si l'on décompose un rayon polarisé rectilignement en deux autres dont les plans de polarisation soient rectangulaires entre eux, les intensités de la lumière dans les rayons composants seront à l'intensité de la lumière dans le rayon résultant comme les carrés des cosinus des angles que les plans de polarisation des deux premiers rayons formeront avec le plan de polarisation du dernier. Si d'ailleurs le rayon résultant tombe perpendiculairement sur la surface d'un cristal doublement réfringent et à un seul axe optique, les rayons composants pourront être censés coïncider avec ceux qui subiront, à leur entrée dans le cristal, la double réfraction ordinaire et la double réfraction extraordinaire.

Donc, par suite, si un rayon de lumière tombe perpendiculairement sur la surface d'une plaque cristallisée, la portion de cette lumière qui subira la réfraction ordinaire sera proportionnelle au carré du cosinus de l'angle formé par la section principale du cristal avec le plan de polarisation du rayon incident. Cette loi que Malus a donnée, et que confirment les expériences de M. Arago, est donc, ainsi que l'a remarqué Fresnel, un corollaire des principes sur lesquels repose la théorie des ondulations.

Concevons maintenant qu'un rayon lumineux, doué de la polarisation rectiligne, rencontre, sous une incidence quelconque, une plaque isophane à faces parallèles. Après avoir été réfracté par la surface extérieure de la plaque, il sera réfléchi, au moins en partie, par la surface intérieure, une autre partie pouvant constituer, après une réfraction nouvelle, un rayon émergent. D'ailleurs, en ayant égard à l'existence des rayons évanescents que fera naître la réflexion opérée par la surface intérieure, on pourra établir les lois de cette réflexion, et ces lois seront celles que fourniront les formules renfermées dans les Mémoires que j'ai présentés à l'Académie le 9 décembre 1839 [1] et le 2 janvier 1849 (*voir* p. 95). Or il résulte de ces formules : 1° que, si le rayon réfracté par la surface extérieure forme, avec la normale à cette surface, un angle dont le sinus surpasse l'unité divisée par l'indice de réfraction de la plaque, le rayon émergent disparaîtra; 2° que, dans le cas où cette disparition a lieu, la réflexion du rayon réfracté opérée par la surface intérieure ne fait pas varier l'intensité de la lumière. Donc alors on peut affirmer que la réflexion est *totale;* ce qui s'accorde, d'une part, avec la locution généralement admise, et, d'autre part, avec les expériences de M. Arago.

Ajoutons que, si l'on décompose le rayon réfracté en deux autres qui soient polarisés, l'un dans le plan d'incidence, l'autre perpendiculairement à ce plan, la différence de marche entre les deux rayons composants se déduira sans peine, quand la réflexion sera totale, des

(1) *OEuvres de Cauchy*, S. I, T. V, p. 43.

formules établies dans le Mémoire du 2 janvier 1849. Il sera d'ailleurs facile d'apprécier le degré de confiance que pourront mériter ces formules, en comparant, comme M. Jamin se propose de le faire, les résultats qu'elles donnent à ceux que lui ont fournis de nouvelles expériences faites avec beaucoup de soin.

Analyse.

Concevons qu'un rayon de lumière, doué de la polarisation rectiligne, rencontre la surface qui sépare un milieu isophane, dans lequel il se meut, d'une lame d'air juxtaposée, de manière à former avec la normale à cette surface un angle τ supérieur à l'angle λ de réflexion totale. Si l'on nomme δ l'*anomalie* du rayon réfléchi, c'est-à-dire la différence entre les *phases* de deux rayons composants qui seraient polarisés (1), l'un dans le plan d'incidence, l'autre perpendiculairement à ce plan; alors, en appelant ε le coefficient très petit qu'ont déterminé les expériences de M. Jamin, et qu'il a nommé *coefficient d'ellipticité,* on aura

$$\frac{\operatorname{tang}\frac{\delta}{2}}{\cos\tau} = \varepsilon + \frac{\sin^{\frac{1}{2}}(\tau-\lambda)\sin^{\frac{1}{2}}(\tau+\lambda)}{\sin^2\tau}.$$

Si le coefficient ε s'évanouit, ou si on le néglige, on aura simplement

$$\operatorname{tang}\frac{\delta}{2} = \frac{\sin^{\frac{1}{2}}(\tau-\lambda)\sin^{\frac{1}{2}}(\tau+\lambda)}{\sin\tau\operatorname{tang}\tau}.$$

Cette dernière formule, qui se trouve déjà inscrite dans le Mémoire du 9 décembre 1839, s'accorde avec une formule équivalente donnée par Fresnel.

(1) Le rayon *polarisé dans un plan* est celui dans lequel les vibrations des molécules éthérées sont dirigées suivant des droites perpendiculaires à ce plan.

463.

THÉORIE DE LA LUMIÈRE. — *Rapport sur une Note relative aux anneaux colorés de Newton; par* MM. F. DE LA PROVOSTAYE *et* PAUL DESAINS.

C. R., T. XXX, p. 498 (29 avril 1850).

On sait que la superposition des divers rayons lumineux, successivement réfléchis par les deux surfaces qui terminent une lame d'air très mince, comprise entre deux lentilles de verre, produit des anneaux colorés. On sait encore que ces anneaux, observés par Newton, étaient attribués, par ce grand géomètre, à des accès de facile réflexion et de facile transmission que les molécules lumineuses subissaient périodiquement. On sait enfin que cette doctrine singulière des accès, à laquelle Newton s'est vu obligé de recourir, parce qu'il admettait l'hypothèse de l'émission, se trouve heureusement remplacée, dans le système des ondulations, par la théorie des interférences, qui fournit une explication simple et naturelle du phénomène des anneaux colorés et de ses diverses circonstances. Toutefois il restait à éclaircir une difficulté grave et un point sur lequel l'expérience semblait n'être pas d'accord avec la théorie. Lorsqu'on observe, sous diverses incidences, les anneaux formés entre deux lentilles de verre, et que l'on détermine, pour un anneau donné, l'épaisseur de la lame d'air comprise entre ces lentilles, on trouve que cette épaisseur varie avec l'angle d'incidence. Or, en vertu de la théorie des interférences, l'épaisseur dont il s'agit doit être proportionnelle à la sécante de l'angle τ formé par le rayon lumineux qui traverse la lame d'air avec la normale aux deux surfaces sensiblement parallèles qui la terminent. D'autre part, dans la formule que Newton a déduite de ses expériences, l'angle τ se trouve remplacé par un autre angle dont le sinus est à $\sin\tau$ dans un rapport constant égal à

$$\frac{106 + \frac{1}{\theta}}{107},$$

θ désignant l'indice de réfraction du verre. Fresnel et Herschel ont recherché les causes de cette différence. Mais les explications qu'ils en ont données sont sujettes à de graves objections, et les auteurs du travail soumis à notre examen sont parvenus à lever complètement la difficulté, en prouvant que le désaccord énoncé n'existe pas. Ils ont observé, sous diverses incidences, les anneaux formés entre deux verres par une lumière homogène provenant de la combustion de l'alcool salé. L'inclinaison leur était donnée par un théodolite de Gambey, et le système des deux verres, placé sur un support horizontal, était mis en mouvement par une vis micrométrique dont l'axe était perpendiculaire au plan du cercle vertical du théodolite. Ils amenaient successivement la partie la plus sombre de chaque anneau noir sous le fil vertical de la lunette; et la marche de la vis, qui permettait de mesurer jusqu'à $\frac{2}{100}$ de millimètre, leur faisait connaître les diamètres réels des anneaux. Les diamètres, ainsi trouvés, ont pu être facilement comparés d'une part à ceux que déterminait la théorie des interférences, d'autre part à ceux qui se déduisaient de la formule indiquée par Newton. Or il est résulté des observations faites par MM. de la Provostaye et Desains que l'expérience et la théorie des ondulations s'accordent parfaitement jusqu'aux dernières limites où il leur a été possible d'apercevoir nettement les anneaux colorés, c'est-à-dire depuis l'incidence perpendiculaire jusqu'à l'incidence de $85^\circ 21'$. Au contraire, les diamètres déduits de la formule de Newton diffèrent sensiblement, quand l'incidence devient considérable, des diamètres observés. Ainsi, en particulier, sous l'incidence de $85^\circ 21'$, le diamètre du septième anneau noir, exprimé en millioniemes de millimètre, était, d'après l'observation, 47,53; d'après les formules fournies par la théorie des interférences, 47,55; et d'après la formule de Newton, 40,11 seulement.

En résumé, les Commissaires pensent que le travail de MM. F. de la Provostaye et Desains, en rectifiant une erreur appuyée sur l'autorité même de Newton, a fait complètement disparaître une objection grave contre la théorie des ondulations lumineuses. Ils proposent, en conséquence, à l'Académie d'approuver ce travail et d'en ordonner l'insertion dans le *Recueil des Savants étrangers*.

464.

Mémoire sur un système d'atomes isotrope autour d'un axe, et sur les deux rayons lumineux que propagent les cristaux à un axe optique.

C. R., T. XXXI, p. 111 (29 juillet 1850).

Dans ce Mémoire, l'auteur applique les formules générales qu'il a établies, dans la séance du 4 février, à la détermination du mode de polarisation des deux rayons lumineux que propage un cristal à un axe optique. Il prouve que, dans le cas où les deux rayons sont peu inclinés à l'axe et dirigés suivant la même droite, ils sont, comme l'a supposé M. Airy, polarisés elliptiquement, les ellipses décrites par les atomes d'éther dans chacun d'eux étant à très peu près semblables, mais disposées de manière que leurs grands axes se coupent à angle droit. Il montre aussi que, dans le cas général, les rayons dont la direction est perpendiculaire à l'axe optique sont doués de la polarisation elliptique, les ellipses décrites par les atomes d'éther pouvant se réduire à des cercles ou à des portions de droites. Il serait à désirer que les physiciens examinassent sous ce point de vue les cristaux à un axe optique, en recherchant si quelqu'un d'entre eux ne transmettrait pas, dans les directions perpendiculaires à l'axe, des rayons polarisés elliptiquement.

465.

Mémoire sur la réflexion et la réfraction de la lumière à la surface extérieure d'un corps transparent qui décompose un rayon simple doué de la polarisation rectiligne, en deux rayons polarisés circulairement en sens contraires.

C. R., T. XXXI, p. 112 (29 juillet 1850).

Dans ce Mémoire, l'auteur détermine, à l'aide des méthodes générales qu'il a précédemment exposées, les intensités et le mode de polarisation des rayons réfléchis et des deux rayons réfractés par la surface extérieure d'un corps transparent, en appliquant spécialement ses formules au cas où le corps dont il s'agit décompose un rayon simple en deux rayons doués de la polarisation circulaire.

466.

Théorie de la lumière. — *Rapport sur un Mémoire de M.* Jamin, *relatif à la double réfraction elliptique du quartz.*

C. R., T. XXXI, p. 112 (29 juillet 1850).

Lorsqu'un rayon de lumière, doué de la polarisation rectiligne, rencontre, sous l'incidence perpendiculaire, la surface extérieure d'une plaque de cristal de roche taillée perpendiculairement à l'axe optique, un prisme analyseur décompose le rayon émergent en deux rayons colorés, dont les teintes sont complémentaires et varient, quand le prisme analyseur vient à tourner. Ce phénomène remarquable, découvert en 1811 par M. Arago, devint bientôt l'objet de recherches approfondies. M. Biot reconnut que l'azimut d'un rayon simple et complètement polarisé était dévié par la plaque de cristal de roche, tantôt à droite, tantôt à gauche, le sens de la rotation étant déterminé par la nature spéciale de la plaque employée. Il reconnut encore que l'angle de rotation était proportionnel à l'épaisseur de la plaque, mais variable avec la réfrangibilité, et réciproquement proportionnel, pour des rayons de réfrangibilités diverses, aux carrés des longueurs d'ondulation. Il restait à donner une explication du phénomène. Une idée heureuse et neuve s'offrit au génie de Fresnel. Il trouva que, pour rendre compte de l'expérience, il suffisait d'attribuer à la plaque de cristal de roche le pouvoir de décomposer le rayon incident en deux autres rayons polarisés circulairement, mais en sens contraires, et propagés avec des vitesses inégales. Effectivement, la superposition de deux semblables rayons reproduit à chaque instant un rayon doué de la polarisation rectiligne, mais polarisé suivant une droite mobile qui tourne autour du rayon en décrivant un angle proportionnel au chemin parcouru.

Lorsque la plaque de cristal de roche est terminée par des faces non plus perpendiculaires, mais parallèles à l'axe optique, le phénomène que nous venons de rappeler disparaît, du moins sous l'incidence perpendiculaire; mais il reparaît peu à peu sous les incidences obliques, ou bien encore quand les faces qui terminent la plaque sont inclinées sur l'axe. Pour expliquer ces faits, M. Airy a généralisé l'hypothèse admise par Fresnel, et supposé que le cristal de roche décompose un rayon doué de la polarisation rectiligne, mais oblique à l'égard de l'axe du cristal, en deux rayons doués de la polarisation elliptique, mais propagés avec des vitesses inégales, dans lesquels les atomes d'éther décrivent deux ellipses semblables entre elles, les grands axes de ces ellipses étant perpendiculaires l'un à l'autre, et l'un de ces grands axes étant perpendiculaire à l'axe optique. La superposition de ces deux derniers rayons reproduit à chaque instant un nouveau rayon polarisé elliptiquement, dont il suffit de reconnaître les éléments pour être en état de déterminer la différence entre les phases des deux rayons composants et le rapport entre les deux axes de l'ellipse correspondante à chacun d'eux. M. Airy a d'ailleurs suffisamment justifié son hypothèse, à l'aide d'expériences dont les résultats se sont accordés avec elle.

Quant à la loi suivant laquelle les deux paramètres qui déterminent la nature du rayon résultant varient avec l'inclinaison de ce rayon par rapport à l'axe optique du cristal, elle a été d'abord recherchée par M. Mac-Culagh. Cet auteur a reconnu que, pour obtenir la loi énoncée par M. Biot, il suffisait d'introduire deux termes du troisième ordre, avec des coefficients égaux au signe près, mais affectés de signes contraires, dans les équations aux dérivées partielles du second ordre, qui peuvent représenter, non pas un mouvement vibratoire quelconque, mais un rayon simple propagé au travers d'un cristal à un seul axe optique, dans le cas où l'on prend pour variable indépendante, outre le temps, une seule coordonnée mesurée dans la direction de ce rayon. M. Mac-Culagh a d'ailleurs constaté l'accord de la formule en termes finis à laquelle il est parvenu avec deux expériences de M. Airy. Ajoutons que l'un de nous a déduit de la théorie des actions moléculaires des formules qui, dans le cas où il s'agit de rayons peu inclinés sur l'axe optique du cristal de roche, s'accordent sensiblement, au moins sous certaines conditions, avec les hypothèses et les formules de MM. Airy et Mac-Culagh.

M. Jamin a pensé, avec raison, qu'il serait utile d'appliquer à l'étude de la double réfraction produite par le cristal de roche les procédés à l'aide desquels il avait déterminé, d'une manière si précise, la nature des rayons réfléchis par la surface d'un corps isophane et constaté les lois de cette réflexion.

En conséquence, il a étudié avec soin le mode de polarisation du rayon émergent d'une plaque de cristal de roche taillée perpendiculairement à l'axe optique, dans le cas où le rayon incident est doué de la polarisation rectiligne, et en admettant que la forme de l'ellipse décrite par un atome d'éther dans un rayon peu incliné à l'axe optique est très peu modifiée par la réfraction à l'émergence. Les résultats que M. Jamin a déduits de ses observations s'accordent avec les formules que nous avons ci-dessus mentionnées et sont renfermés dans plusieurs Tableaux auxquels les physiciens attacheront certainement beaucoup de prix.

En résumé, les Commissaires sont d'avis que le nouveau Mémoire de M. Jamin est digne, comme ses Mémoires précédents, d'être approuvé par l'Académie, et imprimé dans le *Recueil des Savants étrangers*.

467.

THÉORIE DE LA LUMIÈRE. — *Sur les rayons de lumière réfléchis et réfractés par la surface d'un corps transparent.*

C. R., T. XXXI, p. 160 (5 août 1850).

Comme je l'ai remarqué dans d'autres Mémoires, le principe de la continuité du mouvement dans l'éther fournit le moyen de calculer les éléments des rayons de lumière réfléchis ou réfractés par la surface extérieure ou intérieure d'un corps transparent ou opaque.

Concevons, pour fixer les idées, que la réflexion et la réfraction soient opérées par la surface extérieure d'un corps transparent. Supposons que cette surface soit plane, et rapportons les différents points de l'espace à trois axes rectangulaires x, y, z. Enfin, concevons que, le corps transparent étant situé du côté des x positives, on prenne sa surface extérieure pour plan des y, z, et faisons tomber sur cette surface un rayon simple dont la direction soit celle d'une droite renfermée dans le plan des x, y.

Nommons

τ l'angle d'incidence, et soient, dans le rayon incident,

T la durée d'une vibration atomique;

l la longueur d'ondulation;

ξ, η, ζ les déplacements effectifs d'un atome d'éther mesurés, au bout du temps t, parallèlement aux axes des x, y, z;

$\bar{\xi}$, $\bar{\eta}$, $\bar{\zeta}$ les déplacements symboliques du même atome.

Le mouvement simple correspondant au rayon incident sera caractérisé par l'exponentielle

$$e^{ux+vy-st},$$

les valeurs de u, v, s étant déterminées par les formules

$$u = k\cos\tau, \qquad v = k\sin\tau, \qquad k = \frac{2\pi}{l}\mathrm{i}, \qquad s = \frac{2\pi}{T}\mathrm{i},$$

et i étant l'une des racines carrées de -1. D'ailleurs la réflexion et la réfraction opérées par la surface extérieure du corps transparent donneront naissance : 1° à deux rayons réfléchis, l'un visible, l'autre évanescent; 2° à trois rayons réfractés, dont les deux premiers se réduiront souvent à un seul, le troisième étant évanescent. Cela posé, concevons que les déplacements effectifs d'un atome et le coefficient de x dans l'exponentielle qui caractérise un mouvement simple, c'est-à-dire les quantités représentées par

$$\xi, \quad \eta, \quad \zeta, \quad u,$$

quand il s'agit du rayon incident, deviennent

$\xi_1, \quad \eta_1, \quad \zeta_1, \quad u_1,$	pour le rayon réfléchi visible;
$\xi_e, \quad \eta_e, \quad \zeta_e, \quad u_e,$	pour le rayon réfléchi évanescent;
$\xi', \quad \eta', \quad \zeta', \quad u',$ $\xi'', \quad \eta'', \quad \zeta'', \quad u'',$	pour les rayons réfractés visibles;
$\xi'_e, \quad \eta'_e, \quad \zeta'_e, \quad u'_e,$	pour le rayon réfracté évanescent.

On aura

$$u_1 = -u;$$

et, si l'on désigne chaque déplacement symbolique à l'aide d'un trait horizontal superposé au déplacement effectif correspondant, les équations de condition relatives à une valeur nulle de x se réduiront sensiblement aux formules

$$(1)\quad \left\{ \begin{aligned} &\bar\xi + \bar\xi_1 - \bar\xi' - \bar\xi'' = \bar\xi'_e - \bar\xi_e, && u(\bar\xi - \bar\xi_1) - u'\bar\xi' - u''\bar\xi'' = u'_e\bar\xi'_e - u_e\bar\xi_e, \\ &\bar\eta + \bar\eta_1 - \bar\eta' - \bar\eta'' = \bar\eta'_e - \bar\eta_e, && u(\bar\eta - \bar\eta_1) - u'\bar\eta' - u''\bar\eta'' = u'_e\bar\eta'_e - u_e\bar\eta_e, \\ &\bar\zeta + \bar\zeta_1 - \bar\zeta' - \bar\zeta'' = \bar\zeta'_e - \bar\zeta_e, && u(\bar\zeta - \bar\zeta_1) - u'\bar\zeta' - u''\bar\zeta'' = u'_e\bar\zeta'_e - u_e\bar\zeta_e. \end{aligned} \right.$$

D'ailleurs, le rayon réfléchi visible offrant des vibrations transversales comme le rayon incident, on aura, non seulement

$$(2) \qquad u\bar{\xi} + v\bar{\eta} = 0,$$

mais encore

$$(3) \qquad u\bar{\xi}_1 - v\bar{\eta}_1 = 0;$$

et l'on trouvera, au contraire, pour le rayon réfléchi évanescent,

$$(4) \qquad \frac{\bar{\xi}_e}{u_e} = \frac{\bar{\eta}_e}{v}, \qquad \zeta_e = 0.$$

Ajoutons que, u'' étant égal à u' dans tout corps isophane qui produit la réfraction simple, et peu différent de u' dans les corps doublement réfringents, on pourra, dans une première approximation, supposer les formules (1) réduites aux suivantes :

$$(5) \quad \left\{ \begin{array}{ll} \bar{\xi} + \bar{\xi}_1 - \bar{\xi}' - \bar{\xi}'' = \bar{\xi}'_e - \bar{\xi}_e, & u(\bar{\xi} - \bar{\xi}_1) - \dfrac{u' + u''}{2}(\bar{\xi}' + \bar{\xi}'') = u'_e \bar{\xi}'_e - u_e \bar{\xi}_e, \\ \bar{\eta} + \bar{\eta}_1 - \bar{\eta}' - \bar{\eta}'' = \bar{\eta}'_e - \bar{\eta}_e, & u(\bar{\eta} - \bar{\eta}_1) - \dfrac{u' + u''}{2}(\bar{\eta}' + \bar{\eta}'') = u'_e \bar{\eta}'_e - u_e \bar{\eta}_e, \\ \bar{\zeta} + \bar{\zeta}_1 - \bar{\zeta}' - \bar{\zeta}'' = \bar{\zeta}'_e - \bar{\zeta}_e, & u(\bar{\zeta} - \bar{\zeta}_1) - \dfrac{u' + u''}{2}(\bar{\zeta}' + \bar{\zeta}'') = u'_e \bar{\zeta}'_e - u_e \bar{\zeta}_e. \end{array} \right.$$

Enfin, les formules

$$(6) \qquad \frac{u' + u''}{2}(\bar{\xi}' + \bar{\xi}'') + v(\bar{\eta}' + \bar{\eta}'') = 0,$$

$$(7) \qquad \frac{\bar{\xi}'_e}{u'_e} = \frac{\bar{\eta}'_e}{v}, \qquad \zeta'_e = 0,$$

qui se vérifieront complètement, si le corps donné est isophane et produit la réfraction simple, seront encore sensiblement exactes dans le cas contraire. Or il est clair que les douze équations (3), (4), (5), (6), (7) suffiront à déterminer, sur la surface extérieure du corps transparent, les valeurs des douze inconnues

$$\bar{\xi}_1, \quad \bar{\eta}_1, \quad \bar{\zeta}_1, \quad \bar{\xi}' + \bar{\xi}'', \quad \bar{\eta}' + \bar{\eta}'', \quad \bar{\zeta}' + \bar{\zeta}'', \quad \bar{\xi}_e, \quad \bar{\eta}_e, \quad \bar{\zeta}_e, \quad \bar{\xi}'_e, \quad \bar{\eta}'_e, \quad \bar{\zeta}'_e$$

en fonctions linéaires des déplacements symboliques

$$\bar{\xi},\quad \bar{\eta},\quad \bar{\zeta},$$

dont les deux premiers sont liés entre eux par la formule (2). On trouvera en particulier

$$(8)\qquad \bar{\zeta}_1 = \frac{u - \dfrac{u'+u''}{2}}{u + \dfrac{u'+u''}{2}}\bar{\zeta},\qquad \bar{\zeta}' + \bar{\zeta}'' = \frac{2u}{u + \dfrac{u'+u''}{2}}\bar{\zeta}$$

et

$$(9)\quad \left\{\begin{aligned} \bar{\xi}_1 &= -\frac{u\dfrac{u'+u''}{2} - v^2 + \varepsilon v^2\left(u + \dfrac{u'+u''}{2}\right)}{u\dfrac{u'+u''}{2} + v^2 + \varepsilon v^2\left(u - \dfrac{u'+u''}{2}\right)}\,\frac{u - \dfrac{u'+u''}{2}}{u + \dfrac{u'+u''}{2}}\bar{\xi},\\ \bar{\xi}' + \bar{\xi}'' &= \frac{k^2}{u\dfrac{u'+u''}{2} + v^2 + \varepsilon v^2\left(u - \dfrac{u'+u''}{2}\right)}\,\frac{2u}{u + \dfrac{u'+u''}{2}}\bar{\xi},\end{aligned}\right.$$

la valeur de ε étant

$$\varepsilon = \frac{u_e + u'_e}{u_e u'_e - v^2}.$$

Il est bon d'observer que, dans ces diverses formules, u_e, u'_e seront deux quantités algébriques, la première négative, la seconde positive. Au contraire, u, u', u'' seront trois quantités géométriques respectivement égales au produit du facteur symbolique i par trois quantités positives. Ajoutons que, si l'on nomme l', l'' les longueurs d'ondulation dans les deux rayons réfractés et τ', τ'' les angles de réfraction correspondants, on aura

$$u' = k'\cos\tau',\qquad u'' = k''\cos\tau'',\qquad v = k'\sin\tau' = k''\sin\tau'',$$

les valeurs de k', k'' étant

$$k' = \frac{2\pi}{\mathrm{l}'}\,\mathrm{i},\qquad k'' = \frac{2\pi}{\mathrm{l}''}\,\mathrm{i}.$$

Lorsque le corps donné produit la réfraction simple, on a

$$u' = u'' = \frac{u'+u''}{2}.$$

Alors aussi, les rayons réfractés se réduisant à un seul, on peut, dans les formules (8), (9), poser

$$\xi'' = 0, \qquad \zeta'' = 0,$$

et par suite les équations (8), (9) coïncident avec celles que nous avons obtenues dans de précédents Mémoires.

Lorsque le corps donné ne produit pas la réfraction simple, les formules (8), (9) sont seulement approximatives. Alors aussi les inconnues renfermées dans les équations (1) sont au nombre de quinze; et, pour déterminer ces quinze inconnues, il suffit de joindre aux équations (3), (4), (5) les six équations linéaires qui fournissent, pour chacun des trois rayons réfractés, les rapports entre les trois déplacements symboliques comparés deux à deux.

Supposons, par exemple, que le corps donné soit du nombre des corps isophanes qui décomposent un rayon incident en deux rayons polarisés circulairement en sens contraires. Alors, en posant

$$k'^2 = u'^2 + v^2, \qquad k''^2 = u''^2 + v^2,$$

et choisissant k', k'', de manière que les rapports $\frac{k'}{u'}$, $\frac{k''}{u''}$ soient positifs, on obtiendra, pour représenter les deux rayons réfractés visibles, deux équations de la forme

$$(10) \qquad \begin{cases} \dfrac{\bar{\xi}'}{v} = \dfrac{\bar{\eta}'}{-u'} = \dfrac{\bar{\zeta}'}{-k'\mathrm{i}}, \\[2ex] \dfrac{\bar{\xi}''}{v} = \dfrac{\bar{\eta}''}{-u''} = \dfrac{\bar{\zeta}''}{-k''\mathrm{i}}; \end{cases}$$

et, des formules (1), jointes aux formules (3), (4), (7) et (10), on déduira immédiatement les valeurs des quinze inconnues

$$\bar{\xi}_1, \ \bar{\eta}_1, \ \bar{\zeta}_1; \quad \bar{\xi}', \ \bar{\eta}', \ \bar{\zeta}'; \quad \bar{\xi}'', \ \bar{\eta}'', \ \bar{\zeta}''; \quad \bar{\xi}_e, \ \bar{\eta}_e, \ \bar{\zeta}_e; \quad \bar{\xi}'_e, \ \bar{\eta}'_e, \ \bar{\zeta}'_e.$$

Si l'on veut, en particulier, déterminer les inconnues

$$\bar{\xi}_1, \ \bar{\zeta}_1; \quad \bar{\xi}', \ \bar{\zeta}'; \quad \bar{\xi}'', \ \bar{\zeta}'',$$

desquelles on déduit aisément toutes les autres, alors on pourra commencer par tirer des formules (8) et (9) les valeurs approchées de

$$\bar{\xi}_1,\ \bar{\zeta}_1;\qquad \bar{\xi}'+\bar{\xi}'',\ \ \bar{\zeta}'+\bar{\zeta}'';$$

puis on déduira des formules

$$(11)\qquad \begin{cases} \bar{\xi}''-\bar{\xi}'=-\mathrm{i}\dfrac{2v}{k'+k''}(\bar{\zeta}'+\bar{\zeta}''),\\[2mm] \bar{\zeta}''-\bar{\zeta}'=\ \ \mathrm{i}\dfrac{k'+k''}{2v}(\bar{\xi}'+\bar{\xi}'') \end{cases}$$

les valeurs correspondantes de

$$\bar{\xi}''-\bar{\xi}',\quad \bar{\zeta}''-\bar{\zeta}';$$

et, après avoir tiré des équations (8), (9), (11) les valeurs des six inconnues

$$\bar{\xi}_1,\ \bar{\zeta}_1;\quad \bar{\xi}',\ \bar{\zeta}';\quad \bar{\xi}'',\ \bar{\zeta}'',$$

on corrigera les inconnues

$$\bar{\zeta}_1,\ \ \bar{\zeta}'+\bar{\zeta}'',\ \ \bar{\xi}_1,\ \ \bar{\xi}'+\bar{\xi}'',$$

en déterminant leurs corrections, indiquées par l'emploi de la lettre caractéristique δ, à l'aide des formules

$$(12)\qquad \delta\bar{\zeta}_1=\delta(\bar{\zeta}'+\bar{\zeta}'')=-\mathrm{i}\frac{k''+k'}{4v}\,\frac{u''-u'}{u+\dfrac{u'+u''}{2}}(\bar{\xi}'+\bar{\xi}''),$$

$$(13)\qquad \delta\bar{\xi}_1=-\mathrm{i}\frac{u'u''-v^2}{u\dfrac{u'+u''}{2}+v^2}\,\frac{u''-u'}{u+\dfrac{u'+u''}{2}}\,\frac{v}{k'+k''}(\bar{\zeta}'+\bar{\zeta}''),$$

$$(14)\qquad \delta(\bar{\xi}'+\bar{\xi}'')=\ \ \mathrm{i}\frac{u(u'+u'')+k^2}{u\dfrac{u'+u''}{2}+v^2}\,\frac{u''-u'}{u+\dfrac{u'+u''}{2}}\,\frac{v}{k'+k''}(\bar{\zeta}'+\bar{\zeta}'').$$

Enfin, après avoir ainsi corrigé les valeurs des inconnues

$$\bar{\xi}_1,\ \ \bar{\zeta}_1$$

et celles des sommes

$$\bar{\xi}'+\bar{\xi}'',\ \ \bar{\zeta}'+\bar{\zeta}'',$$

on déterminera les différences

$$\bar{\xi}'' - \bar{\xi}', \quad \bar{\zeta}'' - \bar{\zeta}'$$

à l'aide des formules

$$(15) \quad \begin{cases} \bar{\xi}'' - \bar{\xi}' = -\mathrm{i}\dfrac{2v}{k' + k''}(\bar{\zeta}' + \bar{\zeta}'') - \dfrac{u''^2 - u'^2}{4k'k''}(\bar{\xi}' + \bar{\xi}''), \\ \bar{\zeta}'' - \bar{\zeta}' = \mathrm{i}\dfrac{k' + k''}{2v}(\bar{\xi}' + \bar{\xi}'') + \dfrac{u''^2 - u'^2}{4k'k''}(\bar{\zeta}' + \bar{\zeta}''), \end{cases}$$

Il est bon d'observer que, dans les formules (8), (9), (12), (13), (14), (15), les valeurs des deux quantités

$$\varepsilon, \quad u'' - u'$$

sont très petites, et que, dans le calcul des inconnues déterminées à l'aide de ces formules, les erreurs commises sont de même ordre que les carrés de ces deux quantités. Ajoutons que, dans ces diverses formules, on peut aisément introduire, à la place des lettres

$$u, \quad v, \quad u', \quad u'', \quad k, \quad k', \quad k'',$$

les angles τ, τ', τ''. C'est, au reste, ce que j'expliquerai plus en détail dans un nouvel article.

Les formules (12) et (13) méritent d'être remarquées. Les valeurs qu'elles fournissent pour $\delta\bar{\zeta}_1$ et $\delta\bar{\xi}_1$ sont proportionnelles, la première à $\bar{\xi}$, la seconde à $\bar{\zeta}$, tandis que les valeurs de $\bar{\zeta}_1$ et de $\bar{\xi}_1$, fournies par les équations (8) et (9), sont respectivement proportionnelles à $\bar{\zeta}$ et à $\bar{\xi}$. D'ailleurs, les valeurs de $\delta\bar{\zeta}_1$ et $\delta\bar{\xi}_1$ disparaissent quand on a $u'' = u'$, c'est-à-dire quand les deux rayons réfractés se réduisent à un seul. Donc, dans ce cas, un rayon incident, polarisé suivant le plan d'incidence ou perpendiculairement à ce plan, conservera après la réflexion le mode de polarisation qu'il offrait primitivement. Mais il résulte des formules (12) et (13) qu'il en sera autrement si le corps donné est doublement réfringent, et qu'alors un rayon incident polarisé, par exemple dans le plan d'incidence, donnera naissance à un rayon réfléchi doué de la polarisation elliptique. D'ailleurs, ce rayon réfléchi pourra être considéré comme résultant de la superposition de deux rayons simples, l'un très sensible et polarisé dans le plan d'incidence, l'autre peu sensible et polarisé perpendiculairement à ce plan. Ajoutons que ce dernier rayon sera d'autant plus brillant que le module de la différence $u'' - u'$ sera plus considérable.

Le phénomène que je viens d'indiquer devra évidemment se produire encore quand un rayon simple sera réfléchi, sous une incidence voisine de l'incidence normale, par la surface extérieure du cristal de roche taillé perpendiculairement à son axe. Alors aussi un rayon incident, polarisé dans le plan d'incidence ou dans un plan perpendiculaire, donnera naissance à un rayon réfléchi, doué de la polarisation elliptique, le rapport du petit axe de l'ellipse au grand axe étant proportionnel à la différence entre les vitesses de propagation des deux rayons polarisés circulairement par le cristal en sens contraires.

468.

THÉORIE DE LA LUMIÈRE. — *Sur les rayons de lumière réfléchis et réfractés par la surface d'un corps transparent et isophane.*

C. R., T. XXXI, p. 225 (19 août 1850).

Dans l'avant-dernière séance, j'ai appliqué les principes que j'avais précédemment établis, à la réflexion et à la réfraction de la lumière opérées par la surface extérieure d'un corps transparent. Je vais aujourd'hui développer les conséquences de mon analyse, dans le cas spécial où le corps transparent est *isophane*.

Les corps transparents et isophanes sont de deux espèces. Il en est à travers lesquels peuvent se propager des rayons lumineux simples, doués de la polarisation rectiligne. Il est d'autres corps isophanes qui possèdent ce qu'on a nommé le *pouvoir rotatoire*, et dont la structure se prête à la propagation simultanée de rayons lumineux simples polarisés circulairement en sens contraires. Ajoutons que, pour expliquer les phénomènes de réflexion et de réfraction, il est nécessaire de tenir compte, non seulement des rayons visibles réfléchis ou réfractés, mais encore d'autres rayons que nous appelons *évanescents,* que la théorie met en évidence et qui échappent à l'observateur, parce qu'ils deviennent insensibles à de très petites distances des surfaces réfléchissantes ou réfringentes.

Cela posé, concevons que, un corps transparent et isophane étant terminé par une surface plane, on fasse tomber sur cette surface un rayon simple doué de la polarisation rectiligne. Si le corps ne possède pas le pouvoir rotatoire, la réflexion et la réfraction donneront naissance à deux rayons réfléchis et à deux rayons réfractés, l'un visible, l'autre évanescent. Alors aussi les lois de la réflexion et de la réfraction seront fournies, dans une première approximation, par les formules de Fresnel, qui supposent que le rayon réfléchi est toujours doué, comme le rayon incident, de la polarisation rectiligne. Observons que ces formules, qui contiennent les angles d'incidence et de réfraction, peuvent être censées renfermer, avec l'angle d'incidence, un seul élément, savoir celui qu'on nomme l'*indice de réfraction*. Ajoutons que, en vertu des formules de Fresnel, un rayon réfléchi sous l'angle qui a pour tangente l'indice de réfraction devra toujours être complètement polarisé dans le plan d'incidence. Dans la réalité, il en est autrement. Lorsqu'un rayon simple doué de la polarisation rectiligne tombe sur la surface extérieure d'un corps transparent et isophane, la réflexion donne généralement naissance à un rayon doué de la polarisation elliptique; et si, afin de mieux observer les phénomènes, on substitue la lumière solaire à la lumière diffuse, comme l'a fait M. Jamin, les résultats des expériences devenues plus exactes seront conformes, non aux formules de Fresnel, mais à celles que j'ai données en 1839, et qui renferment, avec les angles d'incidence et de réfraction déjà contenus dans les anciennes formules, un nouvel élément, savoir celui que M. Jamin appelle le *coefficient d'ellipticité.*

Les nouvelles formules que renferme le présent Mémoire se rapportent au cas où le corps transparent et isophane que l'on considère est un corps qui possède le pouvoir rotatoire. Alors les lois de la réflexion et de la réfraction des rayons lumineux diffèrent de celles que j'ai données en 1839, et la théorie, devançant l'expérience, indique de nouveaux phénomènes qui semblent d'autant plus dignes d'attention qu'ils n'ont pas encore été, du moins à ma connaissance, observés par les physiciens. Parmi les phénomènes dont il s'agit, on doit surtout remarquer ceux qui sont relatifs à la réflexion de la lumière. Disons en peu de mots en quoi ils consistent.

Lorsqu'un rayon simple, et doué de la polarisation rectiligne, tombe sur une surface plane qui termine un corps transparent et isophane, ce rayon peut toujours être censé résulter de la superposition de deux rayons simples polarisés, l'un dans le plan d'incidence, l'autre perpendiculairement à ce plan. De ces deux rayons superposés, chacun continue d'être, après la réflexion, polarisé rectilignement quand le corps donné ne possède pas le pouvoir rotatoire. Seulement alors la phase d'un rayon primitivement polarisé dans le plan d'incidence est toujours augmentée d'une demi-circonférence, tandis que la phase d'un rayon primitivement polarisé dans un plan perpendiculaire au plan d'incidence est augmentée d'un arc qui varie avec l'incidence; cet arc se réduisant à zéro pour l'incidence perpendiculaire, à une demi-circonférence environ pour l'incidence rasante, et croissant dans l'intervalle avec l'angle d'incidence. Ajoutons que l'arc dont il s'agit croît très lentement dans le voisinage des incidences perpendiculaire et rasante, et que, par suite, il peut être censé s'élever de la limite zéro à la limite π, tandis que l'angle d'incidence varie entre deux limites très rapprochées l'une de l'autre. Le même arc acquiert la valeur moyenne $\frac{\pi}{2}$, pour l'incidence appelée *principale,* dont la tangente se réduit sensiblement à l'indice de réfraction. Cela posé, il est clair que, si le plan de polarisation d'un rayon incident forme un angle aigu avec le plan d'incidence, le rayon réfléchi sera doué de la polarisation rectiligne dans le voisinage de l'incidence perpendiculaire ou rasante et de la polarisation elliptique dans le voisinage de l'incidence principale. Mais cette polarisation elliptique du rayon réfléchi sera uniquement due à la différence entre les phases qu'acquerront après la réflexion les deux rayons superposés l'un à l'autre dans le rayon incident, et polarisés l'un dans le plan d'incidence, l'autre dans un plan perpendiculaire.

Il en sera tout autrement si le corps isophane donné possède le pouvoir rotatoire. Alors les formules qui représenteront les lois de la réflexion et de la réfraction renfermeront, outre l'angle d'incidence, deux angles de réfraction qui correspondront aux deux rayons réfractés, polarisés circulairement en sens contraires, et un coefficient d'ellipticité. Ces formules pourront donc être censées renfermer, avec l'angle d'incidence, non plus un seul élément, mais trois éléments, savoir : le coefficient d'ellipticité dont il s'agit, et deux indices de réfraction ou, ce qui revient au même, la différence entre ces deux indices et l'indice de réfraction moyen. Alors aussi la réflexion d'un rayon simple polarisé dans le plan d'incidence ou perpendiculairement à ce plan donnera généralement naissance, non plus à un rayon qui reproduira le même mode de polarisation, mais à un rayon doué de la polarisation elliptique. Entrons à ce sujet dans quelques détails.

Concevons d'abord que le rayon incident soit polarisé dans le plan d'incidence. Alors le rayon réfléchi sera doué lui-même de la polarisation rectiligne et polarisé dans le plan d'incidence si l'angle de réfraction moyenne se réduit à la moitié d'un angle droit. Mais, si l'angle de réfraction moyenne diffère d'un demi-droit, le rayon réfléchi sera doué de la polarisation elliptique et résultera de la superposition de deux rayons polarisés, l'un dans le plan d'incidence, l'autre perpendiculairement à ce plan. D'ailleurs de ces deux rayons superposés, le premier sera très sensible, et le même, à très peu près, que si le corps isophane possédait le pouvoir rotatoire dont il est doué, l'indice de réfraction moyenne demeurant invariable. Au contraire, le dernier des deux rayons superposés sera peu sensible, et présentera des vibrations atomiques dont l'amplitude sera proportionnelle à la différence entre les deux indices de réfraction.

Concevons maintenant que le rayon incident soit polarisé dans un plan perpendiculaire au plan d'incidence; alors le rayon réfléchi sera doué lui-même de la polarisation rectiligne, mais polarisé dans un plan qui formera un angle aigu avec le plan d'incidence, si l'angle d'incidence se réduit à l'*incidence principale,* dont la tangente est à très peu près l'indice de réfraction moyenne. D'ailleurs, dans ce cas particulier, l'azimut du rayon réfléchi par rapport au plan d'incidence offrira une tangente proportionnelle à la différence entre les deux indices de réfraction, et réciproquement proportionnelle au coefficient d'ellipticité. Si l'angle d'incidence diffère notablement de l'incidence principale, le rayon réfléchi sera doué de la polarisation elliptique, et résultera de la superposition de deux rayons polarisés l'un dans le plan d'incidence, l'autre perpendiculairement à ce plan. D'ailleurs, de ces deux rayons superposés, le second sera généralement très sensible, et le même, à très peu près, que si le corps isophane perdait le pouvoir rotatoire dont il est doué, l'indice de réfraction moyenne demeurant invariable. Au contraire, le premier des deux rayons superposés sera peu sensible, et présentera des vibrations atomiques dont l'amplitude sera proportionnelle à la différence entre les deux indices de réfraction.

D'après ce qu'on vient de dire, la surface extérieure d'un corps doué du pouvoir rotatoire offre cette singulière propriété, qu'elle transforme par réflexion, sous l'incidence principale, un rayon polarisé perpendiculairement au plan d'incidence en un rayon polarisé dans une direction oblique à ce plan. Ce fait nouveau, que l'Analyse nous révèle, piquera sans doute la curiosité des physiciens. Il sera intéressant de voir si les prévisions de la théorie se trouvent, sur ce point encore, confirmées par l'expérience.

Analyse.

Considérons un corps transparent et isophane qui possède le pouvoir rotatoire. Supposons d'ailleurs ce corps terminé par une surface plane que nous prendrons pour plan de yz, le corps étant situé du côté des x positives, et faisons tomber sur cette surface un rayon lumineux simple, dont la direction soit comprise dans le plan des xy. Les lois de la réflexion et de la réfraction seront fournies par les équations (1), (3), (4), (7) et (10) du précédent Mémoire, qui suffiront pour déterminer les valeurs des quinze inconnues qu'elles renferment, en fonctions linéaires des trois déplacements symboliques

$$\bar{\xi},\quad \bar{\eta},\quad \bar{\zeta},$$

dont les deux premiers sont liés entre eux par l'équation (2). Il est bon d'observer que des équations (1), jointes aux équations (2), (4) et (7), on déduira immédiatement les formules

$$\bar{\zeta}+\bar{\zeta}_1=\bar{\zeta}'+\bar{\zeta}'',\qquad u(\bar{\zeta}-\bar{\zeta}_1)=u'\bar{\zeta}'+u''\bar{\zeta}''; \tag{1}$$

$$k^2(\bar{\xi}+\bar{\xi}_1)=k'^2\bar{\xi}'+k''^2\bar{\xi}''; \tag{2}$$

$$\bar{\eta}+\bar{\eta}_1-\bar{\eta}'-\bar{\eta}''=\varepsilon v(\bar{\xi}+\bar{\xi}_1-\bar{\xi}'-\bar{\xi}''), \tag{3}$$

la valeur de ε étant

$$\varepsilon=\frac{u_e+u'_e}{u_e u'_e-v^2},$$

et que le premier membre de la formule (3), multipliée par v, sera équivalent à

$$u'\bar{\xi}'+u''\bar{\xi}''-u(\bar{\xi}-\bar{\xi}_1),$$

en sorte qu'on aura

$$(u+\varepsilon v^2)\bar{\xi}-(u-\varepsilon v^2)\bar{\xi}_1=(u'+\varepsilon v^2)\bar{\xi}'+(u''+\varepsilon v^2)\bar{\xi}''. \tag{4}$$

Si des équations (2) et (4) on élimine $\bar{\xi}'$ et $\bar{\xi}''$, à l'aide des formules (10) du précédent Mémoire, on trouvera

$$k^2(\bar{\xi}+\bar{\xi}_1)=\mathrm{i}\, v(k'\bar{\zeta}'-k''\bar{\zeta}'') \tag{5}$$

et

$$(u+\varepsilon v^2)\bar{\xi}-(u-\varepsilon v^2)\bar{\xi}_1=\mathrm{i}\, v\left(\frac{u'+\varepsilon v^2}{k'}\bar{\zeta}'-\frac{u''+\varepsilon v^2}{k''}\bar{\zeta}''\right). \tag{6}$$

Les quatre équations (1), (5), (6) suffiront évidemment pour déterminer les valeurs des quatre inconnues

$$\bar{\xi}_1,\quad \bar{\zeta}_1,\quad \bar{\zeta}',\quad \bar{\zeta}''$$

en fonctions linéaires de $\bar{\xi}$ et de $\bar{\zeta}$.

Concevons maintenant que l'on nomme $\mathrm{8}$, $\mathrm{8}_1$ les déplacements atomiques mesurés dans le plan d'incidence, suivant une direction parallèle au plan des ondes, et qu'à ces déplacements effectifs correspondent les déplacements symboliques $\bar{\mathrm{8}}$, $\bar{\mathrm{8}}_1$. Si l'on attribue aux quantités $\mathrm{8}$, $\mathrm{8}_1$ les mêmes signes qu'aux quantités ξ, ξ_1, les deux rapports $\frac{\xi}{\mathrm{8}}$, $\frac{\xi_1}{\mathrm{8}_1}$ pourront être supposés égaux au rapport

$$\frac{v}{k} = \sin\tau,$$

τ étant l'angle d'incidence, et les formules (5), (6) donneront

$$k(\bar{\mathrm{8}} + \bar{\mathrm{8}}_1) = \mathrm{i}(k'\bar{\zeta}' - k''\bar{\zeta}''), \tag{7}$$

$$\frac{u + \varepsilon v^2}{k}\bar{\mathrm{8}} - \frac{u - \varepsilon v^2}{k}\bar{\mathrm{8}}_1 = \mathrm{i}\left(\frac{u' + \varepsilon v^2}{k'}\bar{\zeta}' - \frac{u'' + \varepsilon v^2}{k''}\bar{\zeta}''\right). \tag{8}$$

Il est bon d'observer qu'on tire des équations (1)

$$2u\bar{\zeta} = (u + u')\bar{\zeta}' + (u + u'')\bar{\zeta}'', \qquad 2u\bar{\zeta}_1 = (u - u')\bar{\zeta}' + (u - u'')\bar{\zeta}''. \tag{9}$$

Pareillement, on tire des équations (7) et (8)

$$2u\bar{\mathrm{8}} = \mathrm{i}(\mathrm{U}'\bar{\zeta}' - \mathrm{U}''\bar{\zeta}''), \qquad 2u\bar{\mathrm{8}}_1 = \mathrm{i}(\mathrm{V}'\bar{\zeta} - \mathrm{V}''\bar{\zeta}), \tag{10}$$

les valeurs de U', V' étant déterminées,

$$\mathrm{U}' = \frac{k'}{k}(u - \varepsilon v^2) + \frac{k}{k'}(u' + \varepsilon v^2), \qquad \mathrm{V}' = \frac{k'}{k}(u + \varepsilon v^2) - \frac{k}{k'}(u' + \varepsilon v^2),$$

et U'', V'' étant ce que deviennent U', V' quand on y remplace u' et k' par u'' et k''.

En vertu des formules (1), (7), (8) la valeur de chacune des inconnues

$$\bar{\mathrm{8}}_1,\quad \bar{\zeta}_1,\quad \bar{\zeta}',\quad \bar{\zeta}''$$

se composera de deux parties, l'une proportionnelle à $\bar{8}$, l'autre à $\bar{\zeta}$. On pourra d'ailleurs calculer séparément ces deux parties, en supposant d'abord $\bar{\zeta} = 0$, puis ensuite $\bar{8} = 0$; ce qui revient à substituer successivement au rayon incident les deux rayons qui, étant superposés l'un à l'autre, le reproduisent, et qui sont polarisés rectilignement, l'un perpendiculairement au plan d'incidence, l'autre dans ce même plan.

Adoptons cette marche, et supposons d'abord le rayon incident polarisé dans un plan perpendiculaire au plan d'incidence. Alors, les vibrations atomiques étant renfermées dans le plan d'incidence, on aura $\zeta = 0$. Par suite, on pourra supposer $\bar{\zeta} = 0$, et les formules (1), (9) donneront

$$(11) \qquad \bar{\zeta}_1 = \bar{\zeta}' + \bar{\zeta}'', \qquad (u + u')\bar{\zeta}' + (u + u'')\bar{\zeta}'' = 0,$$

puis on conclura de ces dernières, jointes aux équations (10),

$$(12) \qquad \left\{ \begin{aligned} \frac{\bar{\zeta}''}{u + u'} = \frac{\bar{\zeta}'}{-u - u''} = \frac{\bar{\zeta}_1}{u' - u''} &= \frac{2u\bar{8}\mathrm{i}}{\mathrm{U}'(u + u'') + \mathrm{U}''(u + u')} \\ &= \frac{2u\bar{8}_1\mathrm{i}}{\mathrm{V}'(u + u'') + \mathrm{V}''(u + u')}. \end{aligned} \right.$$

Supposons, en second lieu, que le rayon incident soit polarisé dans le plan d'incidence. Alors, les vibrations atomiques étant perpendiculaires à ce plan, on aura $8 = 0$. Par suite, on pourra supposer $\bar{8} = 0$, et les formules (7), (10) donneront

$$(13) \qquad k\bar{8}_1 = \mathrm{i}(k'\bar{\zeta}' - k''\bar{\zeta}''), \qquad \mathrm{U}'\bar{\zeta}' = \mathrm{U}''\bar{\zeta}'',$$

puis on conclura de ces dernières, jointes aux équations (9),

$$(14) \qquad \left\{ \begin{aligned} \frac{\bar{\zeta}'}{\mathrm{U}''} = \frac{\bar{\zeta}''}{\mathrm{U}'} = \frac{\mathrm{i}\bar{8}_1}{\frac{k''}{k}\mathrm{U}' - \frac{k'}{k}\mathrm{U}''} &= \frac{2u\bar{\zeta}}{\mathrm{U}''(u + u') + \mathrm{U}'(u + u'')} \\ &= \frac{2u\bar{\zeta}_1}{\mathrm{U}''(u - u') + \mathrm{U}'(u - u'')}. \end{aligned} \right.$$

Les formules (12) et (14) suffisent pour déterminer les lois de la réflexion et de la réfraction opérées par la surface d'un corps transparent et isophane. En vertu de ces formules, les lois spéciales de la réflexion seront fournies, si le rayon incident est polarisé dans un plan perpendiculaire au plan d'incidence, par les deux équations

$$(15)\quad \bar{ȣ}_1 = \frac{V'(u+u'')+V''(u+u')}{U'(u+u'')+U''(u+u')}\bar{ȣ}, \qquad \bar{\zeta}_1 = i\,\frac{2u(u'-u'')}{U'(u+u'')+U''(u+u')}\bar{ȣ},$$

et, si le rayon incident est polarisé dans le plan d'incidence, par les formules

$$(16)\quad \bar{ȣ}_1 = i\,\frac{\frac{k'}{k}U'' - \frac{k''}{k}U'}{U'(u=u'')+U''(u+u')}\,2u\bar{\zeta}, \qquad \bar{\zeta}_1 = \frac{U'(u-u'')+U''(u-u')}{U'(u+u'')+U''(u+u')}\bar{\zeta}.$$

Lorsque, dans ces formules, on introduit à la place de v, u, u', u'', k, k', k'' les angles et les indices de réfraction, on se trouve immédiatement conduit aux conclusions énoncées dans le préambule. C'est, au reste, ce que nous expliquerons plus en détail dans un autre article.

469.

Théorie de la lumière. — *Mémoire sur la réflexion et la réfraction des rayons lumineux à la surface extérieure ou intérieure d'un cristal.*

C. R., T. XXXI, p. 257 (26 août 1850).

Lorsqu'un rayon simple tombe sur la surface extérieure ou intérieure d'un cristal à un ou deux axes optiques, la propagation du mouvement de l'éther donne naissance à divers rayons réfléchis ou réfractés, les uns visibles, les autres évanescents. Alors aussi les principes établis dans mes précédents Mémoires suffisent pour déterminer les lois de la réflexion et de la réfraction. Mais, comme la marche suivie dans l'application de ces principes peut avoir une influence notable sur la longueur des calculs et sur la forme plus ou moins compliquée des équations définitives auxquelles on parvient, il sera très utile d'indiquer une méthode qui permette d'obtenir facilement ces équations sous une forme élégante et simple tout à la fois. C'est ce que nous allons essayer de faire en peu de mots.

Nous supposerons, dans un cristal à un ou deux axes optiques, les positions des divers points rapportées à trois axes rectangulaires fixes et liés invariablement à ce cristal. Alors, pour tout mouvement simple propagé dans une direction donnée, et correspondant à un rayon lumineux visible ou évanescent, les trois équations différentielles qui représenteront les mouvements infiniment petits de l'éther feront immédiatement connaître les rapports entre les trois déplacements effectifs d'un atome d'éther mesurés parallèlement aux axes coordonnés, et les différences entre leurs phases, ou, en d'autres termes, les rapports invariables des trois déplacements symboliques qui correspondront à ces déplacements effectifs. Cela posé, un rayon simple, lumineux ou évanescent, propagé dans une direction donnée, se trouvera complètement déterminé quand on connaîtra un seul des déplacements symboliques correspondants à ce rayon. Donc la détermination de deux rayons visibles et d'un rayon évanescent, propagés dans des directions données, pourra être réduite à la détermination de trois inconnues. On ne doit pas même excepter le cas où, le cristal devenant isophane, les deux espèces de rayons visibles se réduiraient à un seul, puisqu'alors les trois déplacements symboliques correspondants à un seul rayon seraient liés entre eux par une seule équation linéaire qui en laisserait deux indéterminés.

D'autre part, lorsqu'un rayon de lumière simple tombe sur la surface extérieure ou intérieure qui termine un cristal à un ou deux axes optiques, chacun des rayons réfléchis ou réfractés, visibles ou évanescents, répond à un mouvement simple caractérisé par une exponentielle qui, sur la surface réfléchissante ou réfringente, doit offrir la même valeur pour tous les rayons dont il s'agit. Ce principe permet de déduire immédiatement, de la direction du rayon incident supposée connue, non seulement les directions des normales aux plans des ondes réfléchies ou réfractées, mais encore d'autres directions qu'on ne doit pas confondre avec celles-ci, savoir, les directions que suivent les rayons réfléchis ou réfractés, et qui sont généralement obliques par rapport aux plans dont il s'agit.

Cela posé, la recherche des lois suivant lesquelles un rayon simple sera réfléchi ou réfracté par la surface extérieure ou intérieure d'un cristal pourra être évidemment réduite à la détermination de six inconnues, trois de ces inconnues étant relatives aux rayons réfléchis, et trois autres aux rayons réfractés. Donc six équations de condition suffiront pour déterminer toutes les inconnues. Or, pour obtenir ces six équations, il suffira d'exprimer que la somme des déplacements symboliques de chaque espèce correspondante aux divers rayons propagés dans chaque milieu conserve la même valeur quand on passe d'un des milieux donnés à l'autre, non seulement sur la surface donnée, mais encore sur cette surface déplacée et transportée parallèlement à elle-même à une distance infiniment petite.

Dans le cas particulier où le milieu réfringent est un corps isophane, non doué du pouvoir rotatoire, les six équations trouvées reproduisent les formules de réflexion et de réfraction que j'ai obtenues en 1839, et qui supposent connu, outre l'indice de réfraction, un paramètre très petit, savoir, le coefficient d'ellipticité. Dans le cas général, les six équations trouvées renferment avec ce coefficient d'autres paramètres pareillement très petits, et, pour déduire de ces équations les valeurs des six inconnues, il convient de commencer par éliminer les valeurs des deux inconnues qui sont relatives aux rayons évanescents. Alors, en négligeant, comme on peut le faire sans erreur sensible, les quantités comparables aux paramètres dont nous venons de parler, on obtient quatre équations qui suffisent pour déterminer les quatre inconnues correspondantes aux rayons visibles réfléchis ou réfractés, et qui renferment, outre le coefficient d'ellipticité, deux autres coefficients très petits dépendants de la nature des rayons évanescents.

Parmi les formules auxquelles on parvient en opérant comme on vient de le dire, on doit remarquer celles qui concernent la réflexion et la réfraction opérée par la surface extérieure des cristaux à un seul axe optique. Entrons à ce sujet dans quelques détails.

Les physiciens ont d'abord admis que les lois de la propagation de la lumière, dans les cristaux à un seul axe optique, dépendaient de deux paramètres, savoir, des indices de réfraction ordinaire et extraordinaire. Si l'on tient compte uniquement de ces deux paramètres, les surfaces des ondes correspondantes aux deux espèces de rayons propagés à travers le cristal seront la surface d'un ellipsoïde qui aura pour axe de révolution un diamètre de la sphère. C'est même en cela que consiste le théorème de Huygens. Mais les résultats que fournit le calcul ont une plus grande généralité. D'après les formules auxquelles j'arrive, la propagation de la lumière, dans un cristal à un axe optique, lors même que ce cristal ne possède pas le pouvoir rotatoire, peut dépendre d'un assez grand nombre de paramètres, et le nombre de ces paramètres s'élève encore à sept dans le cas où l'on réduit les équations aux dérivées partielles à l'homogénéité. Dans ce dernier cas, des deux rayons visibles, un seul qu'on doit appeler le *rayon ordinaire*, offre des vibrations perpendiculaires à l'axe optique, et la surface des ondes correspondantes à ce rayon ne peut être que la surface d'une sphère ou d'un ellipsoïde. Pour l'autre rayon, qu'on doit appeler *extraordinaire*, la surface des ondes est celle d'un sphéroïde de révolution, qui peut se réduire à un ellipsoïde. D'ailleurs les deux surfaces d'ondes correspondantes aux deux rayons visibles ont toujours, l'une et l'autre, le même axe de révolution.

En appliquant mes formules à la réflexion et à la réfraction opérées par un cristal taillé perpendiculairement à l'axe optique, mais non doué du pouvoir rotatoire, j'arrive à cette conclusion qu'un rayon incident, composé de molécules éthérées dont les vibrations sont perpendiculaires au plan d'incidence, est réfléchi et réfracté suivant les lois très simples données par Fresnel, pour le cas où le milieu réfringent est isophane. Seulement, si la surface des ondes correspondantes au rayon ordinaire était une surface d'ellipsoïde, l'angle de réfraction devrait être remplacé, dans les formules de Fresnel, par l'angle compris entre l'axe optique et la normale au plan des ondes réfractées. Ajoutons que, si le rayon incident offre des vibrations comprises dans le plan d'incidence, les lois de la réflexion et de la réfraction seront fournies par des formules nouvelles, que l'on trouvera dans mon Mémoire, et qui sont distinctes, non seulement des formules de Fresnel, mais aussi de celles que j'ai données en 1839.

Analyse.

Supposons que, les points de l'espace étant rapportés à trois axes rectangulaires, un corps réfringent soit terminé par une surface plane qui coïncide avec le plan des yz, le corps lui-même étant situé du côté des x positives, et faisons tomber sur cette surface un rayon simple. La propagation du mouvement de l'éther donnera généralement naissance, d'une part, à deux rayons réfléchis, l'un visible, l'autre évanescent, d'autre part, à trois rayons réfractés, dont deux sont visibles. Cela posé, en adoptant les notations des pages 248 et 249, et posant, pour abréger,

$$\begin{aligned} \mathrm{X} &= \bar\xi + \bar\xi_1 - \bar\xi' - \bar\xi'', & \mathfrak{X} &= u(\bar\xi - \bar\xi_1) - u'\bar\xi' - u''\bar\xi'', \\ \mathrm{Y} &= \bar\eta + \bar\eta_1 - \bar\eta' - \bar\eta'', & \mathfrak{Y} &= u(\bar\eta - \bar\eta_1) - u'\bar\eta' - u''\bar\eta'', \\ \mathrm{Z} &= \bar\zeta + \bar\zeta_1 - \bar\zeta' - \bar\zeta'', & \mathfrak{Z} &= u(\bar\zeta - \bar\zeta_1) - u'\bar\zeta' - u''\bar\zeta'', \end{aligned}$$

on aura, pour $x = 0$,

$$(1)\quad \begin{cases} \mathrm{X} = \bar\xi'_e - \bar\xi_e, & \mathrm{Y} = \bar\eta'_e - \bar\eta_e, & \mathrm{Z} = \bar\zeta'_e - \bar\zeta_e, \\ \mathfrak{X} = u'_e\bar\xi'_e - u_e\bar\xi_e, & \mathfrak{Y} = u'_e\bar\eta'_e - u_e\bar\eta_e, & \mathfrak{Z} = u'_e\bar\zeta'_e - u_e\bar\zeta_e. \end{cases}$$

D'ailleurs on aura rigoureusement

$$(2)\qquad \frac{\bar\xi_e}{u_e} = \frac{\bar\eta_e}{v}, \qquad \zeta_e = 0$$

et sensiblement, sinon exactement,

$$(3)\qquad \frac{\bar\xi'_e}{u'_e} = \frac{\bar\eta'_e}{v}, \qquad \zeta'_e = 0.$$

On peut ajouter que les quantités u_e, u'_e, dont la première sera positive, la seconde étant négative, offriront de très grandes valeurs numériques. Cela posé, en éliminant les inconnues relatives aux rayons évanescents, on tirera des équations (1) quatre formules qui pourront être sensiblement réduites aux suivantes

$$(4)\qquad \begin{cases} Y = \lambda \rho X, & \mathfrak{Y} = \mu \rho X, \\ Z = 0, & \mathfrak{Z} = \nu \rho X, \end{cases}$$

λ, $\mu - 1$ et ν étant trois coefficients très petits dont les valeurs seront

$$(5)\qquad \lambda = \frac{1}{u_e} + \frac{1}{u_e}, \qquad \mu - 1 = \frac{u_c}{u_c - u'_e}\left(\frac{u'_e \bar{\eta}'_e}{\rho \bar{\xi}'_e} - 1\right), \qquad \nu = \frac{u_e}{u_c - u'_e}\,\frac{\bar{\zeta}'_e}{\bar{\eta}'_e}.$$

Lorsque le milieu réfringent donné est isophane, alors, les formules (3) étant exactes, les formules (5) donnent

$$(6)\qquad \mu = 1, \qquad \nu = 0,$$

et les équations (4), réduites aux suivantes

$$(7)\qquad Y = \lambda \rho X, \qquad \mathfrak{Y} = \rho X, \qquad Z = 0, \qquad \mathfrak{Z} = 0,$$

coïncident avec celles que nous avons obtenues dans les précédents Mémoires, savoir, avec les formules (1), (2), (3) de la page 260.

Lorsque le milieu réfringent est un cristal à un axe optique, mais non doué du pouvoir rotatoire, alors, en supposant ce cristal taillé perpendiculairement à l'axe optique, on a

$$\bar{\xi}' = 0, \qquad \bar{\eta}' = 0, \qquad \bar{\zeta}'' = 0, \qquad \bar{\zeta}'_e = 0,$$

par conséquent

$$\nu = 0,$$

et les formules (4) donnent

$$(8)\qquad Y = \lambda \rho X, \qquad \mathfrak{Y} = \mu \rho X, \qquad Z = 0, \qquad \mathfrak{Z} = 0.$$

Donc alors un rayon simple composé de molécules d'éther dont les vibrations sont perpendiculaires au plan d'incidence continue d'être réfléchi et réfracté suivant les lois données par les deux formules

$$(9) \qquad Z = 0, \qquad \mathfrak{Z} = 0,$$

desquelles on tire

$$(10) \qquad \bar{\zeta}_1 = \frac{u - u'}{u + u'}\bar{\zeta}, \qquad \bar{\zeta}' = \frac{2u}{u + u'}\bar{\zeta},$$

ou, ce qui revient au même,

$$(11) \qquad \bar{\zeta}_1 = \frac{\sin(\tau' - \tau)}{\sin(\tau' + \tau)}\bar{\zeta}, \qquad \bar{\zeta}' = \frac{2\sin\tau'\cos\tau'}{\sin(\tau' + \tau)}\bar{\zeta},$$

τ, τ' étant les angles formés par la surface réfringente avec les plans des ondes incidentes et réfractées. Or les formules (11) coïncident précisément avec celles que Fresnel a obtenues pour le cas où, le milieu réfringent étant isophane, le rayon incident est polarisé dans le plan d'incidence.

Ajoutons que, si le rayon incident est polarisé perpendiculairement au plan d'incidence, les lois de la réflexion et de la réfraction à la surface du cristal donné se déduiront non plus des formules (11), mais des deux premières des formules (8).

470.

Théorie de la lumière. — *Détermination des trois coefficients qui, dans la réflexion et la réfraction opérées par la surface extérieure d'un cristal, dépendent des rayons évanescents.*

C. R., T. XXXI, p. 297 (2 septembre 1850).

Comme je l'ai remarqué dans la dernière séance, les six équations qui suffisent à la détermination des lois de la réflexion et de la réfraction opérées par la surface extérieure ou intérieure d'un corps transparent se réduisent à quatre, quand on élimine les inconnues correspondantes aux rayons évanescents. Ces quatre équations sont analogues à celles que j'avais précédemment obtenues en supposant le corps isophane, et j'ai reconnu d'ailleurs que, pour passer de cette supposition particulière au cas général, il suffit de modifier légèrement trois des quatre équations relatives aux corps isophanes, en égalant leurs seconds membres non plus à zéro, mais aux produits d'un facteur unique par trois coefficients très petits. Ces coefficients peuvent être aisément calculés quand les déplacements effectifs des molécules d'éther sont exprimés en fonction de trois coordonnées x, y, z relatives à trois plans, dont le premier coïncide avec la surface réfringente, l'un des deux autres étant le plan d'incidence. Toutefois, quand le corps transparent cesse d'être isophane, quand il est, par exemple, un cristal à un ou à deux axes optiques, il est naturel de prendre pour plans coordonnés, non plus la surface réfringente et le plan d'incidence, mais des plans qui soient indépendants de cette surface et fixes de position par rapport aux axes optiques. Il importe de voir ce que deviennent alors les trois coefficients ci-dessus mentionnés, et comment ils varient avec les directions de la surface réfringente, du plan d'incidence et du rayon incident. Remarquons d'ailleurs que, ces coefficients devant être très petits, il suffira d'en obtenir des valeurs approchées qui renferment un petit nombre de chiffres. La détermination de ces valeurs est l'objet du présent Mémoire. Pour plus de simplicité, j'ai réduit les équations différentielles du mouvement de l'éther à l'homogénéité, en négligeant les termes du troisième ordre et des ordres supérieurs ou, ce qui revient au même, en réduisant à zéro, dans ces équations, des paramètres dont les expériences démontrent l'extrême petitesse. Je suis ainsi parvenu à des résultats qui me paraissent dignes de quelque attention, et que je vais indiquer en peu de mots.

Le coefficient d'ellipticité, désigné par la lettre λ, dépend uniquement de la direction de la surface réfringente, mais il varie généralement avec cette direction dans les cristaux à un ou à deux axes optiques. Il est d'ailleurs la différence entre deux termes qui correspondent aux deux rayons évanescents propagés dans l'air et dans le cristal donné. Ajoutons que, de ces deux termes, le premier est constant, et que le second a pour carré, dans les cristaux à un axe optique, une fonction paire, entière et du second degré de a^2, a étant le cosinus de l'angle formé avec l'axe optique par une droite normale à la surface réfringente.

Le coefficient désigné par $(\mu - 1)v$ est le produit de deux facteurs. Le premier de ces facteurs est l'inverse de la somme des deux termes dont la différence fournit le coefficient d'ellipticité. Le second facteur dépend, non seulement de la direction de la surface réfringente, mais encore de la direction du plan d'incidence, et se réduit au cosinus de l'angle formé par la trace de ce plan sur la surface réfringente avec une certaine droite dont la direction se rapproche beaucoup de celle de la normale à la surface et varie avec elle.

Enfin, le coefficient désigné par νv est le produit de deux facteurs analogues à ceux dont nous venons de parler, les deux facteurs étant les mêmes de part et d'autre, à cela près que, pour obtenir le second facteur du coefficient νv, on doit remplacer la trace du plan d'incidence sur la surface réfringente par la perpendiculaire au plan d'incidence. C'est du moins la conclusion à laquelle on parvient dans le cas où l'angle d'incidence n'est pas très petit. Dans le cas contraire, on doit diviser le second facteur par l'unité augmentée d'un terme proportionnel à $\mu - 1$.

Ces propositions entraînent avec elles des conséquences importantes, par exemple celle-ci. Lorsque le cristal donné offre un seul axe optique, et que sa surface extérieure n'est pas perpendiculaire à cet axe, un rayon incident, renfermé dans le plan d'incidence, donne généralement naissance à des rayons réfléchis et réfractés dont la nature varie, tandis que ce plan tourne autour de la normale à la surface. Alors, si l'angle d'incidence se réduit à l'incidence principale, le rayon réfléchi sera renfermé dans un plan qui pourra ne pas coïncider avec le plan d'incidence, si celui-ci n'est pas parallèle à l'axe optique.

ANALYSE.

Supposons qu'un rayon simple de lumière, correspondant à une longueur d'ondulation désignée par l, rencontre, sous l'incidence τ, la surface extérieure d'un corps transparent, par exemple d'un cristal à un ou à deux axes optiques, et rapportons les positions des divers points de l'espace à trois axes coordonnés rectangulaires, dont les directions soient liées invariablement, non plus à celles du plan d'incidence et de la surface du cristal, mais aux directions des axes optiques. Soient d'ailleurs

$$\xi_e, \quad \eta_e, \quad \zeta_e \qquad \text{et} \qquad \xi'_e, \quad \eta'_e, \quad \zeta_e$$

les déplacements des molécules d'éther, mesurées parallèlement aux axes des x, y, z, pour les rayons évanescents propagés dans l'air et dans le cristal. Indiquons à l'ordinaire, à l'aide d'un trait superposé aux déplacements effectifs, les déplacements symboliques correspondants. Enfin soit

$$e^{ux+vy+wz-st}$$

l'exponentielle propre à caractériser le mouvement simple correspondant au rayon incident. Lorsqu'on passera du rayon incident aux rayons réfléchis ou réfractés, on obtiendra des valeurs nouvelles, non seulement du coefficient u, comme dans le précédent Mémoire, mais encore des coefficients v, w, qui cesseront de se réduire constamment, l'un au produit

$$k \sin\tau = \frac{2\pi \sin\tau}{\mathrm{l}} i,$$

l'autre à zéro. Cela posé, soient

$$u_e, \quad v_e, \quad w_e \qquad \text{et} \qquad u'_e, \quad v'_e, \quad w'_e$$

ce que deviendront les coefficients

$$u, \quad v, \quad w$$

quand on passera du rayon incident aux deux rayons évanescents. Concevons d'ailleurs que les axes x, y, z forment : 1° avec la normale à la surface du cristal; 2° avec la trace du plan d'incidence sur cette surface; 3° avec la perpendiculaire au plan d'incidence des angles dont les cosinus soient représentés, dans le premier cas, par a, b, c, dans le deuxième cas, par $a_{\prime}$, $b_{\prime}$, $c_{\prime}$, dans le troisième cas, par $a_{\prime\prime}$, $b_{\prime\prime}$, $c_{\prime\prime}$. On aura, non seulement

$$(1)\quad \begin{cases} a^2 + b^2 + c^2 = 1, & a_{\prime}^2 + b_{\prime}^2 + c_{\prime}^2 = 1, \quad a_{\prime\prime}^2 + b_{\prime\prime}^2 + c_{\prime\prime}^2 = 1, \\ a_{\prime}a_{\prime\prime} + b_{\prime}b_{\prime\prime} + c_{\prime}c_{\prime\prime} = 0, & a_{\prime\prime}a + b_{\prime\prime}b + c_{\prime\prime}c = 0, \quad aa_{\prime} + bb_{\prime} + cc_{\prime} = 0, \end{cases}$$

mais encore

$$(2)\quad \begin{cases} a_{\prime}u_e + b_{\prime}v_e + c_{\prime}w_e = a_{\prime}u'_e + b_{\prime}v'_e + c_{\prime}w'_e = k\sin\tau, \\ a_{\prime\prime}u_e + b_{\prime\prime}v_e + c_{\prime\prime}w_e = a_{\prime\prime}u'_e + b_{\prime\prime}v'_e + c_{\prime\prime}w'_e = 0. \end{cases}$$

Ajoutons que, si l'on pose

$$(3)\qquad k_e = \sqrt{u_e^2 + v_e^2 + w_e^2}, \qquad k'_e = \sqrt{u_e'^2 + v_e'^2 + w_e'^2},$$

k_e, k'_e seront très grands par rapport au module de k. Donc les rapports $\frac{k}{k_e}$, $\frac{k}{k'_e}$ seront sensiblement nuls, et les formules (2) fourniront, pour les rapports

$$\frac{u_e}{k_e}, \quad \frac{v_e}{k_e}, \quad \frac{w_e}{k_e},$$

ainsi que pour les rapports

$$\frac{u'_e}{k'_e}, \quad \frac{v'_e}{k'_e}, \quad \frac{w'_e}{k'_e},$$

des valeurs α sensiblement proportionnelles aux différences

$$b_{\prime}c_{\prime\prime} - b_{\prime\prime}c_{\prime}, \quad c_{\prime}a_{\prime\prime} - c_{\prime\prime}a_{\prime}, \quad a_{\prime}b_{\prime\prime} - a_{\prime\prime}b_{\prime},$$

qui se réduiront elles-mêmes aux quantités

$$a, \quad b, \quad c$$

si l'on suppose, comme on peut le faire, les signes $a_{\prime\prime}$, $b_{\prime\prime}$, $c_{\prime\prime}$ choisis de manière que l'on ait

$$(4)\qquad \mathrm{S}(\pm ab_{\prime}c_{\prime\prime}) = 1.$$

Enfin, si la direction indiquée par les angles dont les cosinus sont a, b, c, est celle de la normale menée à la surface du cristal et prolongée à partir de cette surface dans l'intérieur du cristal, on conclura de ce qui précède que l'on a sensiblement

$$(5)\qquad \frac{\frac{u_e}{k_e}}{a}=\frac{\frac{v_e}{k_e}}{b}=\frac{\frac{w_e}{k_e}}{c}=1,\qquad \frac{\frac{u'_e}{k'_e}}{a}=\frac{\frac{v'_e}{k'_e}}{b}=\frac{\frac{w'_e}{k'_e}}{c}=-1,$$

par conséquent

$$(6)\qquad \frac{au_e+bv_e+cw_e}{k_e}=1,\qquad \frac{au'_e+bv'_e+cw'_e}{k'_e}=-1.$$

Cela posé, les valeurs des coefficients très petits désignés par λ, $\mu-1$, ν dans le précédent Mémoire se réduiront à très peu près à celles que détermineront les formules

$$(7)\qquad \lambda=\frac{1}{au_e+bv_e+cw_e}+\frac{1}{au'_e+bv'_e+cw'_e}=\frac{1}{k_e}-\frac{1}{k'_e},$$

$$(8)\qquad \mu-1=\frac{k_e}{k_e+k'_e}\left(\frac{au'_e+bv'_e+cw'_e}{a_{\prime}u'_e+b_{\prime}v'_e+c_{\prime}w'_e}\,\frac{a_{\prime}\bar{\xi}'_e+b_{\prime}\bar{\eta}'_e+c_{\prime}\bar{\zeta}'_e}{a\bar{\xi}'_e+b\bar{\eta}'_e+c\bar{\zeta}'_e}-1\right),$$

$$(9)\qquad \nu=\frac{k_e}{k_e+k'_e}\,\frac{a_{\prime\prime}\bar{\xi}'_e+b_{\prime\prime}\bar{\eta}'_e+c_{\prime\prime}\bar{\zeta}'_e}{a_{\prime}\bar{\xi}'_e+b_{\prime}\bar{\eta}'_e+c_{\prime}\bar{\zeta}'_e},$$

et l'on devra d'ailleurs, dans les diverses formules de ce Mémoire, substituer partout à la lettre v le produit $k\sin\tau$. Faisons voir maintenant comment on peut réduire les seconds membres des formules (7), (8), (9) à des fonctions de l'angle d'incidence τ, et des neuf quantités a, b, c, a', b', c', a'', b'', c'', dont six pourront être éliminées en vertu des équations (1).

Supposons un moment que le rayon caractérisé par l'exponentielle

$$e^{ux+vy+wz-st}$$

et par les déplacements symboliques $\bar{\xi}$, $\bar{\eta}$, $\bar{\zeta}$ se propage, non plus dans l'air, mais dans le cristal donné. Les équations différentielles des mouvements infiniment petits de l'éther fourniront, entre ces déplacements symboliques, trois équations linéaires et homogènes qui renfermeront, avec $\overline{\xi}$, $\overline{\eta}$, $\overline{\zeta}$ les coefficients u, v, w, s.

On pourra d'ailleurs déduire de ces équations linéaires : 1° en éliminant $\overline{\xi}$, $\overline{\eta}$, $\overline{\zeta}$, une *équation caractéristique*

$$F(s, u, v, w) = 0, \tag{10}$$

en vertu de laquelle s deviendra fonction de u, v, w; 2° en éliminant s, les rapports de $\overline{\eta}$ et $\overline{\zeta}$ à $\overline{\xi}$ exprimés en fonctions de u, v, w, en sorte qu'on aura

$$\frac{\overline{\xi}}{\mho} = \frac{\overline{\eta}}{\mathfrak{V}} = \frac{\overline{\zeta}}{\mathfrak{W}}, \tag{11}$$

$\mho$, $\mathfrak{V}$, $\mathfrak{W}$ étant trois fonctions déterminées de u, v, w. Remarquons, en outre, que l'équation (10) sera généralement du troisième degré par rapport à s^2 et que, en conséquence, la résolution de cette équation fournira trois valeurs de s^2. A ces trois valeurs correspondront trois systèmes de valeurs des fonctions $\mho$, $\mathfrak{V}$, $\mathfrak{W}$, et aussi trois rayons simples de natures diverses. Ces trois rayons seront les deux rayons visibles et le rayon évanescent.

Considérons maintenant, d'une manière spéciale, le rayon évanescent, et soient

$$u'_e, \quad v'_e, \quad w'_e; \qquad \overline{\xi}'_e, \quad \overline{\eta}'_e, \quad \overline{\zeta}'_e; \qquad \mho'_e, \quad \mathfrak{V}'_e, \quad \mathfrak{W}'_e$$

ce que deviennent, pour ce rayon, les coefficients et fonctions

$$u, \quad v, \quad w; \qquad \xi, \quad \eta, \quad \zeta; \qquad \mho, \quad \mathfrak{V}, \quad \mathfrak{W}.$$

Les formules (10) et (11) donneront

$$F(s, u'_e, v'_e, w'_e) = 0, \tag{12}$$

$$\frac{\overline{\xi}'_e}{\mho'_e} = \frac{\overline{\eta}'_e}{\mathfrak{V}'_e} = \frac{\overline{\zeta}'_e}{\mathfrak{W}'_e}. \tag{13}$$

D'ailleurs, dans une première approximation, les équations différentielles des mouvements infiniment petits peuvent être supposées homogènes; et, lorsqu'on admet cette hypothèse, comme nous le ferons ici, la fonction de s, u, v, w, représentée par $F(s, u, v, w)$, devient elle-même homogène, et l'on peut encore supposer homogènes les fonctions de u, v, w représentées par $\mathfrak{U}$, $\mathfrak{V}$, $\mathfrak{W}$. Cela étant, et k'_e ayant la valeur que détermine la seconde des formules (3), l'équation (12) donnera

$$(14)\qquad F\left(\frac{s}{k'_e}, \frac{u'_e}{k'_e}, \frac{v'_e}{k'_e}, \frac{w'_e}{k'_e}\right) = 0;$$

puis, en combinant l'équation (14) avec la seconde des formules (5), on trouvera sensiblement

$$(15)\qquad F\left(\frac{s}{k'_e}, -a, -b, -c\right) = 0$$

ou, ce qui revient au même,

$$(16)\qquad F\left(\frac{s}{k'_e}, a, b, c\right) = 0,$$

attendu que, dans l'hypothèse admise, on a généralement

$$F(s, -u, -v, -w) = F(s, u, v, w).$$

L'équation (15) ou (16), résolue par rapport à $\frac{s}{k'_e}$, fournira, pour ce rapport, et par suite pour $\frac{1}{k'_e}$, trois valeurs dont l'une sera très voisine de zéro. Cette dernière est précisément celle qui devra être employée dans les formules (7), (8) et (9).

Concevons à présent que l'on combine les formules (8) et (9) avec la formule (13); on trouvera

$$(17)\qquad \mu - 1 = \frac{k_e}{k_e + k'_e}\left(\frac{au'_e + bv'_e + cw'_e}{a_{,}u'_e + b_{,}v'_e + c_{,}w'_e}\,\frac{a_{,}\mathfrak{U}'_e + b_{,}\mathfrak{V}'_e + c_{,}\mathfrak{W}'_e}{a\mathfrak{U}'_e + b\mathfrak{V}'_e + c\mathfrak{W}'_e} - 1\right)$$

et

$$(18)\qquad \nu = \frac{k_e}{k_e + k'_e}\,\frac{a_{,,}\mathfrak{U}'_e + b_{,,}\mathfrak{V}'_e + c_{,,}\mathfrak{W}'_e}{a_{,}\mathfrak{U}'_e + b_{,}\mathfrak{V}'_e + c_{,}\mathfrak{W}'_e}.$$

D'ailleurs on aura

$$\begin{aligned} &a_{,}\mathfrak{U}'_e + b_{,}\mathfrak{V}'_e + c_{,}\mathfrak{W}'_e \\ &\quad = a_{,}u'_e + b_{,}v'_e + c_{,}w'_e + a_{,}(\mathfrak{U}'_e - u'_e) + b_{,}(\mathfrak{V}'_e - v'_e) + c_{,}(\mathfrak{W}'_e - w'_e); \end{aligned}$$

puis on en conclura, eu égard à la première des formules (2),

$$(19)\quad \left\{\begin{aligned} & a_{,}\mathfrak{U}'_e + b_{,}\mathfrak{V}'_e + c_{,}\mathfrak{W}'_e \\ & \quad = k\sin\tau + \frac{a_{,}(\mathfrak{U}'_e - u_e) + b_{,}(\mathfrak{V}'_e - v_e) + c_{,}(\mathfrak{W}'_e - w_e)}{k'_e} k'_e. \end{aligned}\right.$$

Enfin, comme la formule (13) serait réductible à la suivante

$$\frac{\bar{\xi}'_e}{u'_e} = \frac{\bar{\eta}'_e}{v'_e} = \frac{\bar{\zeta}'_e}{w'_e},$$

si au cristal donné on substituait un corps isophane, on pourra généralement supposer $\mathfrak{U}'_e$, $\mathfrak{V}'_e$, $\mathfrak{W}'_e$ réduits à des fonctions homogènes de u'_e, v'_e, w'_e qui soient, non seulement du premier degré, mais encore fort peu différentes de u'_e, v'_e, w'_e. Cela posé, en ayant égard aux équations (1), (2), (5), et en nommant $\mathfrak{A}$, $\mathfrak{B}$, $\mathfrak{C}$ ce que deviennent $\mathfrak{U}$, $\mathfrak{V}$, $\mathfrak{W}$ quand on y remplace u, v, w par a, b, c, on tirera sensiblement des formules (17) et (18),

$$(20)\qquad \mu - 1 = -\frac{k_e k'_e}{k_e + k'_e}\,\frac{a_{,}\mathfrak{A} + b_{,}\mathfrak{B} + c_{,}\mathfrak{C}}{k\sin\tau},$$

$$(21)\qquad \nu = -\frac{k_e k'_e}{k_e + k'_e}\,\frac{a_{,,}\mathfrak{A} + b_{,,}\mathfrak{B} + c_{,,}\mathfrak{C}}{k\sin\tau - (a_{,}\mathfrak{A} + b_{,}\mathfrak{B} + c_{,}\mathfrak{C})k'_e}.$$

Si, pour abréger, on pose

$$(\mu - 1)k\sin\tau = m, \qquad \nu k\sin\tau = n,$$

m, n seront précisément les coefficients très petits désignés dans le précédent Mémoire par les produits $(\mu - 1)v$, νv, et l'on aura

$$(22)\qquad m = -\frac{k_e k'_e}{k_e + k'_e}(a_{,}\mathfrak{A} + b_{,}\mathfrak{B} + c_{,}\mathfrak{C}),$$

$$(23)\qquad n = -\frac{k_e k'_e}{k_e + k'_e}\,\frac{a_{,,}\mathfrak{A} + b_{,,}\mathfrak{B} + c_{,,}\mathfrak{C}}{1 + \left(1 + \dfrac{k'_e}{k_e}\right)\dfrac{m}{k\sin\tau}}.$$

Lorsque l'angle d'incidence τ n'est pas très petit, la formule (23) se réduit sensiblement à la suivante :

$$(24)\qquad n = -\frac{k_e k'_e}{k_e + k'_e}(a_{,,}\mathfrak{A} + b_{,,}\mathfrak{B} + c_{,,}\mathfrak{C}).$$

Mais cette réduction ne pourra plus être admise si τ est assez petit pour que le produit $k\sin\tau$ soit comparable à la valeur numérique de m.

Il est bon d'observer que les quantités ici désignées par $\mathcal{A}$, $\mathcal{B}$, $\mathcal{C}$ diffèrent généralement très peu des cosinus a, b, c des angles formés avec les demi-axes des coordonnées positives par une droite normale à la surface du cristal donné. Par suite, si l'on pose

$$\mathcal{O} = \sqrt{\mathcal{A}^2 + \mathcal{B}^2 + \mathcal{C}^2},$$

$\mathcal{O}$ sera voisin de l'unité, et la droite qui formera, avec les mêmes demi-axes, les angles dont les cosinus seront

$$\frac{\mathcal{A}}{\mathcal{O}},\quad \frac{\mathcal{B}}{\mathcal{O}},\quad \frac{\mathcal{C}}{\mathcal{O}},$$

aura une direction très rapprochée de celle de la normale; par suite encore, si l'on pose

$$h = a\mathcal{A} + b\mathcal{B} + c\mathcal{C},\qquad h_{\prime} = a_{\prime}\mathcal{A} + b_{\prime}\mathcal{B} + c_{\prime}\mathcal{C},\qquad h_{\prime\prime} = a_{\prime\prime}\mathcal{A} + b_{\prime\prime}\mathcal{B} + c_{\prime\prime}\mathcal{C},$$

les quantités h, $h_{\prime}$, $h_{\prime\prime}$, qui représenteront sensiblement les cosinus des angles formés par la nouvelle droite avec cette normale, avec la trace du plan d'incidence sur la surface réfringente et avec la perpendiculaire au plan d'incidence, seront trois quantités très voisines, la première de l'unité, les deux autres de zéro. D'ailleurs les formules (22) et (23) donneront sensiblement

$$(25)\qquad m = -\frac{k_e k'_e}{k_e + k'_e} h_1,$$

$$(26)\qquad n = -\frac{k_e k'_e}{k_e + k'_e}\,\frac{h_{\prime\prime}}{1 + \left(1 + \frac{k'_e}{k_e}\right)\frac{m}{k\sin\tau}},$$

et l'on aura, à très peu près, pour des valeurs finies de l'angle τ,

$$(27)\qquad n = -\frac{k_e k'_e}{k_e + k'_e} h_{\prime\prime}.$$

Les valeurs de λ, m, n, fournies par les équations (7), (25) et (27), sont indépendantes de l'angle d'incidence τ. Les coefficients de $h_{\prime}$, $h_{\prime\prime}$, dans les deux dernières, sont, en outre, ainsi que λ, indépendants de la direction du plan d'incidence, et dépendent uniquement de la direction suivant laquelle on a taillé le cristal donné pour obtenir la surface réfringente.

Si le cristal donné offre un seul axe optique, la fonction désignée par $F(s, u, v, w)$ deviendra une fonction homogène de s^2, u^2 et $v^2 + w^2$. Par suite, la valeur de $\frac{1}{k_e}$, tirée de la formule (16), sera réduite à une fonction de a. Alors aussi l'on aura

$$(28)\qquad \frac{\bar{\eta}'_e}{v'_e} = \frac{\bar{\zeta}'_e}{w'_e}.$$

On pourra donc supposer

$$\mathcal{U}'_e = u'_e, \qquad \mathcal{V}'_e = v'_e, \qquad \mathcal{A} = a, \qquad \mathcal{B} = b,$$

et l'on en conclura

$$h_{\prime} = a_{\prime}(\mathcal{A} - a), \qquad h_{\prime\prime} = a_{\prime\prime}(\mathcal{A} - a),$$

en sorte que les formules (25) et (26) donneront

$$(29)\qquad \begin{cases} m = -\dfrac{k_e k'_e}{k'_e + k'_e}(\mathcal{A} - a)a_{\prime}, \\[2ex] n = -\dfrac{k_e k'_e}{k'_e + k'_e}\,\dfrac{(\mathcal{A} - a)a_{\prime\prime}}{1 + \left(1 + \dfrac{k'_e}{k_e}\right)\dfrac{m}{k\sin\tau}} \end{cases}$$

En conséquence, dans les cristaux à un axe optique, les coefficients de λ, m, n sont liés par les formules (7) et (29) aux quantités a, a', a'', τ, c'est-à-dire à l'angle d'incidence et aux angles formés avec l'axe optique : 1° par la normale à la surface réfringente du cristal; 2° par la trace du plan d'incidence sur cette surface; 3° par la perpendiculaire au plan d'incidence. Ajoutons que les quantités k'_e, $\mathcal{A}$ peuvent facilement être exprimées en fonctions de a et des sept coefficients que renferment, dans les cristaux à un axe optique, les équations des mouvements infiniment petits de l'éther, réduites à l'homogénéité. C'est, au reste, ce que j'expliquerai plus en détail dans un nouvel article.

471.

Théorie de la lumière. — *Mémoire sur les équations différentielles du mouvement de l'éther dans les cristaux à un et à deux axes optiques.*

C. R., T. XXXI, p. 338 (9 septembre 1850).

La méthode dont je me suis servi pour établir les équations différentielles des mouvements infiniment petits de l'éther dans un corps isophane peut s'appliquer aussi à la recherche de ces équations, quand le corps, cessant d'être isophane, se transforme, par exemple, en un cristal doublement réfringent. On doit surtout remarquer le cas où l'on peut tracer dans ce cristal trois plans principaux et rectangulaires entre eux, dont chacun le divise en deux parties symétriques. Les équations différentielles que j'obtiens alors renferment un grand nombre de paramètres, qui sont encore au nombre de quinze, quand on réduit ces équations à l'homogénéité. Mais, si des trois coefficients déterminés dans la séance précédente, et relatifs aux rayons évanescents, le dernier est constamment nul, les quinze paramètres dont il s'agit seront réduits à neuf, et l'équation de la surface des ondes renfermera six paramètres seulement. Alors le cristal admettra généralement, comme l'expérience le montre, deux axes optiques renfermés dans l'un des plans principaux. Il y a plus : si le cristal est symétrique autour d'un axe, celui-ci sera l'axe optique unique, et dans ce cas les neuf paramètres ci-dessus mentionnés se réduiront à quatre, trois d'entre eux étant renfermés dans l'équation de la surface des ondes, réduite elle-même au système d'un ellipsoïde et d'une sphère, ou plus généralement de deux ellipsoïdes qui offriront le même axe de révolution.

J'ajouterai ici une remarque qui n'est pas sans intérêt. Supposons que l'on fasse tomber un rayon simple de lumière sur la surface extérieure d'un cristal doué d'un seul axe optique et taillé parallèlement à cet axe. Supposons d'ailleurs le plan d'incidence perpendiculaire à l'axe optique, et le rayon incident renfermé dans le plan d'incidence, ou, en d'autres termes, polarisé perpendiculairement à ce plan. En vertu des formules obtenues dans la séance précédente, ce rayon devrait être, sous l'incidence principale, transformé par la réflexion en un rayon renfermé ou non dans le plan d'incidence, suivant que le dernier des coefficients correspondants aux rayons évanescents sera ou ne sera pas égal à zéro. J'ai été curieux de savoir si, dans le cas indiqué, le rayon réfléchi sortait effectivement du plan d'incidence et s'il éprouvait une déviation sensible. Les expériences que nous avons exécutées, M. Soleil fils et moi, pour résoudre cette question, en appliquant à cette recherche le goniomètre de M. Babinet, muni de prismes de Nicol, nous ont convaincus que la déviation, si elle existe, est très faible, et ne peut guère s'élever au delà d'un degré, ou même d'un demi-degré. Les réflexions opérées sous l'incidence principale, et pour des rayons renfermés dans le plan d'incidence, par des surfaces quelconques de cristaux à un ou à deux axes optiques, nous ont paru aussi ne pas produire de déviation sensible. Si j'avais à ma disposition un appareil qui permît d'atteindre une grande précision, spécialement l'appareil de M. Jamin, je n'hésiterais pas à en user pour répéter nos expériences. Car, ainsi que je l'expliquerai plus en détail dans un autre Mémoire, il est très important, sous le rapport théorique, de savoir si la déviation existe, ou si elle n'offre qu'une valeur qui puisse être négligée dans les calculs.

Analyse.

Supposons qu'un mouvement infiniment petit du fluide éthéré se propage dans un cristal. Représentons, au bout du temps t, par ξ, η, ζ les déplacements d'une molécule d'éther, mesurés parallèlement à trois axes rectangulaires des x, y, z, et posons, pour abréger,

$$s = \mathrm{D}_t, \qquad u = \mathrm{D}_x, \qquad v = \mathrm{D}_y, \qquad w = \mathrm{D}_z.$$

D'après ce qui a été dit dans un précédent Mémoire, les équations différentielles d'un mouvement infiniment petit de l'éther pourront être supposées réduites à la forme

$$(1) \qquad s^2\xi = \mathfrak{X}, \qquad s^2\eta = \mathfrak{Y}, \qquad s^2\zeta = \mathfrak{Z},$$

$\mathfrak{X}$, $\mathfrak{Y}$, $\mathfrak{Z}$ désignant trois fonctions linéaires et homogènes de ξ, η, ζ, qui seront en même temps des fonctions entières de u, v, w, composées d'un nombre fini ou infini de termes. De plus, si l'on nomme $\mathfrak{8}$ le déplacement d'une molécule d'éther, mesuré parallèlement à un nouvel axe qui forme avec ceux des x, y, z des angles dont les cosinus soient a, b, c, on aura

$$(2) \qquad \mathfrak{8} = a\xi + b\eta + c\zeta;$$

par conséquent, en vertu des formules (1),

$$(3) \qquad s^2\mathfrak{8} = \mathfrak{S},$$

la valeur de $\mathfrak{S}$ étant donnée par la formule

$$(4) \qquad \mathfrak{S} = a\mathfrak{X} + b\mathfrak{Y} + c\mathfrak{Z}.$$

Ajoutons que les équations (1) et (3) continueront de subsister si l'on y considère les lettres ξ, η, ζ, $\mathfrak{8}$ comme représentant, non plus des déplacements effectifs des molécules éthérées, mais les déplacements symboliques correspondants, et même, si l'on y considère, en outre, s, u, v, w comme représentant, non plus les symboles de dérivation D_t, D_x, D_y, D_z, mais les coefficients des variables indépendantes dans l'exponentielle caractéristique

$$e^{ux+vy+wz-st}$$

correspondante à un mouvement simple de l'éther.

Si maintenant on veut attribuer au cristal donné la faculté de propager de la même manière et suivant les mêmes lois les mouvements simples de l'éther de part et d'autre de chacun des trois plans coordonnés, il suffira évidemment d'assigner à la fonction de a, b, c, u, v, w, ξ, η, ζ désignée par $\mathfrak{S}$ une forme telle que la valeur de $\mathfrak{8}$ déterminée par la formule (3) demeure invariable après un changement opéré dans le sens suivant lequel se mesurent les coordonnées parallèles à un seul axe, ou, ce qui revient au même, dans le signe de ces coordonnées. Mais, si l'on change, par exemple, le signe des coordonnées parallèles à l'axe des x, on devra changer a en $-a$, u en $-u$, et ξ en $-\xi$. Donc un tel changement devra laisser inaltérable la valeur de s, et cette valeur ne devra pas non plus être altérée, si l'on change simultanément ou b en $-b$, v en $-v$, η en $-\eta$, ou bien c en $-c$, w en $-w$, ζ en $-\zeta$.

D'autre part, la valeur de s, dans l'équation (3), est nécessairement une fonction linéaire homogène, non seulement de a, b, c, mais encore de ξ, η, ζ. Donc elle se compose de neuf parties respectivement égales aux produits

$$(5)\qquad \begin{cases} a\xi, & b\xi, & c\xi, \\ a\eta, & b\eta, & c\eta, \\ a\zeta, & b\zeta, & c\zeta, \end{cases}$$

multipliés par neuf fonctions entières de u, v, w. Or, des neuf produits compris dans le Tableau (5), trois, savoir,

$$a\xi, \quad b\eta, \quad c\zeta,$$

restent invariables quand on change simultanément le sens dans lequel se mesurent les coordonnées parallèles à un axe quelconque. Donc, pour que la condition ci-dessus énoncée soit remplie, il faudra que, dans la valeur de s, ces trois produits se trouvent multipliés par trois fonctions paires de u, v, w. Quant aux deux produits

$$b\zeta, \quad c\eta,$$

ils changeront de signe quand on changera les signes des coordonnées parallèles à l'axe des y ou des z, mais resteront invariables quand on changera les signes des coordonnées parallèles à l'axe des x. Donc, dans la valeur de s, ces produits devront être multipliés par des fonctions paires de u, qui soient en même temps des fonctions impaires de v et de w. En d'autres termes, les produits $b\zeta$, $c\eta$ devront être, dans la valeur de s, multipliés par le produit vw et par des fonctions paires de u, v, w. Pareillement on devra, dans la valeur de s, multiplier les produits

$$c\xi, \quad a\zeta$$

par le produit wu et par des fonctions paires de u, v, w; enfin les produits

$$a\eta, \quad b\xi$$

par le produit uv et par des fonctions paires de u, v, w. Donc, pour que le cristal donné ait la faculté de propager de la même manière et suivant les mêmes lois les mouvements simples de l'éther de part et d'autre de chacun des plans coordonnés, il suffira que la valeur de s soit de la forme

$$(6) \quad \left\{ \begin{aligned} \mathrm{s} &= a\mathcal{L}\xi + b\mathfrak{M}\eta + c\mathfrak{N}\zeta \\ &\quad + vw(b\mathfrak{P}\zeta + c\mathfrak{P}'\eta) + wu(c\mathfrak{Q}\xi + a\mathfrak{Q}'\zeta) + uv(a\mathfrak{R}\eta + b\mathfrak{R}'\xi), \end{aligned} \right.$$

$\mathcal{L}$, $\mathfrak{M}$, $\mathfrak{N}$, $\mathfrak{P}$, $\mathfrak{Q}$, $\mathfrak{R}$, $\mathfrak{P}'$, $\mathfrak{Q}'$, $\mathfrak{R}'$ étant des fonctions entières et paires de u, v, w, par conséquent des fonctions entières de u^2, v^2, w^2.

La valeur de s étant ainsi déterminée, on pourra en conclure immédiatement la forme que devront prendre, dans l'hypothèse admise, les équations (1). Pour y parvenir, il suffira de réduire, dans la formule (3), jointe aux équations (4) et (6), deux des cosinus a, b, c à zéro et le troisième à l'unité. En prenant successivement pour celui-ci a, b et c, on obtiendra les trois équations

$$s^2\xi = \mathcal{L}\xi + uv\mathfrak{R}\eta + uw\mathfrak{Q}'\zeta, \qquad \ldots,$$

que l'on peut écrire comme il suit :

$$(7) \qquad \left\{ \begin{aligned} (s^2 - \mathcal{L})\xi &= u(v\mathfrak{R}\eta + w\mathfrak{Q}'\zeta), \\ (s^2 - \mathfrak{M})\eta &= v(w\mathfrak{P}\zeta + u\mathfrak{R}'\xi), \\ (s^2 - \mathfrak{N})\zeta &= w(u\mathfrak{Q}\xi + v\mathfrak{P}'\eta). \end{aligned} \right.$$

Telles sont les formules qui paraissent devoir représenter généralement le mouvement de la lumière dans un cristal divisible en deux parties symétriques par l'un quelconque de trois plans rectangulaires entre eux.

Si l'on veut réduire à l'homogénéité les équations (7), comme on peut généralement le faire dans une première approximation, les coefficients

$$\mathfrak{P},\quad \mathfrak{Q},\quad \mathfrak{R},\quad \mathfrak{P}',\quad \mathfrak{Q}',\quad \mathfrak{R}',$$

réduits à des constantes, représenteront six paramètres distincts, tandis que les coefficients $\mathcal{L}$, $\mathcal{M}$, $\mathcal{N}$, réduits à des fonctions linéaires et homogènes de u^2, v^2, w^2, renfermeront neuf autres paramètres. Donc alors les équations (7) renfermeront quinze paramètres. Ces quinze paramètres peuvent d'ailleurs être réduits à neuf dans les équations (7) et à six dans l'équation de la surface des ondes, sous la condition que nous avons indiquée dans le préambule, et que nous examinerons de nouveau dans un autre article.

472.

Optique mathématique.

C. R., T. XXXI, p. 422 (16 septembre 1850).

M. Augustin Cauchy présente à l'Académie un Mémoire *sur la réflexion et la réfraction opérées par la surface extérieure d'un cristal à un ou deux axes optiques*, et démontre la propriété que possède une telle surface de transformer, sous certaines conditions, un rayon simple renfermé dans le plan d'incidence et réfléchi sous l'incidence principale, en un rayon doué de la polarisation elliptique.

473.

C. R., T. XXXI, p. 509 (7 octobre 1850).

M. Augustin Cauchy dépose sur le bureau un exemplaire de son Mémoire *sur les lois de la réflexion et de la réfraction opérées par la sur-*

face extérieure d'un cristal à un ou à deux axes optiques. Ce Mémoire doit paraître dans le XXIIIe Volume des *Mémoires de l'Académie.*

474.

THÉORIE DE LA LUMIÈRE. — *Mémoire sur un nouveau phénomène de réflexion.*

C. R., T. XXXI, p. 532 (14 octobre 1850).

Supposons qu'un corps transparent étant terminé par une surface plane, on fasse tomber sur cette surface un rayon simple de lumière dont le plan de polarisation soit perpendiculaire au plan d'incidence. Si le corps donné est isophane, le rayon réfléchi sera lui-même polarisé rectilignement et perpendiculairement au plan d'incidence. Mais, en vertu des principes exposés dans un précédent Mémoire, il en sera autrement si le corps, cessant d'être isophane, est, par exemple, un cristal à un ou deux axes optiques. Alors, en effet, un rayon doué de la polarisation rectiligne et polarisé perpendiculairement au plan d'incidence pourra être transformé par la seule réflexion en un rayon polarisé dans un nouveau plan, ou même doué de la polarisation elliptique. Ce singulier phénomène subsiste d'ailleurs sous certaines conditions que le calcul met en évidence; et, en admettant, comme l'expérience l'indique (page 281), que le dernier des coefficients relatifs aux rayons évanescents s'évanouit, j'établis la proposition suivante :

THÉORÈME. — *La réflexion opérée par la surface extérieure d'un cristal à un ou à deux axes optiques transforme un rayon doué de la polarisation rectiligne, et polarisé perpendiculairement au plan d'incidence, en un rayon polarisé lui-même perpendiculairement à ce plan, quand les deux rayons réfractés se réduisent à un seul, ou bien encore quand le plan d'incidence renferme les directions des vibrations lumineuses dans l'un des rayons réfractés. Dans toute autre hypothèse, la réflexion trans-*

forme un rayon polarisé rectilignement dans un plan perpendiculaire au plan d'incidence en un rayon polarisé dans un nouveau plan, ou même doué de la polarisation elliptique.

Le phénomène sera surtout sensible pour l'incidence correspondante au minimum d'amplitude des vibrations de l'éther mesurées dans le rayon réfléchi parallèlement au plan d'incidence. Alors l'angle d'incidence, réduit à ce qu'on peut appeler l'*incidence principale,* aura pour tangente une quantité peu différente du rapport entre les sinus des angles formés par la surface réfringente avec les plans des ondes incidentes et réfractées.

Des expériences que nous avons exécutées, M. Soleil fils et moi, en faisant usage de l'appareil de M. Jamin, nous ont paru confirmer les prévisions de la théorie, et manifester la polarisation elliptique dans le cas énoncé. Celles que nous avons dû considérer comme les plus concluantes ont été faites avec la lumière solaire.

Mon Mémoire contient les formules qui fournissent les lois du phénomène. Il paraîtra prochainement dans le *Recueil des Mémoires de l'Académie.*

475.

THÉORIE DE LA LUMIÈRE. — *Note relative aux rayons réfléchis sous l'incidence principale, par la surface extérieure d'un cristal à un axe optique* (communication verbale).

C. R., T. XXXI, p. 666 (11 novembre 1850).

Supposons qu'un cristal à un axe optique étant terminé par une surface plane on fasse tomber sur cette surface un rayon simple de lumière, dont le plan de polarisation soit perpendiculaire au plan d'incidence. On pourra déduire de la théorie exposée dans mes précédents Mémoires l'*incidence principale,* c'est-à-dire l'incidence pour laquelle la lumière réfléchie et polarisée perpendiculairement au plan d'incidence devient un minimum. C'est ce que j'ai fait; et, en opérant ainsi, je suis arrivé à cette conclusion remarquable, déjà indiquée par des expériences de M. Seebeck, que dans le cas où la surface extérieure du cristal étant parallèle à l'axe optique, le plan d'incidence est perpendiculaire à cet axe, *l'incidence principale a pour tangente l'indice de réfraction ordinaire.* De plus, en admettant, comme l'expérience porte à le croire, que le coefficient d'extinction du rayon évanescent est très considérable et indépendant de l'angle formé par la surface réfléchissante avec l'axe optique, et en négligeant les carrés des paramètres très petits compris dans les équations du mouvement de l'éther, j'ai obtenu, pour les variations de l'incidence principale, une fonction homogène du second degré des cosinus des trois angles formés par l'axe optique avec la normale à la surface réfléchissante, la trace de cette surface sur le plan d'incidence et la normale au plan d'incidence. Enfin, en admettant, comme l'expérience l'indique encore, que cette fonction devient un maximum ou un minimum quand, le plan d'incidence étant confondu avec la section principale, la surface réfléchissante est perpendiculaire ou parallèle à l'axe optique, j'obtiens une formule qui s'accorde très bien avec les résultats d'observation donnés par M. Seebeck, dans un Mémoire que renferment les *Annales de Poggendorff*, et que notre confrère M. Regnault a rappelé dans ses Leçons au Collège de France.

476.

THÉORIE DE LA LUMIÈRE. — *Note sur la réflexion d'un rayon de lumière polarisée à la surface extérieure d'un corps transparent.*

C. R., T. XXXI, p. 766 (2 décembre 1850).

Supposons qu'un corps transparent étant terminé par une surface plane on fasse tomber sur cette surface, et sous une incidence quelconque, un rayon de lumière doué de la polarisation rectiligne. Supposons encore que le plan de polarisation coïncide avec le plan d'incidence, ou lui soit perpendiculaire. Si le corps transparent est isophane, le rayon réfléchi sera polarisé dans le même plan que le rayon incident. Ce résultat de l'expérience se trouve, comme l'on sait, d'accord avec la théorie que j'ai donnée. Celle-ci conduit, en outre, à la proposition générale que je vais transcrire.

Théorème. — *Le rayon incident étant supposé, comme ci-dessus, polarisé dans le plan d'incidence ou dans un plan perpendiculaire, si le corps transparent donné, au lieu d'être isophane, est un cristal à un ou à deux axes optiques, le rayon réfléchi pourra être généralement considéré comme résultant de la superposition de deux autres rayons polarisés, l'un dans le plan d'incidence, l'autre perpendiculairement à ce plan. L'un de ces deux derniers ne disparaîtra que dans certains cas spéciaux indiqués par les formules.*

Si, pour fixer les idées, on suppose que le corps transparent soit un cristal à un axe optique, qui remplisse les conditions indiquées dans la Note du 11 novembre, les deux rayons qui, d'après le théorème, concourront par leur superposition à former le rayon réfléchi, subsisteront l'un et l'autre, à moins que le plan d'incidence ne soit ou parallèle ou perpendiculaire à la section principale.

Ces conclusions sont conformes à des expériences que M. Soleil fils a faites et à d'autres que nous avons exécutées ensemble avec le goniomètre de M. Babinet muni de prismes de Nicol.

477.

Théorie de la lumière. — *Note sur les vibrations transversales de l'éther et sur la dispersion des couleurs.*

C. R., T. XXXI, p. 842 (23 décembre 1850).

L'un de nos confrères, M. Arago, m'a exprimé le désir de voir la théorie mathématique des divers phénomènes lumineux, et en particulier celle de la dispersion des couleurs, présentée sous une forme simple et facile à saisir. A la vérité, cette dernière théorie se trouve comprise dans les formules que renferme mon Mémoire sur la dispersion, et que j'ai développées dans les Leçons données au Collège de France les 19 et 22 juin 1830. Mais il importait d'en rendre l'étude aisément accessible à tous les amis des sciences. Ayant cherché les moyens de satisfaire ainsi au vœu de notre illustre confrère, j'ai été assez heureux pour réduire à quelques notions et propositions élémentaires, l'analyse à l'aide de laquelle j'ai démontré, d'une part, la légitimité de l'hypothèse des vibrations transversales, attribuées par Young et Fresnel au fluide éthéré; d'autre part, les lois de la dispersion des couleurs. Entrons à ce sujet dans quelques détails.

Suivant Young et Fresnel, lorsqu'un rayon de lumière doué de la polarisation rectiligne se propage dans un milieu transparent et isophane, un atome d'éther primitivement situé sur la direction du rayon exécute des vibrations *transversales*, c'est-à-dire perpendiculaires à cette direction et parallèles à un certain axe fixe. En vertu de ces vibrations, le déplacement de chaque atome est proportionnel au sinus, ou bien encore au cosinus d'un angle variable appelé *phase*, et représenté par une fonction linéaire du temps et de la distance qui sépare l'atome d'un plan fixe perpendiculaire au rayon donné. Alors les atomes dont les déplacements sont les mêmes au même instant appartiennent à des plans équidistants et parallèles au plan fixe, qui divisent l'espace en tranches ou *ondes planes;* et, si l'on prend pour axe des abscisses une droite parallèle à la direction du rayon, les coefficients du temps et de l'abscisse d'un atome dans la phase seront équivalents, au signe près, aux rapports qu'on obtient quand on divise la circonférence dont le rayon est l'unité, par la *durée d'une vibration atomique* et par l'*épaisseur d'une onde plane,* ou, en d'autres termes, par la *longueur d'une ondulation.*

D'autre part, un système d'atomes sera ce qu'on a nommé un *système réticulaire,* si ces atomes sont distribués à égales distances les uns des autres sur trois systèmes de droites parallèles aux intersections respectives de trois plans fixes. Alors, autour d'un premier atome, les autres pris deux à deux coïncideront avec les extrémités de droites dont le premier sera le milieu, et deviendront, par rapport à celui-ci, ce qu'on peut appeler des *atomes conjugués*.

Cela posé, on établira sans peine la proposition suivante :

THÉORÈME I. — *Si l'on imprime à un système réticulaire d'atomes des vibrations transversales et perpendiculaires à un axe fixe, qui constituent un mouvement par ondes planes, non seulement le déplacement d'un atome variera généralement quand on passera de cet atome à l'un quelconque de deux atomes conjugués, mais, de plus, les variations du déplacement correspondantes aux deux atomes conjugués formeront une somme équivalente, au signe près, au double produit du déplacement du premier atome par le sinus verse de la variation de la phase.*

De ce premier théorème combiné avec le principe de d'Alembert, on déduit immédiatement cette autre proposition :

THÉORÈME II. — *Un mouvement vibratoire infiniment petit, à vibrations transversales et par ondes planes, est du nombre de ceux que peut acquérir un système réticulaire d'atomes sollicités par des forces d'attraction ou de répulsion mutuelle et situés à égales distances les uns des autres sur trois systèmes de droites parallèles à trois axes rectangulaires.*

Ce second théorème suffit pour établir la légitimité de l'hypothèse des vibrations transversales de l'éther dans les rayons lumineux.

Enfin, dans un mouvement à vibrations transversales du système réticulaire, la force capable de produire le mouvement observé de chaque atome se réduit, au signe près, au produit du déplacement de cet atome par le carré du coefficient du temps dans la phase; et si la résultante des actions exercées sur ce premier atome par deux atomes conjugués est projetée sur la direction du déplacement, la projection sera proportionnelle, d'une part, au déplacement du premier atome, d'autre part, au sinus verse de la variation que subit la phase dans le passage du premier atome à l'un des deux autres; d'ailleurs, cette variation croît proportionnellement au coefficient de l'abscisse dans la phase. Donc, en vertu du principe de d'Alembert, le coefficient du temps et le coefficient de l'abscisse dans la phase sont liés entre eux par une équation qui fait dépendre la *durée des vibrations atomiques* de la *longueur d'ondulation*. Cette équation est précisément celle qui renferme la théorie du phénomène de la dispersion, et qui fait connaître les lois de ce phénomène.

478.

Calcul intégral. — *Mémoire sur les fonctions irrationnelles.*

C. R., T. XXXII, p. 68 (20 janvier 1851).

Soient x, y les coordonnées rectangulaires d'un point mobile Z, et posons

$$z = x + iy,$$

i étant une racine carrée de -1. Le point Z sera complètement déterminé quand on connaîtra la *coordonnée imaginaire* z. Soient encore

$$u, \quad v, \quad w, \quad \ldots$$

N variables assujetties à vérifier N équations simultanées

$$U = 0, \qquad V = 0, \qquad W = 0, \qquad \ldots,$$

U, V, W, ... étant des fonctions toujours continues de z, u, v, w, ... Alors

$$u, \quad v, \quad w, \quad \ldots$$

seront des *fonctions irrationnelles* de z, dont chacune, u par exemple, offrira généralement, pour une valeur donnée de z, plusieurs valeurs distinctes u_1, u_2, u_3, ...

Soit u_g l'une quelconque de ces valeurs; u_g sera une fonction de z, qui variera, par degrés insensibles, avec la variable z, en demeurant complètement déterminée, tant que z n'atteindra pas une valeur pour laquelle u_g deviendra ou infini, ou équivalent à un autre terme u_h de la suite

$$u_1, \quad u_2, \quad u_3, \quad \ldots.$$

Soient d'ailleurs c, c', c'', ... les valeurs réelles ou imaginaires de z qui rempliront l'une de ces dernières conditions, et C, C', C'', ... les points correspondants à ces mêmes valeurs de z. Si le point mobile Z vient à décrire une courbe continue et fermée, tellement choisie que les points C, C', C'', ... soient tous extérieurs à cette courbe, u_1, u_2, u_3, ... resteront, pendant le mouvement du point Z, fonctions continues de z, et chacune de ces fonctions reprendra sa valeur primitive au moment où le point mobile Z reprendra sa position initiale. Si, au contraire, quelques-uns des points C, C', C'', ... sont intérieurs à la courbe fermée dont il s'agit, un terme u_g de la suite

$$u_1, \quad u_2, \quad u_3, \quad \ldots$$

ne reprendra pas toujours la même valeur, quand le point Z reprendra sa position initiale. Cela posé, il semble au premier abord qu'il ne soit pas possible de séparer les unes des autres les diverses valeurs de u considéré comme fonction de z, tant que la valeur de z reste indéterminée. Néanmoins, pour éviter la confusion et rendre faciles à saisir les calculs qui se rapportent aux fonctions irrationnelles, il importait d'effectuer cette séparation. J'y parviens de la manière suivante :

Après avoir déterminé les divers points C, C', C'', ... correspondants aux valeurs c, c', c'', ... de la variable z, je trace les prolongements indéfinis CD, C'D', C''D'' des rayons vecteurs menés d'un centre fixe O aux points C, C', C'', ...; puis, j'assujettis chacune des fonctions

$$u_1, \quad u_2, \quad u_3, \quad \ldots$$

à varier avec z par degrés insensibles ou, en d'autres termes, à rester fonction continue de z, tandis que le point Z se meut lui-même par degrés insensibles dans le plan des x, y, sans que jamais il lui soit permis d'atteindre les prolongements CD, C'D', C''D'', ..., dont il pourra toutefois s'approcher indéfiniment. Comme, dans un tel mouvement, les droites CD, C'D', C''D'', ... peuvent être comparées à des obstacles devant lesquels le point mobile s'arrêterait, sans pouvoir jamais les franchir, j'appellerai ces droites *lignes d'arrêt,* et leurs origines C, C', C'', ... *points d'arrêt.* Le point O lui-même sera ce que je nommerai *centre radical.*

Les diverses valeurs de u étant ainsi distinguées les unes des autres, les principes établis dans divers Mémoires que j'ai publiés en 1846, spécialement dans les Mémoires des 12, 19 et 26 octobre ([1]), s'appliquent avec la plus grande facilité à la recherche des relations qui existent entre les diverses valeurs de l'intégrale rectiligne $\int u\,dz$, étendue à tous les points d'une ligne droite, et de l'intégrale curviligne $\int u D_s z\,ds$, étendue à tous les points d'une courbe PQR, dont l'arc, parcouru dans un certain sens, est désigné par s; et d'abord, en vertu de la formule (15) du Mémoire du 26 octobre, *si* PQR *est une courbe qui ne coupe aucune ligne d'arrêt, l'intégrale*

$$\mathcal{S} = \int u\,D_s z\,ds,$$

étendue à tous les points de la courbe PQR, *sera simplement la différence entre les deux valeurs qu'acquiert l'intégrale rectiligne* $\int u\,dz$, *quand on l'étend : 1° à tous les points du rayon vecteur* OR ; *2° à tous les points du rayon vecteur* OP. *Donc l'intégrale curviligne* $\mathcal{S}$ *ne différera pas de l'intégrale* $\int u\,dz$, *étendue à tous les points de la corde* PR, *si cette corde elle-même ne coupe aucune des lignes d'arrêt.*

Supposons, maintenant, que la courbe PQR, dont l'origine est au point P et l'extrémité au point R, coupe successivement les rayons vecteurs

$$OC'D', \quad OC''D'', \quad \ldots, \quad OC^{(m)}D^{(m)}$$

indéfiniment prolongés; et soient

$$Q', \quad Q'', \quad \ldots, \quad Q^{(m)}$$

les points d'intersection. La courbe PQR se trouvera divisée en plusieurs parties, et l'intégrale $\mathcal{S}$ en parties correspondantes, dont cha-

([1]) *OEuvres de Cauchy,* S. I, T. X, p. 153 à 196.

cune se déterminera immédiatement à l'aide du théorème que je viens de rappeler. Seulement, si, au moment où le point mobile Z part de la position initiale P, la fonction u se confond avec le terme u_g de la suite

$$u_1, \quad u_2, \quad u_3, \quad \ldots,$$

et si le point Q′ est situé, non sur le rayon vecteur OC′, mais sur son prolongement, c'est-à-dire sur une ligne d'arrêt, la même fonction u, supposée continue, se confondra généralement avec un nouveau terme u_h de la suite u_1, u_2, u_3, ..., après que le point mobile Z aura franchi la position Q′, le nombre h se réduisant toujours au nombre g dans le cas où Q′ serait un point du rayon vecteur OC′. Cela posé, on pourra généralement énoncer la proposition suivante :

Théorème I. — *Supposons que le point mobile* Z, *en partant de la position* P, *décrive une courbe continue quelconque* PQR, *dont l'arc mesuré dans le sens du mouvement soit représenté par* s; *et nommons*

$$Q', \quad Q'', \quad \ldots, \quad Q^{(m)}$$

les points d'intersection successifs de cette courbe avec les lignes d'arrêt qu'elle rencontre, ou avec les rayons vecteurs dont ces lignes sont les prolongements. Supposons encore que, la fonction irrationnelle u venant à varier avec z d'une manière continue, on nomme

$$u_g, \quad u_h, \quad \ldots, \quad u_n$$

ceux des termes de la suite u_1, u_2, u_3, ... *avec lesquels elle coïncide quand le point mobile* Z *parcourt successivement les portions de courbe*

$$PQ', \quad Q'Q'', \quad \ldots, \quad Q^{(m)}R;$$

l'intégrale curviligne

$$\mathrm{S} = \int u \, \mathrm{D}_s z \, ds,$$

étendue à tous les points de la courbe PQR, *sera la somme des valeurs de l'intégrale rectiligne* $\int u \, dz$ *correspondantes aux cordes des portions de courbe dont il s'agit, c'est-à-dire aux droites*

$$PQ', \quad Q'Q'', \quad \ldots, \quad Q^{(m)}R.$$

Il est important d'observer que la valeur de s, déterminée par le théorème précédent, ne variera pas si l'on fait mouvoir l'extrémité commune Q′ des deux cordes PQ′, Q′Q″, en rapprochant indéfiniment cette extrémité du point d'arrêt C′, sans lui faire franchir ce dernier point. En effet, supposons le point Q′ remplacé par un autre point q′ situé sur la droite Q′C′, entre Q′ et C′. La valeur de l'intégrale $\int u\,dz$, correspondante à la droite PQ′, sera la somme des valeurs de la même intégrale correspondantes aux droites Pq′, q′Q′. Pareillement, la valeur correspondante à la droite Q′Q″ sera la somme des valeurs correspondantes aux deux droites Q′q′, q′Q″; et, comme les deux droites q′Q′, Q′q′ coïncident, mais sont censées parcourues en sens inverses par un point mobile, les deux intégrales correspondantes à ces droites seront égales, au signe près, mais affectées de signes contraires; et par suite la somme des valeurs de $\int u\,dz$, correspondantes aux droites PQ′, Q′Q″, ne différera pas de la somme des valeurs correspondantes aux deux droites Pq′, q′Q″. On prouvera de même que l'on peut, sans altérer la valeur de s, rapprocher indéfiniment le point Q″ du point C″, ..., le point $Q^{(m)}$ du point $C^{(m)}$. Il y a plus : si les produits

$$(z-c')u,\quad (z-c'')u,\quad \ldots,\quad (z-c^{(m)})u$$

conservent des valeurs finies, le premier pour $z=c'$, le second pour $z=c''$, ..., le dernier pour $z=c^{(m)}$, les valeurs de $\int u\,dz$ correspondantes aux droites

$$PC',\quad C'C'',\quad \ldots,\quad C^{(m)}R$$

seront toutes finies, et par suite on pourra sans inconvénient faire atteindre aux points Q′, Q″, ..., $Q^{(m)}$, devenus mobiles, les positions C′, C″, ..., $C^{(m)}$ dont ils s'approchent indéfiniment. On peut donc énoncer la proposition suivante :

Théorème II. — *Les mêmes choses étant posées que dans le théorème I, si les produits*

$$(z-c')u,\quad (z-c'')u,\quad \ldots,\quad (z-c^{(m)})u$$

s'évanouissent, le premier pour $z=c$, le second pour $z=c''$, ..., le der-

nier pour $z = c^{(m)}$, *l'intégrale curviligne* $\mathcal{S}$ *sera la somme des valeurs de l'intégrale* $\int u\,dz$ *correspondantes aux droites*

$$PC',\quad C'C'',\quad \ldots,\quad C^{(m)}R.$$

En vertu de ce théorème, l'intégrale curviligne $\mathcal{S}$ relative à une courbe continue OPR se décompose en intégrales rectilignes, dont une seule dépend de l'origine P de la courbe, une seule de l'extrémité R de la même courbe, les autres intégrales rectilignes étant indépendantes des positions des deux points extrêmes.

Si le point R coïncide avec le point P, la courbe continue PQR sera une courbe fermée. Si, de plus, on a

$$u_n = u_g,$$

la somme des valeurs de $\int u\,dz$ correspondantes aux deux droites $C^{(m)}P$, PC' sera précisément la valeur correspondante à la droite $C^{(m)}C'$, et l'on obtiendra la proposition suivante :

Théorème III. — *Les mêmes choses étant posées que dans le théorème II, si la courbe* PQR *est fermée, en sorte que ses extrémités* P, R *coïncident, et si de plus la fonction u reprend la même valeur quand le point mobile* Z *reprend sa position initiale* P, *l'intégrale curviligne* $\mathcal{S}$, *devenue indépendante de la position du point* P, *sera la somme des valeurs de l'intégrale rectiligne* $\int u\,dz$ *correspondantes aux droites*

$$C'C'',\quad C''C''',\quad \ldots,\quad C^{(m)}C'.$$

Il est bon d'observer que dans chaque intégrale rectiligne on peut introduire à la place de la variable z une variable réelle θ dont les limites soient zéro et l'unité. Ainsi, par exemple, l'intégrale rectiligne $\int u\,dz$, étendue à tous les points de la droite $C'C''$, ou, en d'autres termes, l'intégrale définie

$$\int_{c'}^{c''} u\,dz,$$

se réduira simplement au produit

$$(c'' - c')\int_0^1 u\,d\theta,$$

si l'on pose

$$z = c' + (c'' - c')\theta.$$

Par suite, si l'on nomme z_0, z_1 les valeurs de z correspondantes aux extrémités P, R de la courbe PQR, et z', z'', ..., $z^{(m)}$ les valeurs de z correspondantes aux points intermédiaires Q', Q'', ..., $Q^{(m)}$, l'intégrale curviligne $\mathcal{S} = \int u D_s z\, ds$, étendue à tous les points de la courbe, pourra être, en vertu du théorème I, déterminée, non seulement par l'équation

$$\mathcal{S} = \int_{z_0}^{z'} u_g\, dz + \int_{z'}^{z''} u_h\, dz + \ldots + \int_{z^{(m)}}^{z_1} u_n\, dz,$$

mais encore par la formule

$$\mathcal{S} = \int_0^1 \Theta\, d\theta,$$

la valeur de Θ étant

$$\Theta = (z' - z_0)u_g + (z'' - z')u_h + \ldots + (z_1 - z^{(m)})u_n,$$

et la variable z devant être remplacée, dans le facteur u_g par la somme $z_0 + \theta(z' - z_0)$, dans le facteur u_h par la somme $z' + \theta(z'' - z')$, ..., dans le facteur u_n par la somme $z^{(m)} + \theta(z_1 - z^{(m)})$. Si d'ailleurs les produits

$$(z - c')u, \quad (z - c'')u, \quad \ldots, \quad (z - c^{(m)})u$$

s'évanouissent, le premier pour $z = c'$, le second pour $z = c''$, ..., le dernier pour $z = c^{(m)}$, on pourra, dans la valeur de Θ, réduire z' à c', z'' à c'', ..., $z^{(m)}$ à $c^{(m)}$.

Si, les produits $(z - c')u$, $(z - c'')u$, ... cessant de satisfaire à la condition énoncée, u renfermait les termes de la forme

$$\frac{I'}{z - c'}, \quad \frac{I''}{z - c''}, \quad \ldots, \quad \frac{I^{(m)}}{z - c^{(m)}};$$

alors, en désignant par υ la somme de ces termes, et supposant que la condition énoncée fût remplie dans le cas où la différence $u - \upsilon$ serait substituée à la fonction u, on pourrait aisément calculer la valeur de $\mathcal{S}$ relative à la fonction u, en la déduisant de la valeur relative à la fonction $u - \upsilon$, et, pour déduire la première de la seconde, il suffirait, d'après ce que j'ai dit ailleurs, d'ajouter à celle-ci plusieurs termes de la forme

$$\pm 2\pi I' i, \quad \pm 2\pi I'' i, \quad \ldots,$$

chaque double signe se réduisant au signe + ou au signe —, suivant que le mouvement de rotation du rayon vecteur OZ serait direct où rétrograde, au moment où le point mobile Z passerait par la position P′ ou P″, ...

Enfin, si, pour des valeurs de z voisines de c', la fonction u se décompose en trois parties, dont l'une soit de la forme

$$\frac{I'}{z - c'},$$

en sorte qu'on ait

$$u = \frac{I'}{z - c'} + \varphi + \chi,$$

les fonctions φ, χ étant telles que les deux produits

$$(z - c')\varphi, \quad (z - c')\chi$$

deviennent, le premier nul, le second infini pour $z = c'$, et le second nul pour une valeur infinie de z; alors, après avoir débarrassé la fonction u du terme $\frac{I'}{z - c'}$, on pourra, dans la détermination de s, effectuée à l'aide du théorème I, commencer par substituer aux droites PQ′, Q′Q″, les droites Pq′, q′Q″, q′ étant un point situé sur la droite Q′C′, à une distance infiniment petite du point C′; puis, afin de réduire à des quantités finies les valeurs des intégrales correspondantes aux droites Pq′, q′Q″, on ajoutera à la première intégrale, et l'on retranchera de la seconde la valeur de $\int \chi \, dz$ correspondante à q′r′, r′ étant un nouveau point que l'on supposera situé sur le prolongement de C′q′, et qui pourra coïncider avec le centre radical, ou s'éloigner à une distance infinie de C′.

En opérant de la même manière dans tous les cas analogues, on réduira la détermination de s à l'évaluation d'intégrales rectilignes, qui offriront toutes des valeurs finies, et parmi lesquelles deux seulement dépendront des positions des points extrêmes de la courbe donnée PQR.

Les théorèmes énoncés dans cet article supposent évidemment que le rayon vecteur mobile OZ ne peut jamais décrire un angle supérieur à deux droits, tandis que son extrémité Z parcourt, en partie ou en totalité, l'un quelconque des arcs PQ', $Q'Q''$, ..., $Q^{(m)}R$. Il pourrait arriver que cette condition cessât d'être remplie pour l'un de ces mêmes arcs; mais il serait facile de le partager en deux autres dont chacun satisferait à la condition dont il s'agit.

Dans un autre article, j'appliquerai les théorèmes ci-dessus énoncés à des cas spéciaux; je dirai en même temps quels sont les points de contact et les différences qui existent entre mes recherches, soit anciennes, soit nouvelles, et un Mémoire très remarquable dont M. Puiseux m'a parlé. Ce Mémoire, qu'il se propose de présenter aujourd'hui même à l'Académie, s'appuie, d'une part, sur les propriétés des fonctions irrationnelles traitées par lui dans un précédent Mémoire déjà publié en partie (*voir* le *Journal de Mathématiques* de M. Liouville, t. XV, p. 365, année 1850); d'autre part, sur la notion des intégrales rectilignes et curvilignes des équations différentielles, présentée pour la première fois aux géomètres, dans mes Mémoires de 1846.

479.

C. R., T. XXXII, p. 126 (3 février 1851).

M. Augustin Cauchy présente à l'Académie la suite de ses recherches sur les fonctions rationnelles et sur leurs intégrales définies. Dans ce nouveau Mémoire, M. Cauchy applique les principes établis dans la séance du 26 octobre 1846, à la détermination des intégrales curvilignes dans lesquelles la fonction sous le signe $\int$ est une racine d'une équation algébrique quelconque, et détermine dans le cas le plus général le nombre des indices de périodicité, ou, en d'autres termes, des périodes distinctes qui peuvent être ajoutées à une telle intégrale. Il est ainsi conduit à un théorème qu'on peut énoncer comme il suit :

u étant une fonction donnée de z déterminée par une équation algébrique du degré m, si l'on désigne par u_1 l'une des valeurs de u, par u_2, u_3, ..., u_μ celles dans lesquelles u_1 peut se transformer en variant avec z par degrés insensibles, par n le nombre total des points d'arrêt, enfin par ν le nombre total des substitutions circulaires correspondantes à ces points, et formées avec les termes u_1, u_2, ..., u_μ (quelques-unes de ces substitutions pouvant être censées renfermer chacune un seul terme, et se réduire, par suite, à l'unité), le nombre des périodes distinctes qui pourront être ajoutées à l'intégrale $\int u_1\,dz$ prise entre deux limites données (abstraction faite des périodes exprimées par des résidus de la fonction u) sera généralement $(n-1)\mu-(\nu-1)$.

480.

ANALYSE ALGÉBRIQUE. — *Sur les fonctions de variables imaginaires.*

C. R., T. XXXII, p. 160 (10 février 1851).

La théorie des fonctions de variables imaginaires présente des questions délicates qu'il importait de résoudre, et qui ont souvent embarrassé les géomètres. Mais toute difficulté disparaîtra si, en se laissant guider par l'analogie, on étend aux fonctions de variables imaginaires les définitions généralement adoptées pour les fonctions de variables réelles. On arrive ainsi à des conclusions, singulières au premier abord, et néanmoins très légitimes, que j'indiquerai en peu de mots.

Deux variables réelles sont dites *fonctions* l'une de l'autre, lorsqu'elles varient simultanément de telle sorte que la valeur de l'une détermine la valeur de l'autre. Si les deux variables sont censées représenter les abscisses de deux points assujettis à se mouvoir sur une même droite, la position de l'un des points mobiles déterminera la position de l'autre, et réciproquement.

Ajoutons que le rapport différentiel de deux variables réelles est une quantité généralement déterminée, et qui néanmoins peut cesser de l'être pour certaines valeurs particulières des variables. Ainsi, par exemple, le rapport différentiel de y à x deviendra indéterminé pour $x = 0$, si l'on suppose

$$y = x \sin \frac{1}{x}.$$

Concevons maintenant que, x, y étant des variables réelles et indépendantes l'une de l'autre, on pose

$$z = x + y\mathrm{i},$$

i étant une racine carrée de -1; z sera ce qu'on nomme une variable imaginaire. Soit

$$u = v + w\mathrm{i}$$

une autre variable imaginaire, v et w étant réels. Si, comme l'on doit naturellement le faire, on étend aux variables imaginaires les définitions adoptées dans le cas où les variables sont réelles, u devra être censé *fonction* de z, lorsque la valeur de z déterminera la valeur de u. Or il suffit pour cela que v et w soient des fonctions déterminées de x, y. Alors aussi, en considérant les variables réelles x et y renfermées dans z, ou les variables réelles v et w renfermées dans u, comme propres à représenter les coordonnées rectilignes et rectangulaires d'un point mobile Z ou U, on verra la position du point mobile Z déterminer toujours la position du point mobile U.

Si d'ailleurs on nomme r le rayon vecteur mené de l'origine des coordonnées au point mobile Z, et p l'angle polaire formé par ce rayon vecteur avec l'axe des x, les coordonnées polaires r et p, liées à x, y par les équations

$$x = r \cos p, \qquad y = r \sin p,$$

et à z par la formule

$$z = re^{p\mathrm{i}},$$

seront ce qu'on nomme le *module* et l'*argument* de la variable imaginaire z.

Ces définitions étant adoptées, et u étant une fonction quelconque de la variable imaginaire z, le rapport différentiel de u à z dépendra, en général, non seulement des variables réelles x et y, ou, ce qui revient au même, de la position attribuée au point mobile Z, mais encore du rapport différentiel de y à x, ou, en d'autres termes, de la direction de la tangente à la courbe que décrira le point mobile, lorsqu'on fera varier z. Ainsi, par exemple, comme on aura

$$dz = dx,$$

si le point mobile se meut parallèlement à l'axe des x, et

$$dz = \mathrm{i}\,dy,$$

si le point mobile se meut parallèlement à l'axe des y, le rapport différentiel de u à z sera, dans la première hypothèse,

$$\mathrm{D}_x v + \mathrm{i}\mathrm{D}_x w,$$

et, dans la seconde hypothèse,

$$\frac{\mathrm{D}_y v + \mathrm{i}\mathrm{D}_y w}{\mathrm{i}} = \mathrm{D}_y w - \mathrm{i}\mathrm{D}_y v.$$

Ajoutons que, si ces deux valeurs particulières du rapport différentiel de u à z sont égales entre elles, ce rapport deviendra indépendant de la direction suivie par le point mobile et se réduira simplement à une fonction des deux variables x, y.

Dans ce cas particulier, on aura

$$\mathrm{D}_x v = \mathrm{D}_y w, \qquad \mathrm{D}_y v = -\mathrm{D}_x w;$$

par conséquent

$$\mathrm{D}_x^2 v + \mathrm{D}_y^2 v = 0, \qquad \mathrm{D}_x^2 w + \mathrm{D}_y^2 w = 0$$

et

$$\mathrm{D}_x^2 u + \mathrm{D}_y^2 u = 0.$$

Donc alors la fonction u de z sera en même temps une fonction de x, y

qui vérifiera une équation aux dérivées partielles du second ordre, et représentera une intégrale de cette équation.

C'est ce qui arrivera ordinairement, si les variables imaginaires u et z sont liées entre elles par l'équation qu'on obtient en égalant à zéro une fonction toujours continue de ces deux variables.

Les principes que je viens d'exposer confirment ce que j'ai dit ailleurs sur la nécessité de mentionner la dérivée d'une fonction de z, dans le théorème qui indique les conditions sous lesquelles cette fonction peut être développée en une série ordonnée suivant les puissances ascendantes de z. C'est, au reste, ce que j'expliquerai plus en détail dans un autre article, où je déduirai des principes dont il s'agit les propriétés diverses des fonctions d'une variable imaginaire et de leurs intégrales définies.

481.

Calcul intégral. — *Addition au Mémoire sur les fonctions irrationnelles, et sur leurs intégrales définies.*

C. R., T. XXXII, p. 162 (10 février 1851).

Le théorème énoncé à la page 301 s'étend au cas même où u est une fonction de z, déterminée, non par une seule équation algébrique, mais par un système de N équations simultanées

$$U = 0, \qquad V = 0, \qquad W = 0, \qquad \ldots,$$

dans lesquelles U, V, W, ... représentent des fonctions algébriques ou transcendantes, mais toujours continues, des N variables

$$u, \quad v, \quad w, \quad \ldots$$

et de la variable indépendante z. On peut d'ailleurs supposer que, parmi ces équations, toutes celles qui suivent la première, savoir

$$V = 0, \qquad W = 0, \qquad \ldots,$$

renferment chacune une seule des variables v, w, ... avec la variable z, et soient en outre semblables entre elles, par conséquent de la forme

$$\mathrm{f}(v, z) = 0, \qquad \mathrm{f}(w, z) = 0, \qquad \ldots.$$

Alors chacune des variables $v, w, \ldots$ représentera l'une des racines v_1, $v_2, \ldots$ de la seule équation

$$\mathrm{f}(v, z) = 0,$$

et la variable u, déterminée en fonction de $v, w, \ldots, z$ par la formule

$$U = 0,$$

se réduira simplement à une fonction de z et des racines dont il s'agit. Concevons, pour fixer les idées, que, chacune des variables $v, w, \ldots$ se réduisant à l'une des racines de l'équation

$$\mathrm{f}(v, z) = 0,$$

la première des équations données se réduise elle-même à la formule

$$u = \mathrm{F}(z, v, w, \ldots),$$

$\mathrm{F}(z, v, w, \ldots)$ désignant une fonction toujours continue de $z, v, w, \ldots$. Alors u sera de la forme

$$u = \mathrm{F}(z, v_g, v_h, \ldots),$$

plusieurs des indices $g, h, \ldots$ pouvant être égaux entre eux; et en nommant Z le point mobile dont la variable z désigne la coordonnée imaginaire, on obtiendra, pour l'intégrale $\int u\,dz$ étendue à tout le contour d'une courbe fermée et décrite par le point Z, une valeur indépendante de la position initiale de ce point, si u reprend sa valeur primitive, au moment où le point Z aura parcouru la courbe entière. Ajoutons que la même intégrale se réduira simplement à zéro, si u est une fonction symétrique de $v_1, v_2, v_3, \ldots$, ou même si la fonction u n'est altérée par aucune des substitutions circulaires correspondantes aux points d'arrêt que renferme la courbe, et relatives aux diverses racines $v_1, v_2, v_3, \ldots$ de l'équation

$$\mathrm{f}(v, z) = 0.$$

482.

ANALYSE. — *Mémoire sur l'application du calcul des résidus à plusieurs questions importantes d'Analyse.*

C. R., T. XXXII, p. 207 (7 février 1851).

Les principes du calcul des résidus, et les formules que j'en ai déduites dans divers Mémoires, fournissent immédiatement la solution d'un grand nombre de questions importantes. S'agit-il, par exemple, de développer une fonction en une série d'exponentielles, ou plus généralement en une série dont les divers termes dépendent des diverses racines d'une équation transcendante; s'agit-il de démontrer la convergence d'une telle série, ou bien encore de transformer les fonctions à simple et à double période, et en particulier les fonctions elliptiques, en produits composés d'un nombre infini de facteurs, les formules et les théorèmes que j'ai donnés, dès l'année 1827, dans le second Volume des *Exercices de Mathématiques* (1) et dans le Mémoire du 27 novembre 1831 (2), permettront d'effectuer les développements et les transformations demandées et d'établir les conditions de convergence des séries obtenues. Entrons à ce sujet dans quelques détails.

Soient x, y les coordonnées rectangulaires, r, p les coordonnées polaires, et

$$z = x + y\mathrm{i} = re^{p\mathrm{i}}$$

la coordonnée imaginaire d'un point mobile Z. Soit encore $f(z)$ une fonction de z, dont la valeur soit unique et déterminée, quand elle ne devient pas infinie, et dont la différentielle divisée par dz fournisse un rapport qui dépende uniquement des variables réelles x, y. Soit enfin S l'aire d'une portion du plan des x, y; nommons PQR le contour qui renferme cette aire, et désignons par (S) l'intégrale $\int f(z)\,dz$

(1) *OEuvres de Cauchy*, S. II, T. VII.
(2) *Ibid.*, S. II, T. XV.

étendue à tous les points de ce contour que nous supposerons parcouru par le point mobile Z avec un mouvement de rotation direct autour de l'aire S. En vertu d'une formule que j'ai donnée dans le Mémoire de 1831 (page 9), on aura

$$(1)\qquad (\mathrm{S}) = 2\pi i \,\mathcal{E}\,((f(z))),$$

le signe $\mathcal{E}$ indiquant la somme des résidus de $f(z)$ relatifs aux valeurs de z qui vérifient l'équation

$$(2)\qquad \frac{1}{f(z)} = 0,$$

et correspondent à des points renfermés dans l'aire S.

Il est bon d'observer que l'équation (1) peut servir à déduire ou l'intégrale curviligne (S) du résidu intégral $\mathcal{E}\,((f(z)))$, ou ce résidu lui-même de l'intégrale (S). Dans ce dernier cas, l'équation (1) doit être présentée sous la forme

$$(3)\qquad \mathcal{E}\,((f(z))) = \frac{1}{2\pi i}(\mathrm{S}).$$

Si l'on suppose que, $f(z)$ étant une fonction transcendante, l'équation (2) offre une infinité de racines z_1, z_2, z_3, ... dont quelques-unes offrent des modules infiniment grands, le premier membre de l'équation (3) offrira la somme d'un certain nombre de termes d'une série simple ou multiple. Si, dans la même hypothèse, on fait croître, dans un rapport donné k, le rayon vecteur mené aux divers points du contour PQR qui renferme l'aire S, ce contour se dilatera, en demeurant semblable à lui-même. Cela posé, soient k_1, k_2, ..., k_n des valeurs croissantes du rapport k; S_1, S_2, ..., S_n les valeurs correspondantes de S, et

$$\omega_1,\quad \omega_1+\omega_2,\quad \ldots,\quad \omega_1+\omega_2+\ldots+\omega_n$$

les valeurs correspondantes du résidu intégral $\mathcal{E}\,((f(z)))$. On aura

$$(4)\qquad \omega_1+\omega_2+\ldots+\omega_n = \frac{(\mathrm{S}_n)}{2\pi i},$$

ω_n étant la somme des résidus relatifs à des points situés entre les contours des aires S_{n-1}, S_n; et si, pour des valeurs croissantes de n, l'intégrale curviligne (S_n) converge vers une limite fixe, alors, en nommant Ω le rapport de cette limite au produit $2\pi i$, on verra les quantités ω_1, ω_2, ..., ω_n se réduire aux divers termes d'une série convergente dont Ω représentera la somme, en sorte qu'on aura

$$\omega_1 + \omega_2 + \omega_3 + \ldots = \Omega. \tag{5}$$

On déduit des équations (1), (3) et (5) une multitude de résultats importants, en assignant des formes déterminées soit à la fonction $f(z)$, soit au contour PQR.

Parmi les formes qu'on peut assigner au contour PQR, on doit remarquer celle qu'on obtient quand on réduit ce contour à un polygone dont les côtés sont des droites ou des arcs de cercle. Dans plusieurs Mémoires, j'ai spécialement examiné ce qui arrive quand l'aire S se réduit soit à un rectangle, soit à un cercle décrit de l'origine avec le rayon P. Dans cette dernière hypothèse, l'équation (3) donne

$$\mathop{\mathcal{E}}_{(0)}^{(R)}{}_{(-\pi)}^{(\pi)} [f(r)] = \mathfrak{M}(P), \tag{6}$$

P étant une fonction de l'argument p déterminée par le système des formules

$$P = z f(z), \tag{7}$$

$$z = Re^{pi}, \tag{8}$$

et $\mathfrak{M}(P)$ étant la *moyenne isotropique* de P déterminée par la formule

$$\mathfrak{M}(P) = \frac{1}{2\pi} \int_{-\pi}^{\pi} P \, dp. \tag{9}$$

Si, pour des valeurs croissantes de R, cette moyenne isotropique converge vers une limite fixe Ω, l'équation (6) donnera

$$\mathop{\mathcal{E}}_{(0)}^{(\infty)}{}_{(-\pi)}^{(\pi)} [f(z)] = \Omega. \tag{10}$$

Si l'on réduisait la surface S, non plus au cercle décrit de l'origine avec le rayon R, mais à l'un des demi-cercles dans lesquels ce cercle est divisé par l'axe des x ou par l'axe des y, alors, en désignant par

$$\mathop{\mathrm{M}}_{p=p'}^{p=p''}(P)$$

la valeur moyenne de la fonction P de p, entre les limites $p=p'$, $p=p''$, c'est-à-dire la valeur du rapport

$$\frac{\int_{p'}^{p''} P\,dp}{p''-p'},$$

on obtiendrait à la place de l'équation (6) les quatre formules

$$(11)\quad \begin{cases} \displaystyle \mathop{\mathcal{E}}_{(0)}^{(R)}{}_{(0)}^{(\pi)}(f(z)) = \frac{1}{2}\mathop{\mathrm{M}}_{p=0}^{p=\pi}(P) + \frac{1}{2\pi i}\int_{-R}^{R} f(x)\,dx, \\ \displaystyle \mathop{\mathcal{E}}_{(0)}^{(R)}{}_{(-\pi)}^{(0)}(f(z)) = \frac{1}{2}\mathop{\mathrm{M}}_{p=-\pi}^{p=0}(P) + \frac{1}{2\pi i}\int_{-R}^{R} f(x)\,dx, \end{cases}$$

$$(12)\quad \begin{cases} \displaystyle \mathop{\mathcal{E}}_{(0)}^{(R)}{}_{\left(-\frac{\pi}{2}\right)}^{\left(\frac{\pi}{2}\right)}(f(z)) = \frac{1}{2}\mathop{\mathrm{M}}_{p=-\frac{\pi}{2}}^{p=\frac{\pi}{2}}(P) - \frac{1}{2\pi}\int_{-R}^{R} f(iy)\,dy, \\ \displaystyle \mathop{\mathcal{E}}_{(0)}^{(R)}{}_{\left(\frac{\pi}{2}\right)}^{\left(\frac{3\pi}{2}\right)}(f(z)) = \frac{1}{2}\mathop{\mathrm{M}}_{p=\frac{\pi}{2}}^{p=\frac{3\pi}{2}}(P) + \frac{1}{2\pi}\int_{-R}^{R} f(iy)\,dy. \end{cases}$$

Si, pour des valeurs croissantes de R, les quatre valeurs moyennes de la fonction p correspondantes aux demi-circonférences qui s'appuient sur l'axe des x, ou sur l'axe des y, convergent vers des limites fixes, alors, en désignant par Ω_y, Ω_{-y}, Ω_x, Ω_{-x} ces mêmes limites, on tirera des formules (11)

$$(13)\quad \begin{cases} \displaystyle \mathop{\mathcal{E}}_{(0)}^{(\infty)}{}_{(0)}^{(\pi)}(f(z)) = \frac{1}{2}\Omega_y + \frac{1}{2\pi i}\int_{-\infty}^{\infty} f(x)\,dx, \\ \displaystyle \mathop{\mathcal{E}}_{(0)}^{(\infty)}{}_{(-\pi)}^{(0)}(f(z)) = \frac{1}{2}\Omega_{-y} - \frac{1}{2\pi i}\int_{-\infty}^{\infty} f(x)\,dx, \end{cases}$$

et des formules (12)

$$(14)\quad \begin{cases} \displaystyle \mathop{\mathcal{E}}_{(0)\ \left(-\frac{\pi}{2}\right)}^{(\infty)\ \left(\frac{\pi}{2}\right)} (f(z)) = \frac{1}{2}\Omega_x - \frac{1}{2\pi}\int_{-\infty}^{\infty} f(iy)\,dy, \\ \displaystyle \mathop{\mathcal{E}}_{(0)\ \left(\frac{\pi}{2}\right)}^{(\infty)\ \left(\frac{3\pi}{2}\right)} (f(z)) = \frac{1}{2}\Omega_{-x} + \frac{1}{2\pi}\int_{-\infty}^{\infty} f(iy)\,dy. \end{cases}$$

Au reste, on peut déduire les formules (12) des formules (11), et les formules (14) des formules (13), en remplaçant $f(z)$ par $f(iz)$.

Les formules (13), appliquées à la détermination de l'intégrale $\int_{-\infty}^{\infty} f(x)\,dx$, fournissent les valeurs de plusieurs intégrales données par Euler, Laplace, etc., et d'une multitude d'autres.

Si l'on supposait la surface S comprise entre deux courbes, et terminée : 1° par un contour extérieur PQR; 2° par un contour intérieur pqr; alors, en nommant S_1 la surface enveloppée par le contour extérieur PQR, et S_0 la surface enveloppée par le contour intérieur pqr, on aurait évidemment $S = S_1 - S_0$, et la somme des résidus de $f(z)$, relatifs à des valeurs de z qui correspondraient à des points renfermés dans l'aire S, serait, eu égard à la formule (3), la différence entre les rapports $\frac{(S_1)}{2\pi}$, $\frac{(S_0)}{2\pi}$. Donc, en désignant cette somme de résidus par $\mathcal{E}(f(z))$, on aurait

$$(15)\qquad \mathcal{E}(f(z)) = \frac{(S_1) - (S_0)}{2\pi i}.$$

Supposons, pour fixer les idées, la surface S comprise entre les circonférences décrites de l'origine comme centre avec les rayons R et $r_0 < R$, et posons

$$(16)\qquad u = r_0 e^{pi}, \qquad v = Re^{pi}, \qquad P_0 = u\,f(u), \qquad P = v\,f(v).$$

Alors, à la place de la formule (6), on obtiendra la suivante :

$$(17)\qquad \mathop{\mathcal{E}}_{(r_0)\ (-\pi)}^{(R)\ (\pi)} (f(z)) = \mathfrak{M}(P) - \mathfrak{M}(P_0).$$

Concevons maintenant que l'on attribue à la fonction $f(z)$ des formes particulières, et supposons d'abord

$$f(z) = \frac{\varphi(z)}{z-t},$$

t étant la coordonnée réelle ou imaginaire d'un certain point T. On aura, si le point T est extérieur à la surface S,

$$\mathcal{E}\,(f(z)) = \mathcal{E}\,\frac{(\varphi(z))}{z-t}, \tag{18}$$

et, si le point T est intérieur à la surface S,

$$\mathcal{E}\,(f(z)) = \mathcal{E}\,\frac{(\varphi(z))}{z-t} + \varphi(t). \tag{19}$$

Dans cette hypothèse, l'équation (17), jointe aux formules (16), donnera

$$\varphi(t) = \underset{(r_0)}{\overset{(R)}{}}\mathcal{E}_{(-\pi)}^{(\pi)}\frac{(\varphi(z))}{t-z} + \mathfrak{M}\,\frac{v\,\varphi(v)}{v-t} + \mathfrak{M}\,\frac{u\,\varphi(u)}{t-u}. \tag{20}$$

D'ailleurs, le module de t étant, par hypothèse, supérieur au module de u et inférieur au module de v, les deux rapports $\frac{v}{v-t}$, $\frac{u}{t-u}$ seront développables, le premier suivant les puissances ascendantes nulles et positives de la variable t, le second suivant les puissances descendantes et négatives de la même variable. Donc, *si $\varphi(z)$ est une fonction dont la valeur, quand elle demeure finie, soit toujours unique et déterminée, et si le rapport différentiel de $\varphi(z)$ à la variable z dépend uniquement de cette variable, alors pour un module de t compris entre deux limites données r_0, R, la fonction $\varphi(t)$ pourra être décomposée en trois parties dont la première sera exprimée par le résidu intégral*

$$\underset{(r_0)}{\overset{(R)}{}}\mathcal{E}_{(-\pi)}^{(\pi)}\frac{(\varphi(z))}{t-z}, \tag{21}$$

tandis que les deux dernières auront pour développements deux séries toujours convergentes, ordonnées l'une suivant les puissances ascendantes, l'autre suivant les puissances descendantes de la variable t. D'ailleurs, *le* *résidu* (21) *sera une somme de fractions simples, qui offriront, avec des numérateurs constants, des dénominateurs représentés ou par les diverses valeurs du binôme* $t - z$, *correspondantes à celles des racines de l'équation*

$$\frac{1}{\varphi(z)} = 0,$$

dont les modules seront compris entre les limites r_0, R, *ou par des puissances de* $t - z$, *si quelques-unes des racines dont il s'agit deviennent égales entre elles.* Cela posé, il est clair que l'équation (5) fournit simultanément la théorie de la décomposition des fractions rationnelles, ou même des fonctions transcendantes en fractions simples, la série de Taylor avec le théorème sur la convergence de cette série, et le théorème de M. Laurent.

Soit maintenant τ une valeur particulière de t, et supposons qu'après avoir remplacé, dans la formule (20), la fonction $\varphi(z)$ par $\frac{\varphi'(z)}{\varphi(z)}$, on intègre les deux membres par rapport à t, à partir de $t = \tau$. Alors, en passant des logarithmes aux nombres, on trouvera

$$(22) \qquad \frac{\varphi(t)}{\varphi(\tau)} = e^{T_0 - T}\,\Pi,$$

T, T_0 étant les sommes des deux séries convergentes ordonnées, la première suivant les puissances ascendantes et positives, la seconde suivant les puissances descendantes et négatives de t, et Π étant un produit déterminé par la formule

$$(23) \qquad \Pi = \left(\frac{t}{\tau}\right)^m \left(\frac{t - z_{\prime}}{\tau - z_{\prime}}\right)^{m_{\prime}} \left(\frac{t - z_{\prime\prime}}{\tau - z_{\prime\prime}}\right)^{m_{\prime\prime}} \cdots \left(\frac{\tau - z'}{t - z'}\right)^{m'} \left(\frac{\tau - z''}{t - z''}\right)^{m''} \cdots,$$

dans laquelle $z_{\prime}$, $z_{\prime\prime}$, ... d'une part, et z', z'', ... de l'autre, désignent les valeurs de z qui vérifient comme racines, d'une part la première, d'autre part la seconde des équations

$$(24) \qquad \varphi(z) = 0, \qquad \frac{1}{\varphi(z)} = 0,$$

et qui, d'ailleurs, offrent des modules compris entre les limites r_0, R, tandis que $m_{\prime}$ représente le nombre des racines égales à $z_{\prime}$; $m_{\prime\prime}$ le nombre des racines égales à $z_{\prime\prime}$; ..., m' le nombre des racines égales à z'; ... et m la différence entre les deux nombres qui expriment, pour les deux équations dont il s'agit, combien il existe de racines égales ou inégales qui offrent des modules inférieurs à r_0. Ajoutons que les valeurs de T et T_0 peuvent être facilement déterminées à l'aide des formules

$$(25)\qquad T = \mathfrak{M}\left[\frac{v\,\varphi'(v)}{\varphi(v)}\,\mathrm{l}\frac{1-\frac{t}{v}}{1-\frac{\tau}{v}}\right], \qquad T_0 = \mathfrak{M}\left[\frac{u\,\varphi'(u)}{\varphi(u)}\,\mathrm{l}\frac{1-\frac{u}{t}}{1-\frac{u}{\tau}}\right].$$

La formule (22) est féconde en résultats qui paraissent dignes d'attention, surtout lorsqu'on l'applique aux fonctions à double période et, en particulier, aux fonctions elliptiques. On doit remarquer le cas où l'on suppose $r_0 = 0$, $R = \infty$. Alors, en effet, comme je l'expliquerai plus en détail dans un prochain article, on déduit immédiatement de cette formule, non seulement une décomposition des fonctions elliptiques en facteurs simples que l'on peut combiner entre eux par voie de multiplication, de manière à reproduire les beaux théorèmes de M. Jacobi, mais encore un grand nombre de résultats du même genre et qui semblaient plus difficiles à obtenir.

J'examinerai aussi ce qui arrive quand on suppose

$$(26)\qquad f(z) = \chi(z)\int_a^t e^{z(t-\mu)}\,\varphi(\mu)\,d\mu$$

ou

$$(27)\qquad f(z) = \chi(z)\int_t^b e^{z(t-\mu)}\,\varphi(\mu)\,d\mu,$$

t étant une variable réelle comprise entre les limites a, b. On verra, dans cette hypothèse, les formules ci-dessus établies reproduire et même étendre les théorèmes énoncés dans le second Volume des *Exercices de Mathématiques* (pages 344 et suivantes) [1], relativement

[1] *OEuvres de Cauchy*, S. II, T. VII, p. 397 et suiv.

au développement des fonctions en séries dont les divers termes dépendent des diverses racines d'une équation transcendante; et l'on remarquera que, pour démontrer facilement ces théorèmes, il est utile d'appliquer à la détermination du produit $z f(z)$ une intégration par parties, attendu que l'on a, par exemple,

$$(28) \qquad z\int_a^t e^{z(t-\mu)}\varphi(\mu)\,d\mu = e^{z(t-a)}\varphi(a) - \varphi(t) + \int_a^t e^{z(t-\mu)}\varphi'(\mu)\,d\mu.$$

Ajoutons que, si l'on pose $\chi(z) = 1$ dans les formules (26) et (27), si d'ailleurs la fonction $\varphi(\mu)$ reste finie entre les limites $\mu = a$, $\mu = b$, on tirera immédiatement des équations (14), jointes à la formule (28), les deux équations

$$(29) \qquad \varphi(t) = \frac{1}{\pi}\int_{-\infty}^{\infty}\int_a^t e^{y(t-\mu)i}\varphi(\mu)\,dy\,d\mu,$$

$$(30) \qquad \varphi(t) = \frac{1}{\pi}\int_{-\infty}^{\infty}\int_t^b e^{y(t-\mu)i}\varphi(\mu)\,dy\,d\mu$$

et, par suite, la formule

$$(31) \qquad \varphi(t) = \frac{1}{2\pi}\int_{-\infty}^{\infty}\int_a^b e^{y(t-\mu)i}\varphi(\mu)\,dy\,d\mu,$$

qui peut être utilement substituée à celle de Fourier, eu égard à l'avantage qu'elle possède de ne renfermer qu'une seule exponentielle trigonométrique.

483.

ANALYSE. — *Memoire sur l'application du calcul des résidus à la décomposition des fonctions transcendantes en facteurs simples.*

C. R., T. XXXII, p. 267 (25 février 1851).

§ I. — *Formules générales.*

Soient x, y les coordonnées rectangulaires; r, p les coordonnées polaires, et

$$z = x + yi = re^{pi}$$

la coordonnée imaginaire d'un point mobile Z. Supposons que ce point soit renfermé entre les deux circonférences décrites de l'origine comme centre avec les rayons r_0, R, ou, en d'autres termes, que le module r de z reste compris entre les limites r_0, R. Soit $\varphi(z)$ une fonction de z, qui, pour un module de z inférieur à R, soit toujours continue quand elle ne devient pas infinie; et admettons encore que le rapport différentiel de la fonction $\varphi(z)$ à la variable imaginaire z dépende uniquement des variables réelles x, y; puis, en supposant les équations

$$\varphi(z) = 0, \tag{1}$$

$$\frac{1}{\varphi(z)} = 0, \tag{2}$$

résolues par rapport à z, nommons $z_{,}$, $z_{,,}$, $z_{,,,}$, ... celles des racines de l'équation (1), et z', z'', z''', ... celles des racines de l'équation (2) qui offrent des modules compris entre les limites r_0, R. Soient d'ailleurs $m_{,}$, $m_{,,}$, $m_{,,,}$, ... ou m', m'', m''' les nombres entiers qui expriment combien l'équation (1) ou (2) offre de racines égales au premier, au deuxième, au troisième, ... terme de la suite $z_{,}$, $z_{,,}$, $z_{,,,}$, ... ou de la suite z', z'', z''', ..., et nommons m la différence entre les deux nombres qui indiquent, pour les équations (1) et (2), combien il existe de racines égales ou inégales qui offrent des modules inférieurs à r_0. Enfin, en nommant ζ une valeur particulière de z, posons, pour abréger,

$$u = r_0 e^{p\mathrm{i}}, \tag{3}$$

$$v = R e^{p\mathrm{i}}, \tag{4}$$

$$U = \mathfrak{M}\left[\frac{u\,\varphi'(u)}{\varphi(u)}\,\mathrm{l}\frac{1-\frac{u}{z}}{1-\frac{u}{\zeta}}\right], \tag{5}$$

$$V = \mathfrak{M}\left[\frac{v\,\varphi'(v)}{\varphi(v)}\,\mathrm{l}\frac{1-\frac{z}{v}}{1-\frac{\zeta}{v}}\right]. \tag{6}$$

L'équation (22) de la page 213 donnera

$$(7)\qquad \varphi(z) = \frac{\varphi(\zeta)}{\zeta^m} z^m \frac{\left(\frac{z - z_{,}}{\zeta - z_{,}}\right)^{m_{,}} \left(\frac{z - z_{,,}}{\zeta - z_{,,}}\right)^{m_{,,}} \cdots}{\left(\frac{z - z'}{\zeta - z'}\right)^{m'} \left(\frac{z - z''}{\zeta - z''}\right)^{m''} \cdots} e^{U-V}.$$

Si l'on suppose en particulier $r_0 = 0$, on aura

$$U = 0,$$

et la formule (7) deviendra

$$(8)\qquad \varphi(z) = \frac{\varphi(\zeta)}{\zeta^m} z^m \frac{\left(\frac{z - z_{,}}{\zeta - z_{,}}\right)^{m_{,}} \left(\frac{z - z_{,,}}{\zeta - z_{,,}}\right)^{m_{,,}} \cdots}{\left(\frac{z - z'}{\zeta - \zeta'}\right)^{m'} \left(\frac{z - z''}{\zeta - \zeta''}\right)^{m''} \cdots} e^{-V},$$

m étant le nombre des racines nulles de l'équation (1); puis, en réduisant ζ à zéro, on trouvera

$$(9)\qquad \varphi(z) = \frac{\varphi^{(m)}(0)}{1.2\ldots m} z^m \frac{\left(1 - \frac{z}{z_{,}}\right)^{m_{,}} \left(1 - \frac{z}{z_{,,}}\right)^{m_{,,}} \cdots}{\left(1 - \frac{z}{z'}\right)^{m'} \left(1 - \frac{z}{z''}\right)^{m''} \cdots} e^{-V},$$

la valeur de V étant

$$(10)\qquad V = \mathfrak{M}\left[\frac{v\,\varphi'(v)}{\varphi(v)} \mathrm{l}\left(1 - \frac{z}{v}\right)\right].$$

Dans les formules (8) et (9),

$$z_{,},\quad z_{,,},\quad z_{,,,},\quad \ldots \qquad \text{et} \qquad z',\quad z'',\quad z''',\quad \ldots$$

représentent celles des racines des équations (1) et (2) qui offrent des modules inférieurs à la quantité R supposée constante, ou, en d'autres termes, les racines qui correspondent à des points renfermés dans le cercle décrit de l'origine comme centre avec le rayon R. Si à ce cercle on substituait le contour d'une certaine aire S, et si, en conséquence, on faisait coïncider $z_{,}$, $z_{,,}$, $z_{,,,}$, ..., z', z'', z''', ... avec les racines de l'équation (1) ou (2) correspondantes à des points renfermés dans l'aire S, alors on devrait supposer, dans la formule (4), R fonction de p, et dans la formule (8), V déterminé en fonction de z, non plus par l'équation (6), mais par la suivante

$$(11)\qquad V = \frac{1}{2\pi i}\int \frac{\varphi'(v)}{\varphi(v)}\, l\frac{1-\dfrac{z}{v}}{1-\dfrac{\zeta}{v}}\, dv,$$

l'intégrale étant étendue au contour entier de l'aire S, et le point mobile Z étant supposé parcourir ce contour avec un mouvement de rotation direct autour de S. On aurait, sous les mêmes conditions, dans la formule (9),

$$(12)\qquad V = \frac{1}{2\pi i}\int \frac{\varphi'(v)}{\varphi(v)}\, l\left(1-\frac{z}{v}\right) dv.$$

Il est bon d'observer qu'on tire de l'équation (10), en développant $l\left(1-\frac{z}{v}\right)$ suivant les puissances ascendantes de z,

$$(13)\qquad V = -z\,\mathfrak{M}\frac{\varphi'(v)}{\varphi(v)} - \frac{z^2}{2}\mathfrak{M}\frac{\varphi'(v)}{v\,\varphi(v)} - \frac{z^3}{3}\mathfrak{M}\frac{\varphi'(v)}{v^2\varphi(v)} - \ldots.$$

Si $\varphi(z)$ est ou une fonction paire, ou une fonction impaire de z, c'est-à-dire si l'une des fonctions $\varphi(z)$, $z\varphi(z)$ demeure inaltérée, tandis que la variable z change de signe, alors $\frac{\varphi'(v)}{\varphi(v)}$ sera une fonction impaire de v, et les coefficients des puissances impaires de z s'évanouiront dans la formule (13), qui sera réduite à

$$(14)\qquad V = -\frac{z^2}{2}\mathfrak{M}\frac{\varphi'(v)}{v\,\varphi(v)} - \frac{z^4}{4}\mathfrak{M}\frac{\varphi'(v)}{v^3\varphi(v)} - \ldots.$$

Pareillement, si, θ étant une racine primitive de l'équation binôme

$$\theta^n = 1,$$

le rapport $\frac{\varphi(\theta z)}{\varphi(z)}$ se réduit à θ, ou à une autre racine primitive de la même équation, la fonction $\frac{z\varphi'(z)}{\varphi(z)}$ ne variera pas quand on remplacera z par θz, et le développement de V renfermera seulement les puissances de z dont les exposants sont des multiples de n, en sorte qu'on aura

$$(15)\qquad V = -\frac{z^n}{n}\,\mathfrak{M}\,\frac{\varphi'(v)}{v^{n-1}\varphi(v)} - \frac{z^{2n}}{2n}\,\mathfrak{M}\,\frac{\varphi'(v)}{v^{2n-1}\varphi(v)} - \ldots .$$

Enfin, si le rayon vecteur R, mené à un point quelconque du contour de l'aire S, varie dans un certain rapport k, indépendant de p, ce contour se dilatera en demeurant semblable à lui-même; et si, pour des valeurs infiniment grandes de k, V devient infiniment petit, l'équation

$$(16)\qquad \varphi(z) = \frac{\varphi^{(m)}(0)}{1.2\ldots m} z^m \frac{\left(1-\frac{z}{z_{,}}\right)^{m_{,}}\left(1-\frac{z}{z_{,,}}\right)^{m_{,,}}\ldots}{\left(1-\frac{z}{z'}\right)^{m'}\left(1-\frac{z}{z''}\right)^{m''}\ldots}$$

transformera la fonction $\varphi(z)$ en une fraction dont chaque terme sera le produit d'un nombre infini de facteurs. Ajoutons que, si l'aire S est celle d'un cercle, la fraction dont il s'agit devra être réduite à ce qu'on peut nommer sa *valeur principale*, c'est-à-dire à la limite vers laquelle elle converge, tandis que l'on fait décroître indéfiniment le nombre des facteurs simples admis dans les deux termes, en faisant croître indéfiniment le rayon R du cercle et, par suite, le nombre des racines $z_{,}$, $z_{,,}$, ..., z', z'', ... dont les modules sont inférieurs à R.

Si celles des racines de l'équation (1) ou (2) qui diffèrent de zéro sont toutes inégales, les formules (9) et (16) donneront simplement

$$(17)\qquad \varphi(z) = \frac{\varphi^{(m)}(0)}{1.2\ldots m} z^m \frac{\left(1-\frac{z}{z_{,}}\right)\left(1-\frac{z}{z_{,,}}\right)\ldots}{\left(1-\frac{z}{z'}\right)\left(1-\frac{z}{z''}\right)\ldots} e^{-V},$$

$$(18)\qquad \varphi(z) = \frac{\varphi^{(m)}(0)}{1.2\ldots m} z^m \frac{\left(1-\frac{z}{z_{,}}\right)\left(1-\frac{z}{z_{,,}}\right)\ldots}{\left(1-\frac{z}{z'}\right)\left(1-\frac{z}{z''}\right)\ldots}.$$

Si d'ailleurs la fonction $\varphi(z)$ reste toujours finie pour des valeurs finies de z, les racines z', z'', ... disparaîtront, et les équations (17), (18) se réduiront aux formules

$$(19)\qquad \varphi(z) = \frac{\varphi^{(m)}(0)}{1.2\ldots m} z^m \left(1 - \frac{z}{z_{\prime}}\right)\left(1 - \frac{z}{z_{\prime\prime}}\right)\cdots e^{-\mathrm{V}},$$

$$(20)\qquad \varphi(z) = \frac{\varphi^{(m)}(0)}{1.2\ldots m} z^m \left(1 - \frac{z}{z_{\prime}}\right)\left(1 - \frac{z}{z_{\prime\prime}}\right)\cdots.$$

Les principes que nous venons d'établir s'appliquent immédiatement aux fonctions inverses des intégrales qui renferment sous le signe $\int$ des fonctions rationnelles d'une variable z. Pour qu'ils puissent être appliqués aux fonctions inverses des intégrales qui renferment sous le signe $\int$ des fonctions irrationnelles, par exemple des radicaux, il faut commencer par substituer à ces radicaux des fonctions continues. On y parvient sans peine en opérant comme il suit.

Si, en nommant r et p le module et l'argument de la variable imaginaire

$$z = x + y\,\mathrm{i} = re^{p\,\mathrm{i}},$$

on désigne par μ un nombre quelconque fractionnaire ou même irrationnel, et par ϖ l'angle qui, étant renfermé entre les limites $-\frac{\pi}{2}$, $+\frac{\pi}{2}$, vérifie la formule

$$\operatorname{tang}\varpi = \operatorname{tang} p,$$

l'une des valeurs de la fonction irrationnelle qu'on obtiendra en élevant la variable z à la puissance du degré μ sera toujours représentée par l'un des trois produits

$$r^{\mu} e^{\mu\varpi\mathrm{i}},\quad e^{\mu\pi\mathrm{i}} r^{\mu} e^{\mu\varpi\mathrm{i}},\quad e^{-\mu\pi\mathrm{i}} r^{\mu} e^{\mu\varpi\mathrm{i}},$$

savoir, par le premier, si la partie réelle x de z est positive; par le second, si l'on a $x < 0$, $y > 0$; par le troisième, si l'on a $x < 0$, $y < 0$. Cela posé, soit s une fonction assujettie : 1° à varier avec z par degrés insensibles; 2° à représenter toujours une des puissances de z du degré μ; et supposons que, pour une certaine valeur de z, s se réduise à celle des puissances de z du degré μ, qui se trouve représentée par le produit

$$(21)\qquad \theta\, r^{\mu} e^{\mu\varpi\mathrm{i}},$$

θ étant une valeur de l'exponentielle $e^{h\mu\pi i}$ correspondante à une certaine valeur entière, positive, nulle ou négative, de h. Alors, z venant à varier par degrés insensibles avec x et y, il suffira évidemment, pour obtenir s, de multiplier le produit (21) par le facteur $e^{\mu\pi i}$, toutes les fois que, x venant à changer de signe, le rapport $\frac{y}{x} = \operatorname{tang} p$ passera de $+\infty$ à $-\infty$, et par le facteur $e^{-\mu\pi i}$, toutes les fois que, x venant à changer de signe, le rapport $\frac{y}{x}$ passera de $-\infty$ à $+\infty$.

Si l'on suppose, par exemple, $\mu = \frac{1}{2}$, s sera une racine de l'équation

$$s^2 = z;$$

θ sera l'une des quantités 1, -1, i, $-i$; et si, pour une certaine valeur de z, on a

$$s = \theta r^{\frac{1}{2}} e^{\frac{\varpi}{2} i},$$

alors, z venant à varier par degrés insensibles, on devra, pour obtenir une valeur de s qui varie elle-même par degrés insensibles, multiplier le produit $\theta r^{\frac{1}{2}} e^{\frac{\varpi}{2} i}$ par i, toutes les fois que le rapport $\frac{y}{x}$ passera de $+\infty$ à $-\infty$, et par $-i$, toutes les fois que ce rapport passera de $-\infty$ à $+\infty$.

§ II. — *Applications.*

Pour montrer une application fort simple des formules ci-dessus établies, supposons d'abord

$$\varphi(z) = \sin \pi z.$$

Les diverses racines de l'équation $\varphi(z) = 0$ seront toutes inégales et de la forme $\pm n$, n étant un nombre entier quelconque. De plus, le nombre m des racines nulles étant réduit à l'unité, on aura

$$m = 1, \qquad \varphi'(z) = \pi \cos \pi z, \qquad \varphi'(0) = 1;$$

puis, en supposant le module R de la variable auxiliaire $v = Re^{pi}$ compris entre les limites n, $n+1$, et prenant

$$a_n = \pi \mathfrak{M} \frac{\cot \pi v}{v^{n-1}} = \frac{1}{2} \int_{-\pi}^{\pi} \frac{\cot \pi v}{v^{n-1}} \, dp,$$

on tirera de la formule (19) du § I

$$(1)\qquad \sin\pi z = \pi z\left(1-\frac{z}{n}\right)\cdots\left(1-\frac{z}{2}\right)(1-z)(1+z)\left(1+\frac{z}{2}\right)\cdots\left(1+\frac{z}{n}\right)e^{-V}$$

ou, ce qui revient au même,

$$(2)\qquad \sin\pi z = \pi z(1-z^2)\left(1-\frac{z^2}{4}\right)\cdots\left(1-\frac{z^2}{n^2}\right)e^{-V},$$

la valeur de V étant

$$V = -\frac{1}{2}a_2 z^2 - \frac{1}{4}a_4 z^4 - \ldots.$$

Si n et par suite R deviennent infiniment grands, a_2, a_4, ... deviendront infiniment petits, et, en posant $n=\infty$, on aura $V=0$; par conséquent

$$(3)\qquad \sin\pi z = \pi z(1-z^2)\left(1-\frac{z^2}{4}\right)\left(1-\frac{z^2}{9}\right)\cdots.$$

On trouverait de la même manière

$$(4)\qquad \cos\pi z = (1-4z^2)\left(1-\frac{4z^2}{9}\right)\left(1-\frac{4z^2}{25}\right)\cdots.$$

Si, d'ailleurs, n', n'' étant deux nombres entiers, on désigne à l'aide de la notation

$$(5)\qquad \prod_{n=-n'}^{n=n''}$$

le produit des diverses valeurs de $f(n)$ correspondantes aux valeurs entières, positives, nulle et négatives de n, comprises entre les limites $n=-n'$, $n=n''$, et si l'on réduit la factorielle

$$(6)\qquad \prod_{n=-\infty}^{n=\infty} f(n)$$

à sa *valeur principale*, c'est-à-dire à celle qu'acquiert l'expression (5) quand, après avoir posé $n''=n'$, on fait converger n' vers la limite ∞, on pourra présenter l'équation (4) sous la forme

$$(7)\qquad \cos\pi z = \prod_{n=-\infty}^{n=\infty}\left(1-\frac{z}{n+\frac{1}{2}}\right).$$

Ajoutons que l'on peut déduire immédiatement de l'équation (1) ou (3), non seulement la formule (7), mais encore la suivante

$$(8)\qquad \frac{\sin\dfrac{\pi(a-z)}{b}}{\sin\dfrac{\pi a}{b}} = \prod_{n=-\infty}^{n=\infty}\left(1 - \frac{z}{a+nb}\right),$$

la factorielle qui renferme le second membre étant supposée réduite à sa valeur principale. Il y a plus : en partant ou de la formule (8) ou des formules générales établies dans le § I, on pourra représenter une fonction entière ou même rationnelle quelconque de $\sin z$ et de $\cos z$ par une factorielle qui sera le produit d'une infinité de facteurs simples, ou par le rapport de deux produits de cette espèce.

Observons encore que, si l'on pose

$$s = \sin z, \qquad t = \cos z,$$

s et t, considérés comme fonctions de z, seront simplement deux variables assujetties : 1° à varier avec z par degrés insensibles; 2° à vérifier, quel que soit z, les deux équations

$$(9)\qquad ds = t\,dz,$$

$$(10)\qquad s^2 + t^2 = 1;$$

3° à prendre, pour $z = 0$, les valeurs particulières

$$(11)\qquad s = 0, \qquad t = 1;$$

et que, pour obtenir la décomposition des fonctions s, t en facteurs simples, il suffira de leur appliquer les formules établies dans le § I, après avoir déduit la périodicité de ces fonctions, les racines des équations $\sin z = 0$, $\cos z = 0$, et l'indice de périodicité 2π de la variable z, des principes exposés dans les *Comptes rendus* de 1846, relativement à l'intégration curviligne des équations différentielles.

Appliquons maintenant nos formules à quelques-unes des transcendantes nouvelles qui représentent les fonctions inverses des intégrales curvilignes des équations différentielles, par exemple aux fonctions elliptiques; et, pour fixer les idées, supposons que $\varphi(z)$ se réduise à ce qu'on nomme le *sinus de l'amplitude* de la variable z, en sorte qu'on ait

$$\varphi(z) = \sin \operatorname{am} z.$$

Comme je l'ai remarqué dans le Mémoire du 12 octobre 1846, ce sinus sera, non pas la valeur de s que détermine la formule

$$(12) \qquad z = \int_0^s \frac{ds}{\sqrt{(1-s^2)(1-k^2s^2)}},$$

dans laquelle on suppose k renfermé entre les limites 0, 1, mais la valeur de s que fournira l'intégration de l'équation différentielle

$$(13) \qquad ds = t\,dz,$$

si l'on assujettit s et t : 1° à varier avec z par degrés insensibles; 2° à vérifier généralement l'équation finie

$$(14) \qquad t^2 = (1-s^2)(1-k^2s^2);$$

3° à prendre, pour $z = 0$, les valeurs particulières

$$(15) \qquad s = 0, \qquad t = 1.$$

Cela posé, faisons

$$\mathrm{K} = 2\int_0^1 \frac{dx}{(1-x^2)^{\frac{1}{2}}(1-k^2x^2)^{\frac{1}{2}}}, \qquad \mathrm{K}' = 2\int_1^{\frac{1}{k}} \frac{dx}{(x^2-1)^{\frac{1}{2}}(1-k^2x^2)^{\frac{1}{2}}}.$$

Il suffira d'appliquer à la détermination de s les principes établis dans les *Comptes rendus* de 1846, comme je l'avais fait dans les Mémoires dont ces *Comptes rendus* offrent des extraits, pour reconnaître : 1° que s reprend la même valeur quand on remplace z par $\pm nK \pm n'K'i + z$, n, n' étant deux nombres entiers dont le premier est pair, ou par $\pm nK \pm n'K'i - z$, n étant impair; 2° que t se réduit à $+1$ dans le premier cas, à -1 dans le second. Il en résulte que l'équation

$$(16) \qquad s = 0$$

a pour racines les valeurs de z comprises dans la formule

$$\pm nK \pm n'K'i,$$

n, n' étant deux nombres entiers quelconques. On prouvera de même que l'équation

$$(17) \qquad \frac{1}{s} = 0$$

a pour racines les valeurs de z de la forme

$$\pm nK \pm (n' + \tfrac{1}{2})K'i;$$

et l'on conclura aisément de l'équation (13) que chacune des racines trouvées est une racine simple de l'équation (1) ou (2). Cela posé, la formule (20) du § I donnera

$$(18) \qquad \sin \mathrm{am}\, z = z \frac{\Pi\left(1 - \dfrac{z}{nK + n'K'i}\right)}{\Pi\left[1 - \dfrac{z}{nK + (n' + \frac{1}{2})K'i}\right]},$$

chacune des factorielles indiquées par la lettre Π étant le produit de tous les facteurs finis semblables à celui qui est mis en évidence, et qui correspondent à des valeurs entières de n, n', positives, nulle ou négatives, et chaque factorielle étant d'ailleurs réduite à sa valeur principale.

On transformerait de la même manière en factorielles ou en rapports de factorielles les autres fonctions elliptiques, et même des fonctions rationnelles de ces fonctions. C'est, au reste, ce que j'expliquerai dans un nouvel article, où je donnerai d'autres applications des formules établies dans le § I.

484.

Analyse mathématique. — *Rapport sur un Mémoire présenté à l'Académie par* M. Puiseux *et intitulé :* Recherches sur les fonctions algébriques.

C. R., T. XXXII, p. 276 (25 février 1851).

Parmi les fonctions implicites d'une variable réelle ou imaginaire, celles qui représentent les racines réelles d'équations algébriques, et que l'on peut désigner, pour ce motif, sous le nom de *fonctions algébriques,* méritent d'être particulièrement étudiées. Les propriétés de ces fonctions et de leurs intégrales définies sont l'objet spécial des recherches de M. Puiseux. D'ailleurs, comme le reconnaît l'auteur lui-même, ces recherches se trouvent, sur plusieurs points, intimement liées à celles que l'un de nous a publiées à diverses époques et qui ont été l'objet de divers Mémoires. Nous serons donc obligés de rappeler quelques-uns des résultats obtenus dans ces Mémoires. On pourra ainsi mieux apprécier le caractère et l'importance des résultats nouveaux auxquels M. Puiseux est parvenu.

Concevons que, la lettre i désignant une racine carrée de -1, l'on fasse correspondre à chaque valeur imaginaire d'une variable

$$z = x + iy$$

un point Z dont x et y représentent les coordonnées rectangulaires. Si l'on nomme *fonction continue* de z celle qui, obtenant, pour chaque valeur de z, une valeur unique et finie, varie par degrés insensibles avec la variable z, ou, ce qui revient au même, avec la position du point mobile Z, une fonction de z, qui restera continue, tandis que le point Z décrira une courbe continue PQR, ne pourra, pendant le mouvement du point Z, ni devenir infinie, ni changer brusquement de valeur; et l'on pourra en dire autant de toute fonction u qui restera continue, tandis que le point Z se mouvra d'une manière continue, sans sortir d'une aire S comprise dans un contour donné. D'ailleurs, en s'appuyant sur les principes exposés par l'un de nous dans divers Mémoires ([1]), on peut démontrer que, si l'on résout une équation algébrique

$$f(u, z) = 0$$

dont le premier membre soit une fonction entière de u et de z, par rapport à u, l'une quelconque u_g des racines obtenues $u_1, u_2, u_3, \ldots$ sera fonction continue de z, dans le voisinage de toute valeur de z qui ne rendra pas la racine u_g infinie ou équivalente à une autre racine u_h de l'équation algébrique donnée.

Cela posé, concevons que l'on ait déterminé, dans le plan des xy, les diverses positions C, C′, C″, ... du point Z correspondantes aux diverses valeurs de z pour lesquelles l'équation algébrique donnée acquiert ou des racines infinies ou des racines égales; et traçons dans le même plan un contour fermé PQR qui serve de limite à une aire S dont les deux dimensions soient infiniment petites. Enfin, admettons que le point mobile Z décrive ce contour en partant de la position P, et tournant autour de l'aire S avec un mouvement de rotation direct, et que, pendant ce mouvement, la fonction u varie d'une manière continue, sans cesser de satisfaire à l'équation algébrique

$$f(u, z) = 0.$$

A l'instant où le point mobile Z, après avoir décrit le contour entier, reprendra sa position initiale P, la fonction u reprendra évidemment sa valeur primitive, si les *points isolés* C, C′, C″, ... sont tous extérieurs à l'aire S. Si, au contraire, l'un des points isolés C, C′, C″, ..., le point C par exemple, est intérieur au contour qui limite l'aire S, alors, au moment où le point mobile Z reprendra sa position initiale P, la fonction u acquerra généralement une valeur nouvelle. Donc alors, si la valeur initiale de u est une certaine racine u_g de l'équation algébrique, la valeur finale de u sera une autre racine u_h de la même équation. En d'autres termes, une révolution du point mobile Z autour

([1]) *Voir* les *Exercices d'Analyse et de Physique mathématique*, t. II, p. 109 et suiv., et les *Comptes rendus des séances de l'Académie des Sciences*, t. XVIII, p. 121 (*Œuvres de Cauchy*, S. II, T. XII et S. I, T. VIII, p. 151).

du point isolé C sur une aire S, dont les deux dimensions seront infiniment petites, aura pour effet de substituer à la racine u_g une autre racine u_h ; et, comme u_g peut être une racine quelconque de l'équation algébrique, il est clair qu'en vertu de la révolution dont il s'agit les diverses racines se trouveront substituées les unes aux autres, et, par conséquent, échangées entre elles suivant le mode indiqué par une certaine *substitution*. D'ailleurs une substitution quelconque peut toujours être décomposée en *facteurs* ou *substitutions circulaires* dont elle est le produit [*voir* les *Comptes rendus*, année 1845, t. XXI, p. 600 (1)]. Donc les racines $u_1, u_2, u_3, \ldots$, eu égard aux échanges opérés entre elles pendant la révolution du point mobile Z autour du point isolé C, peuvent être distribuées, comme le dit M. Puiseux, en un certain nombre de *systèmes circulaires*.

Au reste, M. Puiseux ne s'est pas borné à déduire des principes établis par l'un de nous les diverses conséquences que nous venons d'énoncer : il a encore, et c'est là surtout ce qui constitue la nouveauté et l'importance de son travail, déterminé les substitutions qui expriment les échanges opérés entre les diverses valeurs de u, pendant la révolution du point mobile Z autour d'un point isolé C, correspondant à des racines égales de l'équation algébrique donnée. Le mode de détermination employé par M. Puiseux s'appuie sur une proposition qui peut être énoncée dans les termes suivants : *Les valeurs de u qui deviennent égales entre elles quand le point* Z *coïncide avec le point* C, *acquièrent généralement, dans le voisinage de ce point, des accroissements infiniment petits; et, dans la recherche de celles qui se trouvent échangées entre elles, quand le point* Z *tourne autour du point* C, *on peut, sans inconvénient, réduire les accroissements dont il s'agit à des valeurs approchées, en négligeant les infiniment petits d'ordre supérieur vis-à-vis les infiniment petits d'ordre moindre*. Ajoutons que, *si plusieurs valeurs de u deviennent infinies quand le point* Z *coïncide avec le point* C, *on pourra, dans le voisinage du même point*,

(1) *OEuvres de Cauchy*, S. I, T. VIII, p. 286.

déduire la substitution qui indiquera les échanges à opérer, de la considération des valeurs approchées de u, dans lesquelles on négligera les quantités infiniment grandes d'un ordre moindre vis-à-vis des quantités infiniment grandes d'ordre supérieur. D'ailleurs, au lieu de recourir à cette seconde proposition, on peut, quand plusieurs valeurs de u deviennent infinies pour une valeur donnée c de z, décomposer, comme l'a fait M. Puiseux, la fonction u en deux, dont l'une soit une fonction entière de z, et l'autre une fonction nouvelle v qui acquière des valeurs égales, mais finies, pour $z = c$.

M. Puiseux ne s'est pas borné à rechercher les propriétés des fonctions algébriques d'une variable imaginaire : il s'est encore proposé de déterminer les diverses valeurs de leurs intégrales définies et d'appliquer à cette détermination les principes généraux établis par l'un de nous dans les Mémoires déjà cités. Entrons à ce sujet dans quelques détails.

Le Mémoire publié en août 1825 ([1]), sur les intégrales définies prises en des limites imaginaires, détermine leur nature et met en évidence leurs principales propriétés. D'après ce qui est dit dans ce Mémoire, si l'on fait varier, par degrés insensibles, une fonction donnée $f(z)$ de la variable imaginaire

$$z = x + iy,$$

entre deux valeurs extrêmes z_0, z_1, la valeur de l'intégrale définie $\int f(z)\,dz$, prise entre ces limites, pourra dépendre en général, non seulement de ces valeurs extrêmes, mais encore de la série des valeurs intermédiaires, successivement attribuées à la variable z, par conséquent de la série des positions successivement occupées par le point mobile Z dont les coordonnées sont x et y, ou, ce qui revient au même, de la ligne droite ou courbe tracée par ce dernier point. Chaque forme particulière assignée à cette ligne déterminera une valeur correspondante de l'intégrale définie (page 21). Mais, sous certaines conditions, deux valeurs de l'intégrale, correspondantes à deux

(1) *Œuvres de Cauchy*, S. II, T. XV.

lignes distinctes, pourront être égales entre elles, et il suffira pour cela que la fonction $f(x)$ reste continue, tandis que la première ligne se modifiera par degrés insensibles, de manière à se transformer finalement en la seconde (page 5). A la vérité, dans le Mémoire de 1825, les deux lignes dont il s'agit sont censées renfermées dans l'intérieur du rectangle dont une diagonale a pour extrémités les points correspondants aux valeurs extrêmes de z. Mais la démonstration du théorème énoncé est indépendante de cette circonstance particulière, qui n'est plus mentionnée dans les Mémoires publiés en 1846. Ainsi, par exemple, dans le Mémoire du 3 août 1846 (*Comptes rendus*, t. XXIII, p. 253) (¹), il est dit expressément que, *si une intégrale définie étant étendue à tous les points du contour qui enveloppe une certaine aire* S, *ce contour vient à varier, la valeur de l'intégrale ne sera point altérée, quand la fonction sous le signe* $\int$ *restera finie et continue en chacun des points successivement occupés par le contour variable.* Comme on est libre de faire varier seulement une portion du contour donné, il est clair que le théorème ici énoncé subsiste pour un contour quelconque fermé ou non fermé. On peut ajouter, avec M. Puiseux, qu'il ne cessera pas de subsister, si le contour donné se transforme en une ligne courbe du genre de celles qui sont mentionnées dans les *Comptes rendus* de 1846 (séance du 12 octobre, p. 703) (²) et *qui se coupent elles-mêmes en un ou plusieurs points.*

Lorsque la fonction sous le signe $\int$ reste continue dans le voisinage d'un point quelconque situé à l'intérieur de l'aire S, on est libre de faire varier cette aire de manière à la rendre infiniment petite avec le contour qui l'enveloppe et avec l'intégrale $\int f(z)\,dz$ étendue à tous les points de ce contour. Donc, alors, *cette intégrale, étendue à tous les points du contour donné, offre une valeur nulle.*

Concevons maintenant que, l'aire S étant décomposée en plusieurs parties A, B, C, ..., on nomme (S) la valeur qu'acquiert l'intégrale $\int f(z)\,dz$, lorsque le point mobile Z, après avoir parcouru le contour

(¹) *OEuvres de Cauchy*, S. I, T. X, p. 72.
(²) *Ibid.*, S. I, T. X, p. 169.

de l'aire S avec un mouvement de rotation direct autour de cette aire, revient à sa position primitive, et (A), (B), (C), ... ce que devient (S) quand, au contour de l'aire (S), on substitue le contour de l'aire A, ou B, ou C, ..., *on aura*

$$(S) = (A) + (B) + (C) + \ldots,$$

pourvu que la fonction $f(z)$ reste finie en chaque point de chaque contour. [*Voir* les *Comptes rendus* de 1846, séance du 21 septembre, p. 563 ([1]).]

D'autre part, comme il est dit dans le Mémoire du 21 septembre 1846, *la fonction $f(z)$ peut devenir discontinue dans le voisinage de certaines valeurs de z correspondantes à certains points* Q, R, ... *de l'aire* S, *soit en devenant infinie, soit en changeant brusquement de valeur. Dans le premier cas, les points* Q, R, ... *sont nécessairement des points isolés* P′, P″, ... *Dans le second cas, ils sont contigus les uns aux autres et situés sur une ou plusieurs lignes droites ou courbes* O′O″..., *dont les longueurs peuvent être finies. Cela posé, on pourra généralement partager l'aire* S *en éléments* A, B, C, ... *et* a, b, c, ..., *les uns finis, les autres infiniment petits, les éléments finis* A, B, C, ... *étant choisis de manière que la fonction $f(z)$ reste finie en chaque point de chacun d'entre eux, et les éléments infiniment petits* a, b, c, ... *étant ou des surfaces qui s'étendront infiniment peu dans tous les sens autour des points isolés, ou des surfaces infiniment étroites, dont chacune renfermera dans son intérieur une des courbes* O′O″... *ou une portion de l'une de ces courbes. Ce partage étant opéré, la formule ci-dessus rappelée donnera*

$$(S) = (a) + (b) + (c) + \ldots,$$

puisque les intégrales correspondantes à des éléments finis A, B, C, ... *de l'aire* S *s'évanouiront; et la détermination de l'intégrale* (S) *se trouvera réduite à la détermination des intégrales singulières* (a), (b), (c), ..., *dont les valeurs, quand elles seront finies, sans être nulles, se*

([1]) *OEuvres de Cauchy*, S. I, T. X, p. 142.

déduiront du calcul des résidus, s'il s'agit d'éléments qui renferment les points isolés P′, P″, ..., *ou, dans le cas contraire, d'équations analogues aux formules établies ci-dessus* (*voir* le Mémoire du 21 septembre, p. 560, 561 et 562) (¹). Dans le Mémoire dont ce passage est extrait, et dont une partie seulement a été insérée dans les *Comptes rendus*, les intégrales singulières étaient dites du *premier* ou du *second ordre*, suivant que l'aire dont le contour était décrit par le point mobile Z offrait une dimension ou deux dimensions infiniment petites. Les intégrales que M. Puiseux nomme *élémentaires* ne sont autre chose que des intégrales singulières du premier ordre.

Les principes que nous venons de rappeler permettent de fixer aisément la valeur de l'intégrale $\int f(z)\,dz$ étendue au contour d'une aire quelconque S, ou même à une ligne de forme quelconque. Ainsi, en particulier, la méthode déduite de ce principe, dans le Mémoire du 26 octobre 1846, permet de réduire la détermination des intégrales curvilignes à la détermination d'intégrales rectilignes, non seulement dans le cas où $f(z)$ serait une fonction explicite de z, mais encore, comme il est aisé de le voir, dans le cas même où $f(z)$ deviendrait une fonction implicite de z. Il y a plus : cette méthode permet de réduire à l'*intégration rectiligne* la détermination des *intégrales curvilignes d'un système quelconque d'équations différentielles*.

Quand on se borne à l'évaluation des intégrales définies de la forme $\int u\,dz$, étendues aux divers points d'une courbe continue, on doit surtout remarquer le cas où u est une fonction algébrique assujettie à vérifier une certaine équation

$$f(u, z) = 0$$

et à varier avec z par degrés insensibles; alors, comme il est dit dans le Mémoire du 12 octobre 1846 (²), *si le point mobile Z, après avoir effectué une, deux, trois révolutions dans une courbe fermée, revient à sa position primitive* P, *l'intégrale* $\int u\,dz$ *étendue à la courbe entière, et déterminée*

(¹) *Œuvres de Cauchy*, S. I, T. X, p. 140, 141.
(²) *Ibid.*, S. I, T. X, p. 153.

après la première, après la deuxième, après la troisième révolution, offrira des valeurs qui ne seront pas généralement égales entre elles. Néanmoins, si, après un certain nombre de révolutions du point mobile, la fonction u reprend la valeur qu'elle avait d'abord, à partir de cet instant les valeurs déjà obtenues de l'intégrale $t = \int u\,dz$ *se reproduiront dans le même ordre, quelle que soit d'ailleurs la position initiale* P *du point mobile* Z. *Donc alors z sera une fonction périodique de t. Quant aux indices de périodicité, ils seront généralement représentés par des intégrales définies qui pourront se déduire d'un théorème précédemment énoncé, savoir que, si la courbe enveloppe d'une certaine aire* S *vient à varier sans cesser de passer par le point* P, *l'intégrale* $\int u\,dz$ *étendue à tous les points de la courbe ne variera pas, pourvu que la fonction u reste finie et continue en chacun des points successivement occupés par la courbe variable.*

Le théorème ici rappelé permet effectivement de réduire la détermination des indices de périodicité à l'évaluation de certaines intégrales singulières du premier ou du second ordre, et cette évaluation même à celle d'intégrales définies rectilignes. Ajoutons que, dans le cas où l'intégrale $\int u\,dz$ acquiert pour certaines positions du point mobile Z des valeurs infinies, les intégrales rectilignes introduites dans le calcul sont généralement du nombre de celles que l'un de nous a nommées *intégrales extraordinaires*.

Après avoir montré comment on peut décomposer l'intégrale $\int u\,dz$ étendue à une courbe quelconque en intégrales élémentaires ou singulières, M. Puiseux s'est proposé de déterminer, pour diverses formes de la fonction u supposée algébrique, les diverses valeurs de l'intégrale avec les divers indices de périodicité. Le cas où la fonction u devient rationnelle avait été déjà complètement traité par l'un de nous dans les Mémoires de 1846. Se réservant d'ailleurs de revenir plus tard sur ces questions (*Comptes rendus* de 1846, page 787) [1], il s'était borné, dans les autres cas, à indiquer la marche à suivre par

(1) *Œuvres de Cauchy*, S. I, T. X, p. 196.

des applications (¹) des théorèmes généraux, dont quelques-unes seulement ont été insérées dans les *Comptes rendus*.

M. Puiseux a repris la question au point où les publications déjà faites l'avaient laissée. Après avoir rappelé, en les appliquant aux fonctions algébriques, des théorèmes déjà établis dans les *Comptes rendus* de 1846, il y a joint des propositions nouvelles dignes de remarque. Ainsi, par exemple, en supposant une fonction u de z réduite, par une valeur donnée de z, à une racine déterminée d'une équation algébrique du degré m, et cette même fonction assujettie à varier avec z par degrés insensibles, M. Puiseux prouve que les diverses valeurs de l'intégrale curviligne et définie $\int u\,dz$, prise à partir de $z = c$, peuvent se déduire ou de l'une d'entre elles, ou de celles qu'on en tire quand à la racine donnée on substitue les autres racines, par l'addition d'intégrales curvilignes et définies du même genre, mais relatives à des contours fermés. Ainsi, encore, en supposant que la fonction u reprenne sa valeur initiale après une révolution du point mobile Z sur une courbe fermée qui renferme dans son intérieur tous les points isolés, M. Puiseux démontre que l'intégrale $\int u\,dz$ étendue à cette courbe entière pourra être exprimée à l'aide du résidu de la fonction u relatif à une valeur nulle de z.

Après avoir ainsi développé et perfectionné la théorie générale des intégrales curvilignes des fonctions algébriques et de leur décomposition en intégrales élémentaires, M. Puiseux a consacré la dernière partie de son Mémoire à la détermination du nombre des diverses valeurs que peuvent acquérir ces intégrales, et du nombre des indices de périodicité, ou, autrement dit, des périodes distinctes qui peuvent s'ajouter à ces valeurs. Il observe avec raison qu'ici se présentent plusieurs questions, et en particulier les suivantes :

1° Trouver toutes les périodes distinctes qui appartiennent à une valeur de l'intégrale $\int u\,dz$;

(¹) L'une de ces applications, relative aux fonctions elliptiques, et mentionnée aux pages 322, 323, sera reproduite par l'auteur dans un prochain article.

2° Reconnaître si chaque période appartient à toutes les valeurs de l'intégrale, ou seulement à une partie d'entre elles;

3° Déterminer les valeurs de l'intégrale qui restent distinctes lorsqu'on fait abstraction des multiples entiers des périodes.

M. Puiseux est parvenu à résoudre ces questions dans le cas déjà très étendu où l'on suppose une fonction entière de u équivalente à une fonction rationnelle de z.

Il trouve que, dans ce cas, u_1 étant une des valeurs de la fonction u déterminée par une équation algébrique du degré m, l'intégrale prise à partir d'une origine donnée offre m valeurs distinctes auxquelles peuvent s'ajouter des multiples entiers quelconques, positifs ou négatifs, de périodes dont le nombre est généralement égal au produit de $m-1$ par $n-1$, n désignant le nombre des points isolés ou principaux. De plus, en s'appuyant sur l'un des deux théorèmes que nous avons ci-dessus rappelés, il prouve que le second facteur $n-1$ peut être réduit à $n-2$, dans le cas où, u étant développable pour de grands modules de z suivant les puissances ascendantes de $\frac{1}{z}$, le terme proportionnel à la première de ces puissances s'évanouit.

En appliquant ces propositions, ou plutôt les méthodes desquelles on les tire, au cas spécial où l'on a $m=2$, M. Puiseux retrouve, non seulement les périodes et diverses propriétés connues des fonctions elliptiques, ces propriétés étant rendues manifestes par des formules analogues à celles que l'un de nous avait établies dans les Mémoires de 1846, mais encore les périodes connues des fonctions abéliennes.

En résumé, M. Puiseux a non seulement ajouté de nouveaux développements et des perfectionnements nouveaux à la théorie des intégrales curvilignes des fonctions algébriques, mais, de plus, il a mis en évidence, avec beaucoup de sagacité, les lois suivant lesquelles les diverses valeurs d'une fonction algébrique se trouvent échangées entre elles quand la courbe qui dirige l'intégration tourne autour de l'un des points qu'il nomme *points principaux;* enfin, il est parvenu à déterminer généralement le nombre des valeurs distinctes et le nombre des périodes de certaines intégrales curvilignes, qui sont relatives à une classe très étendue de fonctions algébriques, et qui comprennent comme cas particulier les intégrales elliptiques et abéliennes.

Pour tous ces motifs, vos Commissaires pensent que le Mémoire de M. Puiseux est très digne d'être approuvé par l'Académie et inséré dans le *Recueil des Savants étrangers.*

485.

PHYSIQUE. — *Rapport sur un Mémoire présenté par M.* BRAVAIS, *et intitulé :* Études sur la Cristallographie.

C. R., T. XXXII, p. 284 (25 février 1851).

Dans un précédent Mémoire que l'Académie, adoptant les conclusions du Rapport présenté par six de ses Membres, a jugé très digne de son approbation, M. Bravais avait considéré le système des points matériels avec lesquels coïncident, dans un cristal quelconque, les centres de gravité des diverses molécules. Partant de la remarque faite par divers auteurs, spécialement par M. Delafosse, que ces centres forment un *système réticulaire*, c'est-à-dire qu'ils se réduisent aux points suivant lesquels des plans équidistants et parallèles se trouvent coupés par deux autres séries de plans équidistants et parallèles, il avait compris la nécessité d'étudier avec beaucoup de soin la nature et les propriétés d'un système réticulaire quelconque, et des *réseaux* dont chacun a pour *nœuds* les points du système renfermés dans l'un des *plans réticulaires*. Il avait facilement reconnu que les trois séries de plans réticulaires partagent l'espace en *parallélépipèdes élémentaires* tous égaux entre eux, et que les nœuds d'un réseau donné sont en même temps les nœuds d'un nombre infini d'autres réseaux dont les *fils* se coupent suivant des angles divers, mais dont les *mailles* sont toujours équivalentes en surface aux mailles du premier; puis, en nommant *axe de symétrie* d'un système réticulaire une droite tellement choisie, qu'il suffise d'imprimer au système autour de cet axe une rotation mesurée par un certain angle pour substituer les divers nœuds les uns aux autres, il avait démontré que l'angle qui sert de mesure à la rotation doit être nécessairement égal, soit à un ou à deux droits, soit au tiers ou aux deux tiers d'un angle droit. Par suite, le rapport de la circonférence entière à l'arc qui mesure la rotation ne pouvait être que l'un des nombres 2, 3, 4, 6; et la symétrie d'un système réticulaire devait être, suivant le langage adopté par M. Bravais, *binaire,* ou *ternaire,* ou *quaternaire,* ou *sénaire.* Enfin, après avoir établi ces principes, l'auteur avait observé qu'ils pouvaient être utilement appliqués à la classification des cristaux; et, en classant les divers systèmes réticulaires, ou plutôt les systèmes de nœuds qu'ils peuvent offrir, d'après le nombre et la nature de leurs axes de symétrie, M. Bravais avait compté sept systèmes distincts, caractérisés par les axes de symétrie que nous avons mentionnés dans notre premier Rapport, savoir les systèmes *terquaternaire, sénaire, quaternaire, ternaire, terbinaire* et *binaire,* et le système *asymétrique,* c'est-à-dire celui qui n'offre aucun axe de symétrie.

Dans le nouveau Mémoire dont nous avons à rendre compte, M. Bravais ne se borne plus à la recherche des propriétés du système réticulaire formé par les centres de gravité des molécules d'un cristal. Pénétrant plus avant dans les profondeurs de la science, il s'occupe aussi des diverses formes que peuvent offrir les molécules cristallines, et de l'influence que ces formes doivent exercer sur la cristallisation. Déjà, dans un Mémoire présenté à l'Académie le 31 août 1840, M. Delafosse avait signalé cette influence, et observé qu'elle suffit pour expliquer de *prétendues exceptions à la loi de symétrie, regardées comme des anomalies constantes dans certaines espèces minérales, telles que la pyrite, la boracite, la tourmaline, le quartz,* etc. Déjà, il avait insisté sur cette considération, que *deux parties d'un cristal géomé-*

triquement semblables peuvent avoir des structures ou constitutions moléculaires différentes, et que, dans ce cas, on ne peut plus dire qu'elles sont en tout point identiques. Déjà le savant professeur, attribuant la formation des cristaux dits *hémiédriques* aux particularités qui caractérisent leur constitution moléculaire, avait cherché, par exemple, l'explication de l'hémiédrie de la boracite dans la forme tétraédrique de la molécule, et de l'hémiédrie du quartz dans une sorte de distorsion d'une molécule rhomboédrique. Mais, en confirmant ce principe, que *la forme de la molécule exerce une influence notable sur la cristallisation,* M. Bravais arrive, en outre, à cette conclusion remarquable que, pour expliquer tous les phénomènes de l'hémiédrie, il suffit d'avoir égard à cette influence et aux effets qu'elle peut produire. Pour établir cette proposition, M. Bravais commence par examiner les divers genres de symétrie que peut offrir une molécule cristalline, considérée comme un système d'atomes, et représentée par un polyèdre dont ces atomes occupent les sommets; puis il recherche les lois suivant lesquelles la symétrie de la molécule se transmet en partie au système réticulaire, formé par les centres de gravité des diverses molécules dont un cristal se compose. Entrons, sur ces deux points, dans quelques détails.

M. Bravais observe d'abord qu'un polyèdre peut offrir trois éléments de symétrie, savoir : l'élément point ou *centre de symétrie,* l'élément ligne ou *axe de symétrie,* et l'élément plan ou *plan de symétrie.*

Le centre de symétrie d'un polyèdre est un point autour duquel les sommets, pris deux à deux, sont rangés sur des diagonales dont ce point est le milieu.

Une droite est un axe de symétrie d'un polyèdre, lorsqu'il suffit d'imprimer à celui-ci, autour de cette droite, une rotation mesurée par un certain angle pour substituer les divers sommets les uns aux autres. Le rapport de la circonférence au plus petit des arcs propres à mesurer la rotation est toujours un nombre entier qui détermine l'*ordre de symétrie de l'axe.* Mais ce rapport peut être l'un quelconque des nombres entiers supérieurs à l'unité; par suite, un polyèdre peut admettre, non seulement comme les systèmes réticulaires, des axes de symétrie *binaire, ternaire, quaternaire* et *sénaire,* mais encore des axes de symétrie *quinaire, septénaire,* etc. Un même polyèdre peut d'ailleurs offrir des axes de symétrie de divers ordres. Deux axes de même ordre sont de *même espèce,* lorsqu'en les substituant l'un à l'autre on ne fait qu'échanger les sommets entre eux; ils sont d'*espèces différentes* dans le cas contraire. Dans un polyèdre donné, le nombre des diverses espèces d'axes de symétrie ne peut surpasser trois, mais il peut être égal à trois. Ainsi, par exemple, dans le cube, un axe de symétrie peut être ou l'axe binaire qui joint les milieux de deux arêtes opposées, ou l'axe ternaire qui représente une diagonale et joint deux sommets opposés, ou enfin l'axe quaternaire qui joint les centres de deux faces opposées et parallèles.

Enfin, un plan de symétrie, dans un polyèdre donné, sera un plan qui divisera le polyèdre en deux parties symétriques, les sommets étant situés deux à deux à égales distances du plan sur des droites qui lui seront perpendiculaires. D'ailleurs les plans de symétrie, comme les axes de symétrie, pourront être de *même espèce* ou d'*espèces différentes;* et, dans un polyèdre donné, le nombre des diverses espèces de plans de symétrie ne pourra surpasser trois, mais il pourra être égal à trois. Ainsi, par exemple, dans le polyèdre qui aurait pour sommets les sommets d'un hexagone régulier, et deux points situés à égales distances du plan de cet hexagone sur une perpendiculaire élevée par le centre, un plan de symétrie pourrait être ou un plan passant par cette perpendiculaire et par un sommet ou par le milieu d'un des côtés de l'hexagone, ou le plan même de l'hexagone dont il s'agit.

Cela posé, M. Bravais démontre les deux propositions suivantes :

S'il existe dans un polyèdre deux plans de symétrie leur intersection sera nécessairement un axe de symétrie.

Un centre de symétrie, un plan de symétrie, et un axe de symétrie d'ordre pair sont trois éléments tellement liés entre eux, que la présence de deux de ces éléments entraîne toujours la présence du troisième.

D'ailleurs, M. Bravais appelle *axe principal* celui qui, dans un polyèdre donné, est parallèle ou perpendiculaire à tous les axes ou plans de symétrie, et désigne, sous le nom de *sphéroédriques*, les polyèdres qui offrent plusieurs axes de symétrie, dont aucun n'est un axe principal.

Cela posé, M. Bravais fait voir que les polyèdres, considérés au point de vue de la symétrie, peuvent être divisés en vingt-trois classes, réparties entre six *groupes* distincts.

Le premier groupe comprend tous les polyèdres *asymétriques*, c'est-à-dire ceux qui ne possèdent ni axes, ni plans, ni centre de symétrie;

Le deuxième groupe comprend tous les polyèdres symétriques, mais dépourvus d'axes de symétrie;

Le troisième groupe, les polyèdres symétriques pourvus d'un axe principal d'ordre pair;

Le quatrième groupe, les polyèdres symétriques pourvus d'un axe principal d'ordre impair;

Le cinquième groupe, des polyèdres sphéroédriques à quatre axes ternaires;

Et le sixième groupe, les polyèdres sphéroédriques à dix axes ternaires.

Après avoir étudié les divers genres de symétrie que peuvent offrir, d'une part, les systèmes réticulaires, d'autre part, les polyèdres qui représentent les molécules des corps, et classés les uns et les autres d'après le nombre et la nature de leurs éléments de symétrie, il restait à examiner comment et jusqu'à quel degré la symétrie d'une molécule peut être transmise par la cristallisation au système réticulaire formé par les centres de gravité des diverses molécules dont se compose un cristal. En d'autres termes, il s'agissait de résoudre le problème suivant :

Les éléments de symétrie d'une molécule étant donnés, déterminer le système cristallin que la réunion de cette molécule à d'autres de même espèce produira au moment de la cristallisation.

M. Bravais observe, à ce sujet, que la cristallisation a pour effet d'amener les diverses molécules à des positions telles, qu'il y ait équilibre, et même un équilibre stable, entre les actions exercées par les unes sur les autres. Cela posé, il fait voir que l'équilibre s'établira plus facilement dans un cristal en voie de formation, si les centres de gravité des molécules se disposent de manière que les axes et plans de symétrie de ces molécules, indéfiniment prolongés, deviennent des axes et plans de symétrie du système réticulaire formé par les centres de gravité. Il se trouve ainsi autorisé à poser la règle suivante :

Parmi les sept systèmes cristallins, les molécules d'une substance donnée adopteront celui dont la symétrie offre le plus grand nombre d'éléments communs avec la symétrie propre au polyèdre moléculaire.

Si plusieurs systèmes cristallins peuvent, en vertu de la règle énoncée, correspondre à une même molécule, ceux qui offriront un plus grand nombre d'éléments de symétrie seront en général compris parmi les autres comme cas particuliers; ils seront donc en nombre moindre, et indiqués avec une probabilité incomparablement plus faible. M. Bravais se trouve ainsi amené à énoncer encore la règle suivante :

Dans le cas où plusieurs systèmes cristallins auraient les mêmes éléments de symétrie communs avec un même polyèdre moléculaire, la cristallisation s'opérera suivant le système de moindre symétrie, c'est-à-dire suivant le système qui laissera le plus grand nombre de termes indéterminés parmi les six éléments constitutifs de son parallélépipède élémentaire.

L'emploi des deux règles générales que nous venons de rappeler permet à M. Bravais, non seulement d'expliquer les divers phénomènes d'hémiédrie observés par les cristallographes, mais encore de déterminer les lois de ces phénomènes et les circonstances dans lesquelles ils doivent se présenter; et ces lois et ces circonstances sont précisément celles que fournit l'observation elle-même. C'est encore avec le même bonheur que, après avoir déduit de ses recherches antérieures sur les systèmes réticulaires la détermination de ce qu'on appelle la *forme cristalline* (1), c'est-à-dire du système des faces similaires que présente un cristal, M. Bravais applique son analyse à la réduction du nombre de ces faces, produite par l'hémiédrie. Il fait voir aussi qu'on peut expliquer, par sa théorie, un assez grand nombre de cas de dimorphisme, sans être obligé d'altérer la structure interne des molécules.

En résumé, les Commissaires sont d'avis que le travail soumis à leur examen offre de nouvelles preuves de la sagacité que M. Bravais avait montrée dans ses précédentes recherches, et que ce travail contribue notablement aux progrès de la Cristallographie. Ils pensent, en conséquence, que le nouveau Mémoire de M. Bravais est très digne d'être approuvé par l'Académie, et inséré dans le *Recueil des Savants étrangers*.

486.

MÉCANIQUE MOLÉCULAIRE. — *Note sur l'équilibre et les mouvements vibratoires des corps solides.*

C. R., T. XXXII, p. 323 (3 mars 1851).

Si l'on considère un corps homogène comme un système de molécules, et chaque molécule comme un système d'atomes, les coefficients renfermés dans les équations des mouvements vibratoires de ce corps cesseront d'être des quantités constantes. Concevons, pour

(1) Parmi les théorèmes établis à ce sujet par M. Bravais, nous nous bornerons à rappeler le suivant :

« Quand une face de la forme cristalline n'est ni parallèle, ni perpendiculaire à un axe de symétrie, le nombre des faces qui composent la forme est double de la somme

$$1 + N_2 + 2N_3 + 3N_4 + 5N_6,$$

N_2, N_3, N_4, N_6 étant les nombres d'axes binaires, ternaires, quaternaires et sénaires que possède le système. »

fixer les idées, que le corps soit un cristal. Les centres de gravité des diverses molécules seront les nœuds d'un système réticulaire, c'est-à-dire les points d'intersection de trois systèmes de plans parallèles à trois plans fixes; et, si l'on nomme a, b, c les longueurs des trois arêtes d'un parallélépipède élémentaire, si d'ailleurs on prend les intersections communes des plans fixes pour axes coordonnés des x, y, z, les coefficients contenus dans les équations d'équilibre ou dans les équations des mouvements vibratoires seront des fonctions périodiques de x, y, z, qui demeureront invariables quand on fera croître ou décroître x d'un multiple de a, y d'un multiple de b, z d'un multiple de c. Par suite, si l'on pose, pour abréger,

$$\alpha = \frac{2\pi}{a}, \qquad \beta = \frac{2\pi}{b}, \qquad \gamma = \frac{2\pi}{c},$$

on pourra développer chaque coefficient en une série ordonnée suivant les puissances ascendantes et descendantes des exponentielles trigonométriques

$$e^{\alpha x i}, \quad e^{\beta y i}, \quad e^{\gamma z i},$$

i étant une racine carrée de -1. Enfin, si l'on suppose les déplacements atomiques, et par suite les deux membres de chaque équation d'équilibre ou de mouvement, développés en séries du même genre, il suffira d'égaler entre eux, dans ces deux membres, les coefficients des puissances semblables des exponentielles trigonométriques, pour obtenir des équations nouvelles qui seront toutes linéaires et à coefficients constants. Ajoutons que, de ces équations nouvelles, on pourra déduire, par élimination, celles qui détermineront les valeurs moyennes des déplacements atomiques.

Il importe d'observer que, les trois paramètres a, b, c étant très petits, les trois coefficients α, β, γ offriront des valeurs très considérables, et que, par suite, la dérivée relative à x d'un produit de la forme

$$8 e^{\pm m \alpha x i},$$

m étant un nombre entier quelconque, se réduira au produit de 8 par la dérivée relative à x de l'exponentielle $e^{\pm m\alpha x i}$, et par le facteur $1 \mp \frac{i}{m\alpha}\frac{D_x 8}{8}$, qui sera, en général, très peu différent de l'unité. En remplaçant ce dernier facteur par l'unité, on n'aura généralement à craindre que des erreurs insensibles, et l'on simplifiera notablement les calculs.

En partant de ces principes, on trouvera, pour exprimer l'équilibre et les mouvements vibratoires des corps solides, des équations qui ne pourront devenir homogènes et isotropes, sans acquérir précisément la forme de celles que j'ai obtenues dans la théorie de la lumière. Par suite, si l'on nomme

$$\xi, \quad \eta, \quad \zeta$$

les valeurs moyennes des déplacements infiniment petits d'un atome mesurés au bout du temps t, parallèlement à trois axes rectangulaires des x, y, z, les mouvements vibratoires d'un cristal isotrope seront représentés, dans le cas le plus général, par trois équations de la forme

$$(1) \qquad \begin{cases} D_t^2\xi = E\xi + FD_x\upsilon + G(D_z\eta - D_y\zeta), \\ D_t^2\eta = E\eta + FD_y\upsilon + G(D_y\zeta - D_x\xi), \\ D_t^2\zeta = E\zeta + FD_z\upsilon + G(D_x\xi - D_x\eta), \end{cases}$$

υ étant la dilatation du volume, déterminée par l'équation

$$(2) \qquad \upsilon = D_x\xi + D_y\eta + D_z\zeta,$$

et E, F, G étant des fonctions entières de la somme

$$D_x^2 + D_y^2 + D_z^2.$$

Pour que les formules (1) se réduisent à des équations homogènes et du second ordre, il est nécessaire que G s'évanouisse, et qu'en outre les fonctions E, F soient de la forme

$$E = h(D_x^2 + D_y^2 + D_z^2), \qquad F = H,$$

h, H étant des quantités constantes. Alors, à la place des formules (1), on obtient les suivantes

$$(3)\qquad \begin{cases} D_t^2\xi = h(D_x^2 + D_y^2 + D_z^2)\xi + HD_x\upsilon, \\ D_t^2\eta = h(D_x^2 + D_y^2 + D_z^2)\eta + HD_y\upsilon, \\ D_t^2\zeta = h(D_x^2 + D_y^2 + D_z^2)\zeta + HD_z\upsilon, \end{cases}$$

entièrement semblables à celles auxquelles j'étais parvenu dans les *Exercices de Mathématiques*.

En terminant cette Note, j'indiquerai un moyen simple d'obtenir, quand elles peuvent être réduites à des fonctions différentielles de ξ, η, ζ, les composantes

$$\begin{matrix} \mathcal{A}, & \mathcal{F}, & \mathcal{E}, \\ \mathcal{F}, & \mathcal{B}, & \mathcal{D}, \\ \mathcal{E}, & \mathcal{D}, & \mathcal{C} \end{matrix}$$

des pressions supportées, en un point donné P d'un corps isotrope, et du côté des coordonnées positives, par trois faces parallèles aux plans des yz, des zx et des xy, supposés perpendiculaires l'un à l'autre. En effet, soit p la pression supportée au point P par un élément s de surface, perpendiculaire à la droite qui forme avec les demi-axes des x, y, z positives les angles dont les cosinus sont $\mathfrak{a}$, $\mathfrak{b}$, $\mathfrak{c}$, et nommons δ l'angle formé par la direction de cette pression avec une normale à l'élément de surface s. On aura, d'après ce qui a été dit dans le second Volume des *Exercices de Mathématiques* (t. II, p. 50) [1],

$$(4)\qquad p\cos\delta = \mathcal{A}\mathfrak{a}^2 + \mathcal{B}\mathfrak{b}^2 + \mathcal{C}\mathfrak{c}^2 + 2\mathcal{D}\mathfrak{b}\mathfrak{c} + 2\mathcal{E}\mathfrak{c}\mathfrak{a} + 2\mathcal{F}\mathfrak{a}\mathfrak{b}.$$

D'autre part, si l'élément de surface s est supposé offrir des dimensions qui soient très considérables quand on les compare aux distances qui séparent deux molécules voisines, et si, dans cette hypothèse, la pression p supportée en un point P de l'élément s varie très peu quand le point P vient à subir un très petit déplacement, les composantes $\mathcal{A}$, $\mathcal{F}$, $\mathcal{E}$; $\mathcal{F}$, $\mathcal{B}$, $\mathcal{D}$; $\mathcal{E}$, $\mathcal{D}$, $\mathcal{C}$ des pressions supportées au point P par trois plans parallèles aux plans coordonnés des yz, des zx et des xy, pourront être généralement considérées comme des fonctions

[1] *OEuvres de Cauchy*, S. II, T. VII, p. 70.

linéaires des déplacements ξ, η, ζ et de leurs dérivées des divers ordres. Cela posé, le second membre de l'équation (4) pourra être considéré comme une fonction de

$$\xi,\quad \eta,\quad \zeta,\quad D_x,\quad D_y,\quad D_z \qquad \text{et} \qquad \mathfrak{a},\quad \mathfrak{b},\quad \mathfrak{c},$$

qui sera linéaire par rapport à ξ, η, ζ, entière par rapport à D_x, D_y, D_z; enfin, homogène et du second degré par rapport à $\mathfrak{a}$, $\mathfrak{b}$, $\mathfrak{c}$. Cette fonction, devant d'ailleurs être isotrope, se réduira nécessairement, d'après ce qui a été dit ailleurs, à une fonction entière des sommes

$$\mathfrak{a}\xi + \mathfrak{b}\eta + \mathfrak{c}\zeta, \qquad D_x\xi + D_y\eta + D_z\zeta = \upsilon, \qquad \mathfrak{a}D_x + \mathfrak{b}D_y + \mathfrak{c}D_z,$$
$$\mathfrak{a}^2 + \mathfrak{b}^2 + \mathfrak{c}^2, \qquad D_x^2 + D_y^2 + D_z^2,$$
$$\mathfrak{a}(D_z\eta - D_y\zeta) + \mathfrak{b}(D_x\zeta - D_z\xi) + \mathfrak{c}(D_y\xi - D_x\eta),$$

qui sera linéaire par rapport à ξ, η, ζ, et du second degré par rapport à $\mathfrak{a}$, $\mathfrak{b}$, $\mathfrak{c}$. Par suite, il faudra que l'on ait

$$(5)\quad \begin{cases} p\cos\delta = k(\mathfrak{a}D_x + \mathfrak{b}D_y + \mathfrak{c}D_z)(\mathfrak{a}\xi + \mathfrak{b}\eta + \mathfrak{c}\zeta) + (\mathfrak{a}^2 + \mathfrak{b}^2 + \mathfrak{c}^2)(K\upsilon + I) \\ \qquad + J(\mathfrak{a}D_x + \mathfrak{b}D_y + \mathfrak{c}D_z)[\mathfrak{a}(D_z\eta - D_y\zeta) + \mathfrak{b}(D_x\zeta - D_z\xi) + \mathfrak{c}(D_y\xi - D_x\eta)], \end{cases}$$

I étant une quantité constante, et k, K, J étant des fonctions entières de $D_x^2 + D_y^2 + D_z^2$.

Cela posé, comme les valeurs de $p\cos\delta$, fournies par les équations (4) et (5), devront être égales entre elles, quelles que soient les valeurs des rapports $\frac{\mathfrak{b}}{\mathfrak{a}}$, $\frac{\mathfrak{c}}{\mathfrak{a}}$, elles devront encore être égales pour des valeurs quelconques attribuées à $\mathfrak{a}$, $\mathfrak{b}$, $\mathfrak{c}$. On aura donc, par suite,

$$(6)\qquad \mathcal{A} = kD_x\xi + K\upsilon + I + JD_x(D_z\eta - D_y\zeta), \qquad \ldots$$

et

$$(7)\qquad \mathcal{D} = \tfrac{1}{2}k(D_z\eta + D_y\zeta) + \tfrac{1}{2}J[D_y(D_y\xi - D_x\eta) + D_z(D_x\zeta - D_z\xi)], \qquad \ldots.$$

Si, dans une première approximation, on néglige les termes qui renferment des dérivées de ξ, η, ζ d'un ordre supérieur au premier, les formules (6) et (7) se réduiront aux suivantes

$$(8)\qquad \mathcal{A} = kD_x\xi + K\upsilon + I, \qquad \mathcal{B} = kD_y\eta + K\upsilon + I, \qquad \mathcal{C} = kD_z\zeta + K\upsilon + I,$$
$$(9)\qquad \mathcal{D} = \tfrac{1}{2}k(D_z\eta + D_y\zeta), \qquad \mathcal{E} = \tfrac{1}{2}k(D_x\zeta + D_z\xi), \qquad \mathcal{F} = \tfrac{1}{2}k(D_y\xi + D_x\eta),$$

k, K, I étant des coefficients constants, et deviendront ainsi semblables à celles que j'ai obtenues dans les *Exercices de Mathématiques* (t. III, p. 327) ([1]).

487.

PHYSIQUE. — *Rapport sur divers Mémoires de M.* WERTHEIM.

C. R., T. XXXII, p. 326 (3 mars 1851).

L'Académie a soumis à notre examen divers Mémoires de M. Wertheim, qui ont pour objet l'équilibre des corps solides homogènes, la propagation du mouvement dans ces corps, la torsion des verges homogènes, les vibrations des plaques circulaires, et la vitesse du son dans les liquides. La pensée dominante qui a dirigé l'auteur, dans les expériences dont ces Mémoires offrent le tableau et dans les calculs qu'il y exécute, a été de déterminer les coefficients que doivent renfermer les formules générales de l'équilibre et du mouvement des corps solides homogènes et isotropes, ou plutôt le rapport entre les deux coefficients contenus dans ces formules. Entrons à ce sujet dans quelques détails.

Si l'on considère un corps solide et homogène comme un système de points matériels sollicités par des forces d'attraction ou de répulsion mutuelle, on trouvera, pour représenter l'équilibre ou le mouvement de ce corps, trois équations distinctes. Ces trois équations, que Navier et d'autres auteurs avaient obtenues sous des formes restreintes par certaines conditions qu'ils s'étaient imposées, ont été plus tard données par l'un de nous, dans toute leur généralité. On a pu voir alors qu'elles renferment un grand nombre de coefficients, qui se trouvent aussi contenus dans les valeurs générales des composantes des pressions supportées par trois plans rectangulaires, et relatives

([1]) *OEuvres de Cauchy*, S. II, T. VIII, p. 379.

soit à l'état d'équilibre, soit à l'état de mouvement. Toutefois ces divers coefficients se réduisent à deux, lorsque, en supposant le système isotrope, on réduit les équations d'équilibre ou de mouvement à des équations aux dérivées partielles, homogènes et du second ordre, en développant les différences finies des déplacements atomiques en séries, et en négligeant, dans les développements obtenus, les termes qui renferment des dérivées d'un ordre supérieur au second.

C'est à déterminer, à l'aide de l'observation, le rapport Θ des deux coefficients que contiennent les équations de l'équilibre ou du mouvement, devenues homogènes et isotropes, que s'est appliqué M. Wertheim dans son *Mémoire sur l'équilibre des corps solides homogènes*. Dans les équations de Navier, le rapport Θ se réduisait au nombre 2. D'après les expériences faites par M. Wertheim sur des parallélépipèdes de caoutchouc, ce rapport est plus voisin de l'unité que du nombre 2, quand la dilatation est faible. On pouvait donc croire que le nombre 2 devait être remplacé par le nombre 1. Mais il convenait de vérifier cette induction à l'aide d'expériences plus précises que celles auxquelles le caoutchouc peut être soumis. M. Wertheim y est parvenu, en suivant une méthode indiquée par M. Regnault, et qui consiste dans l'emploi de cylindres creux, dont la cavité intérieure communique avec un tube capillaire de verre. On remplit l'appareil d'eau privée d'air, et l'on mesure les allongements que des charges successivement croissantes font subir au cylindre, ainsi que l'abaissement de l'eau dans le tube capillaire. On connaît de cette manière le changement de volume de la cavité intérieure du cylindre, et l'on en déduit aisément, à l'aide d'une formule donnée dans les *Exercices de Mathématiques*, le rapport cherché.

Le rapport Θ une fois déterminé, on déduit de cette détermination diverses conséquences importantes relatives à la propagation du mouvement dans les corps solides, aux vibrations des plaques circulaires, aux vibrations longitudinales et aux vibrations tournantes des verges cylindriques, etc. On reconnaît, par exemple, que le rapport entre le nombre n des vibrations longitudinales et le rapport n' des vibrations tournantes, dans les verges cylindriques, doit être $\sqrt{\frac{8}{3}} = 1,633, \ldots,$ tandis qu'il devrait être 1,581, ... si l'on supposait $\Theta = 2$. Or l'expérience a donné à Savart, pour valeur de $\frac{n}{n'}$, le nombre 1,666, ..., qui diffère très peu de 1,633, ... et confirme ainsi les conclusions auxquelles est arrivé M. Wertheim. Ajoutons que M. Wertheim ayant lui-même exécuté de nouvelles expériences sur des verges de fer, de laiton et d'acier fondu, a obtenu pour valeurs de $\frac{n}{n'}$ les nombres 1,635, 1,621, 1,636, qui tous trois coïncident sensiblement avec le nombre $\sqrt{\frac{8}{3}} = 1,633, \ldots.$

Il suit encore de la théorie des corps élastiques qu'une masse illimitée peut propager deux espèces de vibrations, les unes longitudinales, les autres transversales, auxquelles correspondent deux espèces d'ondes dont les vitesses seront entre elles dans le rapport de $\sqrt{3}$ à l'unité, si l'on suppose $\Theta = 2$, et dans le rapport de 2 à 1, si l'on suppose $\Theta = 1$. Or, en faisant vibrer fortement une verge de verre ou de métal de forme quelconque, on obtient, outre le son longitudinal et fondamental, un autre son qui est l'octave grave du premier, et qui est produit par des vibrations transversales. Ce phénomène paraît encore venir à l'appui des conclusions de M. Wertheim.

La seule objection grave que l'on ait opposée à ces conclusions est la suivante.

Si le rapport Θ se réduit effectivement à l'unité, cette réduction doit subsister, quand la pression extérieure, dont ce rapport est supposé indépendant, s'évanouit. Or les formules générales qui ont été données comme propres à représenter les composantes des pressions supportées dans l'état d'équilibre par un plan quelconque ne fournissent des pressions nulles que dans le cas où l'on suppose $\Theta = 2$.

La difficulté que cette objection présente semble insoluble au premier abord. Mais il importe d'observer que les formules qui expriment les conditions d'équilibre, ou les mouvements vibratoires d'un corps solide, et celles qui fournissent les composantes des pressions intérieures, supposent chaque molécule réduite à un seul point. Si l'on suppose, au contraire, chaque molécule composée de plusieurs atomes, alors, suivant la remarque faite par l'un de nous, dès l'année 1839, les coefficients compris dans les équations des mouvements vibratoires cesseront d'être des quantités constantes, et deviendront, par exemple si le corps est un cristal, des fonctions périodiques des coordonnées. Or, en développant ces fonctions et les inconnues elles-mêmes suivant les puissances ascendantes et descendantes des fonctions les plus simples de cette espèce, représentées par des exponentielles trigonométriques convenablement choisies, on obtiendra des équations nouvelles desquelles on déduira, par élimination, celles qui détermineront les valeurs moyennes des inconnues. D'ailleurs les équations définitives, trouvées de cette manière, seront encore des équations linéaires et à coefficients constants, qui ne pourront devenir isotropes et homogènes, sans reprendre la forme obtenue dans la première hypothèse. Mais le rapport entre les deux coefficients que renfermeront alors les équations dont il s'agit ne deviendra pas nécessairement égal à 2, quand les pressions intérieures s'évanouiront, et l'on verra, par suite, disparaître l'objection proposée.

Une des conséquences qu'entraîne la réduction du rapport Θ à l'unité, c'est que la vitesse du son propagé dans une masse solide illimitée et la vitesse du son propagé linéairement dans un filet ou dans une verge de même matière sont entre elles dans le rapport de $\sqrt{\frac{3}{2}}$ à l'unité. M. Wertheim a trouvé que ce rapport subsistait quand on remplace les solides par des liquides; et, après avoir déterminé expérimentalement la vitesse linéaire du son dans une masse d'eau limitée, il lui a suffi de multiplier cette vitesse par $\sqrt{\frac{3}{2}}$, pour obtenir la vitesse du son dans une masse d'eau illimitée, et reproduire à très peu près le résultat auquel MM. Colladon et Sturm étaient parvenus par une voie toute différente.

En résumé, les Commissaires pensent que, dans les nouveaux Mémoires soumis à leur examen, M. Wertheim, après avoir donné une solution expérimentale d'une question importante qui intéresse à la fois les physiciens et les géomètres, a discuté cette question avec la sagacité qu'il avait déjà montrée dans de précédentes recherches. En conséquence, la Commission est d'avis que ces Mémoires sont dignes d'être approuvés par l'Académie et insérés dans le *Recueil des Savants étrangers*.

488.

Analyse. — *Application du Calcul des résidus à la décomposition des fonctions transcendantes en facteurs simples* (suite).

C. R., T. XXXII, p. 354 (17 mars 1851).

Soient, comme à la page 314, x, y les coordonnées rectangulaires, r, p les coordonnées polaires, et

$$z = x + y\mathrm{i} = re^{p\mathrm{i}}$$

la coordonnée imaginaire d'un point mobile Z. Supposons que ce point soit renfermé, avec l'origine O des coordonnées, dans une certaine aire S, terminée par un certain contour PQR. Soit, d'ailleurs, $\varphi(z)$ une fonction de z qui demeure toujours continue, quand elle ne devient pas infinie, et admettons encore que le rapport différentiel de la fonction $\varphi(z)$ à la variable z dépende uniquement des variables réelles x, y. Enfin, en supposant les équations

$$\varphi(z) = 0, \tag{1}$$

$$\frac{1}{\varphi(z)} = 0, \tag{2}$$

résolues par rapport à z, désignons par la lettre m le nombre des racines nulles de l'équation (1); puis nommons $z_{,}$, $z_{,,}$, $z_{,,,}$, ... celles des autres racines de l'équation (1), et z', z'', z''', ... celles des racines de l'équation (2), qui représentent les coordonnées imaginaires de points d'arrêt situés dans l'intérieur de l'aire S. Si chacune des racines $z_{,}$, $z_{,,}$, $z_{,,,}$, ..., z', z'', z''', ... est une racine simple, et si l'on pose, pour abréger,

$$H = \frac{\varphi^{(m)}(0)}{1.2\ldots m},$$

l'équation (9) de la page 268 donnera

$$(3) \qquad \varphi(z) = H z^m \frac{\left(1 - \frac{z}{z_{,}}\right)\left(1 - \frac{z}{z_{,,}}\right)\cdots}{\left(1 - \frac{z}{z'}\right)\left(1 - \frac{z}{z''}\right)\cdots} e^{-V},$$

la valeur de V étant déterminée par la formule

$$(4) \qquad V = \frac{1}{2\pi i}\int \frac{\varphi'(v)}{\varphi(v)} \mathrm{l}\left(1 - \frac{z}{v}\right) dv,$$

dans laquelle l'intégrale relative à v s'étend à tous les points du contour PQR qu'un point mobile est censé parcourir avec un mouvement de rotation direct autour de l'aire S. Il y a plus : pour étendre la formule (3) au cas où les équations (1) ou (2) offrent des racines multiples, il suffira d'admettre que, dans cette formule, plusieurs des racines $z_{,}$, $z_{,,}$, $z_{,,,}$, ..., ou z', z'', z''', ... peuvent devenir égales entre elles.

Si le module de v, c'est-à-dire le rayon vecteur mené de l'origine O des coordonnées à un point quelconque du contour PQR surpasse constamment le module de z, alors

$$\mathrm{l}\left(1 - \frac{z}{v}\right)$$

sera développable suivant les puissances ascendantes de z, et, en posant, pour abréger,

$$(5) \qquad h_n = \frac{1}{2\pi n i}\int \frac{\varphi'(v)}{\varphi(v)} \frac{dv}{v^n},$$

on trouvera

$$(6) \qquad V = -h_1 z - h_2 z^2 - h_3 z^3 - \ldots.$$

Concevons à présent que le contour PQR soit remplacé par un contour semblable, mais plus étendu $\mathfrak{PQR}$, et que, dans le passage du premier contour au second, le rayon vecteur correspondant à un angle polaire donné varie dans le rapport de 1 à k. Alors, à la place de la formule (5), on obtiendra la suivante :

$$(7) \qquad h_n = \frac{1}{2n\pi i}\,\frac{1}{k^{n-1}}\int \frac{\varphi'(kv)}{\varphi(kv)}\,\frac{dv}{v^n}.$$

Cela posé, si, en attribuant au nombre k des valeurs infiniment grandes, on peut toujours les choisir de manière que le rapport

$$\frac{\varphi'(z)}{\varphi(z)}$$

reste fini en chaque point du contour $\mathfrak{PQR}$, ces valeurs de k rendront infiniment petites les valeurs qu'on obtiendra pour h_n, quand on supposera, dans la formule (7), $n > 1$; et, en nommant h la valeur de h_1 tirée de la même formule, c'est-à-dire, en posant

$$(8) \qquad h = \frac{1}{2\pi i}\int \frac{\varphi'(kv)}{\varphi(kv)}\,\frac{dv}{v},$$

on trouvera, pour $k = \infty$,

$$(9) \qquad V = -hz;$$

par conséquent la formule (3) donnera

$$(10) \qquad \varphi(z) = H z^m \frac{\left(1-\frac{z}{z_{\prime}}\right)\left(1-\frac{z}{z_{\prime\prime}}\right)\cdots}{\left(1-\frac{z}{z'}\right)\left(1-\frac{z}{z''}\right)\cdots}\,e^{hz}.$$

Si la fonction $\varphi(z)$ est paire ou impaire, c'est-à-dire, en d'autres termes, si elle satisfait ou à la condition

$$\varphi(z) = \varphi(-z),$$

ou à la condition

$$\varphi(z) = -\varphi(-z),$$

alors, dans la formule (8), le rapport

$$\frac{\varphi'(kv)}{\varphi(kv)}$$

sera une fonction impaire de v, et, en faisant coïncider le contour PQR avec une courbe ou avec un polygone qui ait pour centre l'origine O, on verra disparaître la constante h, représentée par une intégrale dont les éléments pris deux à deux seront égaux, au signe près, mais affectés de signes contraires. Cette constante étant réduite à zéro, l'équation (10) donnera simplement

$$\varphi(z) = Hz^m \frac{\left(1-\frac{z}{z_{\prime}}\right)\left(1-\frac{z}{z_{\prime\prime}}\right)\cdots}{\left(1-\frac{z}{z'}\right)\left(1-\frac{z}{z''}\right)\cdots}. \tag{11}$$

Cette dernière formule comprend, comme cas particulier, l'équation (18) de la page 324.

Si, en attribuant à la constante k une valeur infiniment grande, on peut choisir cette valeur de manière que le rapport

$$\frac{\varphi'(z)}{z^n\,\varphi(z)}$$

conserve en chaque point du contour $\mathfrak{PQR}$ une valeur finie, alors dans la série

$$h_1, \quad h_2, \quad \ldots, \quad h_n, \quad h_{n+1}, \quad \ldots,$$

les termes qui suivront h_n s'évanouiront pour $k=\infty$, et comme on aura par suite

$$V = h - h_1 z - h_2 z^2 - \ldots - h_n z^n, \tag{12}$$

il est clair qu'à la place de la formule (10) on obtiendra la suivante :

$$\varphi(z) = Hz^m \frac{\left(1-\frac{z}{z_{\prime}}\right)\left(1-\frac{z}{z_{\prime\prime}}\right)\cdots}{\left(1-\frac{z}{z'}\right)\left(1-\frac{z}{z''}\right)\cdots} e^{h_1 z + h_2 z^2 + \ldots + h_n z^n}. \tag{13}$$

Dans d'autres articles je montrerai le parti qu'on peut tirer des formules (10), (11), (13) pour établir avec facilité, non seulement des théorèmes déjà connus, et en particulier ceux qui sont relatifs aux fonctions elliptiques, mais encore une multitude d'autres propositions dignes de remarque.

489.

Analyse. — *Mémoire sur la sommation des termes de rang très élevé dans une série simple ou multiple.*

C. R., T. XXXII, p. 389 (24 mars 1851).

§ I. — *Formules générales.*

Quelques propositions établies dans le Tome II des *Exercices de Mathématiques* (¹) permettent de calculer approximativement, dans certains cas, une somme de termes consécutifs de rang très élevé dans une série simple, et transforment la valeur approchée d'une telle somme en une intégrale définie. D'ailleurs, pour opérer de semblables transformations, il suffit de décomposer le terme général d'une série simple en deux facteurs dont l'un converge vers une limite finie, l'autre étant une puissance d'un nombre très considérable. Entrons à ce sujet dans quelques détails.

Soit $f(x)$ une fonction de la variable réelle x. Supposons d'ailleurs qu'il soit possible d'attribuer au nombre l une valeur telle, que le produit

$$x^l f(x)$$

acquière une valeur finie, distincte de zéro, pour des valeurs réelles et infiniment grandes de x. Alors, N étant un nombre très considérable, le produit

$$\mathrm{N}^l f(\mathrm{N}x)$$

se réduira sensiblement à une certaine fonction $\varphi(x)$ de la variable x.

(¹) *Œuvres de Cauchy*, S. II, T. VII, p. 268 et suivantes.

Cela posé, concevons que, $\nu_{,}$, $\nu_{,,}$ étant deux quantités réelles de même signe, on nomme n l'un quelconque des nombres entiers compris entre les limites

$$n = \nu_{,} \mathrm{N}, \qquad n = \nu_{,,} \mathrm{N}$$

et

$$n_{,}, \quad n_{,}+1, \quad n_{,}+2, \quad \ldots, \quad n_{,,}$$

ces mêmes nombres. Enfin nommons $\mathcal{S}$ la somme des termes correspondants à ces nombres dans la série qui a pour terme général $f(n)$, en sorte qu'on ait

$$\mathcal{S} = \overset{n=n_{,,}}{\underset{n=n_{,}}{\mathrm{S}}} f(n); \tag{1}$$

et posons encore

$$n = \nu \mathrm{N} \qquad \text{et} \qquad \frac{1}{\mathrm{N}} = \alpha.$$

On aura sensiblement, pour de très grandes valeurs de N,

$$\mathrm{N}^{l} f(n) = \varphi(\nu),$$

par conséquent

$$\mathcal{S} = \mathrm{N}^{1-l} \mathrm{S}[\alpha \varphi(\nu)], \tag{2}$$

la fonction qu'indique le signe S s'étendant à toutes les valeurs de ν comprises dans la suite

$$\frac{n_{,}}{\mathrm{N}}, \quad \frac{n_{,}}{\mathrm{N}}+\alpha, \quad \frac{n_{,}}{\mathrm{N}}+2\alpha, \quad \ldots, \quad \frac{n_{,,}}{\mathrm{N}}. \tag{3}$$

D'ailleurs, dans l'hypothèse admise, N venant à croître indéfiniment, le premier et le dernier terme de la suite (3) s'approcheront indéfiniment des limites $\nu_{,}$, $\nu_{,,}$, et la somme

$$\mathrm{S}[\alpha \varphi(\nu)]$$

de la limite

$$\int_{\nu_{,}}^{\nu_{,,}} \varphi(\nu)\, d\nu.$$

On peut donc énoncer la proposition suivante :

Théorème I. — *Soient* N *un nombre infiniment grand, et* $\nu_{,}$, $\nu_{,,}$ *deux quantités finies, affectées du même signe. Supposons d'ailleurs qu'il soit* *possible de choisir le nombre l de manière que, pour des valeurs réelles et infiniment grandes de x, le produit*

$$x^l f(x)$$

acquière une valeur finie distincte de zéro, et nommons $\varphi(x)$ ce que devient le produit $N^l f(Nx)$ quand N devient infini. Enfin nommons $n_{\prime}$, $n_{\prime\prime}$ ceux des entiers compris entre les limites $\nu_{\prime} N$, $\nu_{\prime\prime} N$ qui sont les plus rapprochés de ces limites. Le rapport de la somme

$$\mathop{\mathrm{S}}_{n=n_{\prime}}^{n=n_{\prime\prime}} f(n)$$

à la quantité N^{1-l} se réduira sensiblement, pour de très grandes valeurs de N, à l'intégrale définie

$$\int_{\nu_{\prime}}^{\nu_{\prime\prime}} \varphi(\nu)\, d\nu.$$

On établira de la même manière la proposition suivante :

Théorème II. — *Soient x, y deux variables réelles, $f(x, y)$ une fonction de ces mêmes variables, et N un nombre infiniment grand. Supposons d'ailleurs qu'il soit possible de choisir l'exposant l de manière que, pour des valeurs réelles et infiniment grandes de x, y, le produit*

$$N^l f(Nx, Ny)$$

conserve une valeur finie, et nommons $\varphi(x, y)$ la limite dont cette valeur s'approche indéfiniment pour des valeurs croissantes de N. Soit encore A une aire terminée dans le plan des xy par un certain contour PQR, ou comprise entre deux contours pqr, PQR, et admettons que l'origine des coordonnées soit un point extérieur à l'aire A. Enfin, m, n étant deux nombres entiers quelconques, construisons la série double qui a pour terme général $f(m, n)$, et nommons

$$s = \mathrm{S} f(m, n)$$

la somme des termes de cette série correspondants à celles des valeurs de m et n qui sont de la forme

$$m = \mu N, \qquad n = \nu N,$$

μ et ν étant les coordonnées d'un point situé dans l'intérieur de l'aire A. *Le rapport de la somme* S *à la quantité* N^{2-l} *se réduira sensiblement à l'intégrale double*

$$\int\int \varphi(\mu, \nu)\, d\mu\, d\nu,$$

étendue à tous les points de l'aire A.

Il est bon d'observer que la série qui a pour terme général $f(m, n)$ se transformera en une série simple, si l'on attribue successivement au nombre entier n diverses valeurs, en laissant m invariable. Concevons, pour fixer les idées, que, m étant de la forme μN, et N très considérable, la somme

$$\mathrm{S} = \mathrm{S} f(m, n)$$

s'étende à toutes les valeurs entières de n comprises entre les limites $\nu_1 N$, $\nu_2 N$, les quantités ν_1, ν_2 pouvant être affectées du même signe ou de signes contraires. Alors, en raisonnant comme dans le théorème I, on trouvera sensiblement pour de grandes valeurs de N

$$(4) \qquad \frac{\mathrm{S}}{N^{1-l}} = \int_{\nu_1}^{\nu_2} \varphi(\mu, \nu)\, d\nu.$$

Le théorème II pourrait être évidemment étendu au cas où il s'agirait, non plus d'une série double, mais d'une série triple, quadruple, etc. Seulement alors on devrait remplacer les sommes ou intégrales doubles par des sommes ou intégrales triples, quadruples, etc., la quantité N^{2-l} par la quantité N^{3-l} ou N^{4-l}, ..., et l'aire A par ce que nous avons nommé dans d'autres Mémoires un *lieu analytique*.

Si l'on suppose dans le théorème I, ou dans la formule (4), $l = 1$, on trouvera

$$(5) \qquad \mathrm{S} = \int_{\nu_1}^{\nu_2} \varphi(\nu)\, d\nu$$

ou

$$(6) \qquad \mathrm{S} = \int_{\nu_1}^{\nu_2} \varphi(\mu, \nu)\, d\nu.$$

Pareillement, si l'on suppose dans le second théorème, $\iota = 2$, on trouvera

$$(7) \qquad \mathcal{S} = \int\int \varphi(\mu, \nu)\, d\mu\, d\nu,$$

l'intégrale double étant étendue à tous les points de l'aire A; etc.

Les formules (5) et (7) comprennent, comme cas particuliers, celles que j'ai données dans le Tome II des *Exercices de Mathématiques,* et celles qui ont été obtenues en Angleterre par M. Cayley, en Allemagne par M. Eisenstein.

Si, pour fixer les idées, on suppose, dans le théorème I,

$$f(x) = \frac{1}{ax + c},$$

les constantes a, c étant réelles ou imaginaires, on trouvera

$$\varphi(x) = \frac{1}{ax},$$

et la formule (5) donnera

$$(8) \qquad \mathcal{S} = \frac{1}{a}\int_{\nu_{\prime}}^{\nu_{\prime\prime}} \frac{\nu}{d\nu} = \frac{1}{a}\,\mathrm{l}\left(\frac{\nu_{\prime\prime}}{\nu_{\prime}}\right).$$

Pareillement, si l'on suppose

$$f(x, y) = \frac{1}{ax + by + c},$$

a, b, c étant trois constantes et le rapport $\frac{a}{b}$ étant imaginaire, on trouvera

$$\varphi(x, y) = \frac{1}{ax + by},$$

et la formule (6) donnera

$$(9) \qquad \mathcal{S} = \frac{1}{b}\int_{\nu_{\prime}}^{\nu_{\prime\prime}} \frac{d\nu}{\nu + \frac{a}{b}\mu},$$

$$(10) \qquad \mathcal{S} = \frac{\mathrm{l}\left(\nu_{\prime\prime} + \frac{a}{b}\mu\right) - \mathrm{l}\left(\nu_{\prime} + \frac{a}{b}\mu\right)}{b}.$$

Enfin, si l'on suppose

$$f(x, y) = \frac{1}{(ax + by + c)^2},$$

on aura

$$\varphi(x, y) = \frac{1}{(ax + by)^2},$$

et la formule (7) donnera

$$(11) \qquad \mathcal{S} = \int\int \frac{d\mu\, d\nu}{(a\mu + b\nu)^2},$$

l'intégrale double étant étendue à tous les points de l'aire A. Si l'aire A est comprise entre deux contours pqr, PQR, et si l'on transforme les coordonnées μ, ν, supposées rectangulaires, en coordonnées polaires, à l'aide d'équations de la forme

$$\mu = r \cos p, \qquad \nu = r \sin p,$$

alors, en nommant $\nu_{\prime}$, $\nu_{\prime\prime}$ les valeurs de ν correspondantes aux deux contours pqr, PQR, on obtiendra pour $\nu_{\prime}$, $\nu_{\prime\prime}$ deux fonctions déterminées de l'angle polaire p, et l'on tirera de la formule (11), avec M. Cayley,

$$(12) \qquad \mathcal{S} = \int_{-\pi}^{\pi} \frac{1(\nu_{\prime\prime}) - 1(\nu_{\prime})}{(a \cos p + b \sin p)^2}\, dp.$$

On aura donc

$$(13) \qquad \mathcal{S} = 0,$$

si le rapport $\frac{\nu_{\prime\prime}}{\nu_{\prime}}$ est constant, c'est-à-dire si les deux courbes sont semblables l'une à l'autre.

Soient d'ailleurs $\mathcal{S}_{\prime}$, $\mathcal{S}_{\prime\prime}$ les valeurs de $\mathcal{S}$ que fournirait la formule (11), si l'on prenait successivement pour A l'aire renfermée dans le contour pqr, puis l'aire renfermée dans le contour PQR. La valeur de chacune des intégrales $\mathcal{S}_{\prime}$, $\mathcal{S}_{\prime\prime}$ dépendra généralement de l'ordre dans lequel seront effectuées les deux intégrations relatives aux variables μ, ν. Mais, si l'on suppose que cet ordre reste le même dans la détermination de $\mathcal{S}_{\prime}$ et de $\mathcal{S}_{\prime\prime}$, alors à la formule (11) ou (12), on pourra substituer la suivante :

(14) $$s = s_{\prime\prime} - s_{\prime}.$$

Cette dernière formule sera d'un usage très commode; elle fournira, par exemple, avec une grande facilité, la valeur de s, si, le contour pqr étant réduit à une circonférence du cercle, le contour PQR est un rectangle dont les côtés soient parallèles aux axes des x et des y.

§ II. — *Application des formules obtenues dans le premier paragraphe.*

Soit $z = x + yi$ la coordonnée imaginaire d'un point mobile Z; soit encore $\varphi(z)$ une fonction de z qui demeure continue tant qu'elle ne devient pas infinie, et admettons que le rapport différentiel de $\varphi(z)$ à z dépende uniquement des variables réelles x, y. Enfin, en supposant les équations

(1) $$\varphi(z) = 0,$$

(2) $$\frac{1}{\varphi(z)} = 0$$

résolues par rapport à z, désignons par l le nombre des racines nulles de l'équation (1); puis nommons $z_{\prime}$, $z_{\prime\prime}$, $z_{\prime\prime\prime}$, ... celles des autres racines de l'équation (1), et z', z'', z''', ... celles des racines de l'équation (2) qui représentent les coordonnées imaginaires de points situés dans l'intérieur d'une certaine aire S terminée par un certain contour PQR. Si ce contour peut être choisi de manière que, tous ses points étant situés à de très grandes distances de l'origine des coordonnées, le rapport $\frac{\varphi'(z)}{\varphi(z)}$ conserve en chacun d'eux une valeur finie, on aura (page 352),

(3) $$\varphi(z) = H z^m \frac{\left(1 - \frac{z}{z_{\prime}}\right)\left(1 - \frac{z}{z_{\prime\prime}}\right)\cdots}{\left(1 - \frac{z}{z'}\right)\left(1 - \frac{z}{z''}\right)\cdots} e^{hz},$$

la valeur de H étant

(4) $$H = \frac{\varphi^{(l)}(0)}{1.2\ldots l},$$

et la valeur de h étant déterminée approximativement par la formule

$$h = \frac{1}{2\pi i}\int \frac{\varphi'(z)}{\varphi(z)}\frac{dz}{z}, \tag{5}$$

dans laquelle l'intégration s'étend à tous les points du contour PQR qu'un rayon vecteur mobile est supposé parcourir avec un mouvement de rotation direct autour de l'aire S. D'ailleurs la formule (5) sera d'autant plus exacte que le contour dont il s'agit sera plus étendu, et deviendra rigoureuse si l'on substitue au second membre la limite vers laquelle il converge, tandis que la distance de chaque point du contour à l'origine des coordonnées devient infiniment grande.

Concevons à présent que l'on désigne par a, b deux constantes dont le rapport soit imaginaire, et supposons que la fonction $\varphi(z)$, étant doublement périodique, ne varie pas quand la variable z croît de la période a ou de la période b. Soient d'ailleurs

$$\mu_{\prime},\quad \nu_{\prime};\quad \mu_{\prime\prime},\quad \nu_{\prime\prime}$$

quatre quantités finies, les deux premières négatives, les deux dernières positives, et

$$m,\quad n$$

deux quantités entières positives, nulles ou négatives. Enfin, supposons que, N étant un nombre infiniment grand, on désigne par $m_{\prime}$ et $m_{\prime\prime}$ ou par $n_{\prime}$ et $n_{\prime\prime}$ celles des valeurs de m ou de n, qui, étant renfermées entre les limites $\mu_{\prime}N$, $\mu_{\prime\prime}N$ ou entre les limites $\nu_{\prime}N$, $\nu_{\prime\prime}N$ se rapprochent le plus de ces mêmes limites. On pourra, en désignant par ρ et ς deux quantités finies, comprises entre les limites 0, 1, choisir ces quantités de manière que, pour une valeur de z de la forme

$$z = a(m+\rho) + b(n+\varsigma), \tag{6}$$

le rapport $\frac{\varphi'(z)}{\varphi(z)}$ conserve une valeur finie, et, en nommant $z_{\prime}$, $z_{\prime\prime}$ les valeurs de z que fournira l'équation (6) quand on y posera successivement $n = n_{,}$, $n = n_{,,}$, on trouvera

$$(7)\qquad \int_{z_{,}}^{z_{,,}} \frac{\varphi'(z)}{\varphi(z)} \frac{dz}{z} = \int_{z_{,}}^{z_{,}+b} \mathfrak{z} \frac{\varphi'(z)}{\varphi(z)} dz,$$

$\mathfrak{z}$ étant une fonction de z déterminée par la formule

$$(8)\qquad \mathfrak{z} = \mathop{\mathrm{S}}_{n=0}^{n=n_{,,}-n_{,}-1} \frac{1}{z+nb}.$$

Comme on aura d'ailleurs pour $z = z_{,}$

$$\mathfrak{z} = \mathop{\mathrm{S}}_{n=n_{,}}^{n=n_{,,}-1} \frac{1}{a(m+\rho)+b(n+\varsigma)},$$

la formule (10) du § I donnera sensiblement, pour de grandes valeurs de N, quand on supposera $z = z_{,}$, ou même $z = z_{,} + \theta b$, θ étant compris entre les limites 0, 1,

$$\mathfrak{z} = \frac{1\left(\nu_{,,} + \frac{a}{b}\mu\right) - 1\left(\nu_{,} + \frac{a}{b}\mu\right)}{b}.$$

En conséquence, la formule (18) donnera sensiblement, pour de grandes valeurs de N,

$$\int_{z_{,}}^{z_{,,}} \frac{\varphi'(z)}{\varphi(z)} \frac{dz}{z} = \frac{1\left(\nu_{,,} + \frac{a}{b}\mu\right) - 1\left(\nu_{,} + \frac{a}{b}\mu\right)}{b} \int_{z_{,}}^{z_{,}+b} \frac{\varphi'(z)}{\varphi(z)} dz.$$

Posons maintenant, pour abréger,

$$\lambda = \frac{1}{2\pi i} \int_{a\rho}^{a\rho+b} \frac{\varphi'(z)}{\varphi(z)} dz;$$

λ sera, au signe près, un nombre entier, et l'on trouvera

$$(9)\qquad \frac{1}{2\pi i} \int_{z_{,}}^{z_{,,}} \frac{\varphi'(z)}{\varphi(z)} \frac{dz}{z} = \lambda \frac{1\left(\nu_{,,} + \frac{a}{b}\mu\right) - 1\left(\nu_{,} + \frac{a}{b}\mu\right)}{b}.$$

Cela posé, concevons que le contour PQN de l'aire S se réduise au système de quatre droites correspondantes aux quatre valeurs de z qu'on obtient en posant successivement dans la formule (6)

$$n = n_{,}, \qquad n = n_{,,},$$
$$m = m_{,}, \qquad m = m_{,,}.$$

La valeur de h déterminée par l'équation (5) sera la somme de quatre intégrales dont les valeurs se déduiront immédiatement de l'équation (9) et de celle qu'on en tire quand on échange entre elles les lettres μ, ν et les périodes a, b.

Si l'on suppose, en particulier, $m = -m_{,,}$, $n_{,} = -n_{,,}$ et $\frac{m_{,,}}{n_{,,}} = 0$, ou $\frac{1}{0}$, on trouvera $h = 0$, et, par suite, l'équation (3) sera réduite à

$$\varphi(z) = Hz^m \frac{\left(1 - \frac{z}{z_{,}}\right)\left(1 - \frac{z}{z_{,,}}\right)\cdots}{\left(1 - \frac{z}{z'}\right)\left(1 - \frac{z}{z''}\right)\cdots}.$$

Cette conclusion s'accorde avec les résultats obtenus par Abel et par MM. Cayley, Eisenstein, etc.

490.

Analyse. — *Rapport sur un Mémoire présenté à l'Académie par M.* Hermite, *et relatif aux fonctions à double période.*

C. R., T. XXXII, p. 442 (31 mars 1851).

Le Mémoire dont nous allons rendre compte a pour objet principal la détermination générale de celles des fonctions à double période qui ne cessent jamais d'être continues tant qu'elles restent finies. Pour faire mieux saisir la pensée de l'Auteur, il convient de jeter d'abord un coup d'œil rapide sur la nature et les propriétés caractéristiques des fonctions à double période.

Supposons que, x, y étant les coordonnées rectangulaires ou obliques d'un point mobile Z, on trace dans le plan des x, y un parallélogramme ABCD, dont les côtés a, b soient parallèles, le premier à l'axe des x, le second à l'axe des y. Divisons d'ailleurs le plan des x, y par deux systèmes de droites équidistantes et parallèles aux axes en une infinité d'éléments tous pareils au parallélogramme ABCD. Enfin soit v une fonction de x, y, qui offre une valeur déterminée pour chacun des systèmes de valeurs de x, y propres à représenter les coordonnées de points situés dans l'intérieur de ce parallélogramme. Une autre fonction u, qui, pour chacun des systèmes dont il s'agit, coïnciderait avec la fonction v, sera ce qu'on doit naturellement appeler une *fonction à double période*, si elle ne varie pas, quand on fait croître ou décroître l'abscisse x d'un multiple de a, ou l'ordonnée y d'un multiple de b; et il est clair que, dans ce cas, u reprendra la même valeur quand on substituera aux coordonnées d'un point situé dans le parallélogramme ABCD les coordonnées d'un point homologue situé de la même manière dans l'un des autres parallélogrammes élémentaires. Si d'ailleurs on veut que la fonction u satisfasse à la condition de rester toujours continue, tant qu'elle ne deviendra pas infinie, il ne suffira pas que cette condition se trouve remplie, quand le point Z sera intérieur au parallélogramme; il sera encore nécessaire que u reprenne la même valeur quand, après avoir placé le point Z sur l'un des côtés du parallélogramme, on le transportera sur le côté opposé, en lui faisant décrire une droite parallèle à l'un des axes coordonnés.

Ajoutons que si la fonction u, supposée doublement périodique, est assujettie à la seule condition de rester finie et continue tant que le point Z est renfermé dans l'intérieur du parallélogramme ABCD, on pourra généralement la développer en une série double ordonnée suivant les puissances ascendantes et descendantes des exponentielles

$$e^{\alpha x i}, \quad e^{6 y i},$$

les valeurs de α, 6 étant

$$\alpha = \frac{2\pi}{a}, \qquad 6 = \frac{2\pi}{b}.$$

Supposons maintenant que, les coordonnées x, y étant rectangulaires, on nomme z une variable imaginaire liée aux variables x, y par la formule

$$z = x + yi.$$

La position du point mobile Z sera complètement déterminée par la *coordonnée imaginaire* z, et, pour que u soit fonction de x, y, il suffira que u soit fonction de z. D'ailleurs, pour que la fonction de z, désignée par u, soit doublement périodique, il suffira qu'elle reprenne la même valeur quand le point Z, supposé d'abord intérieur au rectangle ABCD, ira prendre la place de l'un quelconque des points homologues situés dans les autres rectangles élémentaires; en d'autres termes, il suffira que u reprenne la même valeur quand on fera croître ou décroître u d'un multiple de a, ou d'un multiple de bi; et cette condition pourra toujours être remplie, quelle que soit la forme de la fonction u pour les points intérieurs au rectangle ABCD.

Ce n'est pas tout : on pourra, aux deux périodes a et bi, supposées l'une réelle, l'autre imaginaire, substituer deux périodes imaginaires assujetties à la seule condition que leur rapport ne soit pas réel. Cela posé, concevons que l'on désigne par a, b, non plus deux quantités réelles, mais deux expressions imaginaires, dont le rapport ne soit pas réel. Pour que u soit une fonction de z doublement périodique, il suffira que u ne varie pas, quand on fera croître ou décroître z d'un multiple de a ou d'un multiple de b. Alors aussi a, b pourront être censés représenter en grandeur et en direction les côtés d'un parallélogramme élémentaire ABCD, et la fonction u sera entièrement connue, quand on la connaîtra pour chacune des valeurs de z correspondantes aux points situés dans l'intérieur de ce parallélogramme.

D'après ce qu'on vient de dire, il est clair que, si a et b représentent les deux périodes de la variable z dans une fonction doublement périodique u, la valeur de u correspondante au cas où le point mobile Z reste compris dans l'intérieur d'un parallélogramme élémentaire ABCD pourra être choisie arbitrairement. Si d'ailleurs cette valeur, arbitrairement attribuée à u, est toujours finie et continue dans l'intérieur du parallélogramme, on pourra, de formules déjà connues, déduire l'expression analytique générale, propre à représenter la valeur de la fonction u supposée doublement périodique, quelle que soit la valeur attribuée à la variable z.

La fonction u, supposée doublement périodique, ne pourra plus être choisie arbitrairement pour les valeurs de z correspondantes aux divers points d'un parallélogramme élémentaire, si elle est assujettie à la condition de rester continue *avec sa dérivée*, pour des valeurs quelconques de z, tant qu'elle ne devient pas infinie (*voir* la Note sur les fonctions de variables imaginaires, p. 301). Cette condition sera remplie, par exemple si u est l'une des fonctions elliptiques, ou même une fonction rationnelle de ces fonctions. Mais il importait de savoir quelle est la forme la plus générale que puisse prendre une fonction doublement périodique, quand on l'assujettit à la condition énoncée. Telle est l'importante question que M. Hermite s'est proposé de résoudre. La solution qu'il en a donnée s'appuie sur des propositions remarquables, déduites en grande partie des principes établis par l'un de nous dans divers Mémoires, et spécialement dans le Tome II des *Exercices de Mathématiques*. Entrons à ce sujet dans quelques détails.

La variable imaginaire z étant censée représenter les coordonnées imaginaires d'un point mobile Z, désignons par $F(z)$ une fonction doublement périodique de z, qui reste continue avec sa dérivée, tant qu'elle ne devient pas infinie; et soient a, b les deux périodes de z assujetties à la seule condition que leur rapport $\frac{a}{b}$ ne soit pas réel. Les quatre points

$$A, \quad B, \quad C, \quad D,$$

dont les coordonnées imaginaires seront

$$z, \quad z+a, \quad z+b, \quad z+a+b,$$

coïncideront avec les quatre sommets d'un parallélogramme élémentaire ABCD, dont les côtés seront représentés, non seulement en grandeur, mais encore en direction, par les deux constantes a, b; et, si l'on pose

$$\zeta = z + at + bt',$$

t, t' étant deux variables réelles, les valeurs de ζ, correspondantes à des valeurs de t, t' comprises entre les limites o, 1, représenteront les coordonnées imaginaires de points renfermés dans le parallélogramme élémentaire ABCD. Le binôme $z + at$, en particulier, représentera les coordonnées imaginaires d'un point situé sur la droite AB; et si, pour tous les points de cette droite, la fonction de z et de t, représentée par $F(z + at)$, conserve une valeur finie, cette fonction, qui ne varie pas quand on y fait croître ou décroître t d'un nombre entier quelconque, pourra être développée suivant les puissances ascendantes et descendantes de l'exponentielle

$$e^{2\pi t i}.$$

Soit A_m le coefficient de la $m^{\text{ième}}$ puissance de cette exponentielle dans le développement de $F(z + at)$, m étant positif ou négatif, mais entier. On aura

$$A_m = \int_0^1 e^{-2m\pi t i} F(z + at)\, dt$$

ou, ce qui revient au même,

$$A_m = \int_0^1 \Pi(z + at)\, dt,$$

la valeur de $\Pi(\zeta)$ étant

$$\Pi(\zeta) = e^{\frac{2m\pi(z-\zeta)}{a} i} F(\zeta)$$

et

$$F(z + at) = \sum_{m=-\infty}^{m=\infty} A_m c^{2m\pi t i},$$

par conséquent

$$(2) \qquad F(z) = \sum_{m=-\infty}^{m=\infty} A_m.$$

D'ailleurs, la nouvelle fonction, désignée ici par $\Pi(\zeta)$, ne variera pas quand on y fera croître ζ de a, et vérifiera évidemment la condition

$$(3) \qquad \Pi(\zeta + b) = q^{-2m}\Pi(\zeta),$$

la valeur de q étant

$$q = e^{\frac{\pi b}{a} i}.$$

Enfin, si l'on suppose que la sommation indiquée par le signe $\sum$ s'étende seulement aux diverses valeurs positives ou négatives de m, la valeur $m = 0$ étant exclue, alors, à la place de la formule (2), on obtiendra la suivante

$$(4) \qquad F(z) = A_0 + \sum_{m=-\infty}^{m=\infty} A_m,$$

la valeur de A_0 étant

$$(5) \qquad A_0 = \int_0^1 F(z + at)\, dt.$$

D'autre part, si l'on désigne par $f(z)$ une fonction de z qui demeure continue avec sa dérivée, tant qu'elle reste finie; par (P, Q) la valeur de l'intégrale rectiligne

$$\int f(z)\, dz,$$

étendue à tous les points de la droite qui a pour origine le point P et pour extrémité le point Q; par S l'aire du parallélogramme élémentaire ABCD; enfin, par (S) l'intégrale $\int f(\zeta)\, d\zeta$, étendue à tous les points situés sur le contour de ce parallélogramme, on aura, non seulement

$$(Q, P) = -(P, Q)$$

et, par suite,

$$(6) \qquad (S) = (A, B) + (B, D) - (C, D) - (A, C),$$

mais encore

$$(7) \qquad (S) = 2\pi i \mathcal{E} (f(\zeta)),$$

le signe $\mathcal{E}$ étant relatif aux seules valeurs de ζ qui représenteront les coordonnées de points renfermés dans le parallélogramme élémentaire ABCD. Cela posé, comme, en réduisant $f(z)$ à la fonction doublement périodique $F(z)$, on aura évidemment

$$(B, D) = (A, C)$$

et, par suite,

$$(S) = 0,$$

la formule (7) donnera

$$(8) \qquad \mathcal{E}[F(\zeta)] = 0.$$

Si, au contraire, on remplace $f(z)$ par $\Pi(z)$, alors, en ayant égard à la formule (3), on trouvera

$$(B, D) = (A, C), \qquad (C, D) = q^{-2m}(A, B),$$

et, comme on aura

$$(A, B) = \int_z^{z+at} \Pi(\zeta)\, d\zeta = a A_m,$$

on tirera des formules (6) et (7)

$$(S) = a(1 - q^{-2m}) A_m = 2\pi i \,\mathcal{E}\, \Pi(\zeta);$$

par conséquent,

$$(9) \qquad A_m = \frac{2\pi i}{a} \frac{\mathcal{E}\, \Pi(\zeta)}{1 - q^{-2m}}.$$

Il résulte immédiatement de cette formule, jointe à l'équation (4), que, si, en attribuant à z une valeur de la formule $at + bt'$, et à t, t' des valeurs réelles dont la seconde reste comprise entre les limites 0, 1, on pose

$$(10) \qquad \theta(z) = \sum_{m=-\infty}^{m=\infty} \frac{e^{\frac{2m\pi(z-b)}{a} i}}{1 - q^{-2m}},$$

on aura

$$(11) \qquad F(z) = A_0 + \frac{2\pi i}{a} \mathcal{E}\, \theta(z + b - \zeta)\, [F(\zeta)],$$

le signe $\mathcal{E}$ étant relatif aux seules valeurs $\zeta_1, \zeta_2, \ldots, \zeta_\mu$ de la variable ζ qui vérifieront l'équation

$$(12) \qquad \frac{1}{F(\zeta)} = 0,$$

et représenteront les coordonnées de points renfermés dans l'intérieur du parallélogramme élémentaire ABCD. D'ailleurs, on tirera de l'équation (10), en y remplaçant m par $-m$,

$$\theta(z) = -\theta(b - z). \tag{13}$$

Supposons maintenant que les valeurs de

$$\zeta = z + at + bt,$$

désignées par $\zeta_1, \zeta_2, \ldots, \zeta_\mu$, se trouvent rangées d'après l'ordre de grandeur des valeurs correspondantes de t'. Soient, d'ailleurs,

$$Z_1, \quad Z_2, \quad \ldots, \quad Z_\mu$$

les points dont $\zeta_1, \zeta_2, \ldots, \zeta_\mu$ représentent les coordonnées imaginaires. Si, dans le second membre de la formule (11), on attribue à z un accroissement Δz tellement choisi, que le point A' correspondant à la coordonnée imaginaire $z + \Delta z$ soit renfermé dans l'intérieur de la bande comprise entre la droite AB et la parallèle menée à cette droite par le point Z_1, le terme

$$A_0 = \int_0^1 F(z + at)\, dt$$

ne variera pas; mais, si le point A' vient à franchir cette parallèle, le terme A_0 prendra un accroissement qui se déduira sans peine des formules (6), (7), et dont la valeur sera

$$-\frac{2\pi i}{a} \mathcal{E}\,(F(\zeta)),$$

le signe $\mathcal{E}$ se rapportant à la seule valeur ζ_1 de la variable ζ. Dans la même hypothèse, l'expression

$$\frac{2\pi i}{b} \mathcal{E}\, \theta(z + b - \zeta)\,(F(z)),$$

que renferme le second membre de la formule (11), se trouvera évidemment diminuée du terme correspondant à la valeur ζ_1 de ζ, et augmentée du terme correspondant à la valeur $\zeta_1 + b$. Cela posé, il est clair que, si l'on assujettit $\theta(z)$ à vérifier généralement la condition

$$(14) \qquad \theta(z+b) = \theta(z) - 1,$$

la formule (11) pourra être étendue au cas où le signe $\mathcal{E}$ serait relatif aux valeurs de ζ qui représenteraient les coordonnées de points renfermés, non plus dans le parallélogramme élémentaire ABCD, mais dans le parallélogramme semblable A′B′C′D′ avec lequel on peut faire coïncider le premier en transportant les côtés parallèlement à eux-mêmes, et substituant au sommet A le sommet A′. Par suite aussi, on pourra, en supposant le terme A_0 réduit à une constante dans la formule (11), admettre que, dans cette formule, le signe $\mathcal{E}$ se rapporte aux seules valeurs de ζ qui vérifient l'équation (12), et sont de la forme

$$(15) \qquad \zeta = at + bt',$$

t, t' étant des variables réelles comprises entre les limites 0, 1.

En vertu de la formule (11), considérée sous ce point de vue, toute fonction de z qui, étant doublement périodique, reste continue avec sa dérivée, tant qu'elle ne devient pas infinie, se réduit à la somme d'un certain nombre de termes, dont chacun est proportionnel à une fonction de la forme

$$\theta(z - z_1),$$

z_1 étant une valeur particulière de z, ou bien encore à l'une des dérivées de cette même fonction différentiée par rapport à z. Tel est le théorème fondamental obtenu par M. Hermite. Ajoutons que la fonction désignée ici par $\theta(z)$ a évidemment pour dérivée une fonction doublement périodique de z. Si l'on désigne par $\varphi(z)$ cette dérivée, la fonction $\varphi(z)$ restera continue aussi bien que $\theta(z)$, tant qu'elle ne deviendra pas infinie, et, par suite, rien n'empêchera de prendre pour $F(z)$, dans la formule (11), ou la fonction $\varphi(z)$, ou une fonction rationnelle de $\varphi(z)$. En réduisant effectivement $F(z)$ au carré de $\varphi(z)$, M. Hermite obtient une équation qui sert à exprimer ce carré en fonction linéaire de $\varphi(z)$ et de $\varphi''(z)$; il en conclut aisément que le carré de $\varphi'(z)$ est proportionnel au produit des trois facteurs

$$\varphi(z)-\varphi\left(\frac{a}{2}\right),\quad \varphi(z)-\varphi\left(\frac{b}{2}\right),\quad \varphi(z)-\varphi\left(\frac{a+b}{2}\right),$$

et la transcendante $\theta(z)$ se trouve ainsi ramenée aux fonctions elliptiques. Par suite aussi, l'on peut réduire à une fonction rationnelle de fonctions elliptiques toute fonction doublement périodique qui reste toujours continue avec sa dérivée, tant qu'elle ne devient pas infinie [1].

En partant des formules que nous avons rappelées, et substituant aux périodes a, b les autres périodes qu'on peut introduire dans le calcul, en déplaçant les sommets du parallélogramme élémentaire ABCD, M. Hermite obtient successivement sous diverses formes la valeur de la transcendante $\theta(z)$. D'ailleurs, la comparaison des diverses formes sous lesquelles se présente $\theta(z)$, et de ses divers développements, permet à l'auteur d'établir un grand nombre de propositions nouvelles. L'une de ces propositions, très digne de remarque, est relative à l'intervalle dans lequel reste convergente la série qui représente le développement de la fonction $\theta(z)$ [2].

En résumé, les Commissaires pensent que, dans le travail soumis à leur examen, M. Hermite a donné de nouvelles preuves de la sagacité qu'il avait déjà montrée dans de précédentes recherches. Ils

(1) Déjà en 1844, M. Liouville avait obtenu, par une méthode très différente de celle qu'a suivie M. Hermite, et avait énoncé, en présence de ce dernier, la réduction ici indiquée.

(2) M. Hermite, après avoir fixé l'intervalle dans lequel le développement de la transcendante $\theta(z)$ demeure convergent, prouve que, dans le cas où cet intervalle atteint sa valeur maximum, le rapport entre cet intervalle et le plus petit côté d'un parallélogramme élémentaire ne peut s'abaisser au-dessous de $\sqrt{\frac{3}{4}}$. M. Jacobi, dans une Lettre adressée à M. Hermite, avait énoncé une proposition qui coïncide avec ce théorème, et qui s'appliquait à la transcendante $\Theta(z)$.

pensent que ce travail est très digne d'être approuvé par l'Académie, et inséré dans le recueil des *Mémoires des Savants étrangers* (¹).

491.

Note de M. Augustin Cauchy *relative aux observations présentées à l'Académie par M.* Liouville.

C. R., T. XXXII, p. 452 (31 mars 1851).

Comme je l'ai fait voir dans les *Comptes rendus* de 1843, les formules générales que donne le Calcul des résidus, pour la transforma-

(¹) *Remarques de M.* Liouville.

Sans s'opposer aux conclusions du Rapport, M. Liouville croit devoir rappeler qu'il a, lui aussi, trouvé depuis longtemps une théorie générale des fonctions doublement périodiques, dont il a donné incidemment à l'Académie, dès 1844, à propos d'un Mémoire de M. Chasles sur la construction géométrique des amplitudes des fonctions elliptiques, une vue très nette qu'on retrouve au Tome XIX des *Comptes rendus* (page 1261, séance du 9 décembre 1844). « La méthode que j'ai suivie, dit M. Liouville, est si simple dans ses détails, qu'elle pourra, je crois, sans inconvénient, venir après d'autres, même analogues, mais qui n'ont pas, ce me semble, le caractère tout intuitif et élémentaire que j'ai donné à la mienne en m'attachant à aller pas à pas du simple au composé, par la considération continuelle et toujours directe d'un seul principe. J'ai toutefois, on le comprend, un certain intérêt à établir, non pas que mon travail est ancien, cela résulte des *Comptes rendus*, mais que les détails principaux en ont été arrêtés depuis plusieurs années, et ont été communiqués très explicitement à divers géomètres français ou étrangers. Or j'ai chez moi, et je pourrai déposer sur le bureau avant la fin de la séance, une pièce manuscrite qui paraîtra concluante à cet égard. Deux géomètres allemands distingués, MM. Borchardt et Joachimsthal, pendant leur voyage à Paris en 1847, ont bien voulu sacrifier quelques heures pour entendre l'exposition de ma doctrine, et M. Borchardt a rédigé les Leçons que j'étais ainsi conduit à faire. J'avais permis à M. Borchardt de montrer cette rédaction à qui il voudrait, et j'ai su de lui qu'elle a été mise sous les yeux de M. Jacobi. Pressé par le temps, je n'avais pu parler des intégrales elliptiques de seconde et de troisième espèce. Mais cela importe peu. La classification des fonctions bien déterminées doublement périodiques, d'après le nombre des valeurs irréductibles par les périodes, mais d'ailleurs égales ou inégales, qui les rendent infinies; la démonstration de ce théorème capital, que toute fonction de ce genre qui a moins de deux infinis doit se réduire à une simple constante; la proposition importante aussi, que le nombre des racines qui annulent la fonction est toujours précisément égal au nombre des infinis de cette fonction, et que, de plus, les sommes

tion et le développement des fonctions, peuvent être utilement appliquées à la recherche des propriétés des fonctions elliptiques. Il y a plus : comme je l'ai remarqué en 1844 (Tome XIX des *Comptes rendus*, page 1378) (¹), l'une de ces formules fournit le principe fondamental invoqué par M. Liouville pour les fonctions doublement périodiques, et le généralise même, en montrant que toute fonction $F(z)$ de z, qui, offrant une dérivée unique pour toute valeur de z, varie avec z par degrés insensibles et ne devient jamais infinie, se réduit néces-

des valeurs de la variable, relatives à ces deux circonstances d'une fonction nulle ou infinie, sont toujours égales entre elles aux multiples près des périodes; l'expression des fonctions à n infinis par des sommes ou par des produits de fonctions à deux infinis; la théorie détaillée des fonctions à deux infinis et leur réduction aux fonctions elliptiques, qui sont dès lors l'élément unique des fonctions doublement périodiques à un nombre d'infinis limité; les théorèmes sur l'addition et sur la transformation directe ou inverse, rendus pour ainsi dire aussi simples que le problème d'Algèbre de former une fraction rationnelle dont le numérateur et le dénominateur s'évanouissent pour des valeurs données : tout cela, c'est-à-dire la partie essentielle de mon travail, est dans le manuscrit de M. Borchardt, que je communiquerai dans quelques instants à l'Académie. »

M. Liouville a, en effet, avant la fin de la séance, déposé sur le bureau le manuscrit de M. Borchardt. Nous transcrivons la Table des matières que M. Borchardt a placée en tête.

Première Partie. — *Théorie générale.*

1. Une fonction doublement périodique qui ne devient jamais infinie est impossible.

2. Une fonction doublement périodique et à un seul infini est impossible.

3. Fonctions doublement périodiques et à deux infinis. Leurs propriétés fondamentales.

4. Fonctions doublement périodiques et à plusieurs infinis. Leur développement en sommes et en produits de fonctions doublement périodiques et à deux infinis.

5. Leur développement en produits de fonctions périodiques et à trois infinis, lorsque le nombre des infinis est pair.

6. Leur développement en fractions de la forme $\frac{M + N\varphi'(z)}{L}$, $\varphi(z)$ représentant une fonction doublement périodique et à deux infinis, $\varphi'(z)$ son coefficient différentiel, et L, M, N des fonctions entières de $\varphi(z)$.

Seconde Partie. — *Applications.*

7. Détermination du coefficient différentiel des fonctions doublement périodiques et à deux infinis. Théorème de l'addition pour les mêmes fonctions. Cas particulier du $\sin \operatorname{am} z$.

8. Transformation du $\sin \operatorname{am} z$. Expressions en forme d'une somme et d'un produit.

9. Transformation inverse du $\sin \operatorname{am} z$. Formule d'Abel. Formule de M. Jacobi.

(¹) *OEuvres de Cauchy*, S. I, T. VIII, p. 378.

sairement à une constante. Enfin, les formules dont il s'agit fournissent directement les diverses conséquences que notre Confrère annonce avoir déduites du principe ici mentionné.

Ainsi, en particulier, des formules que j'ai établies dans le Mémoire lithographié du 27 novembre 1831, comme propres à déterminer, non seulement la somme des fonctions semblables de celles des racines d'une équation transcendante, qui peuvent représenter les coordonnées imaginaires de points renfermés dans un contour donné, mais encore le nombre de ces racines, on en conclut immédiatement que, si, la fonction $F(z)$ étant doublement périodique, on attribue successivement à z les diverses valeurs qui expriment les coordonnées imaginaires de points renfermés dans le parallélogramme élémentaire dont les côtés sont représentés en grandeur et en direction par les deux périodes, celles de ces valeurs qui rendront la fonction $F(z)$ nulle seront en même nombre que celles qui la rendront infinie.

Quant à la méthode d'exhaustion qu'a employée M. Liouville, et qui consiste à retrancher successivement d'une fonction donnée $f(z)$ d'autres fonctions qui deviennent infinies en même temps qu'elle, pour certains systèmes de valeurs attribuées à la variable z, de manière à obtenir, pour reste définitif, une fonction $\varpi(z)$ qui offre une valeur toujours finie ou même constante pour des valeurs finies de z, c'est précisément la méthode dont j'ai fait usage pour établir, dans le premier Volume des *Exercices de Mathématiques*, les principes fondamentaux du Calcul des résidus. La méthode d'exhaustion est encore celle à laquelle j'ai eu recours, dans les *Annales* de M. Gergonne, pour la détermination d'un très grand nombre d'intégrales définies, spécialement des intégrales dont les limites sont $-\infty$ et $+\infty$.

Je joindrai ici la démonstration très simple du théorème relatif aux valeurs d'une variable qui rendent nulle ou infinie une fonction à double période.

Soit $F(z)$ une fonction, doublement périodique, qui reste continue avec sa dérivée, tant qu'elle ne devient pas infinie. Soient encore a, b les deux périodes de la variable z; nommons S l'aire du parallélogramme élémentaire ABCD, dont les côtés sont représentés en grandeur et en direction par les périodes a, b; enfin, soit (S) la valeur de l'intégrale

$$\int \frac{F'(z)}{F(z)} dz,$$

étendue à tous les points du contour ABCD. Il est clair que (S) sera la somme de quatre intégrales rectilignes, qui, prises deux à deux, seront égales, au signe près, mais affectées de signes contraires. On aura donc $(S) = 0$. Mais, d'autre part, si, parmi les valeurs de z qui représentent les coordonnées imaginaires de points situés dans l'intérieur du parallélogramme élémentaire, celles qui rendent la fonction $F(z)$ nulle sont en nombre égal à n, et celles qui la rendent infinie, en nombre égal à n'; on aura

$$(S) = 2\pi i \mathcal{E}\left(\frac{F'(z)}{F(z)}\right) = 2\pi i(n - n').$$

Donc l'équation (S) donnera

$$n = n' \quad (^1).$$

492.

Analyse mathématique. — *Sur les fonctions monotypiques et monogènes.*

C. R., T. XXXII, p. 484 (7 avril 1851).

Nommons z une variable imaginaire qui sera censée représenter l'*ordonnée imaginaire* d'un point mobile Z. Une fonction u de cette variable pourra offrir, pour chaque valeur de z, une ou plusieurs valeurs distinctes. J'appellerai *type* une expression analytique $f(z)$ propre à représenter, pour chaque position du point mobile Z, une

(1) M. Hermite, auquel je faisais part de cette démonstration, tirée du Calcul des résidus, m'a dit l'avoir déjà remarquée, et donnée au Collège de France dans une Leçon.

seule des valeurs de u, et choisie de manière qu'étant données deux valeurs différentes $f(z_{\prime})$, $f(z_{\prime\prime})$ du même type on puisse passer par degrés insensibles de l'une à l'autre en faisant varier z par degrés insensibles. Une fonction *monotypique*, ou à un seul type, restera évidemment continue, tant qu'elle ne deviendra pas infinie. Si d'ailleurs une fonction monotype offre, pour chaque position du point Z, une dérivée unique (page 301), elle sera ce que je nommerai une fonction *monogène*. Ces définitions étant admises, on déduira sans peine du calcul des résidus diverses propriétés remarquables des fonctions monotypiques et monogènes; je me bornerai ici à en indiquer quelques-unes.

Soient, comme ci-dessus,

z l'ordonnée imaginaire d'un point mobile Z, et
$f(z)$ une fonction monotypique et monogène de z.

Soient de plus

$S_{\prime}$ l'aire comprise dans un contour fermé pqr;
$S_{\prime\prime}$ l'aire comprise dans un contour plus étendu PQR qui enveloppe le premier de toutes parts;
$S = S_{\prime\prime} - S_{\prime}$ l'aire comprise entre les deux contours;
$Z_{\prime}$, $Z_{\prime\prime}$, ... les points situés entre les deux contours, et correspondants à des ordonnées imaginaires qui vérifient l'équation

$$\frac{1}{f(z)} = 0; \tag{1}$$

$z_{\prime}$, $z_{\prime\prime}$, ... ces mêmes ordonnées. Enfin, représentons par

$$(S_{\prime}),\quad (S_{\prime\prime})$$

les valeurs de l'intégrale

$$\int f(z)\,dz$$

étendue à tous les points des contours pqr, PQR, et par

$$[z_{\prime}],\quad [z_{\prime\prime}],\quad \ldots$$

les valeurs de la même intégrale étendue à des contours infiniment petits et fermés, dont chacun enveloppe et renferme dans son intérieur un seul des points $Z_{\prime}$, $Z_{\prime\prime}$, ... En posant, pour abréger, $(S) = (S_{\prime\prime}) - (S_{\prime})$, on aura (t. XXIII, p. 253) (¹)

$$(S) = (S_{\prime\prime}) - (S_{\prime}) = [z_{\prime}] + [z_{\prime\prime}] + \ldots. \tag{2}$$

Supposons, pour fixer les idées, que les contours pqr, PQR se réduisent à des cercles dont les rayons soient r_0, R, et les contours qui enveloppent les points $Z_{\prime}$, $Z_{\prime\prime}$, ... à des cercles décrits du rayon ρ. Alors, en posant, pour abréger,

$$u = r_0 e^{p\,i}, \qquad v = R e^{p\,i}, \qquad \zeta = \rho e^{p\,i},$$

on tirera de la formule (2)

$$\mathfrak{M}[v\,f(v)] = \mathfrak{M}[u\,f(u)] + \sum \mathfrak{M}[\zeta\,f(z_{\prime} + \zeta)], \tag{3}$$

le signe $\sum$ indiquant une somme de termes pareils à celui qui est mis en évidence et correspondants aux diverses racines $z_{\prime}$, $z_{\prime\prime}$, ... de l'équation (1).

Si, dans la formule (3), on remplace $f(u)$ par $\dfrac{f(u)}{u - z}$, elle donnera

$$f(z) = \mathfrak{M}\frac{v\,f(v)}{v - z} + \mathfrak{M}\frac{u\,f(u)}{z - u} + \sum \mathfrak{M}\frac{\zeta\,f(z_{\prime} + \zeta)}{z - z_{\prime} - \zeta}. \tag{4}$$

En vertu de la formule (4), *la fonction $f(z)$, supposée monotypique et monogène, pour des modules de z compris entre les limites r_0, R, sera la somme de plusieurs termes, dont les deux premiers seront développables en deux séries convergentes ordonnées, l'une suivant les puissances entières et positives, l'autre suivant les puissances entières et négatives de z. De plus, si z ne coïncide avec aucune des racines $z_{\prime}$, $z_{\prime\prime}$, ... de l'équation* (1), *il suffira de supposer le module ρ de ζ inférieur aux modules des différences $z - z_{\prime}$, $z - z_{\prime\prime}$, ... pour réduire le troisième, le quatrième, ... des termes qui composent la fonction $f(z)$ à des expressions immédiatement développables en séries convergentes ordonnées suivant les puissances entières et négatives de ces mêmes différences.*

(¹) *OEuvres de Cauchy*, S. I, T. X, p. 72.

Supposons maintenant que les modules r_0, ρ de u et de ζ deviennent infiniment petits, et le module K de v infiniment grand : la quantité $f(\zeta)$ deviendra infiniment grande, tandis que chacune des quantités $f(u)$, $f(v)$ pourra ou demeurer finie, ou devenir infiniment grande ou infiniment petite. D'ailleurs, comme je l'ai remarqué dans mon Calcul différentiel, l'ordre d'une quantité infiniment petite peut être un nombre quelconque rationnel ou irrationnel, et il est clair que la même remarque peut être appliquée à l'ordre d'une quantité infiniment grande. D'autre part, si, en considérant r_0, ρ et $\frac{1}{R}$ comme des quantités infiniment petites du premier ordre, on développe les rapports

$$\frac{v f(v)}{v - z}, \quad \frac{u f(u)}{z - u}, \quad \frac{\zeta f(\zeta)}{z - z_{,} - \zeta}$$

en progressions géométriques, chacun d'eux pourra être décomposé en deux parties, dont la première sera une fonction entière ou du moins rationnelle de z, équivalente à la somme des n ou $n - 1$ premiers termes de la progression, tandis que la seconde partie, représentée par l'un des rapports

$$(5) \qquad \frac{z^n}{v^{n-1}(v - z)}, \quad \frac{u^n}{z^{n-1}(z - u)}, \quad \frac{\zeta^n}{(z - z_{,})^{n-1}(z - z_{,} - \zeta)},$$

sera une quantité infiniment petite de l'ordre n. Enfin, si l'on nomme P l'un des produits qu'on obtient en multipliant respectivement ces trois rapports par les facteurs

$$(6) \qquad f(v), \quad f(u), \quad f(\zeta),$$

on aura toujours

$$(7) \qquad \mathfrak{M}(P) = 0,$$

quand la fonction P restera finie pour des valeurs infiniment petites de $\frac{1}{R}$, ou de r_0, ou de ρ. Cela posé, il suit de l'équation (4) que *la fonction $f(z)$, supposée monotypique et monogène, sera certainement rationnelle, si, en attribuant à la variable z, ou à un accroissement Δz*

de cette variable, des valeurs infiniment petites ou infiniment grandes du premier ordre, on voit toujours les ordres des valeurs infiniment grandes que $f(z)$ peut acquérir, se réduire à des nombres finis. Alors en effet on pourra, dans chacune des expressions (5), attribuer au nombre entier n une valeur assez considérable, pour que chacun des trois produits, représentés par P dans la formule (7), acquière une valeur finie, ou même infiniment petite.

La fonction $f(z)$ pourrait cesser d'être rationnelle, sans cesser d'être monotypique et monogène. C'est ce qui arriverait, par exemple, si l'on supposait

$$f(z) = e^z \quad \text{ou} \quad f(z) = e^{\frac{1}{z}}.$$

Dans des cas semblables, on pourra encore, à l'aide du premier des théorèmes ci-dessus énoncés, remplacer $f(z)$ par la somme d'une ou de plusieurs séries convergentes. Mais les modules des valeurs infiniment grandes de la fonction seront des quantités infiniment grandes d'un ordre infini. Ainsi, en particulier, si l'on considère z comme un infiniment petit du premier ordre, le module de $e^{\frac{1}{z}}$ sera une quantité infiniment grande d'un ordre infini.

493.

Analyse mathématique. — *Rapport sur un Mémoire présenté à l'Académie par* M. Puiseux, *et intitulé :* Nouvelles recherches sur les fonctions algébriques.

C. R., T. XXXII, p. 493 (7 avril 1851).

Dans un précédent Mémoire, sur lequel s'est portée à juste titre l'attention des géomètres, M. Puiseux avait résolu d'importantes questions d'Analyse, relatives à la détermination des fonctions algébriques et des intégrales définies qui renferment ces fonctions sous le signe $\int$. Ainsi par exemple, il était parvenu à reconnaître de quelle manière les diverses valeurs d'une fonction algébrique se trouvent échangées entre elles dans le voisinage d'une valeur de la variable pour laquelle cette fonction devient discontinue. Ainsi encore, en supposant que u représente une fonction algébrique de z, il avait montré comment les diverses valeurs de l'intégrale curviligne

$$t = \int u\,dz$$

peuvent se déduire de l'une d'entre elles, ou de celles qu'on en tire quand, à une valeur donnée de la fonction u, on substitue l'une quelconque des autres valeurs que cette fonction peut acquérir. Ainsi, enfin, il avait déterminé, pour une classe très étendue de fonctions algébriques, le nombre des périodes distinctes qui peuvent être ajoutées à l'intégrale curviligne t, sans que la variable z, considérée comme fonction de t, change de valeur.

Dans le nouveau Mémoire dont nous avons à rendre compte, M. Puiseux généralise encore les résultats qu'il avait précédemment obtenus, et, en considérant une fonction algébrique u de forme quelconque, il parvient à reconnaître si chaque période de l'intégrale curviligne

$$t = \int u\,dz$$

appartient à toutes les valeurs de l'intégrale, ou seulement à une partie d'entre elles. L'analyse à l'aide de laquelle il résout cette question est fondée sur un théorème très remarquable, dont M. Puiseux donne une démonstration rigoureuse et dont voici l'énoncé :

Une fonction algébrique de z, qui reste toujours continue, tant qu'elle ne devient pas infinie, est nécessairement une fonction rationnelle.

Ce théorème, duquel se déduisent des conséquences nombreuses et importantes, comme on peut le voir, non seulement dans le Mémoire soumis à notre examen, mais encore dans les belles recherches que M. Hermite a présentées, à la dernière séance, sur les équations résolubles par radicaux, permet à M. Puiseux de prouver que chacune des constantes, auxquelles on peut donner le nom de *périodes*, appartient effectivement à toutes les valeurs de l'intégrale curviligne $t = \int u\,dz$, lorsque l'équation qui détermine la fonction algébrique u est *irréductible*. De plus, en s'appuyant sur le théorème dont il s'agit et sur les principes exposés dans son précédent Mémoire, M. Puiseux établit diverses propositions dignes de remarque, à l'aide desquelles on peut reconnaître si une équation entre deux variables est irréductible, ou déterminer le degré des équations irréductibles dans lesquelles elle se partage, et même trouver chacune de ces dernières équations.

En résumé, les Commissaires sont d'avis que les nouvelles recherches de M. Puiseux sur les fonctions algébriques constituent, ainsi que les précédentes, un véritable progrès dans l'Analyse mathématique. Ils pensent, en conséquence, que le Mémoire soumis à leur examen est très digne d'être approuvé par l'Académie, et inséré dans le *Recueil des Mémoires des savants étrangers*.

494.

MATHÉMATIQUES. — *Rapport sur un travail présenté à l'Académie par M.* KORALEK, *et relatif aux logarithmes des nombres.*

C. R., T. XXXII, p. 610 (28 avril 1851).

Dans le travail que nous avons été chargés d'examiner, M. Koralek s'est proposé d'indiquer des moyens faciles d'obtenir, avec sept chiffres, d'une part, le logarithme décimal d'un nombre donné, d'autre part, le nombre correspondant à un logarithme donné.

La méthode suivie par l'auteur est fondée sur un ingénieux emploi de la formule qui sert à développer la différence entre les logarithmes de deux nombres en une série ordonnée suivant les puissances du rapport qu'on obtient quand on divise la différence des deux nombres par leur somme.

L'auteur observe que, dans le cas où la différence des deux nombres est la quatre-vingt-quinzième partie du plus petit, on peut substituer à la différence des logarithmes le produit du module des Tables par le rapport dont il s'agit, puisqu'alors l'erreur commise est inférieure à la moitié d'un dix-millionième, par conséquent à la moitié d'une unité décimale du septième ordre. En s'appuyant sur cette observation, M. Koralek prouve aisément qu'on peut réduire la recherche du logarithme d'un nombre quelconque à la recherche des logarithmes des nombres

$$2,\quad 3,\quad 7,\quad 11,\quad 13;$$

puis il tire de la même observation des valeurs approchées de ces derniers logarithmes, et les légères corrections que ces valeurs approchées doivent subir se déduisent immédiatement de la formule qu'il a prise pour point de départ.

Une méthode inverse de celle qu'il a suivie dans la détermination des logarithmes ramène M. Koralek de ces logarithmes aux nombres eux-mêmes.

Les Tables de logarithmes sont depuis longtemps fort répandues, et leur usage habituel ne présente pas de difficultés sérieuses; mais les procédés suivis par M. Koralek peuvent être utilement employés par ceux qui voudraient s'exercer à trouver les logarithmes de nombres donnés, ou les nombres correspondants à des logarithmes donnés, sans avoir sous les yeux des Tables de logarithmes. D'ailleurs, le travail soumis à notre examen montre que l'auteur a une grande habitude des calculs numériques, et les Commissaires pensent que l'Académie doit l'encourager à employer son talent au calcul des Tables des diverses transcendantes dont la détermination peut concourir au progrès des Sciences mathématiques.

495.

C. R., T. XXXII, p. 704 (12 mai 1851).

M. Augustin Cauchy présente à l'Académie un Mémoire dans lequel il établit les conditions sous lesquelles subsistent les principales formules du Calcul des résidus, et démontre en particulier la proposition suivante :

Deux contours fermés, dont le second enveloppe le premier de toutes parts, étant tracés dans un plan, soient

S_0 l'aire terminée par le premier contour;
S l'aire terminée par le second;
x, y les coordonnées rectilignes de l'un quelconque des points renfermés entre les deux contours;
$f(z)$ une fonction de la variable $z = x + yi$, qui reste *monotypique* et *monogène* pour tous les points dont il s'agit;
$z_{\prime}, z_{\prime\prime}, \ldots$ celles des valeurs de z, correspondantes à ces points, qui vérifient l'équation $\frac{1}{f(z)} = 0$;
(S_0) ou (S) la valeur qu'acquiert l'intégrale $\int f(z)\,dz$ quand on l'étend au contour entier de l'aire S_0 ou S, en supposant qu'un point mobile décrive ce contour avec un mouvement de rotation direct.

Si, en considérant l'une quelconque des différences $z - z_{\prime}, z - z_{\prime\prime}, \ldots$ comme infiniment petite du premier ordre, on obtient toujours pour $f(z)$ une quantité infiniment grande d'un ordre fini, non seulement, pour un très petit module de $z - z_{\prime}$ ou $z - z_{\prime\prime}, \ldots$, la fonction $f(z)$ sera développable en une série convergente ordonnée suivant les puissances entières et ascendantes de $z - z_{\prime}$ ou $z - z_{\prime\prime}, \ldots$, les puissances négatives étant en nombre fini, mais de plus on aura

$$(S) - (S_0) = 2\pi i \,\mathcal{E}\,[f(z)],$$

le signe $\mathcal{E}$ indiquant le résidu intégral de $f(z)$, relatif aux valeurs $z_{\prime}$, $z_{\prime\prime}$, ... de la variable z.

496.

C. R., T. XXXII, p. 789 (26 mai 1851).

M. Augustin Cauchy présente à l'Académie un Mémoire sur les valeurs principales et générales des intégrales curvilignes, dans lesquelles la fonction sous le signe $\int$ devient infinie en un point de la portion de courbe donnée. Il examine ensuite spécialement ce qui arrive quand l'équation qu'on obtient en égalant à zéro la fonction sous le signe $\int$ offre des racines multiples. Il montre, dans cette hypothèse, les conditions sous lesquelles les valeurs principales des intégrales curvilignes demeurent finies, et détermine ces valeurs elles-mêmes, ainsi que les valeurs générales, dans le cas où les conditions énoncées se vérifient.

497.

C. R., T. XXXIII, p. 649 (15 décembre 1851).

M. Augustin Cauchy présente à l'Académie une Note sur le module principal du rapport

$$\frac{\Pi(t+z)}{z}.$$

498.

C. R., T. XXXIII, p. 709 (29 décembre 1851).

M. Augustin Cauchy présente à l'Académie une méthode nouvelle pour la détermination des mouvements des corps célestes. Cette méthode, plus simple encore que celle qu'il avait exposée dans le

Tome XX des *Comptes rendus* (pages 774 et suivantes) (¹), sera développée par l'Auteur dans les prochaines séances. On verra qu'il est souvent possible de réduire à quelques heures des calculs qui, dans l'état actuel de la science, demeuraient impraticables, ou qui, du moins, auraient exigé plusieurs années de travail. Ainsi, par exemple, la nouvelle méthode permettra de calculer directement chacune des perturbations à longues périodes des mouvements planétaires, avec une exactitude et une facilité d'autant plus grandes que ces perturbations seront d'un ordre plus élevé.

499.

C. R., T. XXXIV, p. 9 (5 janvier 1852).

M. Augustin Cauchy présente à l'Académie un Mémoire sur le développement des fonctions en séries limitées.

Il arrive souvent qu'un procédé analytique fournit le développement d'une fonction en une série divergente dont les premiers termes forment une suite rapidement décroissante. Souvent aussi, dans cette hypothèse, on obtient une valeur très approchée de la fonction en limitant la série, et l'arrêtant après un certain terme. D'ailleurs il importe de savoir, non seulement si cette limitation est légitime, mais encore quel est le terme auquel on doit s'arrêter, et quel est le degré d'approximation. M. Cauchy fait voir que, dans un grand nombre de cas, il suffit, pour résoudre ces diverses questions, de recourir à la considération des *valeurs moyennes* des fonctions et de leurs *modules principaux*. Il y a plus : cette considération permet de développer les restes qui complètent les séries limitées, en d'autres séries non limitées et convergentes, à l'aide desquelles on peut déterminer les valeurs de ces mêmes restes.

(¹) *Œuvres de Cauchy*, S. I, T. IX, p. 129 et suivantes.

Ajoutons que les diverses formules, obtenues comme on vient de le dire, s'appliquent très utilement à la détermination des mouvements des corps célestes.

500.

ANALYSE MATHÉMATIQUE. — *Mémoire sur le développement des quantités en séries limitées.*

C. R., T. XXXIV, p. 70 (19 janvier 1852).

Lorsqu'une quantité ne peut être calculée directement, on peut recourir, pour la déterminer, à un développement en série. Mais les séries que l'on suppose illimitées et prolongées indéfiniment ne peuvent être admises dans le calcul qu'autant qu'elles sont convergentes. D'ailleurs la détermination d'une quantité à l'aide d'une série convergente devient laborieuse et même impraticable, lorsque les termes de cette série décroissent très lentement; or c'est là précisément ce qui arrive dans un grand nombre de cas, et surtout quand il s'agit de calculs dans lesquels entrent des fonctions périodiques, ainsi que nous allons l'expliquer.

Souvent, dans les applications de l'Analyse mathématique, particulièrement en Astronomie, on rencontre une ou plusieurs fonctions du sinus et du cosinus d'un angle p, et la solution des problèmes exige le développement d'une telle fonction en une série ordonnée suivant les sinus et les cosinus des multiples de l'angle p, ou, ce qui revient au même, en une série ordonnée suivant les puissances ascendantes et descendantes de l'*exponentielle trigonométrique* dont l'angle p est l'*argument*. Or le coefficient de la $n^{\text{ième}}$ puissance est représenté par une intégrale définie, ou mieux encore par une *moyenne isotropique* relative à l'argument p; et, quoique cette moyenne isotropique puisse, en général, être développée par des procédés divers en série convergente, toutefois, lorsque l'exposant n a une valeur considérable, il arrive fréquemment que les séries convergentes obtenues offrent des sommes dont la détermination, même approximative, exigerait le calcul de plusieurs milliers de termes. J'ai cherché les moyens de parer à un si grave inconvénient, et j'y suis parvenu en remplaçant les séries illimitées par des séries limitées convergentes ou même divergentes. Entrons à ce sujet dans quelques détails.

Pour qu'une fonction donnée Z de l'exponentielle trigonométrique z soit développable en une série convergente ordonnée suivant les puissances ascendantes et descendantes de z, il suffit que cette fonction Z reste *monodrome, monogène* et *finie* dans le voisinage de la valeur 1 attribuée au module de z. Sous cette condition, le coefficient A_n de z^n dans le développement sera la moyenne isotropique entre les diverses valeurs du produit $z^{-n}Z$, et cette moyenne isotropique ne variera pas si, après avoir remplacé le module 1 de z par un autre module r, on fait varier celui-ci entre deux limites, l'une inférieure, l'autre supérieure à l'unité, mais tellement choisies que la fonction Z ne cesse pas d'être monodrome et monogène. Ces deux limites du module r sont inverses l'une de l'autre, c'est-à-dire de la forme

$$\mathrm{a} \quad \text{et} \quad \frac{1}{\mathrm{a}},$$

lorsque Z est une fonction réelle de l'angle p; et je prouve que leur considération fournit précisément le moyen de développer le coefficient A_n, quand n est un très grand nombre, en une série convergente ou divergente, mais qui décroît très rapidement dans ses premiers termes. Je montre, de plus, comment, après avoir prolongé cette série jusqu'à un terme numériquement insensible, ou, si elle est divergente, jusqu'à son plus petit terme qu'il est facile de reconnaître, on peut la compléter par un reste qui est généralement de l'ordre du dernier des termes conservés, et que j'apprends à développer en une série nouvelle, toujours convergente; enfin, je montre comment on peut fixer à l'avance le terme auquel on doit s'arrêter ou dans la première série, ou du moins dans la seconde, pour obtenir, avec une approximation donnée, la valeur cherchée du coefficient A_n.

Jusqu'à présent, nous avons supposé qu'il s'agissait de développer une fonction périodique suivant les puissances ascendantes d'une seule exponentielle trigonométrique z. Si, la fonction proposée renfermant deux exponentielles de ce genre, par exemple z et z_1, on était forcé de la développer suivant leurs puissances ascendantes, alors, après avoir trouvé le coefficient A_n de z^n, il resterait encore à développer A_n suivant les puissances ascendantes de z_1, et à déterminer, par exemple, dans ce développement le coefficient A_{n,n_1} de $z_1^{n_1}$ ou le coefficient $A_{n,-n_1}$ de $z_1^{-n_1}$. Or ce dernier problème est lui-même du nombre de ceux dont la solution, quand n_1 est un très grand nombre, semble exiger un travail immense. Je fais voir qu'on peut encore le résoudre, à l'aide de séries limitées, convergentes ou même divergentes, mais rapidement décroissantes dans leurs premiers termes, et complétées par des restes qui se développent en séries convergentes. Je montre aussi qu'on peut fixer à l'avance le terme auquel on doit s'arrêter, soit dans la série limitée, soit dans le développement du reste, pour obtenir, avec une approximation donnée, la valeur cherchée du coefficient A_{n,n_1} ou $A_{n,-n_1}$.

Le principe sur lequel je m'appuie pour développer en séries limitées les coefficients A_n et A_{n,n_1} ou $A_{n,-n_1}$ me paraissant digne de quelque attention, je l'indiquerai ici brièvement.

On sait que l'on détermine avec la plus grande facilité le reste qui complète une progression géométrique même divergente. D'ailleurs une intégration relative à une variable peut transformer une suite constamment croissante, et, par conséquent, divergente, en une suite qui, avant de croître, commence par décroître, et décroisse même très rapidement dans ses premiers termes. Cela posé, pour obtenir le reste propre à compléter une série divergente qui décroît très rapidement dans ses premiers termes, il suffit évidemment de transformer ses divers termes, de manière qu'ils soient produits par une intégration définie appliquée aux termes correspondants d'une progression géométrique. Or une semblable transformation est précisément celle qu'opèrent les formules auxquelles on est conduit par le calcul des résidus et par la considération des moyennes isotropiques. Il était donc naturel de s'attendre à ce que l'emploi de ces formules permît, dans les applications de l'Analyse mathématique, de tirer des séries limitées, même divergentes, des déterminations sûres et rapides, que souvent les séries illimitées et convergentes ne pouvaient donner.

Le principe général que je viens de rappeler est spécialement applicable à la solution de divers problèmes d'Astronomie. On sait, en effet, que le calcul des perturbations des mouvements planétaires suppose le développement de la fonction nommée *perturbatrice* en une série ordonnée suivant les cosinus d'arguments représentés par des fonctions linéaires des multiples des anomalies moyennes. On sait aussi que la partie constante d'un argument quelconque, et le coefficient du cosinus de cet argument, sont très difficiles à déterminer par les méthodes ordinaires, lorsque les multiples des anomalies moyennes deviennent très considérables; et cette circonstance est précisément celle qui, jusqu'à ces derniers temps, rendait à peu près impraticable le calcul des perturbations d'un ordre très élevé. Toutefois, depuis quelques années, on est parvenu à déterminer des perturbations de ce genre, soit, comme l'a fait M. Le Verrier, dans son Mémoire sur la grande inégalité de Pallas, en ayant recours à une double interpolation qui concerne le système de deux variables, soit, comme je l'ai fait moi-même, dans les *Comptes rendus* de 1845 (t. XX, p. 774 et suiv.) [1], en recourant aux théorèmes généraux que j'avais établis à cette époque et à une interpolation simple. On peut même, comme je l'ai montré dans le Mémoire du 2 juin 1845, déterminer directement, par de nouvelles formules, et sans interpolation d'aucune espèce, les perturbations à longues périodes avec une exactitude d'autant plus grande qu'elles sont d'un ordre plus élevé. Mais, en soumettant à un nouvel examen mes formules de 1845, j'ai reconnu qu'elles peuvent être avantageusement remplacées par les formules plus simples que je donne aujourd'hui.

[1] *OEuvres de Cauchy*, S. I, T. IX, p. 124.

ANALYSE.

Soit $\mathcal{R}$ une fonction donnée du sinus et du cosinus de l'argument p. Soit encore

$$Z = \mathcal{F}(z)$$

ce que devient la fonction $\mathcal{R}$ quand on y pose

$$z = e^{p\mathrm{i}} = 1_p.$$

Supposons enfin que Z, considérée comme fonction de z, reste *monodrome* et *monogène* dans le voisinage du module 1 attribué à la variable z. Alors Z sera développable en une série convergente ordonnée suivant les puissances ascendantes et descendantes de la variable z, et, en nommant A_n le coefficient de z^n dans cette série, on aura

$$(1) \qquad A_n = \mathfrak{M}(z^{-n} Z),$$

$$(2) \qquad A_{-n} = \mathfrak{M}(z^n Z).$$

Il y a plus : les formules (1), (2) continueront de subsister si, en remplaçant le module 1 de z par un autre module r, on pose, en conséquence,

$$(3) \qquad z = r e^{p\mathrm{i}} = r_p,$$

et si d'ailleurs on fait varier le module r entre deux limites

$$\mathrm{a} < 1, \qquad \mathrm{a}' > 1$$

tellement choisies, que la fonction Z ne cesse pas d'être, entre ces limites, monodrome et monogène.

Soient maintenant

$$z_{,} = \mathrm{a}\, e^{\alpha\mathrm{i}} \qquad \text{et} \qquad z' = \mathrm{a}' e^{\alpha'\mathrm{i}}$$

les valeurs de z correspondantes aux modules a, a', et pour lesquelles la fonction Z cesse d'être monodrome et monogène. A ces valeurs de z correspondront ordinairement des valeurs nulles ou infinies de la fonction Z qui deviendra infiniment petite ou infiniment grande pour une valeur infiniment petite de la différence $z - z_{,}$ ou $z - z'$. C'est ce qui arrivera, par exemple, si $\mathcal{R}$ est de la forme

$$(4) \qquad \mathcal{R} = \frac{R}{P^s Q^t \ldots},$$

P, Q, ..., R désignant des fonctions entières de $\sin p$, $\cos p$, et s, t, ..., des exposants positifs quelconques. Alors, pour obtenir $z_{,}$ et z', il suffira de résoudre par rapport à la variable z les équations

$$(5) \qquad P = 0, \qquad Q = 0, \qquad \ldots,$$

et de chercher parmi leurs racines celles qui offriront les modules les plus voisins de l'unité ([1]). Si, pour fixer les idées, on suppose que $z_{,}$ soit racine de l'équation

$$P = 0,$$

la fonction Z de z pourra être présentée sous la forme

$$(6) \qquad Z = (1 - z_{,} z^{-1})^{-s} \mathrm{F}(z),$$

$\mathrm{F}(z)$ étant une fonction qui restera monodrome et monogène dans le voisinage de la valeur $z_{,}$ attribuée à la variable z, et si, parmi les racines des équations (5),

$$z_{,,} = \mathrm{b}\, e^{6 i}$$

est celle qui offre le module immédiatement inférieur au module a de $z_{,}$, la fonction $\mathrm{F}(z)$ restera généralement monodrome et monogène entre les limites b et a′ du module r de la variable z.

Considérons maintenant, d'une manière spéciale, le cas où la fonction Z est de la forme indiquée par l'équation (6), la fonction $\mathrm{F}(z)$ étant monodrome et monogène entre les limites

$$r = \mathrm{b} < \mathrm{a}, \qquad r = \mathrm{a}',$$

et cherchons dans ce cas la valeur de A_{-n}.

([1]) Lorsque P, Q, ..., R sont des fonctions réelles de $\cos p$ et $\sin p$, la racine z' est conjuguée à $\frac{1}{z_{,}}$, de sorte qu'on a

$$z' = \mathrm{a}\, e^{-\alpha i}, \qquad \mathrm{a}' = \frac{1}{\mathrm{a}}.$$

Si d'abord on suppose la fonction $F(z)$ réduite à l'unité, on aura simplement

$$(7)\qquad A_{-n} = \mathfrak{M}[z^n(1 - z_{,} z^{-1})^{-s}] = [s]_n,$$

la valeur $[s]_n$ étant

$$[s]_n = \frac{s(s+1)\ldots(s+n-1)}{1.2\ldots n}.$$

Si au contraire $F(z)$ diffère de l'unité, on aura

$$(8)\qquad A_{-n} = \mathfrak{M}[z^n(1 - z_{,} z^{-1})^{-s} F(z)].$$

Or un moyen très simple de calculer, dans cette dernière hypothèse, la valeur de A_{-n} et de la développer en une série dont les termes successifs décroissent très rapidement pour de grandes valeurs de n, sera évidemment de développer, sous le signe $\mathfrak{M}$, la fonction $F(z)$ en une série ordonnée suivant les puissances ascendantes de la différence $z - z_{,}$. En supposant que le développement de cette fonction soit convergent, on trouvera

$$(9)\qquad F(z) = F(z_{,}) + \frac{z - z_{,}}{1} F'(z_{,}) + \frac{(z - z_{,})^2}{1.2} F''(z_{,}) + \ldots;$$

par conséquent l'équation (8) donnera

$$(10)\quad A_{-n} = [s]_n z_{,}^n \left\{ F(z_{,}) - \frac{[1-s]_1}{n+1} z_{,} F'(z_{,}) + \frac{[1-s]_2}{(n+1)(n+2)} z_{,}^2 F''(z_{,}) - \ldots \right\},$$

et il est clair que, pour de très grandes valeurs de n, les premiers termes de la série renfermée entre les parenthèses dans la formule (10) décroîtront très rapidement avec ceux de leurs facteurs qui dépendent de n, c'est-à-dire avec les termes de la suite

$$1,\quad \frac{1}{n+1},\quad \frac{1}{(n+1)(n+2)},\quad \ldots.$$

Mais, le plus souvent, les séries que renferment les formules (9), (10) seront divergentes, et par suite ces formules devront être rejetées.

Toutefois, dans ce cas-là même, pour obtenir encore avec une grande facilité la valeur de A_{-n}, quand n sera un très grand nombre, il suffira encore de développer $F(z)$ en une série ordonnée suivant les puissances ascendantes de la différence $z - z_{,}$, mais en limitant la série et en opérant comme il suit.

L'équation (8) subsistera pour tout module de z renfermé entre les limites a, a'. Si d'ailleurs $F(z)$ conserve une valeur finie pour $z = 0$, et si l'on nomme u une variable distincte de z, mais dont le module, supérieur à celui de z, soit encore renfermé entre les limites a, a', on aura

$$(11)\qquad F(z) = \mathfrak{M}\frac{u\,F(u)}{u-z},$$

la lettre $\mathfrak{M}$ indiquant une moyenne isotropique relative à l'argument de la variable u. Enfin, en désignant par m un nombre entier quelconque, on aura

$$(12)\qquad \left\{\begin{aligned} \frac{1}{u-z} &= \frac{1}{(u-z_{,})-(z-z_{,})} \\ &= \frac{1}{u-z_{,}} + \frac{z-z_{,}}{(u-z_{,})^2} + \ldots + \frac{(z-z_{,})^{m-1}}{(u-z_{,})^m} + \frac{(z-z_{,})^m}{(u-z_{,})^m(u-z)}. \end{aligned}\right.$$

Donc, si l'on pose, pour abréger,

$$(13)\qquad \upsilon_m = (-1)^m 1.2\ldots m\, z_{,}^m\, \mathfrak{M}\frac{u\,F(u)}{(u-z_{,})^{m+1}}$$

et

$$(14)\qquad \rho_m = \mathfrak{M}\mathfrak{M}\frac{z^{n+m}(1-z_{,}z^{-1})^{m-s}u\,F(u)}{(u-z_{,})^m(u-z)},$$

la formule (8) donnera

$$(15)\qquad A_{-n} = [s]_n z_{,}^n \left\{ 1 + \frac{[1-s]_1}{n+1}\upsilon_1 + \ldots + \frac{[1-s]_{m-1}}{(n+1)\ldots(n+m-1)}\upsilon_{m-1} \right\} + \rho_m.$$

Or, à l'aide des formules (13), (14), (15), on déterminera facilement d'abord les valeurs de υ_m et de ρ_m, puis la valeur de A_{-n}. Ainsi la détermination du coefficient A_{-n} résultera du calcul des divers termes de la série limitée, comprise entre parenthèses dans la formule (5), et de l'évaluation du reste ρ_m. Ajoutons que, pour obtenir le développement de ce reste en une série convergente, il suffira de développer le rapport

$$\frac{u}{u-z}$$

en progression géométrique à l'aide de la formule

$$(16) \qquad \frac{u}{u-z} = 1 + \frac{u}{z} + \frac{u^2}{z^2} + \ldots,$$

et que la méthode ici appliquée à la détermination du coefficient A_{-n} s'appliquera encore avec la même facilité à la détermination du coefficient A_n. Il reste à dire comment les valeurs de υ_m et de ρ_m se modifient, quand $F(z)$ devient infinie pour $z = 0$. C'est ce que nous expliquerons dans un autre article. Nous montrerons aussi comment des principes exposés dans ce Mémoire on peut déduire le développement d'une fonction en une série double ordonnée suivant les puissances ascendantes et descendantes de deux exponentielles trigonométriques.

501.

ANALYSE MATHÉMATIQUE. — *Mémoire sur le développement des quantités en séries limitées* (suite).

C. R., T. XXXIV, p. 121 (26 janvier 1852).

Soit toujours Z une fonction de z qui reste monodrome et monogène, tandis que le module r de z varie entre les limites

$$a < 1, \qquad a' > 1.$$

Comme on l'a dit, le coefficient A_{-n} de z^{-n} dans le développement de Z suivant les puissances ascendantes et descendantes de z sera déterminé par la formule

$$(1) \qquad A_{-n} = \mathfrak{M}(z^n Z).$$

Soient d'ailleurs

$$z_{\prime} = \mathrm{a}\, e^{\alpha \mathrm{i}}, \qquad z' = \mathrm{a}' e^{\alpha' \mathrm{i}}$$

les valeurs de z, correspondantes aux modules a, a′, pour lesquelles la fonction Z cesse d'être monodrome et monogène; et supposons, pour fixer les idées,

$$Z = (1 - z_{\prime} z^{-1})^{-s} \mathrm{F}(z),$$

s étant un exposant positif quelconque, et $\mathrm{F}(z)$ une fonction qui reste monodrome et monogène pour des valeurs du module r comprises entre les limites b et a′. On aura

$$(2) \qquad A_{-n} = \mathfrak{M}[z^n (1 - z_{\prime} z^{-1})^{-s} \mathrm{F}(z)];$$

et, si $\mathrm{F}(z)$ est développable suivant les puissances positives de z, on aura

$$(3) \quad A_{-n} = [s]_n z_{\prime}^n \left\{ 1 + \frac{[1-s]_1}{n+1} \upsilon_1 + \ldots + \frac{[1-s]_{m-1}}{(n+1)\ldots(n+m-1)} \upsilon_{m-1} \right\} + \rho_m,$$

les valeurs de υ_m et ρ_m étant données par les formules (13) et (14) de la page 394.

Si, au contraire, en développant $\mathrm{F}(z)$ suivant les puissances entières de z, on obtient un développement qui renferme les deux espèces de puissances positives et négatives, alors, en nommant u, v deux variables dont les modules u, v, compris entre les limites b, a′, soient, le premier inférieur, le second supérieur au module de z, on devra remplacer la formule (11) de la page 394, par la formule plus générale

$$(4) \qquad \mathrm{F}(z) = \mathfrak{M} \frac{v\,\mathrm{F}(v)}{v - z} - \mathfrak{M} \frac{u\,\mathrm{F}(u)}{u - z}.$$

[*Voir*, dans le Tome XXXII des *Comptes rendus*, la formule (20) de la page 212 et la page 311 du présent Volume.] Alors aussi la formule (3) continuera de subsister si l'on détermine les valeurs de υ_m

et de ρ_m, non plus à l'aide des équations (13) et (14) de la page 394, mais à l'aide des formules

$$(5)\quad \upsilon_m = (-1)^m 1.2.3\ldots m z_{,}^m \left[\mathcal{M}\frac{v\,F(v)}{(v-z_{,})^{m+1}} - \mathcal{M}\frac{u\,F(u)}{(u-z_{,})^{m+1}}\right],$$

$$(6)\quad \rho_m = \mathcal{M}\mathcal{M}\frac{z^{n+m}(1-z_{,}z^{-1})^{m-s}v\,F(v)}{(v-z_{,})^m(v-z)} - \mathcal{M}\mathcal{M}\frac{z^{n+m}(1-z_{,}z^{-1})^{m-s}u\,F(u)}{(u-z_{,})^m(u-z)}.$$

D'ailleurs, en différentiant m fois par rapport à z l'équation (4), et posant ensuite $z = z_{,}$, on tirera de cette équation, jointe à la formule (5),

$$(7)\qquad \upsilon_m = (-1)^m z_{,}^m F^{(m)}(z_{,}).$$

En conséquence, l'équation (3) donnera

$$(8)\quad \begin{cases} A_{-n} = [s]_n z_{,}^n \left\{1 - \dfrac{[1-s]_1}{n+1} z_{,} F'(z_{,}) + \ldots \right. \\ \qquad \left. + \dfrac{[1-s]_{m-1}}{(n+1)\ldots(n+m-1)}(-z_{,})^{m-1}F^{(m-1)}(z_{,})\right\} + \rho_m. \end{cases}$$

La formule (8) fournit un moyen facile, surtout lorsque n est un très grand nombre, d'obtenir la valeur du coefficient A_{-n}. Lorsque la série, dont cette formule offre, entre parenthèses, les premiers termes, est convergente, il suffit d'attribuer au nombre m une valeur infinie, pour reproduire l'équation (10) de la page 393. Mais, dans ce cas-là même, il est avantageux de recourir, pour la détermination de A_{-n}, à la formule (8), en déduisant de l'équation (6) la valeur exacte ou approchée du reste ρ_m. Ajoutons que, à l'aide des formules (6) et (8), on peut atteindre, dans la détermination de A_{-n}, tel degré d'approximation que l'on voudra. Entrons, à ce sujet, dans quelques détails.

On peut, à l'aide de divers procédés, et particulièrement en recherchant les modules principaux des fonctions renfermées sous le signe $\mathcal{M}$, déduire de la formule (6) une quantité δ_m, sinon égale, du moins supérieure au module ρ_m. Cela posé, pour que l'erreur commise dans la détermination du coefficient A_{-n} s'abaisse au-dessous d'une unité décimale d'un certain ordre, il suffira de négliger, dans la formule (8), le reste ρ_m, en attribuant au nombre m, s'il est possible, une valeur telle, que la valeur correspondante de δ_m soit inférieure à cette unité décimale. Lorsqu'il deviendra impossible de satisfaire à cette condition, on devra recourir à une évaluation approximative du reste ρ_m. On pourra, par exemple, développer ρ_m en série convergente et limitée à l'aide de la formule (6) jointe aux suivantes

$$(9)\qquad \frac{u}{u-z} = -\frac{u}{z} - \frac{u^2}{z^2} - \ldots - \frac{u^{l-1}}{z^{l-1}} - \frac{u^l}{z^{l-1}(z-u)},$$

$$(10)\qquad \frac{v}{v-z} = 1 + \frac{z}{v} + \frac{z^2}{v^2} + \ldots + \frac{z^{l-1}}{v^{l-1}} + \frac{z^l}{v^{l-1}(v-z)},$$

et l'on trouvera ainsi

$$(11)\qquad \rho_m = (-1)^m \frac{[s]_n [1-s]_m}{[n+1]_m} z_{,}^{n+m} [v_0 + v_1 + \ldots + v_{l-1} + u_1 + \ldots + u_{l-1}] + \varsigma_l,$$

les valeurs de u_l, v_l et ς_l étant déterminées par les formules

$$(12)\qquad u_l = \frac{n+m}{s+n-1} \cdots \frac{n+m-l+1}{s+n-l} z_{,}^{-l} \mathfrak{M} \frac{u^l F(u)}{(u-z_{,})^m},$$

$$(13)\qquad v_l = \frac{s+n}{n+m+1} \cdots \frac{s+n+l-1}{n+m+l} z_{,}^{l} \mathfrak{M} \frac{v^{-l} F(v)}{(v-z_{,})^m},$$

$$(14)\qquad \left\{ \begin{aligned} \varsigma_l = {} & \mathfrak{M}\mathfrak{M} \frac{z^{n+m+l}(1-z_{,}z^{-1})^{m-s} v^{1-l} F(v)}{(v-z_{,})^m (v-z)} \\ & + \mathfrak{M}\mathfrak{M} \frac{z^{n+m-l+1}(1-z_{,}z^{-1})^{m-s} u^l F(u)}{(u-z_{,})^m (z-u)} \end{aligned} \right.$$

A l'aide de divers procédés, et spécialement en recherchant les modules principaux des fonctions renfermées sous le signe $\mathfrak{M}$, on pourra déduire de la formule (14) une quantité ε_l, sinon égale, du moins supérieure au module de ς_l; et alors, pour que l'erreur commise dans la détermination de ρ_m s'abaisse au-dessous d'une unité décimale d'un certain ordre, il suffira de négliger ς_l dans la formule (11), en attribuant au nombre l une valeur telle, que ε_l soit inférieur à cette unité décimale.

Il est bon d'observer que la valeur de ς_l, déterminée par la formule (14), se réduit, pour $l = 0$, à la valeur de ρ_m fournie par l'équation (6). Par suite aussi on peut prendre pour δ_m ce que devient ς_l quand l s'évanouit. Donc, en définitive, la détermination du coefficient A_{-n}, avec un degré d'approximation donné, pourra être ramenée à la détermination d'une limite ε_l supérieure au module de ς_l, et de la valeur que devra prendre le nombre l pour que cette limite s'abaisse au-dessous d'une quantité donnée.

Reste maintenant à indiquer les procédés les plus simples qui puissent servir à la solution de ces deux derniers problèmes. C'est ce que nous essayerons de faire dans un prochain article.

502.

Analyse mathématique. — *Sur les restes qui complètent les séries limitées.*

C. R., T. XXXIV, p. 156 (2 février 1852).

Les formules que j'ai données dans les précédents articles permettent de développer une moyenne isotropique de la forme

$$\mathfrak{M}(z^n Z)$$

en une série limitée dont les termes décroissent très rapidement quand n est un très grand nombre, et d'exprimer les restes qui complètent ces mêmes séries à l'aide de moyennes isotropiques relatives aux arguments de deux variables z et u ou z et v. On peut alors déterminer sans peine, sinon des valeurs exactes de ces restes, du moins des limites supérieures à leurs modules, en s'appuyant sur quelques propositions générales que je vais énoncer.

Théorème I. — *Soit* $f(z, u)$ *une fonction des variables* z, u *qui demeure monodrome, monogène et finie dans le voisinage d'un certain module* r *de la variable* z, *et d'un certain module* u *de la variable* u.

Désignons d'ailleurs à l'aide de la notation $\Lambda\,\mathrm{f}(z,u)$ *le plus grand des modules que puisse acquérir la fonction* $\mathrm{f}(z,u)$, *lorsqu'on fait varier les arguments de* z *et* u, *entre les limites* $-\pi$, $+\pi$, *sans altérer les modules* r *et* u. *Soit enfin* K *la plus petite valeur que puisse acquérir le module* $\Lambda\,\mathrm{f}(z,u)$ *considéré comme fonction des modules* r *et* u, *quand on fait varier ceux-ci entre des limites telles, que la fonction* $\mathrm{f}(z,u)$ *ne cesse pas d'être monodrome, monogène et finie. Le module de la moyenne isotropique*

$$\mathfrak{M}\mathfrak{M}\,\mathrm{f}(z,u)$$

sera inférieur au module $\Lambda\,\mathrm{f}(z,u)$, *et, à plus forte raison, au module* principal K.

Théorème II. — *Soit* $\mathrm{f}(z)$ *une fonction de* z *qui demeure monodrome, monogène et finie dans le voisinage d'un certain module* r *attribué à la variable* z. *Soient encore*

$$a_n, \quad a_{-n}$$

les coefficients des puissances

$$z^n, \quad z^{-n},$$

dans le développement de $\mathrm{f}(z)$ *suivant les puissances ascendantes et descendantes de* z. *Si* a_n, a_{-n} *se réduisent à des quantités positives, le module de* $\mathfrak{M}\,\mathrm{f}(z)$ *sera inférieur à la quantité positive* $\mathrm{f}(r)$. *Si les coefficients* a_n, a_{-n} *ne se réduisent pas à des quantités positives, alors, en désignant par* a_n, a_{-n} *leurs modules respectifs, et par* $\varphi(z)$ *la somme de la série que l'on forme en remplaçant, dans le développement de* $\mathrm{f}(z)$, *chaque coefficient par son module, on obtiendra, pour module de* $\mathfrak{M}\,\mathrm{f}(z)$, *une quantité positive inférieure au module de* $\mathfrak{M}\,\varphi(z)$, *et, à plus forte raison, à* $\varphi(r)$.

Ajoutons qu'il sera facile de développer $\mathrm{f}(z)$ en série ordonnée suivant les puissances ascendantes et descendantes de z, si $\mathrm{f}(z)$ est le produit d'une constante par divers facteurs dont les uns soient de la forme

$$(1 - z_{,} z^{-1})^{\mu},$$

et les autres de la forme

$$(1 - z' z)^{\nu},$$

$z_{,}$, z' étant des quantités géométriques dont les modules a, a′, multipliés par le module r de z, offrent des produits inférieurs à l'unité. Alors, en effet, le développement de $f(z)$ résultera immédiatement de la multiplication des développements des divers facteurs en séries ordonnées suivant les puissances descendantes ou ascendantes de z.

Il est aisé de voir comment les propositions que je viens de rappeler s'appliquent à la détermination approximative des restes qui complètent les séries limitées, spécialement des restes désignés par ρ_m et par ς_l dans les deux précédents articles, et de limites supérieures aux modules de ces mêmes restes. Ainsi, par exemple, on déduira sans peine de ces propositions, jointes aux formules que contient le premier article, les théorèmes suivants :

Théorème III. — *Soit*

$$Z = (1 - z_, z^{-1})^{-s} \mathrm{F}(z),$$

s étant une quantité positive, le module a *de* $z_,$ *étant inférieur à l'unité, et la fonction* $\mathrm{F}(z)$ *étant développable, pour un module r de z compris entre les limites* 1 *et* a, *en une série ordonnée suivant les puissances ascendantes de z. Soit encore*

$$\mathrm{A}_{-n} = \mathfrak{M}(z^n Z)$$

le coefficient de z^{-n} *dans le développement de Z en série ordonnée suivant les puissances ascendantes et descendantes de z. Si le coefficient de* z^m *dans le développement de* $\mathrm{F}(z)$ *est le produit de* $z_,^m$ *par une quantité positive, on aura*

$$(1) \qquad \mathrm{A}_{-n} = 8_0 + 8_1 + \ldots + 8_{m-1} + \theta_m 8_m,$$

la valeur de 8_m *étant*

$$(2) \qquad 8_m = (-1)^m \frac{[s]_n [1-s]_m}{(n+1)\ldots(n+m)} z_,^{n+m} \mathrm{F}^{(m)}(z_,),$$

et θ_m *désignant un nombre compris entre les limites* 0, 1. *En d'autres termes, on aura*

$$(3) \qquad \mathrm{A}_{-n} = 8_0 + 8_1 + \ldots + 8_{m-1} + \rho_m,$$

la valeur de ρ_m *étant donnée par la formule*

$$(4) \qquad \rho_m = \theta_m 8_m.$$

THÉORÈME IV. — *Les mêmes choses étant posées que dans le théorème précédent, si le coefficient de z^m dans le développement de* F(z) *est le produit de $z_{,}^m$ par une quantité géométrique, et si l'on nomme* $\Phi(z)$ *ce que devient* F(z) *lorsqu'à cette quantité géométrique on substitue son module, alors l'équation* (3) *continuera de subsister, pourvu qu'à la formule* (4) *on substitue la suivante :*

$$\rho_m = (-1)^m \theta_m \frac{[s]_n [1-s]_m}{(n+1)\dots(n+m)} z_{,}^{n+m} \Phi^{(m)}(z_{,}).$$

Parmi les applications que l'on peut faire de la formule (1), on doit remarquer celle qui se rapporte au cas où l'on aurait

$$F(z) = (1 - z'z)^{-s},$$

z' étant conjugué à $z_{,}$. Alors, en posant

$$z_{,} = \text{a} e^{\alpha i}, \qquad z' = \text{a} e^{-\alpha i}$$

et

$$\lambda = \frac{\text{a}^2}{1-\text{a}^2},$$

on trouverait

$$8_m = (-1)^m \frac{[s]_n [s]_m [1-s]_m}{[n+1]_m (1-\text{a}^2)^s} \lambda^m z^n.$$

Si, dans cette même hypothèse, on posait

$$z = e^{pi},$$

on aurait

$$Z = [1 - 2\text{a}\cos(p-\alpha) + \text{a}^2]^{-s}.$$

Donc, si l'on nomme A_{-n} le coefficient de e^{-npi} dans le développement de l'expression

$$[1 - 2\text{a}\cos(p-\alpha) + \text{a}^2]^{-s},$$

on aura

$$A_{-n} = \frac{[s]_n \text{a}^n e^{n\alpha i}}{(1-\text{a}^2)^s}\Big[1 - \frac{s}{1}\frac{1-s}{n+1}\lambda + \frac{s(s+1)}{1.2}\frac{(1-s)(2-s)}{(n+1)(n+2)}\lambda^2 - \dots$$
$$+ (-1)^m \theta_m \frac{s(s+1)\dots(s+m-1)}{1.2\dots m}\frac{(1-s)\dots(m-s)}{(n+1)\dots(n+m)}\lambda^m\Big],$$

la lettre λ désignant le rapport $\frac{\text{a}^2}{1-\text{a}^2}$, et θ_m étant un nombre compris entre les limites o, 1. Il importe d'observer que la formule ici obtenue ne subsiste pas seulement dans le cas où, le rapport λ étant inférieur à l'unité, la série comprise entre parenthèses dans le second membre est convergente. Cette formule subsiste aussi dans le cas où, le rapport θ étant supérieur à l'unité, la série devient divergente, et elle permet encore, dans ce dernier cas, d'obtenir avec facilité, quand n est un très grand nombre, une valeur très approchée du coefficient A_{-n}.

503.

ANALYSE MATHÉMATIQUE. — *Sur le changement de variable indépendante dans les moyennes isotropiques.*

C. R., T. XXXIV, p. 159 (2 février 1852).

Il est souvent utile de remplacer, dans une moyenne isotropique, une variable indépendante par une autre. On y parvient, dans un grand nombre de cas, en s'appuyant sur la proposition suivante :

THÉORÈME. — *Soient*

$$f(z) \quad \text{et} \quad u = \varphi(z)$$

deux fonctions qui demeurent monodromes, monogènes et finies dans le voisinage d'une certaine valeur k attribuée au module r de la variable

$$z = re^{p\mathrm{i}}.$$

Soient encore ρ *et* ϖ *le module et l'argument de la fonction u, en sorte qu'on ait*

$$u = \rho e^{\varpi \mathrm{i}};$$

puis, en attribuant au module ρ *une valeur particulière h, concevons que l'on détermine z à l'aide de la formule*

$$(1) \qquad \varphi(z) = he^{\varpi \mathrm{i}},$$

et substituons la valeur de z exprimée en fonction de ϖ, c'est-à-dire l'une des racines de l'équation (1), *dans la formule*

$$\Theta = \frac{D_\varpi l(z)}{i} = \frac{d\, l(z)}{d\, l u}. \tag{2}$$

Si la racine substituée est telle, que la partie réelle de Θ soit toujours positive, et que la courbe DEF, *dont l'affixe variable est cette racine même, enveloppe le pôle, c'est-à-dire le point dont l'affixe est nulle; si, d'ailleurs, l'arc de la courbe croît par degrés insensibles avec l'argument ϖ, et si cette courbe se ferme au moment où l'arc ϖ se trouve augmenté d'une circonférence entière; si enfin les fonctions* $f(z)$, $\varphi(z)$ *restent monodromes, monogènes et finies dans le voisinage de toute valeur de z propre à représenter l'affixe d'un point situé entre la courbe* DEF *et le cercle décrit de l'origine comme centre avec le rayon k; alors, pour transformer la moyenne isotropique*

$$\mathfrak{M}\, f(z)$$

relative à l'argument de la variable z et correspondante au module h de z en une moyenne isotropique relative à l'argument de la variable u et correspondante au module h de u, il suffira de multiplier, sous le signe $\mathfrak{M}$, la fonction $f(z)$ *par le facteur Θ.*

Pour démontrer ce théorème, il suffit de rappeler que, si, une courbe fermée étant tracée dans le plan des affixes, on nomme $\mathcal{F}(z)$ une fonction de la variable z, on pourra, sans altérer la valeur de l'intégrale $\int \mathcal{F}(z)\,dz$, étendue au périmètre entier de la courbe, faire varier la forme de la courbe par degrés insensibles, entre les limites indiquées par deux contours extrêmes, pourvu qu'entre ces limites la fonction $\mathcal{F}(z)$ ne cesse pas d'être monodrome, monogène et finie. Cela posé, concevons que l'on fasse coïncider successivement la courbe variable avec le cercle qui a le pôle pour centre et k pour rayon, puis avec la courbe DEF, en posant d'ailleurs

$$\mathcal{F}(z) = \frac{f(z)}{iz}:$$

les deux valeurs qu'on obtiendra successivement pour l'intégrale

$$\int \mathfrak{F}(z)\,dz,$$

étendue au périmètre entier du cercle ou de la courbe DEF, seront évidemment les deux moyennes isotropiques indiquées dans le théorème I, attendu qu'on aura

$$\frac{D_p z}{i z} = 1 \qquad \text{et} \qquad \frac{D_\varpi z}{i z} = \Theta.$$

Pour montrer une application très simple du théorème ci-dessus énoncé, posons

$$f(z) = u^n F(z),$$

la fonction u étant déterminée par l'équation

$$(3) \qquad u = \frac{1}{2}\left(z + \frac{1}{z}\right),$$

et concevons que, la fonction $F(z)$ étant monodrome, monogène et finie, il s'agisse de substituer la variable indépendante u à la variable indépendante z dans la moyenne isotropique

$$(4) \qquad \mathcal{S} = \mathfrak{M}\left[\left(\frac{z + z^{-1}}{2}\right)^n F(z)\right],$$

relative à l'argument p de la variable z. On vérifiera l'équation (3) de manière à remplir les conditions énoncées dans le théorème, si l'on prend

$$z = u\left(1 + \sqrt{1 - \frac{1}{u^2}}\right),$$

le module h de u étant supérieur à l'unité. Cela posé, on trouvera

$$\Theta = \left(1 - \frac{1}{u^2}\right)^{-\frac{1}{2}}.$$

Donc, en vertu du théorème, on aura encore

$$(5) \qquad \mathcal{S} = \mathfrak{M}\left\{u^n\left(1 - \frac{1}{u^2}\right)^{-\frac{1}{2}} F\left[u\left(1 + \sqrt{1 - \frac{1}{u^2}}\right)\right]\right\},$$

le signe $\mathfrak{M}$ étant relatif à l'argument ϖ de la variable u. Si, pour fixer les idées, on prend $F(z) = 1$, les formules (4) et (5) donneront l'une et l'autre

$$8 = \left[\frac{1}{2}\right]_n = \frac{1.3.5\ldots(2n-1)}{2.4.6\ldots 2n}.$$

Le théorème ci-dessus établi peut être utilement appliqué à la solution d'un grand nombre de questions diverses. Il fournit, par exemple, le moyen de développer une fonction implicite d'une variable en une série ordonnée suivant les puissances ascendantes et descendantes de cette variable. Dans le cas où le développement trouvé renferme seulement les puissances ascendantes de la variable, ce développement coïncide avec la série de Lagrange.

Le théorème énoncé offre encore, ainsi que nous le montrerons dans une autre séance, le moyen de déterminer facilement les coefficients des termes dont les rangs sont indiqués par de très grands nombres dans le développement d'une fonction en série ordonnée suivant les puissances ascendantes et descendantes de deux exponentielles trigonométriques, et, par suite, les perturbations planétaires d'un ordre très élevé.

504.

ANALYSE MATHÉMATIQUE. — *Mémoire sur l'application du Calcul infinitésimal à la détermination des fonctions implicites.*

C. R., T. XXXIV, p. 265 (23 février 1852).

Soient z une variable réelle ou imaginaire, et

$$u,\quad v,\quad w,\quad \ldots$$

n fonctions implicites de cette variable, déterminées par un système de n équations distinctes. Supposons, d'ailleurs, que l'on connaisse les valeurs particulières u_0, v_0, w_0, ... de u, v, w, ... correspondantes à une certaine valeur z_0 de la variable z. Un moyen de résoudre les équations données sera de développer u, v, w, ... suivant les puissances ascendantes de la différence $z - z_0$. Mais ce développement ne pourra s'effectuer que sous certaines conditions qu'il importe de mettre en évidence. Ayant recherché ces conditions, j'ai reconnu que, pour les découvrir, il convient de substituer au système des équations données le système de celles qu'on en déduit à l'aide d'une première différentiation; et je suis ainsi parvenu à établir sur les fonctions implicites et sur leurs développements en série des théorèmes généraux qui paraissent dignes de remarque. Entrons à ce sujet dans quelques détails, en commençant par ceux qui concernent un système d'équations différentielles.

Représentons par

$$\mathfrak{Z},\quad \mathfrak{U},\quad \mathfrak{V},\quad \mathfrak{W},\quad \ldots$$

n fonctions de z, u, v, w, ... qui restent monodromes [1], monogènes et finies, dans le voisinage des valeurs z_0, u_0, v_0, w_0, ... attribuées à z, u, v, w, ...; et concevons d'abord que l'on assujettisse u, v, w, ... à la double condition de vérifier, quel que soit z, les équations différentielles comprises dans la formule

$$\frac{dz}{\mathfrak{Z}} = \frac{du}{\mathfrak{U}} = \frac{dv}{\mathfrak{V}} = \frac{dw}{\mathfrak{W}} = \ldots \tag{1}$$

et de se réduire à u_0, v_0, w_0, ... pour $z = z_0$. Si $\mathfrak{Z}$ ne s'évanouit pas quand on prend

$$z = z_0, \qquad u = u_0, \qquad v = v_0, \qquad w = w_0, \qquad \ldots,$$

alors, à l'aide des théorèmes établis dans mon Mémoire de 1835 [2] sur l'intégration des équations différentielles, on prouvera qu'il est possible de satisfaire, au moins quand le module de la différence $z - z_0$ ne dépasse pas une certaine limite, aux deux conditions énon-

(1) Une fonction de z est *monodrome*, dans le voisinage d'une valeur particulière attribuée à z, quand elle reste continue et offre une valeur unique pour chaque valeur de z; la même fonction est *monogène*, quand sa dérivée est *monodrome*.

(2) *Œuvres de Cauchy*, S. II, T. XII.

cées, par des valeurs de u, v, w, ... qui seront développées en séries convergentes, et qui représenteront les *intégrales générales* des équations différentielles données. Il y a plus : on peut affirmer ([1]) que, dans l'hypothèse admise, ces intégrales générales seront les seules

([1]) On peut effectivement démontrer cette assertion comme il suit.

Considérons d'abord le cas particulier où, les variables u, v, w, ... étant réduites à la seule variable u, on a $z_0 = 0$. Supposons encore que, la fonction monodrome et monogène $\mathfrak{Z}$ conservant, pour des valeurs nulles de z et u, une valeur finie distincte de zéro, la fonction monodrome et monogène $\mathfrak{V}$ s'évanouisse, quel que soit z, pour $u = 0$. Je dis qu'alors

$$u = 0$$

sera la seule valeur de u qui, sans cesser d'être continue, remplira la double condition de s'évanouir avec z, et de vérifier, au moins pour tout module de z inférieur à une certaine limite, l'équation différentielle

$$du = \frac{\mathfrak{V}}{\mathfrak{Z}} dz. \tag{a}$$

Pour le prouver, il suffit d'observer que, dans l'hypothèse admise, l'équation différentielle donnée pourra être présentée sous la forme

$$du = Pu\,dz, \tag{b}$$

P étant une fonction qui, pour un très petit module de z, acquerra une valeur finie, sensiblement égale à celle de la fonction dérivée $D_u \frac{\mathfrak{V}}{\mathfrak{Z}}$. En effet, remplaçons l'équation (a) par l'équation (b); et soit, s'il est possible,

$$u = \varphi(z)$$

une fonction de z qui, s'évanouissant avec z sans être constamment nulle, varie avec z par degrés insensibles et vérifie, au moins pour un très petit module de z, l'équation (b). Si l'on nomme r le module z, et u le module de $\varphi(z)$, u sera infiniment petit en même temps que r; et l'on pourra par suite attribuer au module r une valeur $\mathfrak{r}$ assez petite pour que la valeur correspondante $\mathfrak{u}$ du module u surpasse celles qu'on obtiendrait en supposant $r < \mathfrak{r}$. Cela posé, si l'on applique une intégration rectiligne aux deux membres de l'équation (b), on en tirera, non seulement

$$\mathfrak{u} = \mathrm{mod} \int_0^z Pu\,dz,$$

mais encore

$$\mathfrak{u} < \mathfrak{P}\mathfrak{r}\mathfrak{u},$$

$\mathfrak{P}$ étant la plus grande valeur que puisse acquérir le module de P, tandis que le module r de z varie entre 0, $\mathfrak{r}$. Donc, si $\mathfrak{u}$ diffère de zéro, on aura

$$1 < \mathfrak{P}\mathfrak{r}. \tag{c}$$

Mais, dans l'hypothèse admise, $\mathfrak{P}$ sera, pour de très petites valeurs de $\mathfrak{r}$, une petite quan-

valeurs de u, v, w, ... qui, variant avec z par degrés insensibles, rempliront, pour un module suffisamment petit de $z - z_0$, les deux conditions énoncées. Enfin, comme les divers termes des séries obtenues seront des fonctions monodromes, monogènes et finies de la variable z, on pourra en dire autant des valeurs trouvées des variables u, v, w, ... ou même d'une fonction monodrome, monogène et finie de ces variables.

tité finie distincte de zéro, sensiblement égale au module qu'acquerra la fonction dérivée $D_u \frac{\mathfrak{Z}}{\mathfrak{V}}$ pour une valeur nulle de z. Donc, en assignant à r une valeur suffisamment petite, on reconnaîtra que la formule (c) doit être rejetée, en sorte qu'il est impossible d'attribuer à u et à $\varphi(z)$ des valeurs distinctes de zéro.

Au cas spécial que nous venons d'examiner, substituons maintenant le cas le plus général où, le nombre n des variables u, v, w, ... étant quelconque, on aurait encore $z_0 = 0$, et où, la fonction monodrome et monogène $\mathfrak{Z}$ conservant, pour des valeurs nulles de z, u, v, w, ..., une valeur finie, distincte de zéro, les fonctions monodromes et monogènes $\mathfrak{U}$, $\mathfrak{V}$, $\mathfrak{W}$, ... s'évanouiraient toutes, quel que soit z, pour des valeurs nulles de u, v, w, ... Alors, par des raisonnements analogues à ceux qui précèdent, et en substituant au module de u la somme des modules de u, de v, de w, ..., on prouverait encore qu'il n'est pas possible, dans l'hypothèse admise, de satisfaire aux équations différentielles

$$\text{(d)} \qquad du = \frac{\mathfrak{U}}{\mathfrak{Z}}dz, \qquad dv = \frac{\mathfrak{V}}{\mathfrak{Z}}dz, \qquad dw = \frac{\mathfrak{W}}{\mathfrak{Z}}dz, \qquad \ldots,$$

par des valeurs de u, v, w, ... qui s'évanouissent avec z, sans être constamment nulles, et varient avec z par degrés insensibles dans le voisinage d'une valeur nulle de z.

Considérons enfin le cas où, les valeurs particulières z_0, u_0, v_0, w_0, ... de z, u, v, w, ... étant distinctes de zéro, ainsi que la valeur correspondante de $\mathfrak{Z}$, les fonctions $\mathfrak{Z}$, $\mathfrak{U}$, $\mathfrak{V}$, $\mathfrak{W}$, ... seraient, au moins dans le voisinage de ces valeurs particulières, des fonctions monodromes, monogènes et finies; et soient alors

$$u = \varphi(z), \qquad v = \chi(z), \qquad w = \psi(z), \qquad \ldots$$

les intégrales générales des équations (d), déduites de ces équations à l'aide de la méthode que renferme le Mémoire de 1835. On pourra encore affirmer qu'il n'existe point d'autre système d'intégrales générales, c'est-à-dire qu'on ne saurait trouver d'autres valeurs de u, v, w, ... qui, variant avec z par degrés insensibles, remplissent la double condition de vérifier les équations (d), quel que soit z, et de se réduire à u_0, v_0, w_0, ... pour $z = z_0$; et, pour le démontrer, il suffira de raisonner comme dans le cas précédent, en substituant aux variables

$$z, \quad u, \quad v, \quad w, \quad \ldots$$

les différences

$$z - z_0, \quad u - \varphi(z), \quad v - \chi(z), \quad w - \psi(z), \quad \ldots,$$

dont chacune pourra être, pour plus de commodité, représentée par une seule lettre.

Pour abréger, nous nommerons désormais fonction *synectique* une fonction d'une ou de plusieurs variables qui restera monodrome, monogène et finie, dans le voisinage d'un système quelconque de valeurs finies attribuées à ces mêmes variables. Cette définition étant admise, on déduira immédiatement des principes que nous venons d'établir la proposition suivante :

THÉORÈME I. — *Soient z une variable réelle ou imaginaire et*

$$u, \quad v, \quad w, \quad \ldots$$

n fonctions de z assujetties : 1° à varier avec z par degrés insensibles, en vérifiant les n équations différentielles comprises dans la formule

$$\frac{dz}{\mathfrak{Z}} = \frac{du}{\mathfrak{U}} = \frac{dv}{\mathfrak{V}} = \frac{dw}{\mathfrak{W}} = \ldots, \tag{1}$$

où $\mathfrak{Z}$, $\mathfrak{U}$, $\mathfrak{V}$, $\mathfrak{W}$, ... représentent des fonctions synectiques de z, u, v, w, ...; 2° à prendre les valeurs particulières et finies u_0, v_0, w_0, ... pour une certaine valeur particulière et finie z_0 de la variable z. On pourra satisfaire à ces deux conditions, au moins pour des modules peu considérables de la différence $z - z_0$, par un système unique de valeurs de u, v, w, ...; et ces valeurs, qui représenteront les intégrales générales, seront des fonctions monodromes, monogènes et finies de z, tant que le module ρ de la différence $z - z_0$ n'atteindra pas une certaine limite λ. D'ailleurs, cette limite λ, que nous appellerons le module principal *de la différence $z - z_0$, sera le plus petit de ceux pour lesquels se vérifiera ou l'équation* caractéristique

$$\mathfrak{Z} = 0, \tag{2}$$

ou l'une des équations

$$\frac{1}{u} = 0, \quad \frac{1}{v} = 0, \quad \frac{1}{w} = 0, \quad \ldots. \tag{3}$$

Concevons maintenant que Ω désigne une fonction synectique des variables z, u, v, w, ... On conclura encore des principes ci-dessus exposés que, si l'on substitue dans Ω les valeurs de u, v, w, ..., fournies par les intégrales générales, le résultat de cette substitution sera une fonction monodrome, monogène et finie de z, tant que le module ρ de $z - z_0$ n'atteindra pas la limite λ, pour laquelle l'une des équations

$$\mathfrak{X} = 0, \qquad \frac{1}{\Omega} = 0$$

pourra être vérifiée. Alors aussi, en vertu du théorème général sur la convergence des développements ordonnés suivant les puissances ascendantes d'une variable, Ω sera développable en une série convergente, ordonnée suivant les puissances ascendantes et entières de la différence $z - z_0$. Mais cette dernière série cessera généralement d'être convergente, à partir de l'instant où le module ρ atteindra la limite λ.

Pour le prouver, il suffit d'observer que, si la différence $z - z_0$ acquiert, avec le module λ, un argument tel, que la valeur correspondante de z vérifie ou l'équation

$$\frac{1}{\Omega} = 0,$$

ou l'équation

$$\mathfrak{X} = 0,$$

on obtiendra, en général, une valeur infinie, dans le premier cas, pour Ω, et, dans le second cas, pour la dérivée de Ω considérée comme fonction de z, c'est-à-dire pour la somme

$$D_z\Omega + D_u\Omega\, D_z u + D_v\Omega\, D_z v + D_w\Omega\, D_z w + \ldots,$$

qui, eu égard à l'équation (1), peut être présentée sous la forme

$$\frac{\mathfrak{X}\, D_z\Omega + \mathfrak{U}\, D_u\Omega + \mathfrak{V}\, D_v\Omega + \mathfrak{W}\, D_w\,\Omega + \ldots}{\mathfrak{X}},$$

et devient généralement infinie avec $\frac{1}{\mathfrak{X}}$. En conséquence, on peut énoncer encore la proposition suivante :

Théorème II. — *Les mêmes choses étant posées que dans le théorème I, si l'on transforme une fonction synectique Ω des variables $z, u, v, w, \ldots$ en une fonction de la seule variable z, par la substitution des valeurs* *de u, v, w, ..., qui représentent les intégrales générales des équations différentielles comprises dans la formule* (1), Ω *considérée comme fonction de z restera monodrome, monogène et finie jusqu'au moment où le module ρ de la différence $z - z_0$ atteindra le plus petit de ceux pour lesquels pourra se vérifier l'une des équations*

$$(4) \qquad \mathfrak{H} = 0, \qquad \frac{1}{\Omega} = 0.$$

Ajoutons que, jusqu'à ce moment, la fonction Ω sera développable en une série convergente ordonnée suivant les puissances ascendantes de $z - z_0$, et que la série obtenue deviendra généralement divergente si le module ρ devient supérieur à la limite indiquée.

Concevons à présent que u, v, w, ... soient assujetties à varier avec z par degrés insensibles, de manière à vérifier, non plus le système de n équations différentielles, mais les n équations finies

$$(5) \qquad U = 0, \qquad V = 0, \qquad W = 0, \qquad \ldots,$$

U, V, W, ..., étant des fonctions synectiques des variables z, u, v, w, ... Supposons d'ailleurs que l'on connaisse les valeurs particulières u_0, v_0, w_0, ... de u, v, w, ..., correspondantes à une certaine valeur particulière z_0 de z. La résolution des équations (5) pourra être réduite à la recherche de valeurs de u, v, w, ..., qui satisfassent à la double condition de vérifier les équations différentielles

$$(6) \qquad dU = 0, \qquad dV = 0, \qquad dW = 0, \qquad \ldots,$$

et de prendre pour $z = z_0$ les valeurs particulières u_0, v_0, w_0, ... D'ailleurs, si l'on représente par $\mathfrak{H}$ la *résultante*

$$\mathrm{S}(\pm \mathrm{D}_u U \, \mathrm{D}_v V \, \mathrm{D}_w W \ldots)$$

formée avec les divers termes du Tableau

$$\begin{array}{cccc}
\mathrm{D}_u U, & \mathrm{D}_v U, & \mathrm{D}_w U, & \ldots, \\
\mathrm{D}_u V, & \mathrm{D}_v V, & \mathrm{D}_w V, & \ldots, \\
\mathrm{D}_u W, & \mathrm{D}_v W, & \mathrm{D}_w W, & \ldots, \\
\ldots, & \ldots, & \ldots, & \ldots,
\end{array}$$

on tirera des équations (6), résolues par rapport à du, dv, dw, ..., d'autres équations de la forme

$$(7)\qquad du = \frac{\mathfrak{U}}{\mathfrak{D}}dz, \qquad dv = \frac{\mathfrak{V}}{\mathfrak{D}}dz, \qquad dw = \frac{\mathfrak{W}}{\mathfrak{D}}dz, \qquad \ldots,$$

$\mathfrak{U}$, $\mathfrak{V}$, $\mathfrak{W}$, ... étant ainsi que $\mathfrak{D}$ des fonctions monodromes, monogènes et finies de z, u, v, w, ..., et il est clair que le système des équations (7) pourra être remplacé par la formule (1).

Cela posé, les théorèmes I et II entraîneront évidemment les propositions suivantes :

Théorème III. — *Soient z une variable réelle ou imaginaire, et*

$$u, \quad v, \quad w, \quad \ldots$$

n fonctions de z assujetties à varier avec z par degrés insensibles, en vérifiant les n équations finies

$$(5)\qquad U = 0, \qquad V = 0, \qquad W = 0, \qquad \ldots,$$

dans lesquelles U, V, W, ... représentent des fonctions synectiques de z, u, v, w, ... Supposons d'ailleurs que l'on connaisse des valeurs particulières et finies u_0, v_0, w_0, ... de u, v, w, ..., correspondantes à une certaine valeur particulière et finie z_0 de la variable z, et posons, pour abréger,

$$\mathfrak{D} = \mathrm{S}(\pm \mathrm{D}_u U \mathrm{D}_v V \mathrm{D}_w W \ldots).$$

On satisfera aux équations (5) par un système unique de valeurs u, v, w, ..., qui seront des fonctions monodromes, monogènes et finies de z, jusqu'au moment où le module ρ de la différence $z - z_0$ atteindra le plus petit de ceux pour lesquels pourra se vérifier ou l'équation

$$\mathfrak{D} = 0,$$

ou l'une des équations

$$\frac{1}{u} = 0, \qquad \frac{1}{v} = 0, \qquad \frac{1}{w} = 0, \qquad \ldots.$$

Théorème IV. — *Les mêmes choses étant posées que dans le théorème précédent, si l'on transforme une fonction synectique Ω des variables z,*

u, v, w, ... en une fonction de la seule variable z, par la substitution des valeurs trouvées de u, v, w, ...; Ω, considérée comme fonction de z, restera monodrome, monogène et finie jusqu'au moment où le module ρ de la différence $z - z_0$ atteindra le plus petit de ceux pour lesquels pourra se vérifier l'une des équations

$$\mathfrak{L} = 0, \qquad \frac{1}{\Omega} = 0.$$

Ajoutons que, jusqu'à ce moment, la fonction Ω sera développable en une série convergente ordonnée suivant les puissances ascendantes de $z - z_0$, et que la série deviendra divergente, si le module ρ dépasse la limite indiquée.

Nous appellerons *équations synectiques* des équations finies ou des équations différentielles dont les premiers membres ne renfermeront que des fonctions synectiques des variables et de leurs dérivées. Cela posé, les théorèmes que nous venons d'énoncer se trouveront tous compris dans le suivant :

Théorème V. — *Si Ω désigne une fonction de z déterminée par un système d'équations synectiques, et acquiert la valeur finie Ω_0 pour une certaine valeur particulière et finie z_0 de la variable z, cette fonction restera monodrome, monogène et finie jusqu'au moment où le module de la différence $z - z_0$ atteindra le plus petit de ceux pour lesquels pourra se vérifier l'une des équations de condition*

$$\Omega = \frac{1}{0}, \qquad D_z \Omega = \frac{1}{0};$$

et, jusqu'à ce moment, Ω pourra être représentee par la somme d'une série convergente ordonnée suivant les puissances ascendantes de la différence $z - z_0$. La même série deviendra généralement divergente, quand le module de cette différence dépassera la limite indiquée.

Lorsque la fonction Ω est simplement une fonction synectique de z, alors, en vertu du théorème V, elle est toujours développable suivant les puissances ascendantes de z, et, par conséquent, on peut toujours considérer une fonction synectique comme une fonction entière de z, composée d'un nombre fini ou infini de termes. Telles sont, par exemple, les fonctions e^{az}, $\cos az$, etc.

On peut appliquer les théorèmes que nous venons d'énoncer même à la détermination ou au développement d'une inconnue Ω déterminée, en fonction de z, par un système d'équations simultanées qui ne seraient pas synectiques. Pour y parvenir, il suffira de transformer les équations données en équations synectiques. Or il est ordinairement facile d'atteindre ce but, à l'aide des procédés que fournit l'Analyse algébrique, et en augmentant, s'il est nécessaire, le nombre des inconnues.

Ainsi, par exemple, les équations non synectiques

$$u = \mathrm{l}(z), \qquad u = z^{\frac{1}{2}}, \qquad u = \arcsin z$$

pourront être remplacées par les équations synectiques

$$e^u = z, \qquad u^2 = z, \qquad \sin u = z,$$

et l'équation non synectique

$$v = \mathrm{A}z^a + \mathrm{B}z^b + \ldots + \mathrm{H}z^h,$$

où $a, b, \ldots, h$ sont des exposants quelconques, pourra être remplacée par le système des deux équations synectiques

$$v = \mathrm{A}e^{au} + \mathrm{B}e^{bu} + \ldots + \mathrm{H}e^{hu}, \qquad e^u = z.$$

505.

Analyse mathématique. — *Rapport sur de nouvelles recherches relatives à la série de* Lagrange, *et présentées à l'Académie, par M.* Félix Chio, de Turin.

C. R., T. XXXIV, p. 304 (1er mars 1852).

M. Félix Chio, de Turin, a présenté successivement à l'Académie deux Mémoires sur la série de Lagrange. Le premier a été honoré de l'approbation de l'Académie, qui en a voté l'impression dans le *Recueil des Savants étrangers*. Dans ce premier Mémoire, l'auteur, après avoir rappelé le théorème général, établi par l'un de nous, sur la convergence du développement d'une fonction en série ordonnée suivant les puissances ascendantes de la variable, avait appliqué ce théorème ([1]) à la série à l'aide de laquelle Lagrange exprime l'une des racines d'une équation algébrique ou transcendante, puis il avait déduit de son analyse le caractère propre de cette racine, dans le cas où elle est réelle. Il avait ainsi reconnu l'inexactitude d'une proposition énoncée dans la Note XI de la *Résolution des équations numériques* (édition de 1802, page 227), savoir que la racine dont il s'agit est la plus petite, abstraction faite du signe, et il avait substitué à cette assertion de Lagrange une proposition nouvelle qui mérite d'être remarquée.

Dans le Mémoire dont nous avons aujourd'hui à rendre compte, M. Félix Chio considère un cas spécial traité par Lagrange, dans les *Mémoires de Berlin* de 1768, savoir le cas où, l'équation à résoudre étant présentée sous la forme

$$u - x + \mathrm{f}(x) = 0, \tag{1}$$

et le paramètre u étant réel, la fonction $\mathrm{f}(x)$ est elle-même réelle et de la forme

$$\mathrm{f}(x) = Ax^a + Bx^b + \ldots + Hx^h.$$

Dans ce cas, le terme général de la série, c'est-à-dire l'expression

$$\frac{\mathrm{D}_u^{n-1}[\mathrm{f}(u)]^n}{1.2\ldots n},$$

([1]) En appliquant ce même théorème, dans mes *Exercices d'Analyse*, à la série de Lagrange, et en supposant cette série ordonnée suivant les puissances ascendantes d'un paramètre variable, j'ai dit qu'elle demeure convergente quand le module du paramètre est inférieur au plus petit de ceux qui introduisent des racines égales dans l'équation donnée. Cette proposition est exacte. Mais il convient d'ajouter, avec M. Chio, que la série de Lagrange demeure convergente, quand le module du paramètre est inférieur au plus petit de ceux qui rendent égales deux racines dont l'une est précisément la somme de la série. Telle est, en effet, la conséquence qui se déduit naturellement du simple énoncé du théorème général.

se transforme en un polynôme dont les divers termes ajoutés les uns aux autres reproduisent cette expression même. Or, si l'on substitue à celle-ci ou les divers termes dont elle est la somme, ou seulement celui de ces termes qui offre le plus grand module, on obtiendra, dans la première hypothèse, une série multiple, dans la seconde hypothèse, une série simple, mais distincte de la série de Lagrange. La nouvelle série simple dont nous venons de parler est précisément celle que Lagrange a substituée à sa propre série, dans les Mémoires de 1768. Lagrange a supposé que ces deux séries simples doivent être toutes deux à la fois ou convergentes ou divergentes. Mais, comme l'observe très bien M. Chio, cette supposition ne saurait être généralement admise, et, pour que les résultats qu'on en tire ne soient pas erronés, il est nécessaire que le polynôme $f(x)$ satisfasse à certaines conditions. En recherchant ces conditions, M. Chio a été conduit à de nouveaux théorèmes qui concernent les séries simples ou multiples et qui nous paraissent dignes d'être signalés. Nous allons les indiquer en peu de mots.

Concevons que le terme général u_n d'une série simple

$$u_0, \quad u_1, \quad u_2, \quad \ldots$$

soit décomposé en plusieurs parties qui offrent toutes le même argument. Soient

$$N = \varphi(n)$$

le nombre de ces parties, et T_n celle qui offre le plus grand module. Le module de u_n sera compris entre les modules de T_n et du produit NT_n. Or, de cette seule remarque, il résulte immédiatement que, si N est le terme général d'une série dont le module soit l'unité, les séries simples dont les termes généraux sont u_n et T_n seront toutes deux convergentes, ou toutes deux divergentes en même temps que la série multiple produite par la décomposition du terme général u_n en plusieurs parties. A l'aide de ce théorème, M. Chio prouve aisément que la règle de convergence donnée par Lagrange dans les Mémoires de 1768 fournit des résultats exacts, lorsque, dans le polynôme

$$f(x) = Ax^a + Bx^b + \ldots + Hx^h,$$

les coefficients

$$A, \quad B, \quad \ldots, \quad H$$

sont des quantités de même signe, et que les exposants

$$a, \quad b, \quad \ldots, \quad h$$

sont, ou tous négatifs, ou tous positifs, mais supérieurs à l'unité, leurs valeurs numériques étant rationnelles ou irrationnelles; ou tous entiers et positifs, l'un d'eux pouvant être nul. Sous ces conditions, et en supposant que les deux exposants a, h soient le plus petit et le plus grand, abstraction faite des signes, M. Chio démontre que la valeur numérique du rapport

$$\frac{f(u+x)}{x}$$

offre un minimum correspondant à une valeur de x comprise entre les limites

$$\frac{u}{h-1}, \quad \frac{u}{a-1},$$

dans le cas où a diffère de zéro, ou bien entre les limites

$$\frac{u}{h-1}, \quad \frac{u}{0} = \infty,$$

dans le cas où a s'évanouit; puis, en nommant R le minimum dont il s'agit, M. Chio fait voir que la règle donnée par Lagrange peut être réduite au théorème dont voici l'énoncé :

La série de Lagrange sera convergente ou divergente, suivant que l'on aura

$$R < 1 \quad \text{ou} \quad R > 1.$$

Ajoutons que la valeur de x correspondante au minimum R est fournie par l'équation

$$(2) \qquad f(u+x) = x f'(u+x),$$

qui, comme le remarque M. Chio, et comme on peut aisément le démontrer ([1]), offre une seule racine réelle comprise entre les limites ci-dessus indiquées.

M. Chio a pensé qu'il ne serait pas sans intérêt de comparer les résultats que nous venons de mentionner avec ceux que l'un de nous a consignés dans le Mémoire *Sur divers points d'Analyse* ([2]), présenté à l'Académie en 1827. Suivant les principes qui s'y trouvent exposés, et que l'Auteur a reproduits ou même développés dans un autre Mémoire lu à l'Académie de Turin, le 11 octobre 1831 ([3]), pour savoir si la série de Lagrange est convergente ou divergente, il suffit de calculer un certain module R du rapport

$$\frac{\mathrm{f}(u+x)}{x},$$

savoir, celui qui a reçu le nom de *module principal*, et qui correspond à une certaine racine de l'équation (2); puis, de voir si ce module principal est inférieur ou supérieur à l'unité. D'ailleurs, lorsque, la variable x étant imaginaire et de la forme

$$x = \mathrm{X} e^{p\,i},$$

la fonction $\mathrm{f}(x)$ se réduit au polynôme

$$A x^a + B x^b + \ldots + H x^h$$

et remplit les conditions précédemment indiquées, le module principal du rapport

$$\frac{\mathrm{f}(u+x)}{x}$$

offre les caractères énoncés dans le Mémoire de 1831 (tome II des *Exercices*, page 45), en sorte qu'*il est tout à la fois un module maximum relativement à l'angle p, et un module minimum relativement à* X;

([1]) *Voir* la seconde des Notes jointes à ce Rapport.

([2]) Tome VIII des *Mémoires de l'Académie des Sciences*. (*OEuvres de Cauchy*, S. I, T. II.)

([3]) Tome II des *Exercices d'Analyse et de Physique mathématique* (*OEuvres de Cauchy*, S. II, T. XII).

et, de ce double caractère, il résulte nécessairement que la règle générale donnée dans le Mémoire sur divers points d'Analyse s'accorde avec celle à laquelle M. Chio réduit la règle particulière donnée par Lagrange, pour le cas spécial traité par le grand géomètre dans les Mémoires de 1768.

M. Chio ne s'est point borné à établir les théorèmes que nous avons rappelés et les conditions sous lesquelles la règle de Lagrange pouvait être admise : il a encore mis en évidence leur utilité, en appliquant sa méthode à divers exemples. Il a considéré en particulier le cas où, la fonction $f(x)$ étant proportionnelle à $\sin x$, on développe le rayon vecteur mené du Soleil à une planète qui se mouvrait seule autour de cet astre, en une série ordonnée suivant les puissances ascendantes de l'excentricité de l'orbite, et il a fait voir comment, dans ce cas, on peut déduire de ses théorèmes une démonstration rigoureuse de la règle de convergence que Laplace a obtenue en supposant l'anomalie moyenne réduite à un angle droit. Mais, après avoir ainsi retrouvé le résultat de Laplace, il a remarqué, avec raison, que la règle donnée par Lagrange ne résout pas la question de savoir si la série qui représente, pour une valeur quelconque de l'anomalie moyenne, le développement du rayon vecteur, est convergente ou divergente. Ici, en effet, les conditions sous lesquelles la règle de Lagrange peut être admise ne sont pas remplies, attendu que dans la série

$$x - \frac{x^3}{1.2.3} + \frac{x^5}{1.2.3.4.5} - \ldots,$$

qui représente le développement de $\sin x$, les coefficients des diverses puissances de x sont alternativement positifs et négatifs.

Aux divers résultats que nous venons de signaler, et qui forment l'objet principal du Mémoire dont nous avons à rendre compte, M. Chio a joint quelques observations nouvelles qui confirment les conclusions auxquelles il était parvenu dans son premier Mémoire. Il remarque aussi que les raisons qui ne permettent pas d'admettre le théorème énoncé par Lagrange dans la Note XI de la *Résolution des équations numériques* suffisent pour établir l'inexactitude d'un théorème analogue (on pourrait même dire équivalent) qu'Euler a donné, dès l'année 1770, dans un Mémoire dont le titre est *Observationes circa radices æquationum,* et qui concerne une équation dont les racines sont réciproques des racines de l'équation traitée par Lagrange.

En résumé, les Commissaires sont d'avis que le Mémoire soumis à leur examen fournit de nouvelles preuves de la sagacité avec laquelle M. Félix Chio sait traiter des questions importantes et délicates. Ils pensent que ce Mémoire mérite, comme le précédent, d'être approuvé par l'Académie, et inséré dans le *Recueil des Savants étrangers.*

506.

Notes jointes au Rapport et rédigées par le rapporteur.

C. R., T. XXXIV, p. 309 (1er mars 1852).

NOTE PREMIÈRE.

Sur la série de Lagrange, et sur la règle de convergence que Lagrange a énoncée dans les Mémoires de Berlin de 1768.

La série de Lagrange est celle qu'on obtient quand on développe, suivant les puissances ascendantes du paramètre t, celle des racines de l'équation

$$z - k - t\,\mathrm{f}(z) = 0 \tag{1}$$

qui se réduit à la constante k pour une valeur nulle de t, ou bien encore une fonction $\mathrm{F}(z)$ de cette racine. Si l'on nomme Θ_n le coefficient de t^n dans cette série, on aura, pour $n > 0$, dans la première hypothèse,

$$\Theta_n = \frac{1}{1.2\ldots n} \mathrm{D}_k^{n-1}[\mathrm{f}(k)]^n, \tag{2}$$

et, dans la seconde,

$$(3) \qquad \Theta_n = \frac{1}{1.2\ldots n} D_k^{n-1} \{F'(k)[f(k)]^n\}.$$

D'ailleurs on ne diminue pas la généralité de l'équation (1) en réduisant le paramètre t à l'unité, et l'équation elle-même à la forme

$$(4) \qquad z - k - f(z) = 0.$$

Alors la série de Lagrange est précisément celle qui a pour terme général Θ_n.

En recherchant les conditions de convergence de cette série dans les *Mémoires de Berlin* de 1768, Lagrange a considéré spécialement le cas où, la constante k étant réelle, la fonction $f(z)$ est de la forme

$$(5) \qquad f(z) = Az^a + Bz^b + \ldots + Hz^h.$$

Dans ce cas, en développant la $n^{\text{ième}}$ puissance de $f(k)$ et en effectuant les différentiations indiquées dans le second membre de la formule (2) ou (3), on obtient pour Θ_n un certain polynôme. Nommons T_n celui des termes de ce polynôme qui forme la plus grande valeur numérique, ou, mieux encore, le plus grand module; et soit $\mathfrak{R}$ la limite vers laquelle converge, pour des valeurs croissantes du nombre entier n, le module de $T_n^{\frac{1}{n}}$. D'après la règle énoncée par Lagrange, dans les Mémoires de 1768, *la série dont le terme général est Θ_n sera convergente quand on aura $\mathfrak{R} < 1$, divergente quand on aura $\mathfrak{R} > 1$.*

Cette règle serait exacte si on l'appliquait, non plus à la série de Lagrange, mais à celle dont le terme général est T_n.

En conséquence, la règle de Lagrange pourra être admise, quand les séries dont les termes généraux sont Θ_n et T_n offriront le même module $\mathfrak{R}$. Alors elles seront, généralement, toutes deux à la fois, ou convergentes ou divergentes.

Concevons maintenant que, les modules des coefficients

$$A, \quad B, \quad \ldots, \quad H,$$

étant représentés par

$$A, \quad B, \quad \ldots, \quad H,$$

on pose, pour abréger,

$$(6) \qquad \varphi(z) = Az^a + Bz^b + \ldots + Hz^h.$$

Le nombre ci-dessus désigné par $\mathfrak{R}$ sera précisément le module qu'acquerra le rapport

$$(7) \qquad \frac{\varphi(k+z)}{z},$$

pour une certaine valeur de z déterminée par l'équation

$$(8) \qquad D_z \frac{\varphi(k+z)}{z} = 0.$$

D'autre part, en vertu du théorème général sur les développements ordonnés suivant les puissances ascendantes d'une variable, celle des racines de l'équation (1) qui se réduit à k pour $t = 0$ sera, pour des valeurs croissantes du module de t, développable suivant les puissances ascendantes de t, jusqu'au moment où la racine dont il s'agit pourra devenir égale à une autre racine de la même équation. Il y a plus : si l'on nomme R le *module principal* qu'acquerra en ce moment le rapport

$$\frac{f(z)}{z-k},$$

la série dont le terme général est Θ_n *sera non seulement convergente quand on aura* $R < 1$, *mais encore divergente quand on aura* $R > 1$. Ajoutons que le module principal R sera en même temps un module de la fonction

$$\frac{f(z)}{z-k}$$

correspondant à une valeur de z déterminée par l'équation

$$D_z \frac{f(z)}{z-k} = 0,$$

et un module de la fonction

$$\frac{f(k+z)}{z} \tag{9}$$

correspondant à une valeur de z déterminée par l'équation

$$D_z \frac{f(k+z)}{z} = 0. \tag{10}$$

Comparons à présent l'une à l'autre les deux règles de convergence ci-dessus énoncées. On conclura immédiatement de leur comparaison que la première, c'est-à-dire la règle donnée par Lagrange dans les Mémoires de 1768, ne peut être exacte, si le module $\mathfrak{R}$ du rapport $\frac{\varphi(k+z)}{z}$ ne se réduit au module principal R du rapport $\frac{f(k+z)}{z}$, et la fonction $\varphi(z)$ à la fonction $f(z)$. Or cette réduction ne peut avoir lieu que dans le cas où les coefficients

$$A, \quad B, \quad \ldots, \quad H$$

offrent tous le même argument, et telle est aussi la première des conditions auxquelles M. Chio a cru devoir, pour que la règle de Lagrange pût être admise, assujettir la fonction $f(z)$.

Nous ferons ici une observation qui n'est pas sans importance. Si l'on nomme r le module, et p l'argument de la variable z, en sorte qu'on ait

$$z = r_p = r e^{pi},$$

le module du rapport

$$\frac{f(k+z)}{z},$$

correspondant à une valeur quelconque de z, dépendra des deux variables r, p, et le *module principal* R du même rapport pourra être ou un maximum relatif à p et un minimum relatif à r, ou un minimum relatif à p et un maximum relatif à r. De ces deux caractères, le premier sera celui qui conviendra effectivement au module R dans un cas très étendu que nous allons rappeler.

Concevons que, dans le rapport

$$\frac{f(k+z)}{z},$$

on fasse varier l'argument p de z, et désignons à l'aide de la notation

$$\Lambda\frac{f(k+z)}{z}$$

le module *maximum maximorum* du même rapport, considéré comme fonction de p. Supposons d'ailleurs que ce module, qui devient infini pour $r=0$, et qui commence par décroître avec $\frac{1}{r}$, acquière une valeur minimum pour une certaine valeur de r, et que, jusqu'à ce moment, la fonction $f(k+z)$ reste, avec sa dérivée, fonction continue de z. Alors, en vertu des principes que j'ai posés dans le Mémoire *Sur divers points d'Analyse* (1), et qui se trouvent développés dans un autre Mémoire lu à l'Académie de Turin, le 11 octobre 1831 (2), la valeur minimum de l'expression

$$\Lambda\frac{f(k+z)}{z}$$

sera précisément le module principal R du rapport

$$\frac{f(k+z)}{z}.$$

C'est ce qui arrivera, par exemple, si, la constante k étant positive, on suppose

$$f(z)=z^a,$$

l'exposant a étant lui-même positif, mais supérieur à l'unité. Alors le module maximum du rapport

$$\frac{(k+z)^a}{z},$$

(1) Tome VIII des *Mémoires de l'Académie des Sciences* (*OEuvres de Cauchy*, S. I, T. II).

(2) *Voir* le Tome II des *Exercices d'Analyse et de Physique mathématique* (*OEuvres de Cauchy*, S. II, T. XII).

considéré comme fonction de p, savoir

$$\Lambda \frac{(k+z)^a}{z} = \frac{(k+r)^a}{r} = \left(1+\frac{k}{r}\right)^a r^{a-1},$$

deviendra infini : 1° pour $r=0$; 2° pour $r=\infty$, et acquerra, pour

$$r = \frac{k}{a-1},$$

la valeur minimum

$$R = \frac{a^a}{(a-1)^{a-1}} k^{a-1},$$

qui sera le module principal du rapport

$$\frac{(k+z)^a}{z}.$$

Mais on ne pourra plus en dire autant, si l'exposant a est compris entre les limites 0, 1; et alors la quantité

$$\frac{(k+r)^a}{r} = \left(1+\frac{k}{r}\right)^a \frac{1}{r^{1-a}}$$

décroîtra sans cesse avec $\frac{1}{r}$, tandis que r variera entre les limites 0, ∞. Dans cette dernière hypothèse, pour obtenir le module principal R, on devra commencer par déterminer, non plus le module maximum, mais le module minimum du rapport

$$\frac{(k+z)^a}{z},$$

considéré comme fonction de p. Ce module minimum, qui se réduira, pour $r<k$, à la quantité

$$\frac{(k-r)^a}{r} = \left(\frac{k}{r}-1\right)^a \frac{1}{r^{1-a}},$$

et pour $r>k$, à la quantité

$$\frac{(r-k)^a}{r} = \left(1-\frac{k}{r}\right)^a \frac{1}{r^{1-a}},$$

décroîtra d'abord avec $\frac{1}{r}$ entre les limites $r = 0$, $r = k$; puis il croîtra, pour des valeurs croissantes de r, jusqu'à ce qu'il acquière la valeur maximum

$$R = \frac{a^2}{(1-a)^{1-a}} \frac{1}{k^{1-a}}$$

correspondante à la racine r de l'équation

$$D_r \frac{(r-k)^a}{r} = 0,$$

et à la racine z de l'équation

$$D_z \frac{(k+z)^a}{z} = 0.$$

Donc alors le module principal du rapport $\frac{(k+z)^a}{a}$ sera un minimum relatif à p, et un maximum relatif à r.

Passons maintenant du cas particulier où l'on a $f(z) = z^a$ au cas plus général où la fonction $f(z)$ est déterminée par l'équation (5); et concevons que les coefficients A, B, ..., H, offrant tous le même argument, aient pour modules respectifs les quantités positives

$$\mathrm{A},\quad \mathrm{B},\quad \ldots,\quad \mathrm{H}.$$

Supposons d'ailleurs, pour fixer les idées, que la constante k soit positive; alors le module *maximum maximorum* du rapport

$$\frac{f(k+z)}{z}$$

sera, pour une valeur quelconque de r, si chacun des exposants a, b, ..., h est nul ou positif,

$$\frac{\varphi(k+r)}{r},$$

et, pour une valeur de r inférieure à k, si chacun des exposants a, b, ..., h est nul ou négatif,

$$\frac{\varphi(k-r)}{r}.$$

Si, dans la première hypothèse, l'un au moins des exposants a, b, ..., h surpasse l'unité, le rapport

$$\frac{\varphi(k+r)}{r}$$

deviendra infini : 1° pour $r=0$; 2° pour $r=\infty$, et acquerra entre ces limites une valeur minimum R, qui sera précisément le module principal du rapport

$$\frac{\mathrm{f}(k+z)}{z}.$$

Ajoutons que, dans la seconde hypothèse, le rapport

$$\frac{\varphi(k-r)}{r}$$

deviendra infini : 1° pour $r=0$; 2° pour $r=k$, et acquerra entre ces limites une valeur minimum R, qui sera encore le module principal du rapport

$$\frac{\mathrm{f}(k+z)}{z}.$$

Ainsi, lorsque, la constante k étant positive en même temps que les rapports mutuels des coefficients $A, B, \ldots, H$, les exposants

$$a, \quad b, \quad \ldots, \quad h$$

sont ou tous positifs, l'un d'eux étant supérieur à l'unité, ou tous négatifs, le module principal R du rapport $\frac{\mathrm{f}(k+z)}{z}$ est tout à la fois un *maximum maximorum* relatif à l'argument p de z, et un minimum relatif au module r de z. Alors, pour savoir si la série de Lagrange est convergente ou divergente, on peut se servir de la règle très simple à laquelle M. Chio réduit celle que Lagrange a donnée dans les Mémoires de 1768. Telle est aussi la conclusion à laquelle M. Chio est parvenu, avec cette seule différence que les principes sur lesquels il s'est appuyé l'ont obligé de restreindre sa démonstration, dans la première hypothèse, au cas où les exposants a, b, ..., h surpassent tous l'unité, ou sont tous entiers, l'un d'eux pouvant se réduire à zéro.

NOTE DEUXIÈME.

Sur le module principal du rapport

$$\frac{f(k+z)}{z},$$

k étant une constante positive, et f(z) *une somme de termes proportionnels à diverses puissances de z.*

Soit

$$z = r_p = r e^{pi}$$

une variable dont les lettres p, r représentent l'argument et le module. Supposons d'ailleurs que, la fonction f(z) étant de la forme

$$f(z) = Az^a + Bz^b + \ldots + Hz^h,$$

les coefficients A, B, ..., H offrent tous le même argument; et, en nommant A, B, ..., H leurs modules, prenons

$$\varphi(z) = \mathrm{A}z^a + \mathrm{B}z^b + \ldots + \mathrm{H}z^h.$$

Enfin, désignons par k une constante positive. Si les exposants a, b, ..., h sont tous positifs, ou tous négatifs, l'un d'eux pouvant être nul, le module *maximum maximorum* du rapport

$$\frac{f(k+z)}{z},$$

considéré comme fonction de p, correspondra évidemment, dans la première hypothèse, à une valeur nulle de p, ou, ce qui revient au même, à la valeur r de z; et, dans la seconde hypothèse, à la valeur π de p, ou, ce qui revient au même, à la valeur $-r$ de z. De plus, comme on l'a remarqué dans la Note précédente, ce module *maximum maximorum,* qui se réduit à une fonction de r, acquerra une valeur minimum $\mathfrak{K}$, dans la première hypothèse, pour une certaine valeur de r comprise entre les limites o, ∞, si l'un au moins des exposants a, b, ..., h surpasse l'unité; et, dans la seconde hypothèse, pour une valeur de r comprise entre les limites o, k. Enfin, il est clair que la valeur attribuée à r devra vérifier, dans le premier cas, la formule

$$\mathrm{D}_r \frac{\mathrm{f}(k+r)}{r} = 0,$$

qui pourra être réduite à l'équation

$$(1) \qquad \mathrm{D}_r \frac{\varphi(k+r)}{r} = 0,$$

et, dans le second cas, la formule

$$\mathrm{D}_r \frac{\mathrm{f}(k-r)}{r} = 0,$$

qui pourra être réduite à l'équation

$$(2) \qquad \mathrm{D}_r \frac{\varphi(k-r)}{r} = 0.$$

Considérons, pour fixer les idées, le cas où, chacun des exposants $a, b, \ldots, h$ est nul ou positif, un ou plusieurs d'entre eux étant supérieurs à l'unité. Alors le module du rapport

$$\frac{\mathrm{f}(k+r)}{r}$$

acquerra une valeur minimum $\mathcal{R}$, qui sera en même temps le *module principal* du rapport

$$\frac{\mathrm{f}(k+z)}{z}$$

pour une valeur positive de r, représentée par une racine de l'équation (1). D'ailleurs, cette équation pourra être réduite à

$$(3) \qquad \mathcal{S} = 0,$$

la valeur de $\mathcal{S}$ étant déterminée par la formule

$$(4) \quad \mathcal{S} = \mathrm{A}[(a-1)r-k](k+r)^{a-1} + \ldots + \mathrm{H}[(h-1)r-k](k+r)^{h-1}.$$

Or, supposons les exposants

$$a, \quad b, \quad \ldots, \quad h$$

rangés d'après leur ordre de grandeur. L'exposant h sera, dans l'hypothèse admise, supérieur à l'unité. De plus, eu égard à la formule (4), le premier membre S de l'équation (1) sera négatif, quand on prendra

$$r \overline{\overline{<}} \frac{k}{h-1};$$

mais il deviendra positif quand on prendra

$$r \overline{\overline{>}} \frac{k}{a-1}, \qquad \text{si l'on a } a > 1,$$

ou du moins quand on prendra

$$r = \frac{k}{1-1} = \infty, \qquad \text{si l'on a } a < 1.$$

Cela posé, soit s un nombre supérieur à l'unité, mais compris entre les limites a, h. L'équation (1) offrira certainement une ou plusieurs racines positives de la forme

$$(5) \qquad r = \frac{k}{s-1},$$

savoir, plusieurs si, s venant à décroître à partir de la limite supérieure h, le polynôme S peut passer, non seulement du négatif au positif, mais encore du positif au négatif, et une seule dans le cas contraire. Or ce dernier cas est seul admissible. Soit, en effet,

$$\rho = \frac{k}{\varsigma - 1}$$

une racine positive de l'équation (1), et multiplions le polynôme S par le facteur

$$\frac{s-1}{(k+r)^{\varsigma-1}}.$$

Si, dans le polynôme S, on considère un terme quelconque, par exemple le suivant

$$\mathrm{C}[(c-1)r-k](k+r)^{c-1},$$

ce terme, multiplié par le facteur susdit, deviendra, eu égard à la formule (5),

$$(6)\qquad \mathrm{C}k^{c-\varsigma+1}(c-s)\left(\frac{s}{s-1}\right)^{c-\varsigma}$$

D'ailleurs le nombre ς, supérieur à l'unité, sera ou ne sera pas inférieur à c. Dans la première hypothèse, $c-\varsigma$ sera positif, et l'expression (6) croîtra en même temps que chacune des quantités

$$c-s,\qquad \frac{s}{s-1}=\frac{1}{1-\frac{1}{s}},$$

tandis que s, supposé très voisin de ς, décroîtra, en s'éloignant de ς et se rapprochant de l'unité. Il en sera encore de même si l'on a $\varsigma=c$, Enfin, si l'on a $\varsigma>c$, l'expression (6), devenue négative, croîtra pour des valeurs décroissantes de sa valeur numérique. Elle croîtra donc encore, si s, supposé très voisin de ς, vient à décroître, en s'éloignant de ς et se rapprochant de c, puisque alors les quantités

$$s-c,\qquad \left(\frac{s}{s-1}\right)^{c-\varsigma}=\left(1-\frac{1}{s}\right)^{\varsigma-c}$$

décroîtront l'une et l'autre. Donc, si chacun des exposants $a, b, \ldots, h$ est nul ou positif, un ou plusieurs d'entre eux étant supérieurs à l'unité, le rapport $\frac{(s-1)\mathrm{S}}{(k+r)^{\varsigma-1}}$ croîtra pour des valeurs de s décroissantes et voisines de ς. Donc alors, s venant à décroître, ce rapport et le polynôme S lui-même ne pourront passer du positif au négatif; d'où il suit que l'équation (6), résolue par rapport à r, offrira une seule racine positive comprise entre les limites

$$\frac{k}{h-1},\quad \frac{k}{a-1},$$

si l'on a $a>1$, et entre les limites

$$\frac{k}{h-1},\quad \infty,$$

si l'on a $a<1$.

En raisonnant comme on vient de le faire, on prouvera encore que, si les exposants $a, b, \ldots, h$ sont tous négatifs, l'équation (2), résolue par rapport à r, offrira une seule racine positive comprise entre les limites

$$\frac{k}{1-a}, \quad \frac{k}{1-h};$$

et l'on reconnaîtra ainsi, dans tous les cas, l'exactitude de la proposition énoncée par M. Chio et rappelée dans le Rapport.

507.

Analyse mathématique. — *Troisième Note annexée au Rapport sur de nouvelles recherches relatives à la série de Lagrange, et présentées à l'Académie, par* M. Félix Chio, *de Turin* (¹).

Sur les équations trinômes.

C. R., T. XXXIV, p. 345 (8 mars 1852).

Supposons l'inconnue z assujettie à vérifier une équation trinôme de la forme

$$(1) \qquad Az^a + Bz^b + Cz^c = 0.$$

Si, en représentant par g l'un des six termes de la suite

$$a-b, \quad b-c, \quad c-a, \quad b-a, \quad c-b, \quad a-c,$$

et par G le terme correspondant de la suite

$$\frac{A}{B}, \quad \frac{B}{C}, \quad \frac{C}{A}, \quad \frac{B}{A}, \quad \frac{C}{B}, \quad \frac{A}{C},$$

on pose

$$Z = -\mathrm{G}z^g,$$

(¹) *Voir* p. 415 de ce Volume.

on déduira immédiatement de l'équation (1) une autre équation de la forme

$$Z = 1 + HZ^h.$$

Ajoutons que, si dans cette dernière on remplace la lettre Z par z, et les lettres H, h par d'autres lettres t, a, on obtiendra l'équation trinôme

$$(2) \qquad z = 1 + tz^a,$$

dans laquelle t, a pourront être des paramètres quelconques. Ainsi, l'on peut toujours réduire de six manières différentes la résolution de l'équation (1) à la résolution de l'équation (2), comprise elle-même, comme cas particulier, dans la formule plus générale

$$(3) \qquad z = k \pm tz^a,$$

dont nous allons un instant nous occuper.

Considérons, pour fixer les idées, le cas où, l'exposant a étant réel, la constante k est positive, et nommons R le module principal du rapport

$$\frac{(k+z)^a}{z}.$$

Si l'on développe, en série ordonnée suivant les puissances ascendantes de t, celle des racines de l'équation (3) qui se réduit à k, pour $t = 0$, *la série obtenue sera convergente quand le module de t sera inférieur à* $\frac{1}{R}$. *La même série deviendra divergente quand le module de t surpassera* $\frac{1}{R}$. Ajoutons que, dans cette série, le coefficient Θ_n de t^n sera donné par la formule

$$(4) \qquad \Theta_n = \frac{1}{1.2\ldots n} D_t^{n-1} k^{na}.$$

Quant au module principal R, il sera déterminé par la formule

$$(5) \qquad R = \frac{a^a}{(a-1)^{a-1}} k^{a-1}, \quad \text{si l'on a } a > 1,$$

et par la formule

(6) $$R = \frac{a^a(1-a)^{1-a}}{k^{1-a}},\qquad \text{si l'on a } a < 1.$$

Remarquons, au reste, que la règle de convergence relative au développement de la racine z de l'équation (2) peut se déduire non seulement du théorème général sur la convergence des séries, mais encore des formules que fournit le Calcul des résidus, et qui servent à transformer les fonctions en intégrales définies. En transformant ainsi Θ_n, on trouvera, si l'on suppose $a > 1$,

(7) $$\Theta_n = \frac{1}{n}\,\mathfrak{M}\,\frac{(k+z)^{na}}{z^{n-1}},$$

la lettre $\mathfrak{M}$ indiquant une moyenne isotropique relative à l'argument p de z, et, si l'on suppose $a < 1$,

(8) $$\Theta_n = (-1)^n \frac{\sin n\pi a}{n\pi}\int_k^\infty \frac{(r-k)^{na}}{r^n}\,dr.$$

Or il suffira d'appliquer à la détermination approximative de ces valeurs de Θ_n, dans le cas où le nombre n sera très grand, les principes exposés dans le Mémoire *Sur divers points d'Analyse*, pour retrouver la règle de convergence précédemment énoncée.

Lorsqu'on suppose $a = 2$, la formule (3) se réduit à l'équation du second degré

(9) $$z = k + tz^2,$$

et la formule (5) donne

$$R = 4k.$$

Donc, si l'on développe suivant les puissances ascendantes de t celle des racines de l'équation (9) qui se réduit à k pour $t = 0$, la série obtenue sera convergente jusqu'au moment où le module de t atteindra la limite supérieure $\frac{1}{4k}$. En d'autres termes, la condition nécessaire et suffisante pour la convergence sera

(10) $$\operatorname{mod} 4kt < 1.$$

On arriverait directement à la même conclusion en observant que, si l'on représente par $z_{,}$ la racine dont il s'agit, on aura

$$z_{,} = \frac{1 - \sqrt{1 - 4kt}}{2t}. \tag{11}$$

J'indiquerai ici, en terminant, un moyen simple de résoudre une question soulevée par M. Ménabréa, dans un Mémoire qui a pour titre : *Observations sur la série de Lagrange*. Si, dans l'équation (9), on décompose le paramètre k en deux parties h, l, cette équation deviendra

$$z = h + l + tz^2. \tag{12}$$

Nommons $z_{,,}$ celle de ses racines qui, développée en série par la formule de Lagrange, fournit un développement dont h est le premier terme. La racine $z_{,,}$ se confondra, pour une valeur nulle, ou pour une valeur très petite de l, avec la racine $z_{,}$ déterminée par la formule (11), et l'on aura

$$z_{,,} = z_{,} \tag{13}$$

jusqu'au moment où l'une des deux séries dont les sommes sont représentées par $z_{,}$, $z_{,,}$ cessera d'être convergente. D'ailleurs, comme on l'a vu, la première de ces deux séries sera convergente, tant que la condition (10) sera vérifiée. Quant à la seconde série, il suffira évidemment, pour l'obtenir, de développer suivant les puissances ascendantes de α celle des racines de l'équation

$$z = h + \alpha(l + tz^2), \tag{14}$$

qui se réduit à la constante h, pour une valeur nulle de α, puis de poser ensuite $\alpha = 1$. On aura en conséquence

$$z_{,,} = \frac{1 - \sqrt{1 - 4ht\alpha - 4lt\alpha^2}}{2t\alpha}, \tag{15}$$

α devant être réduit à l'unité, quand on aura développé le radical suivant les puissances ascendantes de α. Il reste à trouver sous quelle condition le développement ainsi obtenu sera convergent. Or, pour y parvenir, il suffira de décomposer en facteurs simples la quantité renfermée sous le radical, c'est-à-dire le trinôme

$$1 - 4ht\alpha - 4lt\alpha^2,$$

considéré comme fonction de α. En effectuant cette décomposition, on trouvera

$$(16) \qquad 1 - 4ht\alpha - 4lt\alpha^2 = [1 - 2(ht + s)\alpha][1 - 2(ht - s)\alpha],$$

la valeur de s^2 étant

$$(17) \qquad s^2 = h^2 t^2 + lt;$$

puis on conclura des formules (15), (16) que la condition de convergence du développement dont la somme est $z_{\prime\prime}$ se réduit à la formule

$$(18) \qquad \operatorname{mod} 2(ht + s) < 1,$$

la valeur de s étant fournie par l'équation (17) et choisie de manière que le module de la somme $ht + s$ surpasse, s'il ne l'égale pas, le module de la différence $ht - s$. Donc, en définitive, l'équation (13) subsistera, tant que les valeurs attribuées aux paramètres h et l seront renfermées entre les limites que leur assigne le système des conditions (10) et (18). Ainsi se trouve résolue, par un calcul direct, et sans qu'il soit nécessaire de recourir aux théorèmes généraux sur la convergence des séries, la question posée par M. Ménabréa, dans le Mémoire cité (page 24). Ajoutons que cette solution fait disparaître les difficultés et les objections auxquelles diverses applications de ces théorèmes semblaient donner lieu.

508.

C. R., T. XXXV, p. 297 (30 août 1852).

M. Augustin Cauchy présente à l'Académie une *nouvelle méthode pour l'intégration des équations linéaires aux dérivées partielles, sous des conditions données relatives aux limites des corps.* Cette méthode, spécialement applicable aux questions de Physique mathématique, sera développée par l'auteur dans les prochaines séances.

509.

C. R., T. XXXV, p. 322 (6 septembre 1852).

M. Augustin Cauchy présente la suite de ses *Nouvelles recherches relatives à l'intégration des équations aux dérivées partielles, sous des conditions données.*

510.

C. R., T. XXXV, p. 341 (13 septembre 1852).

M. Augustin Cauchy présente à l'Académie de *Nouvelles recherches où les principes établis dans les Mémoires précédents sont particulièrement appliqués à la théorie des calorifères cylindriques.*

511.

C. R., T. XXXV, p. 588 (26 octobre 1852).

M. Augustin Cauchy présente à l'Académie un Mémoire *sur plusieurs nouveaux théorèmes d'Analyse algébrique.* Ces théorèmes seront exposés et développés dans les prochaines séances.

512.

C. R., T. XXXV, p. 940 (27 décembre 1852).

M. Augustin Cauchy présente à l'Académie divers Mémoires *sur le mouvement de rotation d'un corps solide et en particulier d'un corps pesant autour d'un point fixe.* Les conclusions, auxquelles l'auteur a été conduit par son analyse, seront exposées et développées dans une prochaine séance.

513.

C. R., T. XXXVI, p. 13 (3 janvier 1853).

M. Augustin Cauchy présente à l'Académie la suite de ses recherches *sur la rotation d'un corps solide et en particulier d'un corps pesant autour d'un point fixe.*

514.

Analyse mathématique. — *Sur les clefs algébriques.*

C. R., T. XXXVI, p. 70 (10 janvier 1853).

Considérons n polynômes A, B, C, ... dont les divers termes soient proportionnels à certains facteurs α, β, γ, ..., et concevons qu'en suivant les règles de la multiplication algébrique on multiplie ces divers polynômes l'un par l'autre. Dans le nouveau polynôme résultant de cette multiplication, chaque terme sera proportionnel à l'un des produits que l'on peut former avec les facteurs α, β, γ, ... pris n à n; et l'on pourra d'ailleurs supposer que, dans chacun de ces produits, on a conservé la trace de l'ordre dans lequel les multiplications diverses ont été successivement effectuées. On pourra aussi concevoir que, dans le nouveau polynôme, on substitue à chacun de ces produits un nombre déterminé, ou plus généralement une quantité déterminée, deux quantités distinctes pouvant être substituées à deux produits distincts, dans le cas même où ces deux produits ne diffèrent entre eux que par l'ordre dans lequel sont rangés les divers facteurs. Ces conventions étant admises, nous désignerons les facteurs α, β, γ, ... sous le nom de *clefs,* et les polynômes A, B, C, ... qui les renferment, sous le nom de *facteurs symboliques* du produit $ABC\dots$ définitivement obtenu. Les substitutions ou *transmutations*, qui consisteront à remplacer les produits des clefs prises n à n par certaines quantités, seront indiquées à l'aide du signe $\succeq$ que j'ai déjà employé dans un autre Mémoire ; et il est clair que du système de ces transmutations dépendront la valeur et les propriétés du produit $ABC\dots$. Ajoutons qu'il suffira généralement d'intervertir l'ordre dans lequel sont rangés les facteurs $A, B, C, \dots$ du produit $ABC\dots$ pour altérer la valeur de ce même produit.

Les clefs algébriques, telles que je viens de les définir, permettent de résoudre avec une grande facilité des questions d'Analyse ou de Mécanique, dans lesquelles l'application des méthodes ordinaires entraînerait de longs et pénibles calculs. C'est ce que je me propose de montrer, avec quelques détails, dans une suite de Mémoires que j'aurai l'honneur de présenter successivement à l'Académie. Pour donner une idée des résultats auxquels on est ainsi conduit, je me bornerai aujourd'hui à deux exemples. Je commencerai par faire voir que la théorie des clefs résout généralement le problème de l'élimination des inconnues entre plusieurs équations linéaires ou non linéaires; puis je montrerai comment s'introduisent dans le calcul trois clefs, correspondantes aux trois dimensions de l'espace, qui fournissent le moyen d'obtenir sous une forme très simple la solution d'un grand nombre de problèmes de Géométrie et de Mécanique.

Analyse.

Supposons d'abord qu'il s'agisse d'éliminer n inconnues $x, y, z, \dots$ entre n équations dont les premiers membres sont des fonctions linéaires et homogènes de ces inconnues, les seconds membres étant réduits à zéro. Soient d'ailleurs $A, B, C, \dots$ ce que deviennent ces premiers membres, quand on y remplace les n inconnues $x, y, z, \dots$ par n clefs correspondantes $\alpha, \beta, \gamma, \dots$. Enfin, concevons qu'après avoir multiplié ces clefs n à n, en tenant compte de l'ordre dans lequel les multiplications sont effectuées, on convienne, 1° de remplacer par zéro chaque produit dans lequel entre deux ou plusieurs fois une même clef; 2° de substituer toujours deux quantités égales aux signes près, mais affectées de signes contraires, à deux produits qui se déduisent l'un de l'autre à l'aide d'un échange opéré entre deux clefs. En d'autres termes, supposons que les n clefs $\alpha, 6, \gamma, \ldots$ soient assujetties aux transformations de la forme

$$\alpha^2 \simeq 0, \quad 6^2 \simeq 0, \quad \ldots, \quad 6\alpha \simeq -\alpha 6, \quad \ldots$$

et à celles qui en dérivent. L'équation résultante de l'élimination des inconnues $x, y, z, \ldots$ entre les équations données sera

$$ABC\ldots = 0.$$

On démontre aisément ce théorème, en partant de cette remarque très simple, que les facteurs symboliques $A, B, C, \ldots$ jouissent des mêmes propriétés que possèdent les clefs $\alpha, 6, \gamma, \ldots$.

Concevons à présent qu'il s'agisse d'éliminer l'inconnue x entre deux équations dont les degrés m et m' donnent pour somme le nombre n. Pour y parvenir, il suffira de recourir encore à l'intervention des n clefs $\alpha, 6, \gamma, \ldots$ assujetties aux conditions ci-dessus énoncées. En effet, en supposant ces clefs écrites à la suite les unes des autres dans l'ordre qu'indique l'alphabet, et le premier membre de chaque équation ordonné suivant les puissances ascendantes, ou suivant les puissances descendantes de x, cherchez tous les facteurs symboliques que l'on peut former en remplaçant, dans le premier membre de la première équation, les diverses puissances de x par $m+1$ termes consécutifs de la suite des clefs. Soient $A, B, C, \ldots$ les facteurs symboliques ainsi obtenus, et $A', B', C', \ldots$ ce que deviennent ces facteurs quand on remplace la première équation par la seconde. L'équation résultante de l'élimination sera la formule symbolique

$$ABC\ldots A'B'C'\ldots = 0.$$

On pourra d'ailleurs, sans altérer l'équation résultante, intervertir arbitrairement l'ordre des facteurs symboliques

$$A,\quad B,\quad C,\quad \ldots,\quad A',\quad B',\quad C',\quad \ldots.$$

Pour montrer une application de ces formules, supposons qu'il s'agisse d'éliminer x entre les deux équations

$$a + bx + cx^2 = 0,$$
$$a' + b'x + c'x^2 = 0.$$

Alors il suffira d'introduire dans le calcul quatre clefs distinctes

$$\alpha,\quad \beta,\quad \gamma,\quad \delta,$$

et, en posant

$$A = a\alpha + b\beta + c\gamma,\qquad B = a\beta + b\gamma + c\delta,$$
$$A' = a'\alpha + b'\beta + c'\gamma,\qquad B' = a'\beta + b'\gamma + c'\delta,$$

on obtiendra pour équation résultante la formule symbolique

$$AA'BB' = 0.$$

On aura d'ailleurs, en vertu des propriétés ci-dessus assignées aux clefs α, β, γ, δ,

$$AA' = (bc' - b'c)\beta\gamma + (ca' - c'a)\gamma\alpha + (ab' - a'b)\alpha\beta,$$
$$BB' = (bc' - b'c)\gamma\delta + (ca' - c'a)\delta\beta + (ab' - a'b)\beta\gamma,$$

par conséquent,

$$AA'BB' = K\alpha\beta\gamma\delta,$$

la valeur de K étant

$$K = (ab' - a'b)(bc' - b'c) - (ca' - c'a)^2,$$

et, puisque la quantité qu'on doit substituer au produit $\alpha\beta\gamma\delta$ peut être arbitrairement choisie, l'équation résultante sera simplement

$$K = 0,$$

ou, ce qui revient au même,

$$(ab' - a'b)(bc' - b'c) - (ca' - c'a)^2 = 0.$$

Au reste, comme je l'expliquerai dans une prochaine séance, la théorie des clefs peut être appliquée de diverses manières à l'élimination, et réduit à de simples multiplications un grand nombre d'opérations algébriques, par exemple la division algébrique, la recherche du plus grand commun diviseur de deux fonctions entières, etc. Elle fournit aussi, comme je le ferai voir, des démonstrations très rapides des théorèmes sur les résultantes algébriques, et des méthodes très expéditives pour la résolution des équations linéaires ou non linéaires, à une ou plusieurs inconnues.

Concevons, maintenant, que l'on trace dans l'espace trois axes coordonnés rectangulaires ou obliques des x, y, z, qui partent d'un point fixe O; et soient

$$\bar{r},\quad \bar{x},\quad \bar{y},\quad \bar{z}$$

des quantités géométriques qui représentent : 1° le rayon vecteur mené de l'origine O à un autre point A; 2° les projections de ce rayon vecteur sur les axes. La première de ces quatre quantités géométriques sera la somme des trois autres, en sorte qu'on aura

$$\bar{r} = \bar{x} + \bar{y} + \bar{z}.$$

Soient d'ailleurs h, i, j ce que deviennent les quantités géométriques $\bar{x}$, $\bar{y}$, $\bar{z}$ quand, la longueur de chacune d'elles étant réduite à l'unité, elles se mesurent toutes trois dans les directions des coordonnées positives. En nommant x, y, z les projections algébriques du rayon vecteur $\bar{r}$ sur les axes coordonnés, on aura

$$\bar{x} = \mathrm{h}x, \qquad \bar{y} = \mathrm{i}y, \qquad \bar{z} = \mathrm{j}z$$

et, par suite,

$$\bar{r} = \mathrm{h}x + \mathrm{i}y + \mathrm{j}z.$$

Pareillement, si A' est un second point distinct de A, et si l'on nomme $\bar{r}'$, x', y', z' ce que deviennent $\bar{r}$, x, y, z quand on substitue le second point au premier, on aura

$$\bar{r}' = \mathrm{h}x' + \mathrm{i}y' + \mathrm{j}z'.$$

Si, maintenant, on multiplie l'une par l'autre les valeurs précédentes de $\bar{r}$ et de $\bar{r}'$, en suivant les règles de la multiplication algébrique, le résultat de l'opération ne pourra évidemment acquérir un sens déterminé qu'en vertu d'une convention nouvelle servant à définir ce qu'on doit entendre par le produit de deux quantités géométriques dirigées dans l'espace suivant des droites quelconques. Concevons, pour fixer les idées, que l'on traite les trois quantités géométriques h, i, j comme des clefs auxquelles on attribuerait les propriétés précédemment énoncées. Les carrés et les produits de ces quantités géométriques devront satisfaire aux six équations symboliques

$$\mathrm{h}^2 = 0, \qquad \mathrm{i}^2 = 0, \qquad \mathrm{j}^2 = 0,$$
$$\mathrm{ji} = -\,\mathrm{ij}, \quad \mathrm{hj} = -\,\mathrm{jh}, \qquad \mathrm{ih} = -\,\mathrm{hi},$$

et l'on aura, par suite

$$\bar{r}\bar{r}' = \mathrm{ij}(yz' - y'z) + \mathrm{jh}(zx' - z'x) + \mathrm{hi}(xy' - x'y).$$

Or les trois différences

$$yz' - y'z, \quad zx' - z'x, \quad xy' - x'y$$

sont les projections algébriques du moment linéaire de la longueur $\bar{r}'$ transportée parallèlement à elle-même, de manière qu'elle parte, non plus du point O, mais du point A. Donc le produit $\bar{r}\bar{r}'$ représentera ce moment linéaire, si l'on assujettit les quantités géométriques h, i, j, non seulement aux six équations symboliques ci-dessus écrites, mais encore aux trois suivantes :

$$\mathrm{ij} = \mathrm{h}, \qquad \mathrm{jh} = \mathrm{i}, \qquad \mathrm{hi} = \mathrm{j}.$$

Alors on aura simplement

$$\bar{r}\bar{r}' = \mathrm{h}(yz' - y'z) + \mathrm{i}(zx' - z'x) + \mathrm{j}(xy' - x'y).$$

Le produit $\bar{r}\bar{r}'$, déterminé par la formule précédente, est ce qu'on peut appeler le *produit angulaire* des longueurs $\bar{r}$ et $\bar{r}'$. Il change de signe quand on intervertit l'ordre des facteurs, et représente alors le moment linéaire de la longueur $\bar{r}$ mesurée à partir du point A'. Si l'on considérait ce même produit comme propre à représenter, non plus une longueur, mais une surface, il deviendrait ce que M. de Saint-Venant a nommé *produit géométrique*, dans un Mémoire où il a déduit de la considération de ce point des conséquences qui méritent d'être remarquées.

Dans un autre article, j'expliquerai les avantages que présente, en Mécanique, l'emploi des trois clefs h, i, j, quand on veut substituer, ce qui est souvent utile, des axes mobiles à des axes fixes.

Je remarquerai, en finissant, que la théorie des *imaginaires*, prise au point de vue sous lequel je l'ai envisagée dans mon *Analyse algébrique*, et la théorie des *quaternia* de M. Hamilton, sont des cas spéciaux de la théorie des clefs auxquels on arrive, en supposant l'une des clefs réduite à l'unité. Ainsi, en particulier, l'expression imaginaire

$$a + b\mathrm{i}$$

pourrait être considérée comme un facteur symbolique, dans lequel la première clef se réduirait à l'unité, la seconde clef i étant assujettie à la condition

$$\mathrm{i}^2 \simeq -1.$$

FIN DU TOME XI DE LA PREMIÈRE SÉRIE.

TABLE DES MATIÈRES

DU TOME ONZIÈME.

PREMIÈRE SÉRIE.

MÉMOIRES EXTRAITS DES RECUEILS DE L'ACADÉMIE DES SCIENCES DE L'INSTITUT DE FRANCE.

NOTES ET ARTICLES EXTRAITS DES COMPTES RENDUS HEBDOMADAIRES DES SÉANCES DE L'ACADÉMIE DES SCIENCES.

FIN DE LA TABLE DES MATIÈRES DU TOME XI DE LA PREMIÈRE SÉRIE.

Printed in the United States
By Bookmasters